全球变化研究国家重大科学研究计划资助(2010CB951200)

气候变化影响下我国典型海岸带演变趋势与脆弱性评估

Evolution Trend and Vulnerability Assessment of Typical Coastal Zones in China under the Influence of Climate Change

主　编　丁平兴

副主编　王厚杰　孟宪伟　朱建荣

　　　　张利权　单秀娟

科　学　出　版　社

北　京

内 容 简 介

本书是《近 50 年我国典型海岸带演变过程与原因分析》的姐妹篇,后者在大量实测资料和综合分析的基础上定量给出了近 50 年我国典型海岸带的演变过程和主要影响因子。本书主要介绍我国典型海岸带在全球变化胁迫下至 2030 年、2050 年及 2100 年的演变趋势,并提出相应的应对策略。全书由 5 部分组成,分别为:典型海岸带冲淤演变趋势与影响分析;典型海岸带盐水入侵演变趋势与影响分析;典型海岸带生态系统景观格局演变趋势与影响分析;典型河口水域渔业生态系统演变趋势与影响分析;典型海岸带脆弱性评估与应用示范。

本书可供国家和地方有关决策部门的管理人员,以及从事全球变化与环境演变、海岸带规划与管理、陆海相互作用及其生态与环境效应等专业的科研人员与高等院校师生参考使用。

图书在版编目(CIP)数据

气候变化影响下我国典型海岸带演变趋势与脆弱性评估
/ 丁平兴主编. —北京:科学出版社,2016.6
ISBN 978 - 7 - 03 - 048305 - 8

Ⅰ. ①气… Ⅱ. ①丁… Ⅲ. ①气候变化-影响-海岸带
-研究-中国 Ⅳ. ①P737.172

中国版本图书馆 CIP 数据核字(2016)第 104917 号

责任编辑:许 健
责任印制:谭宏宇 / 封面设计:殷 靓

科学出版社 出版
北京东黄城根北街 16 号
邮政编码:100717
http://www.sciencep.com

南京展望文化发展有限公司排版
上海锦佳印刷有限公司印刷
科学出版社发行 各地新华书店经销

*

2016 年 6 月第 一 版 开本:787×1092 1/16
2016 年 6 月第一次印刷 印张:27
字数:597 000
定价:268.00 元
(如有印装质量问题,我社负责调换)

前　言

　　海岸带是地球四大圈层相互作用强烈、各类界面汇聚的地带,物理、化学、生物和地质等自然过程交织耦合,并强烈受到人类活动的影响。在气候变化和高强度人类活动双重胁迫下,我国海岸带正面临着一系列重大的挑战,海岸防护与城市安全、海岸带地区淡水资源的持续利用与供水安全、河口近海生态安全受到威胁。因此,亟需在深入理解气候变化对海岸带系统影响过程与机制的基础上,选择不同类型的海岸带生态系统,定量评估气候变化对海岸带脆弱性的影响,揭示海岸带系统的未来演变趋势,并据此提出应对策略和措施,为我国应对气候变化领域面临的挑战、制定海岸带应对气候变化的措施和行动提供科学依据。

　　据此,"我国典型海岸带系统对气候变化的响应机制及脆弱性评估研究"成为科技部于 2010 年正式启动的全球变化研究国家重大科学研究计划首批 19 个立项项目之一。通过研究团队近 5 年的努力,该项目给出了过去 50 年来我国典型海岸带的演变过程和机制,并提出了今后几十年乃至 2100 年海岸带的演变趋势和应对策略;建立了先进的长江河口、珠江河口三维盐水入侵数值模式,定量分析了因气候变化引起的径流量变化、海平面上升以及三峡工程、南水北调工程等对长江河口盐水入侵和淡水资源的影响,证实了河口挖沙是引起珠江河口近期盐水入侵加剧的主要原因;建立了甄别气候变化和人类活动对河流入海泥沙通量影响的方法,揭示了海岸沉积环境演变的动力学机制,并阐明河口三角洲对入海物质通量变化的冲淤响应过程;揭示了不同时间尺度红树林演化与亚洲季风和人类活动的关系,定量评估了自然因素与人类活动对长江口盐沼湿地景观格局演变的影响,揭示了不同盐沼植被群落的生态服务功能;构建典型海岸带生态系统脆弱性评估指标体系,建立评价海岸带生态系统脆弱性方法,开展了不同海平面上升情景下我国典型海岸带生态系统脆弱性的空间评价;并以我国最大的沿海城市——上海为例,建立了在海平面上升与风暴潮叠加影响下上海市社会经济脆弱性的空间评价方法,提出相应的应对策略。项目取得的一系列创新性研究成果发表在本领域的重要国际学术刊物并被广泛引用,提升了我国海岸带系统应对气候变化研究的水平和国际影响力。有关河口盐水入侵、三角洲海岸冲淤和红树林景观演变等方面的研究成果已在地方政府制定河口海岸治理与管理以及生态系统保护规划中得到了应用,为海岸带区域可持续发展提供了重要支撑。

　　本书是 2013 年出版的《近 50 年我国典型海岸带演变过程与原因分析》的姐妹篇,后者在大量实测资料和综合分析的基础上,定量给出了在人类活动和气候变化双重胁迫下我国近 50 年典型海岸带的演变过程和主要影响因子。内容包括现代黄河三角洲、长江三角洲和废黄河三角洲的冲淤演变过程与原因分析;长江河口与珠江河口的盐水入侵以及莱州湾海水入侵演变过程与原因分析;长江河口生态系统、广西典型红树林生态系统和海南三亚珊瑚礁生态系统的演变过程与原因分析;黄河口和长江口及其邻近水域渔业资源结构的演变过程与原因分析等。本书主要通过建立一系列预测模型,预测我国典型海岸带系统在全球变化胁迫下至 2030 年、2050 年及 2100 年的演变趋势,并提出相应的应对策略。全书共分五部分十五章,内容包括现代黄河三角洲、长江三角洲和废黄河三角洲冲淤演变趋势与影响分析;长江河口与珠江河口盐水入侵演变趋势与影响分析;长江河口盐沼湿地生态系统、广西典型红树林生态系统和海南三亚珊瑚礁生态系统景观演变趋势预测与影响分析;长江河口与黄河河口及其邻近水域渔业生态系统演变趋势与影响分析;长江口滨海湿地、广西海岸带红树林和海南三亚珊瑚礁生态系统脆弱性评估,以及与上海为例,介绍海平面上升和风暴潮共同作用下上海市社会经济脆弱性评估,并提出应对策略。这两本著作包含了本项目研究团队在过去 5 年以及前期研究中所取得的主要成果,期望对于公众、学术界和管理部门了解、掌握和制定我国典型海岸带过去 50 年来的演变过程和机制、未来几十年乃至到 2100 年的演变趋势、影响分析和应对策略能够有所裨益。

本书各章编著人员名单如下:第一章　现代黄河三角洲冲淤演变趋势与影响分析,王厚杰、毕乃双、吴晓;第二章　长江三角冲淤演变趋势与影响分析,杨世伦、杨海飞;第三章　废黄河三角洲冲淤演变趋势与影响分析,陈沈良、张林;第四章　长江河口盐水入侵演变趋势与影响分析,裘诚、朱建荣;第五章　珠江河口盐水入侵演变趋势与影响分析,王彪、袁瑞、朱建荣、龙爱民;第六章　长江河口盐沼湿地生态系统景观演变趋势与影响分析,李秀珍、李希之;第七章　广西典型红树林生态系统景观演变趋势与影响分析,罗新正、孟宪伟、夏鹏;第八章　海南三亚珊瑚礁生态系统景观演变趋势与影响分析,杨顶田;第九章　气候变化情景下典型河口水域渔业资源演变趋势、第十章　气候变化情景下典型河口水域渔业生态系统健康演变趋势、第十一章　气候变化情景下典型河口水域渔业生态系统可持续发展的应对策略,单秀娟、陈云龙、金显仕、朱仁、孙鹏飞、戴芳群;第十二章　海平面上升影响下长江口滨海湿地生态系统脆弱性评估,张利权、崔利芳、袁琳、葛振鸣;第十三章　海平面上升影响下广西海岸带红树林生态系统脆弱性评估,张利权、李莎莎、葛振鸣、孟宪伟;第十四章　气候变化影响下海南三亚珊瑚礁生态系统脆弱性评估,张利权、葛振鸣、崔利芳、张天雨、杨顶田;第十五章　海平面上升叠加风暴潮影响下上海市社会经济脆弱性评估,张利权、闫白洋、徐长乐、王军、刘洋、李莎莎、葛振鸣。

主编丁平兴负责本书的总体设计、内容安排以及确定各章的主要编著人员,并对全书进行审核;副主编王厚杰撰写本书第一部分的提要与引言,并负责对该部分进行统稿和审核;副主编朱建荣撰写本书第二部分的提要与引言,并负责对该部分进行统稿和审核;副主编孟宪伟撰写本书第三部分的提要与引言,并负责对该部分进行统稿和审核;副主编单秀娟撰写本书第四部分的提要与引言,并负责对该部分进行统稿和审核;副主编张利权撰写本书第五部分的提要与引言,并负责对该部分进行统稿和审核。

近几十年来,我国海岸带系统受人类活动干预强烈,与气候变化产生的影响交织在一起,准确辨识气候变化和人类活动的影响以及预测海岸带的演变趋势是重大的科学挑战。本书对全球变化背景下河口三角洲海岸冲淤演变趋势、盐水入侵演变趋势、海岸带生态系统结构和景观格局演变趋势、河口水域渔业生态系统演变趋势、海岸带系统的脆弱性评估等给出了初步的研究结果。但由于气候变化的不确定性和人类活动的不可预测性,给出的研究结果不可避免地会存在一定的不确定性。

受学识与水平所限,书中定会有一些不尽如人意之处,错误与不足也在所难免,衷心期望广大读者批评指正。

衷心感谢国家科技部"全球变化研究国家重大科学研究计划"的经费支持,衷心感谢余宙文教授、杨作升教授对本书的指导与审阅,衷心感谢本书所有研究人员与撰写者、有关文献与资料的提供者,感谢科学出版社许健编辑的精心编辑。

丁平兴

2015 年 12 月

目　录

Contents

第一部分

典型海岸带冲淤演变趋势与影响分析

提　要

　　在气候变化和人类活动的共同作用下,未来海岸带的演变趋势及其环境影响是海岸带区域可持续发展所面临的重要问题。本部分在系统分析过去 50 年来我国典型海岸带演变过程和主要原因的基础上,选取现代黄河三角洲、长江三角洲和苏北废黄河三角洲为典型研究区域,通过海岸带演变过程与机制的分析,建立了预测海岸带未来演变趋势的模型,对 2030 年、2050 年和 2100 年典型海岸带的演变进行了预测,分析了海岸带演变对区域环境和资源的主要影响,提出了相应的应对策略。

　　(1) 黄河三角洲。黄河三角洲的冲淤演变主要受控于河流入海泥沙通量和三角洲海域的海洋动力作用。自 20 世纪 60 年代以来,受流域内人类活动的影响,黄河入海泥沙通量呈现显著的阶段性递减。2002 年以来黄河实施调水调沙,下游河道冲刷强烈,入海泥沙通量与组分结构发生明显改变。随着调水调沙的逐年实施,下游河道的冲刷强度趋于减缓,入海泥沙通量的变化将主要取决于黄河中游的泥沙产出。通过构建的三角洲演化趋势模型预测,到 2030 年三角洲北部海岸将持续受到侵蚀,−5 m 等深线向陆迁移 3～5 km,现行河口变化较小,莱州湾区域由于水下坡度平缓,海平面上升的效应尤为突出;到 2050 年三角洲北部缺乏物源补充,海岸蚀退强烈,−5 m 等深线累计向陆迁移 8～15 km,孤东海堤局部区域的堤下水深接近将 5 m,现行河口以弱淤积为主。到 2100 年孤东海堤对相应岸段的防护作用已经基本丧失,现行河口除口门区域局部淤积以外,河口两侧岸线向陆蚀退,莱州湾区域向陆蚀退尤为严重。三角洲演化趋势的预测结果表明,海岸蚀退将引起三角洲沿岸风暴潮增水灾害增强,海堤附近侵蚀加剧,安全系数降低,水下三角洲区域的海底管线可能由于侵蚀作用而暴露于海底或发生悬跨。三角洲海岸侵蚀导致湿地分布发生调整,生物栖息地向陆迁移。对此,需要将流域-海岸带作为整体进行综合管理并实现流域-海岸带协调发展,通过工程措施提高三角洲沿岸海岸带工程的安全标准。

　　(2) 长江三角洲。自 20 世纪 60 年代以来,长江入海泥沙通量不断减少。三峡水库启用以来,入海泥沙通量剧减为 1.5 亿 t/a,综合长江流域各种因素的变化情景,估计 21 世纪 20 年代、50 年代和 90 年代平均的大通入海泥沙通量将分别约为 1.2 亿 t/a、1.1 亿 t/a 和 1.0 亿 t/a。根据长江水下三角洲前缘海底冲淤与长江入海泥沙通量变化的统计模型,并考虑入海泥沙通量变化以及政府间气候变化专门委员会(Intergovernmental Panel on Climate Change, IPCC)发布的海平面变化资料,对长江水下三角洲 2030 年、2050 年和 2100 年的演化趋势进行了预测。结果表明,在流域来沙进一步减少和海平面上升的影响下,10 m 等深线将出现持续蚀退,2012～2030 年、2030～2050 年和 2050～2100 年三个阶段的平均蚀退距离将分别达到约 1.5 km、3.4 km 和 8.5 km,10 m 等深线的后退主要是由入海泥沙通量减少所致;5 m以浅的滩涂也将因侵蚀而缩小,至2100年累计侵蚀面积达400 km²,5 m等深线后退及其导致的滩涂面积减少主要是由入海泥沙通量减少和海平面上升导致。由海平面上升和海底侵蚀引起的水下岸坡变陡将导致破波带向岸迁移,从而增加海堤的安全风险;海平面上升还间接降低了海堤的防洪标准。因此,长江三角洲滩涂的开发利用模式需要转变,同时加高和加固沿海防护大堤,以维持(或提高)大堤的防洪标准,加强海底冲淤特别是海底浅埋管线沿线和深水航道双导堤向海端区域的冲淤监测。

(3)废黄河三角洲。综合考虑岸线变化速率、海平面上升和海岸对风暴潮的响应这三个最重要的影响因子,对废黄河三角洲的演变趋势进行预测。结果显示,随着海平面上升,海岸后退距离呈快速增大趋势,海平面上升是废黄河三角洲未来演变过程中不可忽视的重要影响因子。海平面上升和风暴潮的作用加剧了岸线的侵蚀,位于废黄河口至扁担港之间的岸段侵蚀较严重。对废黄河三角洲海岸的脆弱性评估结果表明,废黄河三角洲整体表现为较高的侵蚀脆弱性,其中脆弱性较高的岸段超过50%,中度以上的岸段超过75%。随着未来全球性增温和海平面上升的持续,废黄河三角洲将面临更大的侵蚀风险,对此,需要加强海岸侵蚀监测,建立完善的监测网络,制订海岸侵蚀预警线,采取有效的措施,加强海岸侵蚀防护。

引　言

　　海岸带是地球系统中水圈、岩石圈、生物圈和大气圈相互作用的交汇地带,也是陆海相互作用和物质、能量交换的关键界面。海岸带在我国经济战略布局中占有极为重要的地位,维持海岸带资源与环境的可持续发展是国家经济和社会发展面临的重大战略需求。自 20 世纪以来,在全球气候变化和区域人类活动的共同作用下,海岸带系统发生了明显的改变,我国典型三角洲海岸区域面临严重的海岸侵蚀及其所导致的伴生灾害,如盐水入侵、土地盐渍化、风暴潮灾害以及海岸带工程安全等。丁平兴等(2013)对我国典型海岸带近 50 年来的演变过程进行了系统分析,并探讨了海岸带演变的主要驱动因素,提出了气候变化和人类活动对海岸带系统的影响机制。

　　尽管未来气候变化存在很大的不确定性,但是 IPCC 第四次评估报告认为,到 21 世纪末,在温室气体多种排放情景下,预估全球地表平均气温将增暖 $1.1\sim6.4\ ℃$,海平面上升 $0.18\sim0.59\ m$,气候变化对海岸带系统的影响将进一步加剧(IPCC,2007)。Bernard 等(2015)综合太平洋区域的波浪、水位以及海岸带变化等资料,并对厄尔尼诺-南方涛动现象(ENSO)的观测资料进行全面分析,提出如果 21 世纪极端厄尔尼诺和拉尼娜事件发生频率增强,海岸带区域将面临强烈的海岸侵蚀和风暴潮灾害,从而对海岸带系统构成严峻的威胁。Blum 和 Roberts(2009)的研究表明,在海平面上升速率为 1 mm/a 的情景下,到 2100 年密西西比三角洲将会丧失 $10\,000\sim13\,500\ km^2$ 的土地资源。因此,在气候变化的不同情景下,三角洲海岸未来的演变趋势已经成为政府、科学家和公众广泛关注的重要问题。

　　本部分选取了我国典型的海岸带(黄河三角洲、长江三角洲和苏北废黄河三角洲海岸)为重点研究区域,在系统总结过去 50 年海岸带演变过程及其主要原因的基础上,充分收集国内外的研究文献、报告和历史资料,分别构建了预测海岸带演变的模型,对 2030 年、2050 年和 2100 年的海岸带变化进行了预测,分析了海岸带演变对环境和资源(海岸带土地资源、湿地以及工程安全等)的主要影响,在此基础上提出相应的应对策略。值得指出的是,影响海岸带未来演变趋势的因素众多,且复杂多变,所得的预测结果也存在很大的不确定性,希望能够对海岸带的管理提供一定的参考。

第一章 现代黄河三角洲冲淤演变 趋势与影响分析

1.1 现代黄河三角洲冲淤演变趋势预测

1.1.1 现代黄河三角洲的演化机制

现代黄河三角洲为 1855 年黄河改道入渤海以来,所携带的大量泥沙在渤海快速淤积而形成的扇形三角洲沉积体。现代黄河三角洲以宁海为定点,北起套尔河口,南至支脉沟口,西至徒骇河,陆地面积约为 5 000 km²,在过去 150 年间,由于泥沙的快速淤积,黄河下游尾闾河道不断变迁,三角洲逐渐向海淤进。黄河三角洲蕴藏着丰富的油气、盐卤、淡水、地热以及海洋生物与土地资源,对环渤海经济圈的经济社会发展具有重要的支撑作用,受到国家和地方政府的高度重视,而未来三角洲的演化趋势以及如何维持三角洲的稳定是区域经济社会发展所面临的重要资源环境问题。三角洲冲淤演化往往受很多因素的共同影响(入海沉积物通量、三角洲海域沉积动力环境以及海平面变化等),理解这些影响因素的未来变化趋势对于预测三角洲演化具有重要的意义。

1) 黄河入海泥沙通量的变化

泥沙是塑造三角洲的重要物质基础。黄河以高输沙量闻名于世,多年平均入海泥沙通量超过 10 亿 t。大量的泥沙在浅海快速堆积,形成了黄河三角洲。90% 的现代黄河入海泥沙来自中游的黄土高原,自全新世中期以来,黄河中游人类活动的增强和气候变化,导致黄河入海泥沙通量急剧增加,由早期的 1 亿 t/a 快速增加至 10 亿 t/a。然而,自 20 世纪 60 年代以来,随着黄河流域大型水利工程的建设和运用以及黄河中游水土保持的实施,黄河入海的径流量、泥沙通量均呈现明显的阶段性递减(图 1-1)(Wang et al., 2007)。黄河利津站的连续观测数据显示,黄河入海径流量和泥沙通量的年际变化明显受到流域水利工程事件的影响(1960 年三门峡水库建成、20 世纪 70 年代开始的中游水土保持工程、1999 年小浪底水库建成以及随后的黄河调水调沙等),2000 年以来黄河入海泥沙通量平均为 1.5 亿 t/a,仅为 20 世纪 50～60 年代的 12%,入海径流量为 160 亿 m³/a,与1986～1999 年期间的平均入海径流量相当。

据统计,黄河泥沙的 90% 是来自中游的黄土高原区域,由于黄土本身的易侵蚀特性以及中游黄土高原区域的植被覆盖较差,中游泥沙的产出主要受控于夏季暴雨的侵蚀作用。20 世纪 60 年代末,在黄土高原地区开展了大规模的水土保持工作,实施了梯田、林

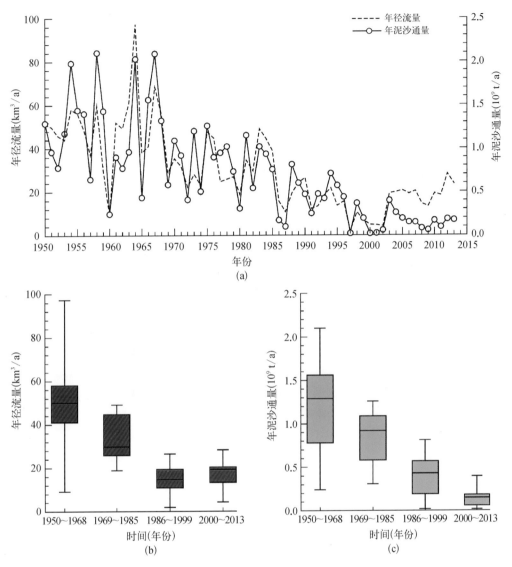

图 1-1　黄河入海径流量、泥沙通量的年际变化(a)以及入海径流量(b)
和入海泥沙通量(c)的阶段性变化

地、草地和淤地坝建设四大水土保持措施。水土保持工程的实施有效地改善了黄土高原区域的植被覆盖度,尤其是 2000 年以来林草植被覆盖度均明显改善,大部分区域的林草植被覆盖度均达 50% 以上(图 1-2)(刘晓燕等,2015)。黄土高原区域地表覆盖度的显著改变有效提高了中游地表的抗侵蚀能力,使得同等降雨条件下中游泥沙尤其是粗颗粒泥沙的产出不断减少。19 世纪 50 年代以来,黄土高原区域的 7 条主要支流汇入黄河干流的泥沙量以及中游的潼关站(三门峡水库以上)的泥沙量均呈现出阶段性的递减,由 1950~1970 年的平均 12.4 亿 t/a 和 15.0 亿 t/a,剧减至 2000~2009 年的 3.4 亿 t/a 和 3.1 亿 t/a,这表明水土保持导致的中游黄土高原区产沙减少是黄河入海泥沙快速减少的根本原因(丁平兴等,2013)。

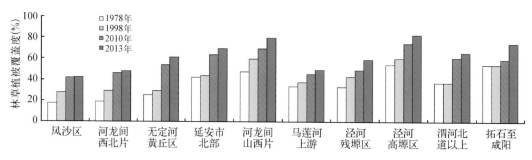

图 1-2　黄土高原区域不同区间的林草植被覆盖度变化(刘晓燕等,2015)

长期以来,黄土高原地表侵蚀产出的巨量泥沙被输送至下游,其中粗颗粒部分(粒度 $D > 0.05$ mm)在下游河道快速沉积,造成河床不断抬高,形成典型的地上悬河,对黄河下游的防洪构成了严重威胁。1999 年小浪底水库建成以来,水库的淤积日趋加重,导致水库有效库容不断减少(中国河流泥沙公报),不利于小浪底水库防洪调蓄作用的发挥。为解决水库淤沙严重,下游河道主槽萎缩,河床抬高等一系列问题,2002 年 7 月黄河水利委员会开始实施黄河"调水调沙"计划。调水调沙主要利用以小浪底水库为主的黄河干流大型水库的联合调度,将小浪底水库的水沙在洪季集中排放,制造人工洪峰,冲刷下游河床,以增大下游河道的主槽行洪能力。自 2002 年黄河首次进行调水调沙以来,大量泥沙及径流在短短数十天内被输送至海,到 2013 年共开展了 15 次黄河调水调沙,显著地改善了黄河泥沙问题——黄河下游河道主河槽实现全线冲刷,下游河道由淤积状态逆转为不淤或侵蚀状态;下游河槽的过流能力显著增加,河道最小平滩流量由调水调沙实施以前的 1 800 m³/s 提高至 2013 年的 4 100 m³/s;有效地遏止了断流的发生,保证了下游河道的基本径流;改善了黄河入海水沙配比,水沙比与来沙系数趋于正常(张兴军,2013;李松,2015)。但是,调水调沙的实施并未从实质上改变黄河入海泥沙通量减少的根本问题。2002～2013 年期间,黄河利津站入海泥沙通量平均为 1.6 亿 t/a,仅为调水调沙之前 10

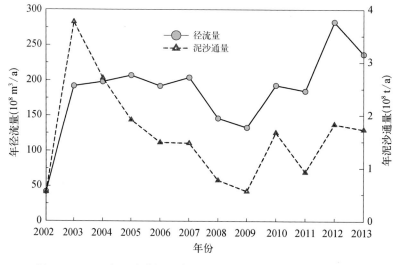

图 1-3　2002 年以来黄河入海径流量、泥沙通量变化(李松,2015)

年(1992~2001年)的50%。统计资料显示,随着黄河调水调沙的逐年实施,下游河道持续冲刷,导致河床泥沙粒度粗化,未来下游河道侵蚀对入海泥沙通量的补充作用将不再显著。

综上所述,随着时间的推移,黄土高原区域的水土保持作用将逐步增强,从而进一步提高该区域地表的抗侵蚀能力、减少泥沙的产出。同时,黄河下游河床泥沙的粒度在不断变粗,由调水调沙引起的下游河道冲刷不断减弱,这导致未来黄河入海泥沙通量将进一步低于目前的水平,对维持三角洲的稳定带来很大的挑战。

2) 黄河三角洲海域的沉积动力环境

现代黄河三角洲位于渤海的南部,在渤海湾和莱州湾之间,三角洲海域的潮汐主要为不规则半日潮,现行河口区域的潮差平均为0.6~0.8 m,向南北两侧增加至1.5~2.0 m。三角洲区域的潮流主要表现为与等深线平行的沿岸往复流,平均潮流流速为0.5~1.0 m/s。三角洲沿岸存在两个高流速中心,一个位于废弃刁口三角洲叶瓣前缘,与五号桩区域无潮点的位置基本对应,另外一个位于现行河口区域,潮流平均流速为1.0~1.5 m/s(图1-4)。

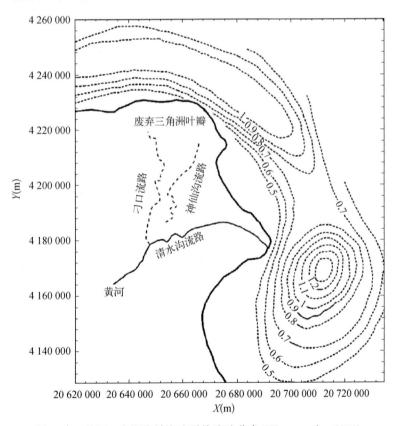

图1-4 黄河三角洲海域潮流平均流速分布(Wang et al.,2006)

黄河三角洲海域的波浪主要为风成浪,受风场的变化控制,因而具有明显的季节性。该海域的强浪向为NE向,次强浪向为NNW向,常浪向为S向。波浪进入浅水环境后,由于变形作用,对海底产生明显的剪切作用,从而使海底表层沉积物再悬浮并进入水体随水流搬运。黄河三角洲海域的表层沉积物多以粉砂和粉砂质黏土为主,在波浪的周期性载荷作用下,极易发生再悬浮。因此,在冬季强烈的东北向波浪作用下,三角洲沿岸发生大量的沉积物再悬浮,冬季成为三角洲海岸侵蚀、泥沙向海输出的关键时段。卫星遥感解译的三角洲表层悬浮沉积物浓度与海域有效波高的季节性变化对比显示,在冬春季节海域的有效波高超过 1.5 m 时,对应的表层悬浮沉积物浓度超过 40 mg/L;尽管夏季是黄河沉积物入海的主要时段,但是由于风场的变化,海域的波浪作用较弱,导致有效波高约为0.5 m,对应的表层悬浮沉积物浓度为 15~20 mg/L(图 1-5)(Wang et al.,2014)。

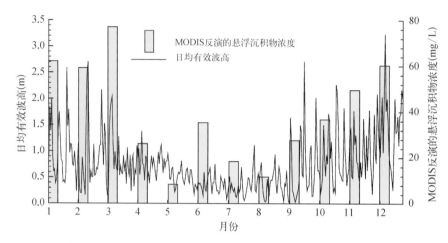

图 1-5 三角洲海域表层悬浮沉积物浓度与有效波高的季节性变化(Wang et al.,2014)

3) 黄河三角洲海域的海平面变化

《2011 年中国海平面公报》显示,近 20 年来,中国沿海海平面变化总体呈现波动上升趋势。1980~2011 年,中国沿海海平面总体上升了约 85 mm,平均上升速率为 2.7 mm/a,高于全球平均水平。其中,渤海西南部、黄海南部和海南岛东部沿海上升较快,均超过100 mm,平均上升速率为 3.2 mm/a;辽东湾西部、东海南部和北部湾沿海上升较缓,低于 80 mm。

塘沽、老虎滩和大连三个潮位观测站的月平均海平面观测资料显示,塘沽站的海平面上升速率约为 4.15 mm/a,老虎滩站的海平面上升速率约为 3.97 mm/a,大连站的海平面上升速率为 2.18 mm/a(图 1-6)。这三个观测站距离黄河三角洲较远,并且受海洋和地质环境的影响,海平面上升速率有差异。根据距离反比加权法,可大致确定黄河三角洲区域的海平面上升速率约为 4 mm/a。

1.1.2 现代黄河三角洲演化预测模型的构建

由于最近 50 年来入海径流、泥沙的快速减少以及黄河下游的堤防建设,黄河入海流路相对稳定,自 1976 年以来黄河入海基本围绕现行清水沟流路,1996 年人工改道清八汊河入海,对三角洲的整体影响不大。气候变化和流域内快速增长的工农业耗水量导致黄河入海径流快速减少,同时伴随着入海泥沙通量急剧减少,目前已经接近 20 世纪 50 年代的 10%左右,对三角洲的发育和演化产生了巨大的影响。现代黄河三角洲基本上是在

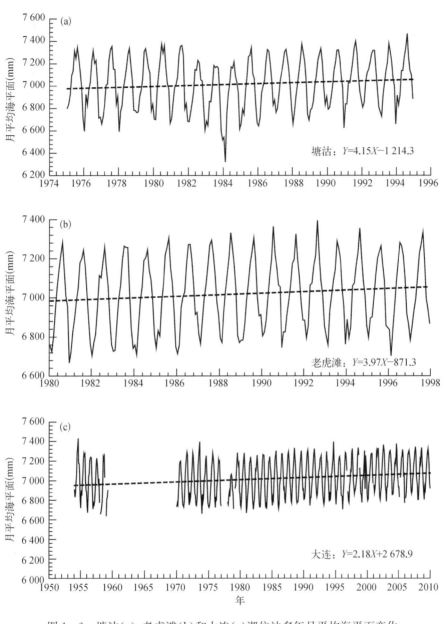

图 1-6　塘沽(a)、老虎滩(b)和大连(c)潮位站多年月平均海平面变化
(英国国家海洋中心,hhtp://www.psmsl.org/data/)

1855 年黄河改道入渤海以来形成沉积体,三角洲地面沉降显著,但是存在明显的空间不均匀性,体现在沿岸区域以及沿河道两侧区域的地面沉降速率快;同时由于三角洲区域的人类活动(如水产养殖、油气开采过程中增加的地面荷载等)不断加强,三角洲的地面沉降在时空变化上都极为复杂。受全球气候变化的影响,三角洲区域的海平面上升显著。以上这些因素综合起来共同影响三角洲的未来演变趋势,这也使得对三角洲演变趋势的预测变得极为困难。

依据现有的观测资料以及对三角洲演变过程和机制的理解,由黄河入海泥沙通量的剧烈减少引起的三角洲冲淤响应已经基本清楚;同时海平面上升速率可根据沿岸区域长期的潮位观测资料进行推断,这为构建三角洲演化的模型奠定了基础。关于三角洲地面沉降的观测资料稀少,三角洲海域动力环境的长期变化存在很大的不确定性,因此在预测模型中难以进行精细化考虑。

利用美国国家航空航天局(National Aeronautics and Space Administration,NASA)提供的SRTM3数据(空间分辨率为90 m),融合黄河水下三角洲测深数据,构建黄河三角洲高分辨率数字高程模型(DEM),以此作为预测未来黄河三角洲演化的基础模型。

根据以往的研究(丁平兴等,2013),现代黄河三角洲的冲淤分布存在显著的空间不均匀性。孤东以北至刁口三角洲叶瓣区存在着强烈的海岸侵蚀,侵蚀中心位于浅水区(5米以浅),而在10 m水深以深的区域,存在着弱淤积。海岸侵蚀的主要控制因素为强烈的波浪动力与海岸地形之间的相互作用,自1976年黄河改道清水沟以来,该海域存在着持续的侵蚀。综合该海域大量测深断面的历年水深变化,可以看出冲淤速率(e)与水深(h)存在如下统计关系:

$$e = a\ln(h) + b \tag{1-1}$$

式中,e 为冲淤速率(m/a);h 为水深(m);a 和 b 为系数。在不考虑海洋动力变化的情况下,该海域的海岸冲淤速率与水深条件变化密切相关。

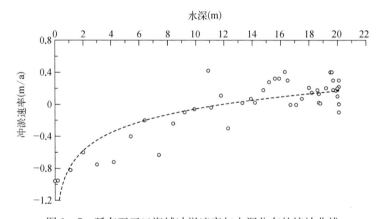

图1-7　孤东至刁口海域冲淤速率与水深分布的统计曲线

在现行河口海域,由于黄河入海泥沙的快速沉积,自1976年以来形成了快速向海淤进的三角洲叶瓣,沉积中心位于浅水的河口区域,冲淤速率向海逐渐减弱,泥沙主要淤积在15 m水深以浅区域。因此,该区域多个测深断面的历年观测资料表明,冲淤速率(e)与水深(h)也存在与式(1-1)一致的关系(图1-8),只是方程的拟合系数发生了调整。

在现行河口与莱州湾之间的海域,由于海域动力作用较弱,海岸基本上为冲淤平衡状态,但是也在2 m以浅存在弱冲刷(0.2~0.3 m/a),5 m以深的区域存在弱淤积(0.3~0.4 m/a),冲淤速率随水深的变化与式(1-1)一致。

因此,从统计学角度看,式(1-1)基本上刻画了黄河三角洲海岸的冲淤分布模式,在不同的区域,方程的拟合参数存在较大的差异。

三角洲海域的水深变化可由式(1-2)表达:

$$h = h_0 + \sum e + \sum \text{slr} \tag{1-2}$$

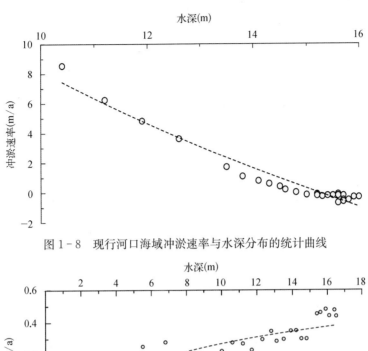

图 1-8　现行河口海域冲淤速率与水深分布的统计曲线

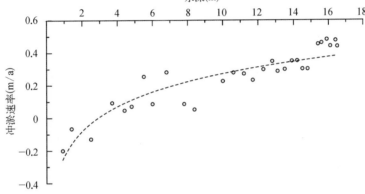

图 1-9　现行河口至莱州湾海域冲淤速率与水深分布的统计曲线

式中，e 为侵蚀速率；h 为水深；h_0 为初始水深；slr 为海平面上升速率。在给定的时间间隔内，根据三角洲冲淤速率随水深的分布进行时间积分，同时考虑海平面上升的贡献，可以得到三角洲空间点上新的水深，将此水深值作为初值赋给 h_0，然后继续进行迭代计算，即可得到指定时间的水深分布。

1.1.3　模型参数设置

1) 三角洲不同区域的冲淤分布拟合参数

对三角洲沿岸历年的测深资料进行统计分析，初步得出了三角洲不同区域的冲淤参数 a 和 b 的数值，见表 1-1。

表 1-1　黄河三角洲沿岸不同分区的冲淤参数设置

三角洲沿岸分区	参数 a 数值	参数 b 数值
孤东-刁口海域	1.1	−3.1
现行河口海域	−1.5	3.8
莱州湾海域	0.53	−1.6

利用以上冲淤参数,可以估算在不同区域和不同水深位置的年均冲淤厚度。根据式(1-2),冲淤分布引起水深地形的调整,并作为控制条件,改变了冲淤速率的分布。通过迭代计算,可以估算不同时间段的三角洲冲淤变化。

2）海平面变化速率

为简便起见,假定黄河三角洲沿岸的海平面上升速率为常数,根据潮位站的观测资料分析和已有研究文献,将黄河三角洲沿岸的海平面上升速率设定为 slr=4 mm/a,在式(1-2)中将海平面上升速率作为常数进行时间积分。

1.1.4 预测结果及可靠性分析

将三角洲地面高程与水下三角洲测深资料融合后的 DEM 模型显示了 2010 年黄河三角洲高程和水下三角洲地形(图 1-10),可以看出自孤东海域至刁口三角洲叶瓣区水下三角洲坡度较大,而莱州湾区域地形坡度较小。现行河口口门区域由于入海泥沙的快速堆积,水下三角洲的底坡较为陡峭。—5 m 等深线距离孤东海堤最远为 35 km,最近约7.5 km(图 1-10)。

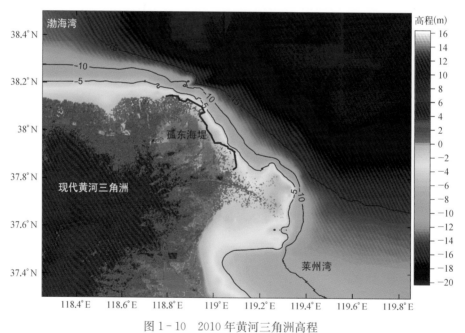

图 1-10 2010 年黄河三角洲高程

图中彩色图为高程图(单位：m),实线为水下三角洲等深线(单位：m)

利用构建的黄河三角洲 DEM 模型对 2030 年、2050 年和 2100 年的三角洲形态进行了预测。研究结果显示,到 2030 年三角洲北部由于侵蚀作用强烈,海岸向陆蚀退明显,5 m 等深线向陆迁移 3～5 km,年均蚀退速率达到 150～250 m/a;现行河口区域由于入海泥沙的堆积,未见明显变化;莱州湾区域由于水深浅,坡度平缓,因此海平面上升的放大效应凸显,5 m 等深线向陆迁移 3～6 km。—5 m 等深线距孤东海堤最近的距离达到 4.7 km,海堤根部的侵蚀显著(图 1-11)。

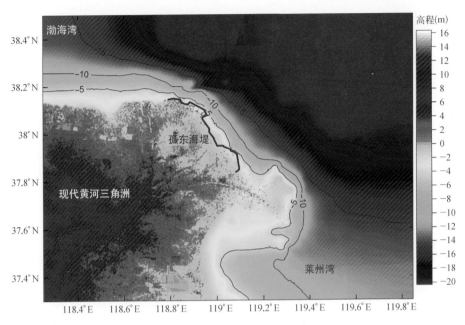

图 1-11　2030 年黄河三角洲高程

图中彩色图为高程图(单位:m),实线为水下三角洲等深线(单位:m)

　　到 2050 年,三角洲北部区域向陆蚀退进一步加剧,−5 m 等深线累计向陆迁移 8~15 km,年均蚀退速率达到 600 m/a(图 1-12),孤东海堤局部区域的堤下水深已经接近 5 m,海堤的安全将受到严重的威胁。现行河口区域变化不大,主要是受河流入海泥沙堆积的控制,而莱州湾湾顶区域 5 m 等深线向陆迁移累计 3~5 km 不等,主要取决于水下坡度的大小(图 1-12)。

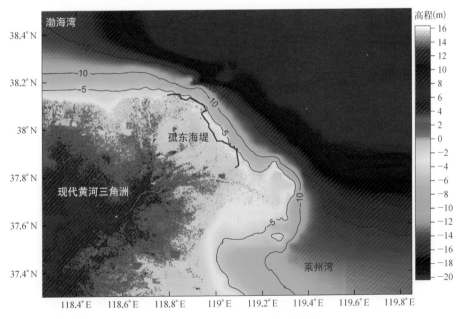

图 1-12　2050 年黄河三角洲高程

图中彩色图为高程图(单位:m),实线为水下三角洲等深线(单位:m)

到 2100 年,三角洲北部区域蚀退严重,5 m 等深线向陆迁移累计 20 km。孤东海堤对相应岸段的防护作用已经基本丧失(图 1 - 13)。现行河口的局部区域存在一定程度的淤积,但是除口门区域外,岸线向陆蚀退 2~3 km。在莱州湾区域,岸线持续向陆蚀退,在莱州湾北侧由于潮滩发育,海底坡度平缓,岸线向陆蚀退最为严重。

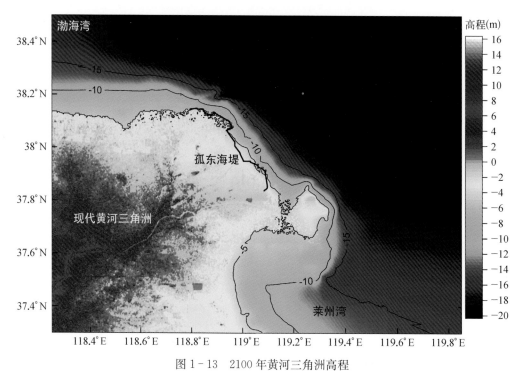

图 1 - 13 2100 年黄河三角洲高程

图中彩色图为高程图(单位:m),实线为水下三角洲等深线(单位:m)

本章预测黄河三角洲冲淤演变趋势所采用的模型为统计模型,主要考虑了黄河水下三角洲冲淤速率的空间分布和海平面上升的综合影响,所得到的预测结果尚存在一定的不确定性,主要体现在:① 未考虑未来不同时期黄河入海泥沙通量的变化;② 未考虑气候变化影响下未来黄河三角洲沿岸海洋动力因素的变化;③ 采用了恒定的海平面上升速率。从目前黄河入海泥沙通量的变化来看,人类活动起到了关键的控制作用。随着黄河中游水土保持工程的实施以及大型水库的拦截和调控,黄河入海泥沙通量持续减少的趋势不可避免。因此现行河口叶瓣的淤积速率可能将大为减缓甚至转为冲刷。除了受黄河入海泥沙通量的控制作用,黄河三角洲沿岸的冲淤变化主要取决于近岸的海洋动力过程,尤其是冬季的强风暴过程。现有的研究表明,气候变化可能会改变海岸带区域极端事件性过程的发生频率和强度。从长时间尺度上看海洋动力环境的变化对三角洲的冲淤演化有重要的控制作用。此外,海平面上升的速率也将随着气候变化的不同情景而发生调整,这会对陆上三角洲的面积变化以及水下三角洲的沉积动力环境产生重要的影响。我们给出的预测结果尽管存在相当的不确定性,但是基本上能够反映未来不同时间段黄河三角洲不同区域的演化趋势,这与目前已有的一些研究结论基本一致,预测结果对未来三角洲的开发和保护具有重要的参考价值。

1.2 现代黄河三角洲冲淤演变影响分析

1.2.1 对三角洲海岸安全的影响

黄河三角洲孤东海堤的功能未来将面临严峻的形势,至 2050 年孤东海堤高程虽然仍高于海平面,但无海堤防护区域由于海岸侵蚀和海平面上升,海水大规模淹没陆上三角洲区域,这其中包括孤东油田,因此海堤对其内部油田的防护作用已经丧失,海堤外侧水深接近 5 m,内侧水深可达 2～3 m。至 2100 年孤东海堤将接近淹没状态(图 1-14)。

从等深线演化过程可以看出,5 m 和 10 m 等深线的变化趋势是向陆迁移,但是变化速率很小,仅在三角洲北部区域由于侵蚀作用强烈,产生较为明显的变化,而莱州湾区域由于底坡平缓,由海平面上升导致的等深线变化显著(图 1-14)。三角洲近岸水深增加,会显著增加风暴潮的强度及其破坏能力,尤其是对现有海堤的影响显著。而对于无海堤保护区域,由风暴潮导致的水灾害增强,其淹没范围会显著增加。同时,由于黄河水下三角洲近岸区分布着大量的输油管线和海底电缆,随着岸线的蚀退,水下三角洲的侵蚀,输油管线和海底电缆将有可能暴露于海底,从而加大其发生断裂的风险。

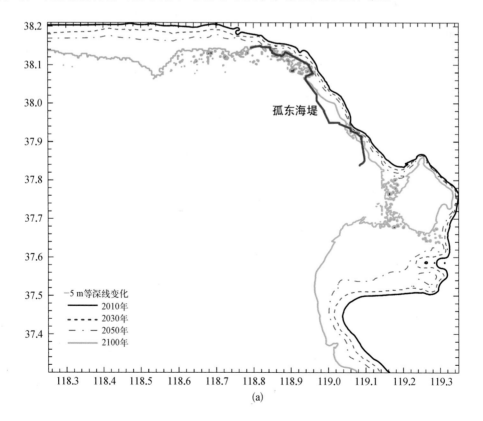

(a)

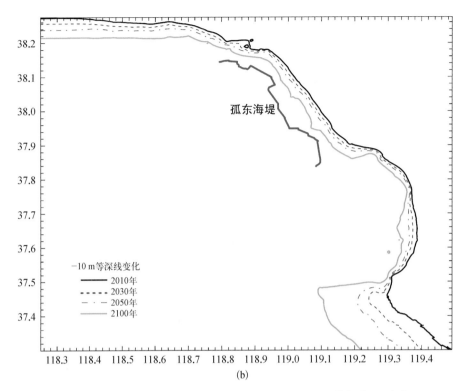

图 1-14   黄河三角洲不同时期 5 m 等深线(a)和 10 m 等深线(b)变化

1.2.2   对三角洲湿地的影响

基于气候变化对黄河三角洲演变趋势的研究可以看出,随着海平面的上升,由于淹没效应,岸线向陆的蚀退速率要显著大于 6 m 等深线的蚀退速率,即:在气候变化导致的海平面上升的背景下,黄河三角洲湿地面积将显著增加,但不同区域的演化过程差异显著。莱州湾地区由于地形坡度较缓,岸线蚀退速率和 6 m 等深线蚀退速率均较快,所以该区的湿地面积增加最为缓慢。在现行河口区,由于泥沙供应的影响,6 m 等深线相对较稳定,但岸线整体蚀退仍然较快,因此河口区湿地面积的增加最为显著。北部废三角洲地区由于缺乏海堤防护,且无河流泥沙供应,岸线与 6 m 等深线同时蚀退,但由于陆地坡度缓,因此岸线蚀退较快,所以北部废三角洲叶瓣区湿地面积的增加速率中等。除了海平面的影响,由于气候变化和人类活动导致的黄河入海泥沙量的减少,对三角洲湿地演化也有显著影响,尤其是现行河口区在泥沙量降低的情况下,湿地面积将减小。

除了对三角洲湿地面积的影响之外,气候变化导致的海岸蚀退还将导致生物栖息环境的变化。主要表现在:① 海岸侵蚀和海平面上升导致水深增加,动力环境发生变化,原本栖息于浅水环境的生物将向陆迁移;② 岸线蚀退必然导致河口位置后退,导致近岸区温度、盐度、浊度及营养盐供应等发生变化,对生物栖息环境产生重要影响。

1.3　应对策略与措施

基于现有的预测结果,针对黄河三角洲海岸的保护提出如下应对策略:① 无海堤保护区域应修建海堤,已有黄河三角洲沿岸海堤需加高、加固,提高防护标准,防止海岸蚀退并降低海岸侵蚀所导致的风暴潮增水灾害效应。② 海陆联动,通过流域调控,尽可能增加黄河入海泥沙量和径流量,保证现行三角洲叶瓣区保持稳定或增长,降低海平面上升的灾害效应。③ 加强海底输油管线和海底电缆的安全监测,对于将来欲铺设管线路由,应考虑气候变化影响下的海岸侵蚀效应,提出防护对策并合理设计管线的最大埋深。

第二章　长江三角洲冲淤演变趋势与影响分析

2.1　长江三角洲冲淤演变趋势预测

2.1.1　长江三角洲的演化机制分析

从过去几十年长江三角洲的冲淤历史(杨世伦,2013)可知,长江三角洲前缘年代际冲淤演变主要受控于长江入海泥沙通量的变化(Yang et al.，2003,2005,2006,2011),而口内河槽的冲淤变化主要受汊道间的分水分沙、洪水、滩-槽互动和工程等的制约(恽才兴,2004;杜景龙等,2005;李伯昌,2006;胡红兵等,2008;Gao et al.，2010;闫龙浩等,2010)。三角洲前缘的冲淤趋势实际上代表三角洲的总体演变趋势。海平面变化对于缺乏陆域泥沙供给的地区往往是岸滩演化的主要因子,在泥沙来源丰富的河口三角洲则成为次要因子。海洋动力条件特别是沿岸流是河流泥沙入海后的搬运营力,其决定着泥沙的最终归宿。因此,要预测今后几十年长江三角洲的冲淤演变趋势,首先需要了解三角洲冲淤演变机制并展望今后主要影响因素的变化趋势。

1) 长江入海泥沙通量变化趋势

大量研究表明,20 世纪 60 年代以前,随着长江流域(图 2-1)人口增多,土地开垦强度增大,植被覆盖率下降,水土流失加重,长江入海泥沙通量呈缓慢上升趋势(Yang et al.，2002,2004;Wang et al.，2011)。然而,自 20 世纪 60 年代末汉江(长江入海泥沙主要来源之一)上修建丹江口水库(三峡工程前长江流域最大的水库)以来,长江流域建坝和水土保持工程(后者始于 20 世纪 80 年代)等导致长江入海泥沙通量呈显著下降趋势(Yang et al.，2002,2006;Chen et al.，2008;Hu et al.，2009)。自三峡工程运行以来,大通入海泥沙通量已降至 1.5 亿 t/a(多年平均)以下(图 2-2)。值得指出,三峡工程运行十多年来长江入海泥沙通量的下降是多因素综合影响的结果。例如,2003～2012 年与此前的十年(1993～2002 年)相比,大通入海泥沙通量平均下降 1.75 亿 t/a,其中约 65% 归因于三峡水库蓄水,约 20% 归因于流域水土保持和其他新建水库,约 14% 归因于降水量减少(图 2-3)。2006 年和 2011 年都是长江流域罕见的降水量偏少年份(Yang et al.，2015)。

气候要素特别是降水量是长江入海泥沙通量年际多变的主要原因,也是长江入海泥

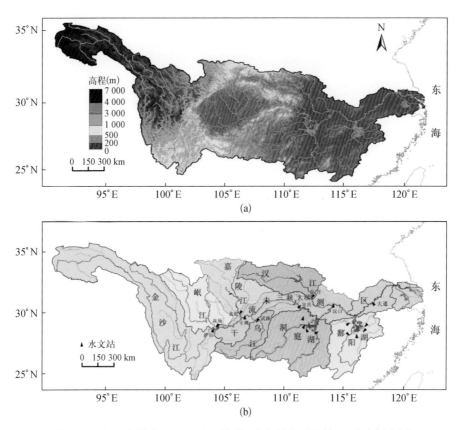

图 2-1　长江流域高程(a)及主要气象、水文站和子流域(b)分布示意图

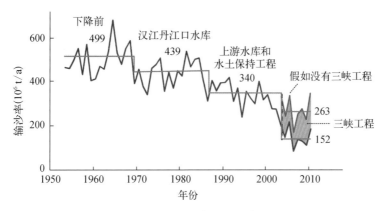

图 2-2　长江入海泥沙通量(大通站)的下降阶段及其主要原因(Yang et al.，2014)

沙通量长期变化趋势的影响因素之一。尽管近期(2003～2012 年)长江流域的平均年降水量比过去几十年(1950～2002 年)有所下降(Yang et al.，2015)，但从回归关系角度看，1950 年以来(在气候变暖的背景下)长江流域降水量系列没有显著的变化趋势。因此，在未来几十年气候变暖的预期背景下，长江流域降水量的长期变化趋势不明朗(尽管短期的振荡仍将继续出现)。换句话说，气候变化对今后几十年长江水沙通量长期变化趋势的影响可能不大(Yang et al.，2010)。

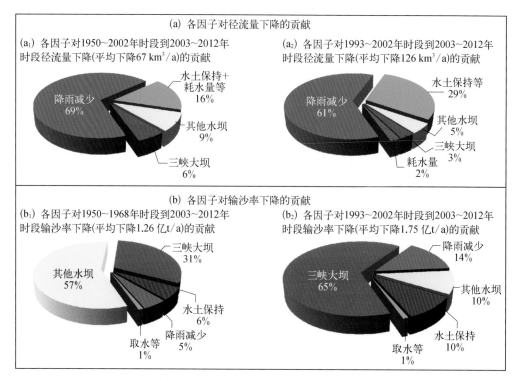

图 2-3　不同因子对长江径流量和输沙率阶段性下降的贡献（Yang et al.，2015）

今后几十年长江流域人类活动对入海泥沙通量的影响将主要取决于以下几个方面：① 新建水库增加的截沙能力与已建水库因淤积而损失的截沙能力之间的平衡；② 植被破坏（deforestation）与植被恢复（afforestation）或水土保持工程（water-soil conservation）之间的平衡；③ 调水特别是跨流域调水（南水北调）；④ 河床采沙。制约今后几十年甚至几百年长江入海泥沙通量的另一个重要因素是长江中下游河床-河岸沉积物的侵蚀潜力（Yang et al.，2014）。

综合考虑以上因素（特别是金沙江梯级水库的修建和运行），今后几十年从长江上游进入三峡水库的泥沙将进一步减少。尽管三峡水库的持续淤积会使水库的截沙百分比（trap efficiency）逐渐减小，但鉴于三峡水库的巨大库容，在 21 世纪 20 年代、50 年代和 90 年代，其年代平均截沙百分比仍可分别达到 88%、87% 和 85%（Yang et al.，2014）。当然，受降水量年际波动引起的上游来沙通量变化的影响，三峡水库的截沙百分比的年际变化仍将比较明显（Yang et al.，2015）。2020~2100 年间，宜昌站的年代平均输沙率估计会在 0.1 亿~0.15 亿 t/a（三峡工程运行最初 10 年的 2003~2012 年平均为 0.48 亿 t/a）（Yang et al.，2014）。在过去长期的历史上，来自长江上游的泥沙丰富。水流出三峡后，由于坡降减小、流速降低，水流向海携带泥沙的能力小于上游的来沙率，致使大量泥沙沉积在长江中下游（特别是中游）（Yang et al.，2007）。历史上沉积在宜昌与大通之间的泥沙估计达 80 km³（Yang et al.，2014），即 1000 亿 t 以上。21 世纪初以来（尤其是三峡工程运行以来），由于上游来沙率下降到水流向海携带泥沙的能力之下，长江中下游由原来的淤积过程转变为冲刷过程（Hu et al.，2009；Yang et al.，2011；Dai and Liu，2013）。

基于泥沙平衡原理的计算表明,三峡工程运行后的 2003～2012 年,宜昌-大通间干流河道平均冲刷速率达到 0.61 亿 t/a(Yang et al.,2014)。据长江水利委员会监测资料,金沙江大型梯级水库运行以来的 2013 和 2014 年,长江上游平均来沙通量不足 0.2 亿 t/a(宜昌站),中下游主要支流(汉江、洞庭湖 4 水、鄱阳湖 5 河)的合计供沙通量仅 0.13 亿 t/a,而大通泥沙通量为 1.2 亿 t/a。尽管长江中下游干流两侧存在较大范围的"未测区",但源自该"未测区"的泥沙量估计远低于上述中下游监测区的泥沙量(Yang et al.,2014)。可见,长江中下游侵蚀已成为入海泥沙的主要来源。已有的侵蚀主要发生在距三峡大坝最近的 300～400 km 河段(Dai et al.,2013)。冲刷导致河床沉积物粗化。例如,在 2002～2011 年间,三峡大坝下游约 200 km 的河段沉积物已由工程前的中砂转变为砾石;粗化带有随时间向下游扩展的趋势(Luo et al.,2012)。侵蚀导致的河床高程降低和沉积物粗化反过来将抑制侵蚀的进一步发生。随着时间的推移,长江中下游的冲刷速率将会逐渐减弱。根据 SOBEK 河流地貌演变模型的预测,到 21 世纪末,三峡水库下游的冲刷速率将比现阶段下降 10%～15%(Yuan,2014)。基于全流域各种因素变化情景的综合研究表明,21 世纪 20 年代、50 年代和 90 年代平均的大通输沙率将分别约为 1.2 亿 t/a、1.1 亿 t/a 和 1.0 亿 t/a(Yang et al.,2014),即分别比现阶段(2003～2012 年为 1.45 亿 t/a)下降约 17%、24% 和 31%。不过,由于气候因素(特别是降水量)的年际波动十分显著,今后长江入海泥沙通量的年际变化仍将十分明显,变化范围将可能为 0.5 亿～2.9 亿 t/a(Yang et al.,2014)。此外,今后几十年新建水库和以生态文明建设为导向的流域水土保持工程可能使长江中下游支流的供沙进一步减少。

2) 长江三角洲沉积物的可蚀性

根据已有研究,由于长江入海泥沙量锐减,长江三角洲在总体上已从净淤涨过渡到净侵蚀阶段(Yang et al.,2011;杨世伦,2013)。从定性研究角度而言,今后几十年长江入海泥沙的进一步下降必然引起长江三角洲侵蚀的继续发生。但是,侵蚀速率的大小还将取决于底床沉积物的抗侵蚀特性和海洋动力条件。

通过在长江水下三角洲进行大范围表层沉积物采样和典型柱状取样(图 2-4),分析沉积物的粒度和含水量,并计算沉积物的临界侵蚀剪切应力(τ_{cr}),得出 τ_{cr} 的平面和垂向分布。在代表性区域进行水动力观测,计算了潮周期内底床剪切应力 τ_c 的变化。通过 τ_{cr} 和 τ_c 的对比,评估海底沉积物的可侵蚀性。研究表明:① 长江水下三角洲表层沉积物中值粒径(d_{50})为 4.9～228 μm,平均为 46 μm。d_{50} 的低值区出现在南北槽口门外的水下三角洲前缘,那里是长江入海泥沙的沉积中心;在口门外水下三角洲边缘与东海残留砂接壤的区域,沉积物又出现变粗趋势。水下三角洲前缘柱状样沉积物 d_{50} 的变化范围为 4.1～173 μm,平均为 19 μm。d_{50} 在垂向上有明显波动,但总体上垂向变化趋势不明显。② 长江口表层沉积物含水量(沉积物所含水的质量与沉积物干重之比)变化范围为 22%～89%,平均为 45%。含水量的高值区出现在南北槽口门外的水下三角洲前缘泥沙沉积中心。柱状样沉积物含水量变化范围为 23%～80%,平均为 50%,柱状样含水量在垂向上有明显波动,总体上有微弱的减小趋势,但减小率不大。③ 长江口表层沉积物 τ_{cr} 变化范围 0.079～0.174 N/m²,平均为 0.11 N/m²(图 2-5);柱状样沉积物 τ_{cr} 变化范围为 0.082～0.153 N/m²,平均为 0.101 N/m²。柱状样 τ_{cr} 自表层向下有一定波动或增大趋势,但波动

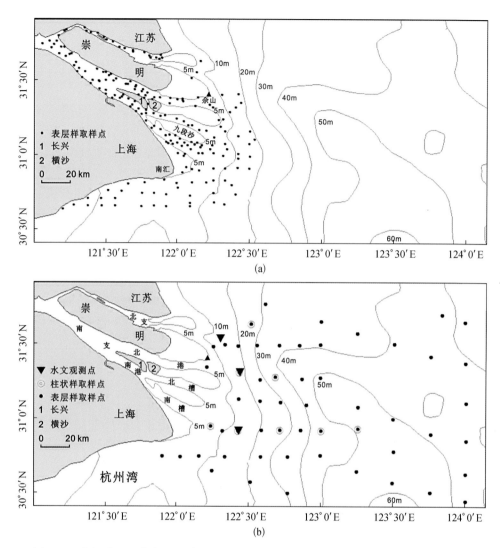

图 2-4　长江水下三角洲(a)及邻近海域(b)沉积物采样和水文观测站位图(吴晗,2014)

幅度或增量不大(图 2-6)。④ 长江口门外水下三角洲前缘的潮流以旋转流为主。垂向平均流速随时间的变化范围为 0.28~1.53 m/s,底床 τ_c 的变化范围为 0.002~1.4 N/m²;潮周期内底床 τ_c 出现数量级变化,既有 $\tau_c > \tau_{cr}$ 的时段,也有 $\tau_c < \tau_{cr}$ 的时段,以前者居多。⑤ 据此推断:长江水下三角洲沉积物(至少在 2 m 沉积厚度)可以在潮周期内的较大流速阶段发生侵蚀(风暴天气条件下侵蚀将加强)。在潮周期的低流速阶段,悬沙也可以落淤到底床。在长时间尺度上(如年至年代尺度)底床是否发生净侵蚀取决于短时间尺度(如潮周期、大小潮)的侵蚀量与淤积量(与悬沙浓度呈正相关)之间的平衡。

3) 长江三角洲海域海平面上升趋势

根据国家海洋局发布的《2014 年中国海平面公报》:中国沿海海平面变化总体上呈波动上升趋势,1980~2014 年平均上升速率为 3.0 mm/a,高于全球平均水平。位于东海北部的长江口海域海平面上升速率略高于全国沿海平均值,过去 35 年平均上升速率约

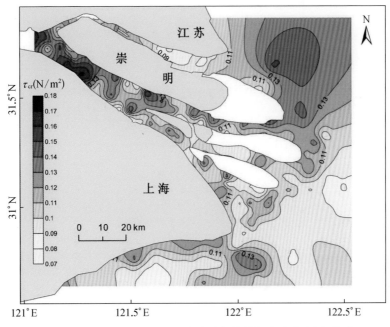

图 2-5 长江水下三角洲表层沉积物临界侵蚀剪切应力分布图(吴晗,2014)

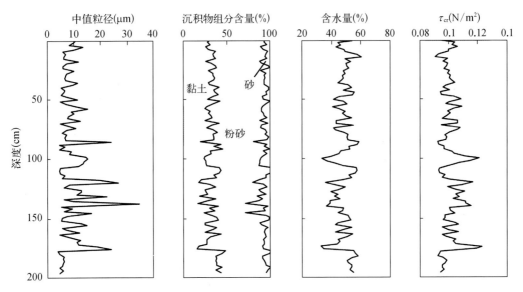

图 2-6 长江水下三角洲前缘典型泥质区柱状样中值粒径、沉积物组
分含量、含水量和临界侵蚀剪切应力垂向分布(吴晗,2014)

3.2 mm/a。据 IPCC 报告 5,1901～2010 年的全球平均海平面上升速率为 1.9 mm/a,其中 1993～2010 年增大为 3.2 mm/a(IPCC,2013)。综合 4 种模型预测的结果,2030 年、2050 年 和 2100 年的全球海平面将分别比 2012 年高 60(最低估计)～110 mm(最高估计)、120(最低 估计)～260 mm(最高估计)和 235(最低估计)～890 mm(最高估计)(IPCC,2013)。换言之, 2012～2030 年、2030～2050 年和 2050～2100 年的全球海平面上升速率的最低估计值分别是 3.3 mm/a、3.0 mm/a 和 2.3 mm/a,最高估计值分别是 6.1 mm/a、7.5 mm/a 和 12.6 mm/a。

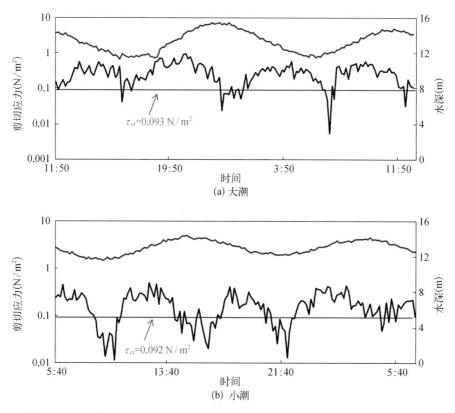

图 2-7   长江水下三角洲前缘典型测点水深和底床剪切应力过程线(吴晗,2014)

4) 长江三角洲海洋动力条件

长江三角洲(包括杭州湾北岸)海域属于中-强潮环境(上海市海岸带和海涂资源综合调查报告编写组,1987),潮动力在泥沙输运中扮演着重要角色。潮汐是一种周期现象,有半日周期、日周期、半月周期、年周期、8.9年周期、18.6年周期等(Carter,1988)。鉴于潮流的循环特点,它在长江三角洲泥沙长期单向输运中的作用可能不大,尽管这一点有待进一步研究。因此,本文在今后几十年长江三角洲的冲淤趋势预测中,潮汐变化的影响不予考虑。决定长江三角洲前缘长期冲淤趋势的一个至关重要的海洋动力条件是沿岸流。众所周知,东海内陆架存在巨大的全新世泥质沉积体,其形成原因主要是长江三角洲前缘沉积物在冬季偏北风条件下再悬浮并向南搬运(即浙-闽沿岸流)(秦蕴珊等,1987;Liu et al.,2007;刘升发等,2009;Xu et al.,2012)。现场观测和模拟研究都证明了冬季这股强劲沿岸流的存在(何海丰等,2013;Lee and Chao,2003;李鹏等,2014)。可以推断,历史上随浙-闽沿岸流向南输送的泥沙量可能是一个变量。例如,Liu 等(2007)根据东海内陆架泥质沉积体积推断近7000年从长江三角洲向浙-闽沿岸输送的泥沙量平均约为0.78亿t/a,而 Milliman 等(1985)根据现代沉积速率估计的从长江三角洲向南输送的泥沙量为1.5亿t/a左右。基于 Zheng 等(2010)的岩芯测年数据,计算得出的结果也显示近千年来东海内陆架泥质区的沉积速率呈明显增大趋势,与同期长江入海泥沙通量的上升趋势(Wang et al.,2011)吻合。在不考虑长江入海泥沙通量和水下三角洲底床可蚀性变化的前提下,沿岸流输运泥沙的多少取决于沿岸流本身的强度。理论上,浙-闽沿岸流的强度与所在地区冬季偏北风的风速密切相关。根据 20 世纪 50 年代以来国家气象监测网上与长江口海域最相近的吕四(长江口以北约 50 km 的江苏海岸)和嵊泗(长江三角洲南汇嘴东偏南约 50 km 的海岛)两个测站的连续风速资料统计,两站的年平均风速和冬季偏北风风速序列均呈现显著下降趋势(显著性水平 $p<0.001$),线性回归趋势显示 50 多年来风速下降 $10\%\sim20\%$。这一风速下降趋势与基于全国陆地气象监测网 740 个测站逐日资料的分析结果一致(王遵娅等,2004;江滢等,2007)。研究认为,近几十年风速下降主要是由于亚洲冬、夏季风的减弱(王遵娅等,2004)。在气候变暖的大背景下,亚洲纬向环流加强、经向环流减弱,冬季高纬度地区冷空气南下次数减少(江滢等,2007)。此外,气象台站周围因城镇化发展(特别是近 30 年)而产生的建筑物阻挡效应也可能是陆地监测风速资料呈下降趋势的原因之一。然而,另外一些研究表明,近几十年来全球海表风速呈上升趋势,对于上升趋势,近岸大于大洋、冬季大于夏季(刘志宏等,2011;贾本凯等,2013)。据欧洲中长期天气预报中心(简称 ECMWF,网址: http://www.ecmwf.int/)发布的全球网格(间距 15 km)风速模拟数据(3 h 间隔),1958~2013 年的 56 年中长江口外邻近海域海表年均风速的时间变化在统计上呈显著上升趋势(尽管相关系数 R^2 只有 0.2,但因样本数大,显著性水平达到 <0.001 水平。统计学上一般将 $p<0.05$ 定义为显著水平);线性回归趋势公式显示年均风速从 1958 年的 5.62 m/a 上升为 2013 年的 5.90 m/a,即 6 年累计上升 5%。但另一方面,基于相同数据来源的冬季平均风速序列则在统计上无显著变化趋势(p 高达 0.81)(图 2-8)。总之,目前没有证据表明冬季长江口邻近海域的动力条件有显著增强或减弱的趋势,所以在未来几十年长江三角洲冲淤趋势的预测方面,浙-闽沿岸流从长江口向南携带泥沙的能力变化可以不予考虑。长江三角洲海岸每年都要受到几次风暴极端天气事件的袭击(Yang et al.,2003)。风暴的影响除了在短期内显著增加波浪动力并导致岸滩的强烈冲淤变化外,还往往引起增水,从而对防洪构成严重威胁。据研究,长江三角洲 1 年 1 遇的台风可导致增水超过 1 m(上海市海岸带和海涂资源

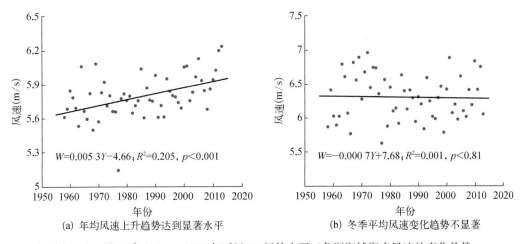

(a) 年均风速上升趋势达到显著水平　　　(b) 冬季平均风速变化趋势不显著

图 2-8　近 56 年(1958~2013 年)长江口门外水下三角洲海域海表风速的变化趋势

数据来自欧洲中长期天气预报中心全球海表风速网格计算值;式中 W 代表风速,Y 代表年份,R 代表相关系数,p 代表显著性水平

综合调查报告编写组,1987);强台风导致的增水往往更大。例如,2011 年第 9 号强台风"梅花"期间长江口-杭州湾沿岸出现最大增水达 2.2 m(http://tianqi. 2345. com/t/news/2011/08/4702. htm)。基于历史记录的极端台风特征值用模型推算得出的长江口可能最大增水为 3.67 m(盛季达、何金林,1999;端义宏等,2004),增水叠加下的可能最高潮位为 7.87 m(端义宏等,2004)。尽管有些风暴事件的地貌效应是巨大和长期的(Turner et al. ,2006),但其影响非常复杂,加之风暴强度和频率今后的变化趋势不明朗(IPCC,2014),故在未来几十年长江三角洲冲淤趋势的预测中难以考虑。

2.1.2 预测模型构建

长江三角洲海岸的冲淤过程及其影响因素极其复杂。不同时间尺度的冲淤往往具有不同的主控因子。潮周期和大小潮周期的冲淤循环主要受控于天文潮汐的变化,风暴周期的冲淤循环主要受控于极端天气事件(Yang et al. ,2003b),季节性冲淤循环主要受控于季风的变化(Yang et al. ,2001b),而年代际冲淤主要受控于长江入海泥沙通量(Yang et al. ,2003a;Yang et al. ,2011)。因此,本研究主要构建年代际冲淤速率与长江入海泥沙通量之间的统计关系,用以预测未来几十年的冲淤趋势。由于长江水下三角洲范围巨大,用以揭示海底冲淤变化的海图水深测量不是每年都进行(重要航道除外),往往多年才重复测量一次;同时不同区域的测量时间往往不同。长江水下三角洲前缘的 10 m 等深线总体上呈南北延伸态势[图 2-4(a)]。

根据已有的测量海图,同时尽可能保证时段足够长(年代尺度)以缩小短期冲淤变化以及测量误差的影响,本研究选择了 1958 年、1965 年、1978 年、2004 年和 2012 年 5 个年份海图的 10 m 等深线资料,用 ArcGIS 技术计算该等深线在 4 个时段中的平均移动距离,得出各时段该等深线的平均淤进/蚀退速率,建立其与大通输沙率之间的统计关系:

$$P_{10\,m} = 62.17Q_s - 151.1(R^2 = 0.81,\ p = 0.04) \tag{2-1}$$

式中,$P_{10\,m}$ 为 10 m 等深线的时段平均向海淤进速率(progradation rate:m/a);Q_s 为大通站时段平均输沙率(亿 t/a);R 为相关系数;p 为显著性水平。需要指出:该统计关系因样本数较小,可靠性较低,基于该关系式得出的预测结果不确定性较大。

5 m 等深线一般被作为海岸滩涂的起点线,即 5 m 等深线以浅部分称为滩涂(上海市海岸带和海涂资源综合调查报告编写组,1987)。长江口门的 5 m 等深线不像 10 m 等深线那样南北连贯,而是被各入海河槽断开(图 2-4)。人们对长江口门区"四大滩涂"(即崇明东滩、横沙东滩、九段沙和南汇东滩)的演变研究较多(Yang et al. ,2005;杜景龙等,2013)。北支口和启东嘴滩涂因资料较少而成为研究的薄弱环节。"四大滩涂"中除了九段沙洲的 5 m 等深线呈环形连通外,其他三个滩涂的 5 m 等深线均被西侧陆地断开(图 2-4)。由于长江口各汊道间分水分沙比变化等原因,"四大滩涂"的冲淤变化往往出现明显差异,它们单独与长江来沙通量间的统计关系往往很差,特别是根据等深线的淤进/蚀退速率来反映其冲淤变化时,难以建立冲淤速率与流域来沙通量间的关系。但是,"四大滩涂"作为一个整体时,其面积增长率与大通输沙率之间总体上有良好的统计关系。

本研究基于 1977 年、1994 年、2000 年和 2011 四个年份"四大滩涂"全覆盖的地形资料,利用 AcrGIS 技术计算了三个相邻时段"四大滩涂"的总面积增长速率(相对于初始阶段的岸线),与同期的大通输沙率之间建立统计关系,得

$$A_{5m} = 3.61Q_s - 6.3 (R^2 = 0.998, p = 0.025) \qquad (2-2)$$

式中,A_{5m} 为 5 m 等深线以上"四大滩涂"总面积的时段平均增长速率(area increasing rate:km^2/a);Q_s 为大通站时段平均输沙率(亿 t/a);R 为相关系数;p 为显著性水平。正如对公式 2-1 指出的那样:公式 2-2 的样本数小,可靠性也较低。但是,在现有条件下,只能建立这种关系以满足预测今后几十年冲淤变化的需求。

以上两个公式仅考虑了河流入海泥沙通量对水下三角洲冲淤的影响。海平面上升对 21 世纪未来几十年岸滩地貌的影响不容忽视。对于向陆一侧发育侵蚀陡崖的砂砾质海滩,在没有沿岸泥沙输运的情况下,可以应用 Bruun(1962)模式来预测海平面上升背景下侵蚀陡崖的后退速率。该模式的基本概念是:海平面上升使近岸水深增大,波浪到达岸边时所持有的能量更大,导致陡崖和海滩上部遭受侵蚀,侵蚀的沙砾被搬运到海滩下部和水下岸坡进行堆积,海底的垂向堆积速率与海平面上升速率保持一致(杨世伦等,2003)。但是,Bruun 模式不适用于淤泥质海岸,尤其是上部发育盐沼的淤泥质海岸(季子修和蒋自巽,1994)。在有河流泥沙来源或水下三角洲侵蚀为海岸湿地提供充足泥沙的条件下,盐沼会在海平面上升背景下保持淤积,以抵消海平面上升的影响(Kirwanl and Megonigal,2013)。在此过程中由海平面上升导致的水深增大及破波带向岸迁移等动力条件变化会有足够的时间通过底床沉积物的运动而得以调整。假定盐沼滩面保持与海平面同步上升,则维持盐沼滩面上升(淤积)的沉积物将来源于盐沼外岸滩(主要是水下岸坡)的沉积物亏损。这个沉积物的亏损带可能将主要分布在波基面以上。在长江三角洲前缘海岸,5 m 水深以下的海底很少受到波浪扰动(Li et al,2012)。长江三角洲盐沼历经围垦后现存的面积主要分布在九段沙和崇明东滩。九段沙是国家湿地保护区,0 m 以上滩涂面积约 150 km^2(Gao et al.,2010)。基于遥感反演的九段沙盐沼面积约占 0 m 等深线以上滩涂面积的 40%(沈芳等,2006),故九段沙盐沼面积约 60 km^2。崇明东滩盐沼经过最近一次圈围后其堤外面积不足 30 km^2。长江口门外水下三角洲面积超过 10 000 km^2(Luo et al.,2012),其中 5 m 等深线以浅面积约 2 400 km^2(杜景龙等,2012)。因此,即使按 IPCC 报告 5 中到 21 世纪末海平面累计上升 0.9 m 的最高估计值(IPCC,2013)估算,上述不到 100 km^2 的盐沼滩面保持与海平面同步升高所需的沉积物量造成的盐沼向海一侧海岸沉积物的亏损相当于使整个水下三角洲海底床面平均降低<1 cm,或使 5 m 等深线以浅区域海底床面平均降低<4 cm。若按 IPCC 报告 5 中海平面上升的低估计(IPCC,2013),则即使盐沼淤积造成的其外区域沉积物亏损全部发生在 5 m 等深线以浅区域,也只能使海底床面平均降低<1 cm。换言之,海平面上升对长江三角洲前缘海岸冲淤的影响中盐沼的同步淤积值得重视,而其外的广阔水下三角洲底床冲淤变化幅度可以忽略。另一方面,鉴于海平面上升导致的水深增大会导致堤外波浪增强,直接影响海岸的防护,本研究探讨的三角洲地貌演变的预测模型中包括两部分内容:由海底泥沙冲淤引起的水深变化和由海平面上升引起的水深变化。

2.1.3　模型参数设置

在未来几十年长江三角洲地貌演变的预测中,入海泥沙通量(大通站)选择最新的相关研究成果,即现在至 2030 年平均为 1.2 亿 t/a、2030~2050 年平均为 1.15 亿 t/a、2050~2090 年平均为 1.05 亿 t/a(Yang et al.,2014)。未来几十年海平面上升速率的低估计值采用 3.2 mm/a,即过去 35 年研究区的实测平均海平面上升速率,此值也与 IPCC 报告 5 中的全球平均最低估计值相近;现在至 2030 年、2030~2050 年和 2050~2100 年的海平面上升速率的高估计值分别采用 IPCC 报告 5 中的全球平均海平面上升速率的最高估计值 6.1 mm/a、7.5 mm/a 和 12.6 mm/a。在根据海平面上升推算等深线的相对变化时采用现阶段等深线所在的海底坡度,即 10 m 等深线所在的平均坡度取 0.45‰;5 m 等深线所在的平均坡度取 1‰,长江口门四大滩涂 5 m 等深线的累计长度取 350 km(图 2-4)。

2.1.4　预测结果及可靠性分析

1)预测结果

预测结果表明,在流域来沙进一步减少的背景下 10 m 等深线将出现持续蚀退,2012~2030 年、2030~2050 年和 2050~2100 年三个阶段的平均蚀退速率将分别达到约 75 m/a、80 m/a 和 85 m/a,从 2012 年到 2030 年、2050 年和 2100 年的累积后退距离将分别达到约 1.4 km、3.0 km 和 7.3 km(表 2-1)。5 m 以浅的滩涂也将因侵蚀而缩小,2012~2030 年、2030~2050 年和 2050~2100 年三个阶段的平均蚀退速率将分别达到约 2.0 km²/a、2.1 km²/a 和 2.5 km²/a,从 2012 年到 2030 年、2050 年和 2100 年的累积侵蚀面积将分别达到约 35 km²、80 km² 和 200 km²,分别占现有长江口门区四大滩涂总面积的约 2%、4% 和 9%(表 2-1)。

表 2-1　未来几十年长江水下三角洲前缘典型等深线变化预测值

各时段的影响因素(长江入海泥沙通量和海平面上升速率)和冲淤变化速率			
指　标	2012~2030 年	2030~2050 年	2050~2100 年
时段平均长江入海泥沙通量(亿 t/a)	1.20	1.15	1.05
时段平均海平面上升速率(低估计)(mm/a)	3.2	3.2	3.2
时段平均海平面上升速率(高估计)(mm/a)	6.1	7.5	12.6
10 m 等深线变化速率(负值代表后退)(m/a)	−76	−80	−86
5 m 以浅滩涂(四滩总和)面积变化速率(km²/a)	−2.0	−2.1	−2.5
长江入海泥沙通量下降引起的冲淤变化			
指　标	2012~2030 年	2012~2050 年	2012~2100 年
10 m 等深线累积变化距离(m)	−1 380	−2 970	−7 260
5 m 以浅滩涂面积累积变化(km²)	−35	−78	−204
5 m 以浅滩涂面积累积变化率(%)	−1.5	−3.5	−8.9

续　表

海平面上升引起的水深变化(相对于平均海面而不是固定基面)			
指　标	2012～2030 年	2012～2050 年	2012～2100 年
10 m 等深线累积变化距离(低估计)(m)	−128	−270	−626
10 m 等深线累积变化距离(高估计)(m)	−244	−577	−1 980
5 m 以浅滩涂面积累积变化(低估计)(km²)	−20	−42	−99
5 m 以浅滩涂面积累积变化(高估计)(km²)	−38	−90	−308
5 m 以浅滩涂面积累积变化率(低估计)(%)	−0.8	−1.8	−4.1
5 m 以浅滩涂面积累积变化率(高估计)(%)	−1.6	−3.8	−13
长江入海泥沙减少和海平面上升叠加影响			
指　标	2012～2030 年	2012～2050 年	2012～2100 年
10 m 等深线累积变化距离(低估计)(m)	−1 510	−3 240	−7 890
10 m 等深线累积变化距离(高估计)(m)	−1 620	−3 550	−9 240
5 m 以浅滩涂面积累积变化(低估计)(km²)	−55	−120	−303
5 m 以浅滩涂面积累积变化(高估计)(km²)	−73	−168	−512
5 m 以浅滩涂面积累积变化率(低估计)(%)	−2.3	−5.0	−13
5 m 以浅滩涂面积累积变化率(高估计)(%)	−3.0	−7.0	−21

从 2012 年到 2030 年、2050 年和 2100 年,由海平面上升引起的 10 m 等深线累积相对后退距离至少将分别达到约 0.13 km、0.27 km 和 0.63 km(低估计),极端情况下有可能分别达到 0.24 km、0.58 km 和 2.0 km(高估计);由海平面上升引起的 5 m 以浅的滩涂累积面积相对缩小至少将分别达到约 20 km²(1%)、40 km²(2%)和 100 km²(4%)(低估计),极端情况下有可能分别达到 40 km²(2%)、90 km²(4%)和 310 km²(9%)(高估计)(表 2-1)。

从 2012 年到 2030 年、2050 年和 2100 年,长江入海泥沙减少和海平面上升共同影响下 10 m 等深线的相对后退距离低估计分别约 1.5 km、3.2 km 和 7.9 km,高估计分别约 1.6 km、3.6 km 和 9.2 km(表 2-1,图 2-9);5 m 以浅的滩涂累积相对缩小面积低估计分别约 55 km²(2%)、120 km²(5%)和 300 km²(13%),高估计分别约 70 km²(3%)、170 km²(7%)和 510 km²(21%)(表 2-1)。无论是低估计还是高估计,10 m 等深线的相对后退将绝大部分是由长江入海泥沙通量的下降引起;5 m 等深线的相对后退引起的滩涂面积缩小低估计将主要是由长江入海泥沙通量的下降引起,高估计则是长江入海泥沙通量的下降和海平面上升的影响各占一半左右。

2) 可靠性分析

预测结果的可靠性取决于两个方面:一是所建立的预测模型的精确性,二是未来影响因素(模型参数)选取的代表性。由于以下几方面的原因,上述对长江三角洲前缘地貌演变的预测必定存在误差:① 入海泥沙通量与三角洲冲淤速率之间定量关系的不确定

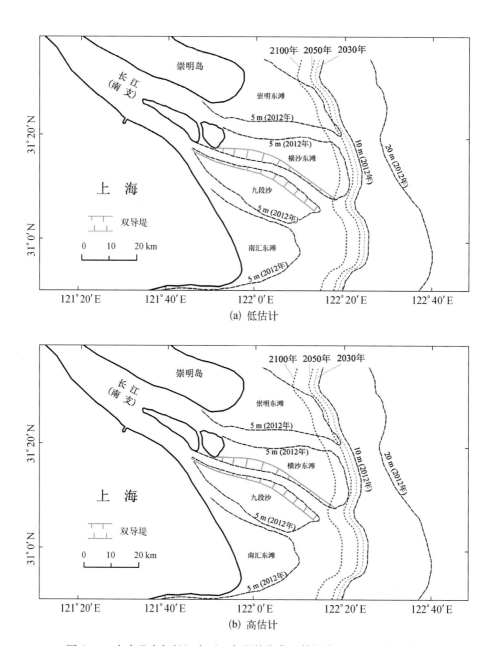

图 2-9 未来几十年长江水下三角洲前缘典型等深线（10 m）变化示意图

性：虽然统计模型式（2-1）和（2-2）的相关系数 R^2 分别达到 0.81 和 0.99，但用以统计的数据量较少，回归关系的可靠性较低。影响长江三角洲冲淤的因素较复杂，除了长江入海泥沙通量外，其他因素的干扰（如沿岸流强度的变化）比较强；另一方面，地形资料测量时的精度以及空间范围的局限（没有代表整个三角洲）也可能是统计关系不够好的一个原因。② 海平面变化与海岸冲淤之间的定量关系的不确定性：本研究对海平面上升影响的预测只考虑了水深变化的影响。海平面上升将引起波浪作用带的向陆移动，这种移动究竟会通过底床泥沙的冲淤给海岸剖面不同部位带来怎样的影响目前尚不清楚，难以在预测模型中将其考虑进去。③ 未来影响因子变化的不确定性：一方面是气候变化的不确定性，如流域降水量将会增多、减少还是稳定，气候变暖导致的全球海平面上升幅度究竟会有多大，海表风况及风浪和风致流的演变趋势怎样；另一方面是与人类活动有关的不确定性，如已建水库库容因淤积而减小多少，还将有多少新建水库、其库容多大、修在哪里，水土保持工程、采砂工程等未来趋势怎样。这些自然和人文要素的不确定性将导致入海泥沙通量和海洋动力条件的不确定性，从而使三角洲演变的预测结果具有不确定性。鉴于上述原因，本研究预测结果的不确定性较大，误差范围可能达到 ±50%。但是，鉴于未来几十年长江入海泥沙通量将明显小于沪-浙-闽沿岸流向南输送泥沙的能力（详见后述），未来几十年长江水下三角洲总体上出现净侵蚀趋势的预测结论是可靠的。

2.2　长江三角洲冲淤演变影响分析

2.2.1　三角洲冲淤演变过程分析

1) 全新世中期以来至 20 世纪后期的三角洲总体变化趋势

现代长江三角洲的发育始于大约 7000 年前，当时冰后期海平面上升使海水抵达镇江附近，形成了以扬州、镇江为顶点，南岸岸线沿镇江-江阴-福山-太仓-马桥-漕泾一线延伸，北岸岸线循扬州—泰州—泰县—海安一线分布的漏斗状河口湾（图 2-10）。由于早期流域人类活动较少，长江入海泥沙有限，这一河口湾的形势一直持续到 3000 年前（刘苍字等，2013）。近 3000 年来，特别是近 2000 年，由于黄河流域人口不断南迁，长江流域山地开垦加剧，导致入海泥沙增多，从而加快了长江河口湾的充填（陈吉余等，1979）。与世界上大多数河流相同，近千年来长江入海泥沙量迅速增多（Wang et al.，2011），在 20 世纪中期达到最多（图 2-11）。在这期间，长江口有 10 个大型沙洲相继并岸（图 2-10），岸线的向海推进速率总体上呈上升趋势（表 2-2，图 2-12）。例如，南汇东滩的推进速率从 2000 年前的 2 m/a 左右上升为近 1 000 年来的约 20 m/a；崇明东滩的推进速率从 825～1762 年的 2 m/a 增至 1762～1955 年的 7 m/a 以及 1955～1990 年的约 230 m/a（表 2-2）。尽管这些变化也同时与近几十年来的滩涂围垦加快有关，但仍反映了长江入海泥沙通量的总体控制作用。

表 2-2　近 6 500 年长江三角洲前缘典型海岸向海
推进速率(m/a)(Yang et al.，2001a)

时　段	南汇东滩	时　段	崇明东滩
6500～2000 aBP	2	AD 825～1762 年	2
2000 aBP～AD 713	17	AD 1762～1955 年	7
AD 713～1995 年	19	AD 1955～1990 年	226

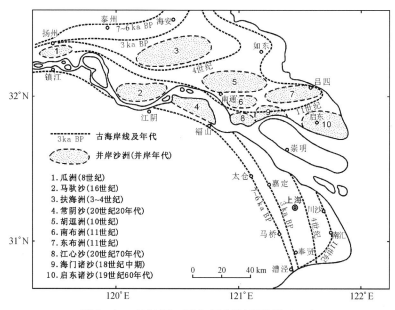

图 2-10 长江河口历史变迁(刘苍字等,2013)

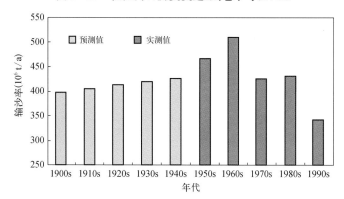

图 2-11 20 世纪各年代长江入海输沙率(大通站)(Yang et al.,2004)

2) 近几十年长江三角洲前缘典型区域的冲淤变化

如上所述,由于大河三角洲的特点,同一年份的地形资料不能完全覆盖整个三角洲,已有对三角洲冲淤的认识都是基于有限的地形资料覆盖面,从而使这些认识具有局限性。然而,通过对已有认识的梳理,可以了解近几十年三角洲演变的大体趋势。

基于 1958 年、1978 年和 1997 年长江水下三角洲前缘 5 500 km² 的同步资料(这是迄今为止最大的同步资料覆盖范围)(图 2-13),计算得 1958~1978 年和 1978~1997 年两个时段的

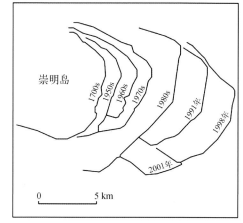

图 2-12 崇明岛东部的岸线变化
(Yang et al.,2005)

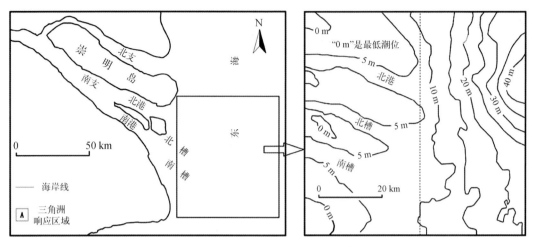

图 2-13　长江水下三角洲前缘 5 500 km² 研究区域

平均垂向淤积速率分别为 3.8 cm/a 和 0.8 cm/a,相对应的长江入海泥沙通量分别约是
4.7 亿 t/a 和 3.9 亿 t/a(表 2-3),这反映三角洲的淤积速率随着长江来沙的减少而迅速
下降。

表 2-3　长江水下三角洲前缘 5 500 km² 研究区域冲淤与长江入海泥沙通量

时　段	淤积面积(%)	冲刷面积(%)	平均淤积速率(cm/a)	大通输沙率(亿 t/a)
1958～1978 年	77	23	3.8	4.66
1978～1997 年	60	40	0.8	3.94

　　21 世纪初在一个约 1 800 km² 的区域(图 2-14)内获得了新的地形资料,整个研究区(1 825 km²)1958～1977 年、1977～2000 年、2000～2004 年三个时段的平均淤积速率分别为 6.8 cm/a、3.2 cm/a 和 -3.8 cm/a,淤积速率与大通输沙率之间的相关系数达到 $R^2=0.99$,冲淤临界大通输沙率为 3.26 亿 t/a。研究区域 1 在 1958～1977 年、1977～2000 年、2000～2004 年和 2004～2007 年四个时段的平均淤积速率分别为 7.7 cm/a、3.1 cm/a、-0.7 cm/a 和 -4.5 cm/a,淤积速率与大通输沙率之间的相关系数为 $R^2=0.98$,冲淤临界大通输沙率为 2.75 亿 t/a。研究区域 2 在 1958～1977 年、1977～2000 年和 2000～2004 年三个时段的平均淤积速率分别为 5.5 cm/a、3.5 cm/a 和 -11.1 cm/a,淤积速率与大通输沙率之间的相关系数为 $R^2=0.93$,冲淤临界大通输沙率为 3.78 亿 t/a(表 2-4)。该区域中崇明东滩、横沙东滩和九段沙 5 m 等深线的平均淤涨速率具有明显的下降趋势,在 1958～1977 年、1977～2000 年、2000～2004 年和 2004～2007 年时段,5 m 等深线的平均淤涨速率分别为 128 m/a、95 m/a、50 m/a 和 52 m/a(表 2-5)(注:2002 年后横沙东滩和九段沙 5 m 等深线的变化受到长江口北槽深水航道工程双导堤修建的影响)。四个时段区域内的 10 m 等深线淤涨速率分别为 163 m/a、60 m/a、-227 m/a 和 13 m/a(第四时段该等深线只有一半),前三个时段的淤涨速率与大通输沙率之间的相关系数为 $R^2=0.98$,冲淤临界大通输沙率为 3.71 亿 t/a。前三个时段 20 m 等深线的淤涨速率分别为 74 m/a、7 m/a 和

—153 m/a，淤涨速率与大通输沙率之间的相关系数为 $R^2=0.99$，冲淤临界大通输沙率为 3.86 亿 t/a。

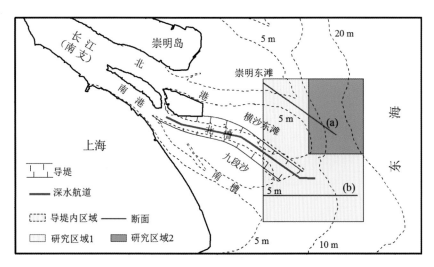

图 2-14 长江水下三角洲前缘 1 825 km² 研究区域

表 2-4 长江水下三角洲前缘 1 825 km² 典型区域
垂向冲淤及其与大通输沙率的关系

时　段	大通平均输沙率 (Q_s)（亿 t/a）	净淤积厚度（cm）	平均淤积速率 (A_R)（cm/a）
整个研究区域（1+2）（1 825 km²）			
1958～1977 年	4.74	130	6.8
1977～2000 年	3.90	74.7	3.2
2000～2004 年	2.47	−15.3	−3.8
$A_R=4.694Q_s-15.32$，$R^2=0.999$；冲淤临界 $Q_s=3.26$ 亿 t/a			
研究区域 1（1 280 km²）			
1958～1977 年	4.74	147	7.7
1977～2000 年	3.90	72.1	3.1
2000～2004 年	2.47	−2.8	−0.7
2004～2007 年	1.46	−13.5	−4.5
$A_R=3.541Q_s-9.73$，$R^2=0.98$；冲淤临界 $Q_s=2.75$ 亿 t/a			
研究区域 2（545 km²）			
1958～1977 年	4.74	104	5.5
1977～2000 年	3.90	80.7	3.5
2000～2004 年	2.47	−44.5	−11.1
$A_R=7.622Q_s-28.93$，$R^2=0.93$；冲淤临界 $Q_s=3.78$ 亿 t/a			

表 2-5　长江口门外二级典型区域等深线的平均淤涨速率(m/a)

	1958~1977 年	1977~2000 年	2000~2004 年	2004~2007 年
5 m 等深线($P_{5 m}$)*	128	95	50	52
10 m 等深线($P_{10 m}$)	163	60	−227	13
20 m 等深线($P_{20 m}$)	74	7.3	−153	
大通输沙率(亿 t/a)	4.74	3.90	2.47	1.46

注：$P_{5 m}=24.2Q_s+5.1$，$R^2=0.89$；无冲淤临界 Q_s(1958~2007 年数据)

　　$P_{5 m}=34.1Q_s+35.1$，$R^2=0.996$；冲淤临界 $Q_s=1.03$ 亿 t/a(1958~2004 年数据)

　　$P_{10 m}=174.9Q_s-649$，$R^2=0.98$；冲淤临界 $Q_s=3.71$ 亿 t/a(1958~2004 年数据)

　　$P_{20 m}=101.3Q_s-399$，$R^2=0.99$；冲淤临界 $Q_s=3.86$ 亿 t/a(1958~2004 年数据)

* 2002 年后横沙东滩和九段沙 5 m 等深线受到长江口北槽深水航道工程双导堤的影响；表中负值代表侵蚀后退。

　　近几年有关部门在长江水下三角洲进行了一些新的地形测量。基于这些资料的研究与上述结论存在一些差异。例如，Dai 等(2014)认为 2002~2009 年期间长江水下三角洲出现了高速率淤积，而王如生(2015)的研究结果表明 2004~2013 年长江水下三角洲处于轻微淤积或侵蚀状态。若把长江水下三角洲视为一个整体，则其冲淤取决于三方面的泥沙通量平衡，即(A)长江入海泥沙通量、(B)长江水下三角洲的冲淤通量和(C)沪-浙-闽沿岸流从长江口向南输送的泥沙通量。若 A 通量大于 C 通量，则长江水下三角洲为净淤积，反之为净冲刷。在 A 通量为已知的(从长江水利委员会获得资料)情况下，给出 B 通量就可知 C 通量。如果上述历次的水下三角洲冲淤计算都覆盖整个水下三角洲，则冲淤临界泥沙通量 Q_s 就是 C 通量。但是，上述历次的水下三角洲冲淤计算都远未达到覆盖整个水下三角洲的程度。因此，可靠的 C 通量实际上难以求得。Dai 等(2014)在 5 500 km² 的长江口门区水下三角洲计算得出的 2002~2009 年淤积速率折合的泥沙通量相当于同期大通输沙率的数倍。在这种情况下，即使该时段沪-浙-闽沿岸流从长江口向南输送的泥沙通量为零(实际不可能)，也必定有远大于长江入海泥沙通量的一个未知泥沙来源。这些泥沙从哪里来是一个令人费解的问题。如果王如生的计算结果与实际相符，则 2004~2013 年期间的 C 通量与 A 通量大致相当。该时段大通平均输沙率约为 1.4 亿 t/a，与 Milliman 等(1985)估计的沪-浙-闽沿岸流从长江口向南输送的泥沙通量(约 1.5 亿 t/a)基本吻合。若这一设想成立，则前人(Yang et al.，2003，2011)的 C 通量估计偏大。值得指出的是，未来几十年的长江入海泥沙通量将明显小于 Milliman 等(1985)估计的沪-浙-闽沿岸流从长江口向南输送的泥沙通量 1.5 亿 t/a。因此，未来几十年长江水下三角洲总体上出现净侵蚀趋势的预测结论是可靠的。

3) 风暴事件中长江三角洲滩槽冲淤变化

　　长江三角洲面向开阔的东海海域，易遭受风暴事件的袭击(Yang et al.，2003；Fan et al.，2006)。据观测，潮滩日冲淤变化在正常天气下为毫米量级，但在风暴条件下可达分米量级。例如，9711 号台风后九段沙光滩侵蚀最深达 0.3~0.4 m，而盐沼下部淤积最厚达 0.1~0.2 m(图 2-15)。这种强烈的冲淤往往导致盐沼前缘贝壳富集，反映底栖滩动物遭受毁灭性破坏(图 2-15)。风暴引起的冲淤强度除了与风速有关外，还与风向、风暴侵袭时的潮相(如大潮或小潮、高潮或低潮)、植被覆盖状况、滩面沉积物性质以及风暴前滩地的冲淤状态等因素有关(杨世伦等,2002)。风暴事件中拦门沙河槽两侧岸滩的强烈冲刷往往伴随河槽的显著淤积。例如,8913 号台风在长江口登陆时最大风力达 11 级。台风后 4 天与台风前 10 天(正好相差半个月,可忽略大小潮的影响)的南槽地形测量对比发现:深泓线平均淤积厚度为 0.33 m,其中拦门沙滩顶河段平均淤积厚度 0.64 m(杨世伦等,2002)。有时,在一个台风的冲淤得到恢复之前又有新的台风来袭。系列台风造成的拦门沙河槽淤积效果往往更加显著(图 2-16)。图 2-17 是基于长江口南汇边滩-南槽系统现场观测建立的风暴和平静天气下滩-槽系统冲淤概念模式。该模式表明:风暴期间潮间带光滩和盐沼下部遭受强烈侵蚀,侵蚀的泥沙一部分淤积在侵蚀带向陆的盐沼中,更多的淤积在潮间带向海一侧的河槽中。

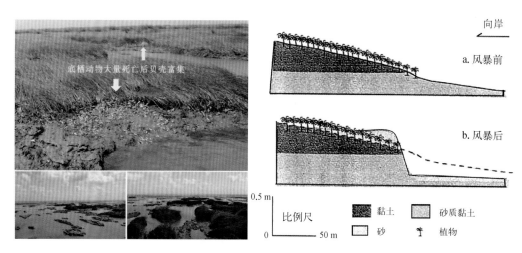

图 2-15 风暴造成的潮间带湿地冲淤变化实例[左图:2011 年"梅花"
台风后崇明东滩现场照片;右图:9711 号台风后九段沙
盐沼-光滩过渡带冲淤变化示意图(Yang et al.,2000)]

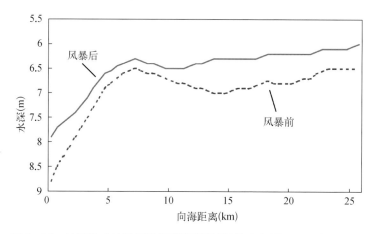

图 2-16 风暴造成的拦门沙河槽淤积实例(修改自 Yang et al.,2003)

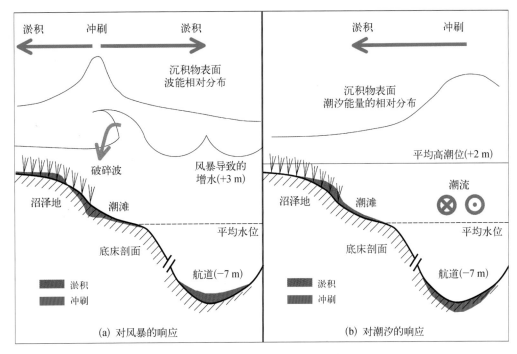

图 2-17 风暴天气和平静天气下滩-槽冲淤概念模式(修改自 Yang et al. , 2003)

2.2.2 三角洲地貌演变对海岸侵蚀、湿地变化和工程安全的影响

1) 对海岸侵蚀的影响

在流域来沙进一步减少和海平面持续上升的背景下,未来几十年长江水下三角洲前缘的侵蚀可能继续发生并有所加强。如图 2-9 所示,到 2050 年前后,10 m 等深线将后退至崇明东滩和横沙东滩的 5 m 等深线附近。可以推断,10 m 等深线以深区域和 5 m 等深线以浅区域也将发生相应侵蚀。到 2100 年,最大侵蚀深度可能超过 5 m。岸外的水下三角洲海底侵蚀刷深将增强近岸的波浪动力(特别是在风暴极端天气下),从而增大近岸的侵蚀压力。相对于口门外的三角洲前缘,长江口门内的河槽冲淤受流域来沙减少和海平面上升的影响较小。长江口内河槽主要扮演水沙过境通道的角色,其冲淤受水通量变化(如洪水)的影响更大。

2) 对长江三角洲湿地的影响

由式(2-2)可知,过去几十年长江三角洲前缘 5 m 等深线以浅的滩涂湿地的总体淤涨速率随着长江入海泥沙通量减少而迅速下降。目前,长江入海泥沙通量已经下降到湿地冲淤转换临界通量以下。到 2050 年,长江口门外 5 m 等深线以浅四大滩涂的面积将比目前减少 5%~7%;到 2100 年,将比目前减少 15%~20%(表 2-1)。当然,这些预测是建立在不考虑河口促淤围垦或整治工程影响的前提下。长江口 0 m 以浅的潮间带滩涂比 5 m 等深线以浅滩涂的演变更容易受这些工程的影响。湿地不同部位对河流入海泥沙减少和海平面上升的响应有明显差异(Yang et al. , 2011)。到目前为止,长江三角洲前缘盐沼淤涨速率有随着长江入海泥沙减少而下降的趋势,但盐沼尚未出现侵蚀趋势(杨世伦,2013)。未来几十年,在长江入海泥沙通量下降和海平面上升的背景下,盐沼高程将因继续淤积而进一步增大。在水平方向上,盐沼是否会因外缘继续淤涨而进一步扩大或因蚀退而缩小有待进一步研究。在有茂密植被覆盖且宽阔的盐沼中,风暴增水事件往往促进滩面淤积,因为风暴增水不仅增加了盐沼的淹没机会,也增强了涨潮进入盐沼的水体悬沙浓度(Stumpf,1983;Yang et al.,2003)。这种反馈机制有助于抵消海平面上升对海岸湿地及其后方海堤的影响。

3) 对海岸工程设施的影响

长江三角洲受到约 700 km 海堤岸线的保护,海堤安全至关重要。气候变暖引起的海平面上升和海底侵蚀引起的水下岸坡变陡都将使破波带向岸迁移,从而增加海堤的风险;海平面上升还间接降低了海堤的防洪标准。长江三角洲海堤顶部吴淞高程一般不超过 8 m。即使考虑到各地的理论基准面(理论最低天文低潮位)均低于吴淞高程基面(例如在吴淞、高桥、横沙、芦潮港分别低 0.25 m、0.43 m、0.60 m、0.83 m),海堤在理论基准面以上的高程不超过 9 m。在今后海平面上升的背景下,若极端风暴低压增水、天文大潮高潮位、河口区暴雨、长江洪水"四碰头",长江口最高水位有可能突破 8 m。在这样的高水位条件下,堤外波高(极端风暴天气下)有可能超过 3 m。也就是说,极端条件下(尽管概率很小)波浪可能翻越海堤而致堤内出现洪灾。长江水下三角洲有大量浅埋海底油气管道和通信光缆,如图 2-9 所示,到 21 世纪后半叶,长江水下三角洲前缘岸坡的最大侵蚀深度可能超过 5 m,海底侵蚀无疑将增加这些设施暴露并遭受毁坏的风险。当然,这种风险并非在海底管线沿线都一样。风险最大的区域当出现在水下三角洲前缘斜坡,即当前约 5~20 m 水深范围(那里侵蚀将最严重)。当前约 30~40 m 等深线以东的海底为第四纪残留砂所覆盖(秦蕴珊等,1987),不在今后几十年长江水下三角洲侵蚀范围之内,海底管线受趋势性侵蚀的影响相对较小。三角洲前缘 2 m 等深线以浅区域以及口门内河槽在今后几十年中的冲淤趋势不够明朗,海底管线受侵蚀影响的风险总体上可能较小。图 2-9 还表明,到 21 世纪末,海底侵蚀还可能使 10 m 等深线逼近长江口深水航道的北导堤前沿(向海端)。双导堤原来的顶部高程为 2 m,若 10 m 等深线真的移至北导堤以内,将可能使导堤前端悬空倾翻。此外,双导堤丁坝群在横沙和九段沙两侧引起的缓流效应已导致显著淤积(杜景龙等,2005)。据笔者的现场调查,不少地方丁坝-导堤已被沉积物掩埋。这种情况在今后是否继续发生值得关注。

2.3 应对策略与措施

值得指出:上述预测性结果是基于未来三角洲不受人类干扰的前提下得出的。人类的干扰可以使三角洲的演变向不利于或有利于人类需求的方向发展。要应对未来长江三角洲演变可能出现的不利局面,可以从以下方面着手:① 在宏观的管理理念上,应从过去的不断围垦滩涂以索取新的土地转变为采取适当的措施保护现有滩涂,维持两个国家级湿地保护区(崇明东滩和九段沙)的长期存在;② 加高和加固沿海防护大堤,以维持(或提高)大堤的防洪标准;③ 加强海底冲淤特别是海底浅埋管线沿线和深水航道双导堤向海端区域的冲淤监测,及时发现险情并采取有效工程措施确保海底重大工程设施的安全。

第三章 废黄河三角洲冲淤演变趋势与影响分析

3.1 废黄河三角洲海岸演变趋势

3.1.1 废黄河三角洲的演变机制

1）入海泥沙量的突变

苏北废黄河三角洲形成于巨量泥沙的堆积,入海泥沙量的突变导致三角洲冲淤格局的转换。1128 年杜充为阻金兵南下,人为决黄河,而改道从苏北入黄海(图 3-1),黄河输运的巨量泥沙在入海口处堆积,三角洲不断向海淤涨发育。至 1855 年铜瓦厢决口,黄河北归,三角洲泥沙来源断绝,导致海岸侵蚀后退。根据黄河口不同部位的泥沙堆积比例(陆上 24%,滨海 40%,海域 36%)计算(庞家珍和司书亨,1980),1194~1855 年废黄河三角洲发育期间,黄河入海泥沙约 132×10^9 t,其中约 32×10^9 t 泥沙堆积在陆地,53×10^9 t 泥沙堆积在滨海区,47×10^9 t 泥沙输往滨外海域。1855 年以来三角洲侵蚀期间,水深 20 m 以浅海域的三角洲侵

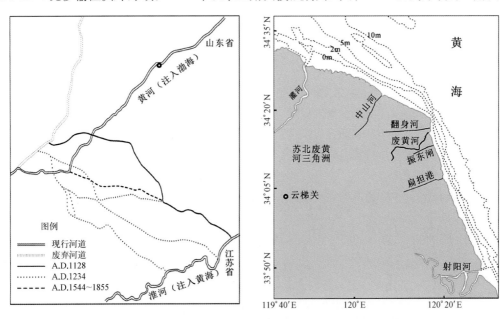

图 3-1　黄河改道图(据《黄河防洪志》改绘,1991)和研究区域图

蚀量达>7.9×10^8t/a(Zhou et al.，2014)。根据周良勇等(2014)研究的被侵蚀泥沙输运比例计算(黄海西部深水斜坡区 25%，江苏南岸和长江三角洲 20%~25%，南黄海泥质区和济州岛泥质区约 50%)，其中约有 19.7×10^9t 的泥沙输运至江苏南岸和长江三角洲区域。

在废黄河三角洲的发育期，入海口位置影响三角洲的向海淤涨速率。黄河主要入海口处的海岸淤涨速率较大，岸线形态也向海凸出。在夺淮期间，黄河流路发生变迁造成入海口位置的变动，明万历二十三年(1595 年)、康熙四年(1665 年)和嘉庆十三年(1808年)，黄河在灌河口处入海。康熙三十五年(1696 年)黄河从南潮河入海，从而该区域迅速淤涨形成陆地。道光二十二年(1842 年)，黄河七分水入灌河，三分水入埒子口，故三角洲北侧成陆速度相对较快。嘉庆十二年(1807 年)，黄河又在云梯关决口后通过射阳河入海。

黄河北归入渤海后，苏北废黄河由于失去源头，河流的水沙量发生了根本性转变，从而导致三角洲由淤涨转变为侵蚀后退。目前废黄河三角洲沿岸的入海河流对于该三角洲影响甚微。如，灌河是废黄河三角洲入海河流中最大的潮汐河流，平均径流量为 5×10^9m³/a，但是入海泥沙量非常有限；其次是射阳河，据射阳河建闸以来 40 年的资料统计，该河流的平均径流量仅 117.6 m³/s。因此，目前废黄河三角洲由于缺乏泥沙来源而持续遭受侵蚀。

2) 海洋动力环境

苏北废黄河三角洲在 1855 年由于入海泥沙量的突变而发生冲淤转变。三角洲水动力条件由以径流作用为主转变为以波流为主。这里运用水动力学方法来阐述三角洲冲淤演变的机制，采用流体力学公式计算沉积物的临界起动剪切应力、波浪和潮流的起动剪切应力。

首先，根据窦国仁的黏性细颗粒泥沙起动流速公式计算三角洲表层沉积物的起动流速(钱宁和万兆慧，1983)：

$$U_{*C}=\alpha\left(\frac{d'}{d_*}\right)^{1/6}\sqrt{3.6\frac{\gamma_s-\gamma}{\gamma}gd_{50}+\frac{\varepsilon_0+gh\delta\left(\frac{\delta}{d_{50}}\right)^{1/2}}{d_{50}}} \tag{3-1}$$

式中，d' 取值为 0.05 cm(研究区沉积物中值粒径小于 0.5 mm)，d_* 取 0.1 cm；$\alpha=1.75$；γ_s 和 γ 分别是床面泥沙的实际干容重和密实后的稳定干容重(研究区分别取值为 2.7 g/cm³ 和 1.2 g/cm³)；薄膜水厚度参数 $\delta=2.31\times10^{-5}$cm；h 为水深；d_{50} 为中值粒径(水深>-6 m 取值 0.032 mm，-6 m~-10 m 取值 0.016 mm，<-10 m 取值 0.008 mm)。根据以上可以计算废黄河三角洲滨海区表层沉积物的起动流速。

再运用公式 $\tau_c=\rho\times U_c$(ρ 为海水密度，1 025 kg/m³)计算出沉积物的临界起动剪切应力。曹祖德的临界淤积剪切应力和临界起动剪切应力的经验关系式为(曹祖德和王桂芬，1993)：$\tau_d=4\tau_c/9$。

波浪：废黄河三角洲受温带季风气候控制，全年多为风浪为主的混合浪。根据南京水利科学研究院 1993 年在废黄河口外 10 m 水深的一年的波浪观测资料，研究区常浪向为 NE，强浪向为 N-NE；夏季受偏南风影响，波高多集中在 0.5~1.0 m 之间，频率为 0.2%，ESE、SE 和 SSE 向浪频率高达 19.58%；冬季受偏北风影响，以 NW 和 NE 向浪为主，2 m 以上风浪频率达 3.8%，NE、NNE 和 N 向浪频率达 25.5%(丁平兴，2013)。研究区

的年均 $H_{1/10}$ 波高为 0.8 m,波高 1.5 m 以上的频率为 11.5%,3 m 以上的频率为 1.4%。

由于废黄河三角洲海岸开敞,岸外缺乏屏蔽,波浪可长驱直入,侵蚀海岸。近海海域全年盛行偏北向浪,在三角洲北翼岸段,波浪呈与岸线垂直的角度入射,是造成海岸侵蚀的主要动力。波浪不仅具有较强的掀沙能力,还可携带少量泥沙进行短距离搬运。为了解研究区域波浪对海岸冲淤演变的影响,本文计算了波浪作用下的临界起动应力 τ_c,计算公式为

$$\tau_c = \frac{1}{2}\rho f_w U_b^2 \qquad (3-2)$$

式中,U_b 是波浪底部水质点的水平运动速度(m/s),采用下式计算:

$$U_b = \frac{2H_S}{T_S}\frac{1}{\sinh\left(\frac{2\pi}{L}h\right)}, \quad L = T\sqrt{gh}$$

f_w 为波浪摩阻系数,计算公式为

$$f_w = 0.47, \quad \frac{\alpha}{k} \leqslant 1$$

$$f_w = \exp\left[5.213\left(\frac{\alpha}{k}\right)^{-0.194} - 5.977\right], \quad 1 < \frac{\alpha}{k} \leqslant 3\,000$$

以上公式中,α 是波浪底部水质点的水平运动长度(m);k 为床面粗糙度 $=0.014$;L 表示波浪波长;H_S 为波浪有效波高(m);T 为波周期(s)。

潮流:研究区主要受黄海旋转潮波影响,无潮点(121°10′E,34°30′N)位于废黄河口以东 80 km 处。黄海北部沿海多属不正规半日潮,但废黄河三角洲沿岸为正规半日潮(陈可峰,2008)。受潮波系统的控制,该海区的潮流在无潮点附近潮差小(0.1 m),三角洲附近平均潮差约 2 m,由此向北和向南均增大。近岸区的潮流基本为往复流,涨潮流 SE 向,落潮流 NW 向(虞志英等,1986)。涨潮流速大于落潮流速,潮流流速自北向南递增较快,平均大潮流速为 0.62~0.67 m/s,强潮区(>1.03 m/s)位于水下三角洲的南半部,相对弱流区(<0.77 m/s)位于水下三角洲的北半部为(陈宏友,1990)。潮流流速由海向陆明显递减,表层流速大于底层,三角洲南侧大于北侧。水深 6~10 m 平均流速为 0.65 m/s,最大达 1.0 m/s,6 m 水深以浅浅滩的潮流流速较小,在 0.55 m/s 左右。潮流流向明显受地形影响,三角洲南侧潮流主轴方向为 160°~340°左右,北侧为 120°~330°左右,流向与等深线走向一致(陆培东,2007)。废黄河三角洲沿岸存在着自北向南的沿岸余流,余流流向受河口或岸线转折的影响。废黄河口以北的余流分布复杂,灌河口外的表层余流在洪水期以离岸流为主,中山河口余流方向转为东南向,表层和底层余流方向在非排洪季节均为东向,废黄河口外近岸的余流方向主要呈北向(任美锷,1986)。

潮流起动切应力的计算公式采用:

$$\tau_c = \frac{1}{2}\rho f_c V^2 \qquad (3-3)$$

式中,τ_c 为潮流起动切应力;f_c 为水流摩阻系数(研究区取值为 1);V 为水流平均流速;k_S 取值根据研究区沉积物的粒径值 <0.5 mm,取值 0.05 cm。

采用苏北废黄河三角洲海域的相关水文测验数据,并根据以上公式进行计算。沉积物的临界起动切应力在 $0.01\sim0.05\,\mathrm{N/m^2}$ 之间,平均值为 $0.03\,\mathrm{N/m^2}$,沉积物的临界沉降剪切应力值为 $0.013\,\mathrm{N/m^2}$。波浪剪切应力在 3 m 水深以浅为 $0.03\,\mathrm{N/m^2}$,而在 6 m 水深以深的剪切应力不足 $0.01\,\mathrm{N/m^2}$。因此,波浪作用可使水深 3 m 以浅的泥沙起动,当波高增大时,水深 6 m 以浅的沉积物都可以被搅动发生泥沙悬浮。10 m 水深以浅的潮流剪切应力值为 $0.006\sim0.03\,\mathrm{N/m^2}$,小于沉积物的临界起动切应力,所以泥沙不足以在此海域起动,但在 10 m 水深以深潮流剪切应力稍有增大,接近 $0.03\,\mathrm{N/m^2}$,沉积物可以在潮流作用下起动。

以上分析计算显示,波浪和潮流作用直接影响了废黄河三角洲的海岸冲淤演变,浅水区主要是波浪对泥沙的起动,潮流不能造成滩面的冲刷;但在深水区潮流可以起动泥沙,对滩面的冲淤演变具重要影响,而波浪无法波及此处的泥沙。废黄河三角洲水深 15 m 以深海床地形非常平坦,且处在经常性波浪作用的范围外,地形演变主要受控于潮流作用。近年来地形和断面资料对比也充分说明,水深 15 m 以深的大面积海床侵蚀趋于减弱,地形冲淤演变也趋向冲淤平衡。水深 $6\sim10$ m 为冲淤演变显著的水下岸坡带,波浪(大风浪)的冲刷作用较强,并且潮流平均流速较大,所以水下岸坡在波流联合作用下侵蚀后退,但随着侵蚀的持续,侵蚀速率逐渐趋于减缓。水深 6 m 以浅为浅滩地带,由于处在经常性波浪作用或波浪破碎带,潮流作用比水下岸坡带的明显减弱,虽然冲刷能力不是很强,但对波浪侵蚀泥沙的输运扩散具有重要作用。因此,波浪掀沙和潮流输沙是三角洲海岸侵蚀的动力机制(陈沈良等,2005),废黄河三角洲水深 6 m 以浅主要是波浪对沉积物侵蚀和悬浮,水深 $6\sim10$ m 主要是潮流-波浪的联合作用对沉积物进行侵蚀、输运,潮流是输沙的主要动力。

3) 人类活动和气候变化

人类活动:在三角洲发育期中,人类活动对三角洲冲淤演变的影响主要体现在人为黄河决口、治河方针、生产生活等方面。1128 年(南宋建炎二年),杜充为阻止金兵南下将黄河掘开,黄河发生南北分流。$1194\sim1578$ 年,沿用数百年的"宽河固堤"治河方针导致黄河泛滥、改道频繁,易发生决口、分流,水流紊乱(许炯心,2001)。这一时期的黄土高原人口相对较少,农业区北界位置偏南,土地多为草场或灌木所覆盖,流域侵蚀产沙强度较低(杨勤业,1991)。1494 年(明弘治七年)副都御史刘大夏采取了黄河水全部流入淮河的措施,在北岸修建了数百里的太行堤遏制黄河北流。1578 年开始,潘季驯在黄河两岸修筑堤防使河口堤防逐步完善,采用"束水攻沙"的治河方针(潘季驯,1590),将黄河水稳定在河堤之间。明代黄土高原上的多年战争和长城修筑,导致黄河中游森林摧毁(李元芳,1991),生态环境恶化,侵蚀入河的泥沙增多,清代以来黄土高原人口急剧增加和大面积的开垦也加剧了水土流失。1592 年以来,黄河的治理延续潘季驯的治河方针,继续加强河堤的建设。1677 年(康熙十六年),靳辅开始治河,河道和河口堤防更加完善(靳辅,1767),泥沙直接下排入海。1692 年人为导黄入灌河,泥沙淤积北移。1696 年,总河董国安在云梯关关外修建拦黄大坝(叶青超,1986)。1795 年以后扩大坡耕面积,导致丘陵沟壑区的侵蚀强度增大(杜瑜,1993),黄河泥沙增大,延伸速率有所增大。1808 年后在黄河下游修建延长入海口的堤防(徐福龄,1979),河水入海通畅,延伸速率增大至 500 m/a。1825 年洪泽湖清水刷黄作用消失后,由于战乱不断,黄河治理陷入停滞状态(叶青超,1986),河口溯源淤积严重。

在三角洲侵蚀期中，人类活动对三角洲冲淤演变的影响主要体现在护岸工程方面。1855 年黄河在铜瓦厢决口，清朝统治者没有及时堵复决口和整治河道，导致黄河流路变迁，三角洲由于泥沙源的缺失而遭受侵蚀后退。1919 年以来，江苏沿海围垦公司在沿海兴建海堤进行挡潮(凌申，1991)，1949 年废黄河口六合庄修建了 51.9 km 的主海堤，阻止了岸线内移，1968 年开始对主海堤进行外坡砌块石护堤，1976 年建成 10.5 km 的干砌块石护堤，有效地控制了六合庄一线海岸侵蚀后退(王艳红，2006)。从 1950 年至"十一五"期间，江苏省开展了 5 个阶段的沿海海堤建设，1987 年起，江苏沿岸大规模修建了一系列丁坝、离岸堤、管状顺坝、大米草等护岸工程。至 1999 年，六合庄至振东闸已修建达标海堤 10.2 km 和堤前保滩工程 2.15 km。至今，废黄河三角洲沿海基本上已经修建完成达标海堤，海岸线基本转变为人工岸线，基本有效地控制了废黄河三角洲侵蚀阶段(Ⅵ)中岸线的侵蚀后退。护岸工程虽然控制了陆上三角洲岸线的侵蚀后退，但无法阻止岸滩下蚀。以六合庄为例，堤前的岸滩在 1968～1980 年期间，由+1.5 m 下降为+0.4 m，至 1986 年，岸滩高程为−0.3 m，1992 年为−1.2 m，并且存在−1.6 m 的冲刷坑(张忍顺等，2002)

气候变化：近 2000 年来，14 世纪末至 19 世纪末为寒冷期，期间 3 个最寒冷期分别为 15 世纪末至 16 世纪初、17 世纪中后期和 19 世纪中后期(陈家其等，1998)，气温比现在低 2～4 ℃。气候的冷暖交替变化会影响植被生长繁殖，从而导致河流流域水沙波动。苏北旱涝序列曲线显示(图 3-2)，17 世纪至 20 世纪前期为相对干旱期，两侧为相对湿润期。

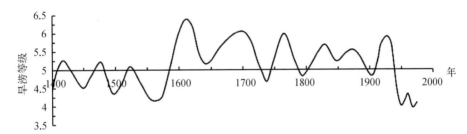

图 3-2　苏北旱涝序列曲线(50 年滑平)(据陈家其等，1998)

近 2000 年来江苏中部沿海的高潮位海面呈波动中相对上升的变化趋势，相对高潮位海平面累计上升约 180 cm，高潮位的平均高度自 1128 年以来上升了约 30 cm，平均上升速率分别为 0.9 mm/a 和 0.8 mm/a(杨达源等，1999)。近 1000 年来中国海平面变化相对于江苏省气温变化呈现滞后现象(图 3-3)，16 世纪末期以来，中国海平面变幅在 1～2 m 间，海平面最低值在 1700 年左右。1855 年以来中国东部海平面呈上升趋势，1960 年后海平面呈下降趋势。江苏省平均气温在 1980 年以来呈上升趋势，中国黄海海平面 1960 年以来以 2.5 mm/a 的速率上升(相对于 1978 年黄海海平面)，两者变化趋势均表现为上升(图 3-3b、d)。

废黄河三角洲地势低平，且为构造下沉区，为海平面上升的脆弱区域，海平面上升将加剧海岸带的侵蚀(Titus，1986；IPCC，2007)，多数学者预测海平面上升将加剧该三角洲的海岸侵蚀和加重自然灾害(季子修等，1993；朱季文等，1994；Shi et al.，2000)。2007 年中国海平面公报显示中国沿海海平面平均上升速率略高于全球水平，江苏沿岸海平面比常年高 82 mm，海平面预计在未来 10 年内将比 2007 年上升 31 mm。海平面上升将增加

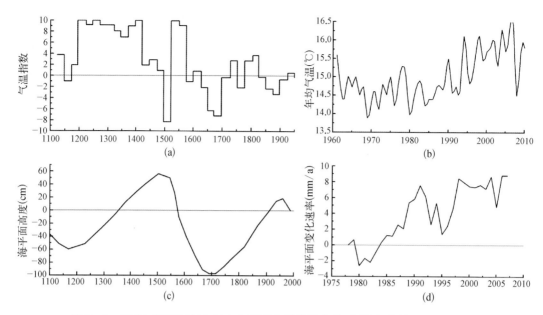

图3-3　气温与海平面变化((a) 江苏省气温指数变化,据陈家其等,1998;(b) 江苏省年均气温,据江苏省气候公报;(c) 中国海平面变化,据杨怀仁和谢志仁,1984;(d) 黄海海平面变化,据2007年中国海平面公报)

大潮高潮位接近海堤堤顶,易造成海堤损坏,引起海岸侵蚀。预计2025年,海平面上升速率达0.19 cm/a,在海岸侵蚀中比重为2.2%,最高可达9.6%(陈可峰,2008)。2050年海平面上升预测最大值为30 cm,则对海岸侵蚀的比重上升为8.6%(Shi et al.,2000)。随着海平面上升幅度的增大,在海岸侵蚀中的比重将增大,海岸侵蚀也会加剧。

极端天气对废黄河三角洲演变有重要影响,台风引起的风暴潮将加剧海岸侵蚀。1981年14号台风造成废黄河入海口附近风浪高2.2 m,导致12 km的海堤几乎全被摧毁,滩地最大冲刷深度达0.9 m。1986年1月的风暴潮引起废黄河口六合庄潮滩陡坎下蚀91 cm和700 m的护岸堤倒塌。1997年11号台风引起的风暴潮造成江苏省海堤损毁331 km,损坏护坡808处,造成滩面刷深0.29 m。2001年6月废黄河三角洲北段岸滩的防浪堤坝在大潮和洪水作用下坍塌800 m,岸线后退200 m。

3.1.2　趋势预测模型的构建

苏北废黄河三角洲的演变趋势主要考虑岸线变化速率、海平面上升和海岸对风暴潮响应这三个最重要的影响因子。主要包括三方面内容:① 岸线演变的量化和未来岸线位置的预测;② 海平面加速上升作用下的海岸侵蚀后退量计算;③ 极端条件下风暴潮作用下侵蚀量计算。基本概念简单定义为:

D_0——初始(时间为0)岸线;

D_n——以D_0为起点,n年后岸线后退距离;

D_{ns}——在D_n的基础上,因海平面上升引起的侵蚀距离;

D_{nt}——在D_{ns}的基础上,最大风暴潮引起的侵蚀距离。

定量计算岸线演变的前提是一条基准线的确定,以此为基础用来量度岸线变化。这条基准线可以为标志性的地貌,如高潮线、海崖边界线。为了分析各影响因子对岸线侵蚀的影响,本章将基线定义为 D_0(即时间为 0 的岸线)。如果当前海岸线变化的各种影响因子在预测时间内不发生变化,那么未来的海岸线位置,如 30 年、50 年或 100 年,可以通过将岸线变化速率乘以经历的时间进行预测。岸线变化速率主要有侵蚀、稳定和淤积三种情形(图 3 - 4)。

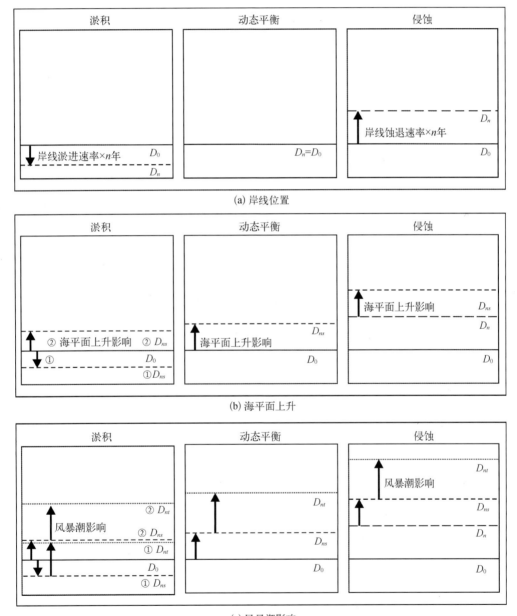

① 淤积速率大于海平面上升速率
② 淤积速率小于海平面上升速率

图 3 - 4　淤积、稳定和侵蚀三种情形的未来 n 年岸线变化图

1) 海平面上升

D_n并没有考虑在未来 n 年时间内海平面上升对海岸造成的影响。海平面上升将引起海岸的额外侵蚀或使淤涨海岸淤积速率降低甚至转变为侵蚀海岸(周子鑫,2008),这需要海平面上升速率的调整值。以未来 n 年岸线变化为例,已知目前的海平面上升速率(SL_p)和未来 n 年的海平面上升预测值(SL_n),则海平面加速上升造成的调整值(SL_a)表达为

$$SL_a = SL_n - SL_p \times n \qquad (3-4)$$

假定海平面上升趋势在未来 n 年一直保持不变,根据岸滩剖面的坡度对 Brunn 法则进行修正,则岸线后退值(R_a)表达为

$$R_a = SL_a / i \qquad (3-5)$$

式中,i 为岸滩剖面坡度。

发生后退或动态稳定的岸线调整后的岸线侵蚀距离(D_{ns})的表达式可以表达为

$$D_{ns} = D_n + R_a \qquad (3-6)$$

淤积、动态稳定和侵蚀三种不同情况下未来 n 年海岸线如图 3-4 所示,保持动态平衡的岸线,$D_n = D_0$,对海平面上升调整过的岸线后退距离则等于 R_a。淤积的岸段有两种情况,① 海岸线向海移动距离大于海平面上升引起的侵蚀量,则 D_n 保持在 D_0;② 未来 n 年内岸线向海移动的距离小于海平面加速上升引起的侵蚀量,海岸侵蚀调整则表达为

$$D_{ns} = D_0 + R_a - S_{Dn} \qquad (3-7)$$

式中,D_{ns} 为后退距离更大的海岸侵蚀线位置;D_0 为原有岸线位置;R_a 为海平面上升引起的侵蚀量;S_{Dn} 为未来 n 年内岸线向海移动的距离。

2) 风暴潮

极端事件(风暴潮)的发生往往造成岸线短期内的剧烈变化,预测 n 年后的岸线位置需要考虑极端风暴影响下发生的最坏情况。则岸线侵蚀距离和岸线位置需要进一步调整。

Kriebel 等(1982)根据长期对特拉华州附近海岸剖面进行观察与测量,提出了如下经验公式,用于风暴潮引起的岸线后退量的估算:

$$I = HS \left(\frac{t_d}{12} \right)^{0.3} \qquad (3-8)$$

式中,I 为风暴潮引起的海岸后退量;H 为近岸波高;S 为风暴增水;t_d 为风暴潮持续时间。

未来 n 年最大风暴潮发生值采用历史时期风暴潮引起的最大波高、风暴增水和持续时间,海岸在最大风暴作用下的后退量可以计算得出。从而计算得出 n 年周期风暴引起的岸线最大可能后退值(I),未来 n 年内岸线 D_{ns} 后在风暴潮作用下的岸线侵蚀距离 D_{nt} 可以表达为

$$D_{nt} = D_{ns} + I \qquad (3-9)$$

3.1.3　预测结果及可靠性分析

废黄河三角洲侵蚀速率的减缓主要是自然侵蚀衰减,根据公式 $y_2 = y_1(1-k)^n$ 求侵蚀衰减系数(陈才俊,1990)。该公式中沿海岸侵蚀强度假定为均匀衰减,式中 y_1 为黄河北归后初始年的蚀退速率,本文采用 1985 年初的蚀退速率,因为 1985 年后海岸防护工程基本完善,可以代表岸线在防护后的蚀退速率;y_2 为现在的海岸蚀退速率,本文采用 2004～2013 年的海岸蚀退速率;n 为侵蚀年数,由此计算废黄河三角洲不同岸段的年衰减系数。

本文假设未来 n 年后年衰减系数为不变,根据以上公式可以计算出废黄河三角洲未来 30 年、50 年和 100 年后的岸线变化速率和岸线变化距离(图 3-5)。分析显示,2004 年至 2013 年岸线变化速率整体以侵蚀为主,平均侵蚀速率为 8.4 m/a。灌河口南侧和射阳河口以北岸段呈淤积状态,平均岸线变化速率为 10 m/a,其余岸段均以侵蚀为主,振东闸至扁担港岸段受到的侵蚀最强烈,最大侵蚀速率达 80 m/a。由于海岸侵蚀衰减系数的存在,随着侵蚀的持续,未来 30 年、50 年和 100 年的岸线侵蚀速率呈逐渐减小的趋势,部分淤积岸段也转为冲淤平衡状态或侵蚀状态(如灌河口岸段)。30 年后整体的侵蚀速率减小至平均值为 5.6 m/a,50 年后为 3.0 m/a,100 后为 0.7 m/a。岸线变化速率显示,侵蚀速率大的岸段,侵蚀速率减小的幅度也大。

假定废黄河三角洲的岸线变化呈侵蚀状态且变化速率是均匀的,如 n 年后的岸线相对于 2013 年的岸线,岸线侵蚀速率呈均匀的变化。同时还假设岸线长期变化的主要影响因子在选择的时间段内不发生变化。因此,根据公式 $L_n = L_1 + a \times n$ 可以计算出 n 年后岸线变化的距离(图 3-5),L_n 为 n 年后的岸线变化距离,L_1 为以 2013 年为基线后初始年岸线变化距离,a 为岸线均匀变化的速率,可以由时间段内岸线变化速率之差/n 计算得出。以 2013 年的岸线为基线,通过未来岸线变化距离就可以确定未来岸线的位置。

图 3-5 显示出废黄河三角洲的岸线冲淤演变趋势,随着时间的推移,岸线变化距离呈增大的趋势,由于侵蚀速率的减小,岸线变化距离增大的幅度也逐渐趋于减小。废黄河三角洲岸线演变趋势仍以侵蚀为主,30 年、50 年和 100 年后的岸线变化距离平均值分别为 −50 m、−218 m 和 −403 m。随着时间的推移,侵蚀岸段的岸线因受到侵蚀而向陆方向后退,30 年后岸线最大后退距离位于振东闸与扁担港之间,最大值为 880 m,50 年后为 1800 m,100 年后为 2 231 m,运粮河口附近岸段为淤积状态,30 年后的最大淤积值为 803 m,50 年后为 667 m,100 年后为 380 m。由于岸线持续的遭受侵蚀,废黄河三角洲淤积岸段向海的淤积距离逐渐较少,100 年后转为向陆侵蚀后退,三角洲南翼岸段的侵蚀位置也向南移动。

1) 海平面加速上升引起的岸线后退量

据国家海洋局 2009 年发布的《中国海平面公报》,黄海海平面平均上升速率为 2.6 mm/a,李加林等(2006)预计 30 年后(2030 年)江苏沿海未来相对海平面上升量平均值为 30 cm,50 年后(2050 年)为 53 cm,100 年后(2100 年)为 137 cm。将其代入式(3-4)

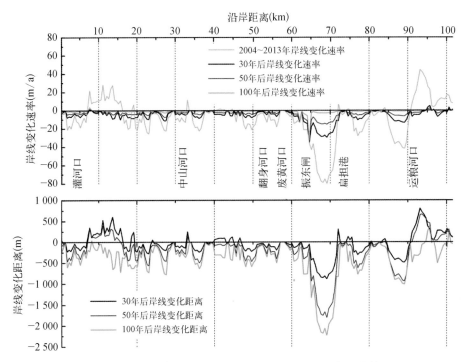

图 3-5　废黄河三角洲岸线变化速率和岸线变化距离的趋势图

计算得到海平面上升速率调整值,岸滩剖面的坡度可以通过多次测量确定,然后根据式(3-5)计算得到岸线后退量 R_a。

岸段剖面坡度数据和在海平面上升影响下的岸线后退值 R_a 见表 3-1。随着海平面上升,海岸后退距离呈增大趋势,海平面上升是废黄河三角洲未来冲淤演变过程中不可忽视的重要影响因子。海平面上升对射阳河口岸段造成的影响较大,100 年后岸线后退值达 357.9 m,其次为中山河口岸段,原因是这些岸段的岸滩坡度较缓。废黄河口岸段和振东闸岸段的坡度较陡,海平面上升对其造成的影响相对较小,100 年后分别为 161.6 m 和 190.5 m。

表 3-1　废黄河三角洲岸滩剖面坡度及海平面加速上升引起的后退量

剖　　面	i(‰)	R_{a30}(m)	R_{a50}(m)	R_{a100}(m)
灌河口	5.3	42.3	76.3	211.6
中山河口	3.3	67.6	121.7	337.9
废黄河口	6.9	32.3	58.2	161.6
振东闸口	5.8	38.1	68.6	190.5
扁担港口	4.3	51.1	92.1	255.6
射阳河口	3.1	71.6	128.9	357.9

2) 风暴潮影响下的岸线后退量

根据《中国海湾志第四分册》(江苏省海湾)获取长期以来由风暴潮影响下的波高最高

为 9.1 m,风暴增水为 2.5 m,其持续时间假定为 8 h,因此根据式(3-5)可以计算得 30 年来最大风暴潮影响下的岸线侵蚀后退量 I(19.8 m)。将其代入式(3-6)可得到该区 n 年后侵蚀岸线后退距离 D_{nt},本章假设初始岸线值为 0,$D_0=0$,即最大风暴引起的岸线后退量在 30 年后没有发生变化。

根据以上公式进行计算,可以确定废黄河三角洲在海平面上升和风暴潮影响下的岸线演变趋势。未来 D_{30}、D_{30s}、D_{30t}、D_{50}、D_{50s}、D_{50t} 和 D_{100}、D_{100s}、D_{100t} 的值详见表 3-2。分析显示,随着时间的推移,由于自然和人为原因,侵蚀强度减弱,侵蚀速率逐渐减缓,废黄河三角洲的侵蚀增长量有所减少。未来废黄河三角洲演变趋势仍以侵蚀为主,海平面上升在一定程度上将会加剧三角洲岸线的侵蚀,风暴潮对岸线的侵蚀/淤积也有一定的影响。纵观整个废黄河三角洲海岸在海平面上升和风暴潮影响下的演变趋势,侵蚀较严重的岸段位于废黄河口至扁担港之间,其中,振东闸的侵蚀后退值最大,100 年后 D_{100s} 为 1 293 m,D_{100t} 为 1 313 m,其次为扁担港,在风暴潮的影响下岸线后退值达 723 m。灌河口和射阳河口附近部分淤积岸段向侵蚀的趋势发展,尤其在海平面上升和风暴潮的影响下,侵蚀呈缓慢增大的趋势。中山河口至扁担港的持续遭受侵蚀仍是废黄河三角洲未来岸线变化的趋势。

表 3-2　废黄河三角洲未来 30 年、50 年和 100 年的演变趋势计算值(m)

岸　段	D_{30}	D_{30s}	D_{30t}	D_{50}	D_{50s}	D_{50t}	D_{100}	D_{100s}	D_{100t}
灌河口	210	−21	−41	−115	−192	−212	−330	−542	−561
中山河口	−592	−127	−147	−174	−296	−316	−276	−614	−634
废黄河口	−1 640	−196	−216	−354	−412	−432	−522	−684	−703
振东闸	−3 603	−398	−418	−817	−885	−905	−1 102	−1 293	−1 313
扁担港	−1 612	−212	−232	−355	−447	−466	−448	−703	−723
射阳河口	340	268	248	290	161	141	−84	−442	−461

以上苏北废黄河三角洲的岸线主要是平均大潮高潮位的岸线,且岸线演变趋势分析的前提条件建立在一系列假定条件之上。因此,该预测结果符合三角洲的海岸演变趋势,对于修建了明显海堤防护工程的岸段,岸线演变主要以岸滩冲刷和岸坡调整为主,岸线侵蚀后退距离以人工岸线的位置为终止线。但是,极端天气(台风、风暴潮)可对海堤摧毁,导致人工岸线在短时间内发生变化。

3.1.4　海岸侵蚀预警线

海岸侵蚀预警线是各种影响因素作用下海岸侵蚀后退演变,在某时间段内可能后退的最大距离连成的线(Oscar et al.,2006)。废黄河三角洲的海岸侵蚀预警线主要考虑岸线在未来时间段内的最大后退距离,包括未来 30 年、50 年和 100 年的后退距离,同时考虑海平面上升和风暴潮影响下的海岸后退距离。预警线可以确定海岸侵蚀灾害可能发生的范围,同时考虑极端风暴潮影响下的最坏情况的发生。

以废黄河三角洲 2013 年的岸线作为海岸侵蚀预警线的基准线,根据岸线的未来变化趋势绘制 30 年、50 年和 100 年的岸线蚀退线(图 3-6)。假设岸线变化不受海平面和风暴潮影响,则图 3-6 显示出未来 30 年、50 年和 100 年的海岸侵蚀预警线;假设受海平面上升和风暴潮影响,则在原有预警线的基础上叠加上由海平面上升和风暴潮引起的海岸侵蚀的距离,由此可得出未来 30 年、50 年和 100 年受海平面上升和风暴潮影响的海岸侵蚀预警线。

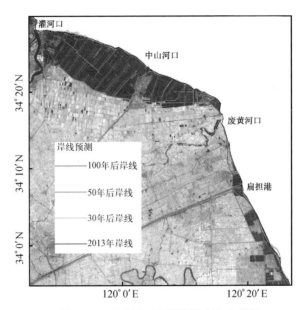

图 3-6　废黄河三角洲海岸变化位置图

3.2　废黄河三角洲海岸演变的影响分析

3.2.1　海岸侵蚀脆弱性评估

随着全球气候变化、海平面上升、人类活动加剧以及大量泥沙来源断绝的影响,苏北废黄河三角洲海岸正面临前所未有的侵蚀灾害风险。基于研究区的特点和脆弱性指数法(CVI),选取岸线变化速率、等深线变化速率、岸滩坡度、水下坡度、表层沉积物类型、年平均含沙量、年平均高潮位、海岸利用类型、海岸开发适宜性 9 个评估指标,采用层次分析法(AHP)确定各评估指标权重,结合遥感(RS)和地理信息系统(GIS)技术对废黄河三角洲海岸侵蚀脆弱性进行评估(刘小喜等,2014)。

评估指标体系构建:评估指标的选取需要遵循系统性、客观性、可操作性和主导性原则。海岸侵蚀脆弱性通常包括固有脆弱性和特殊脆弱性,其中固有脆弱性指海岸的自然特征,是由海岸天然不稳定所导致的,特殊脆弱性则主要由人类活动的干扰所引起。对于淤泥质海岸来说,海岸动态、海岸形态、近岸水动力三类指标可以全面反映海岸的自然特征。岸线变化可以较为直观地表现出海岸的动态变化,由于废黄河三角洲大部分岸段受海堤等人工防护措施的影响,岸线变化并不能完全代表海岸的自然动态变化,基于系统性和客观性原则,必须同时考虑等深线的变化情况。海岸形态特征可供选取的指标较多,基于可操作性原则选取岸滩坡度、水下坡度、沉积动力环境三个指标。近岸水动力采用的0~5 m 水深年平均含沙量和年平均高潮位数据两个指标。海岸利用类型和海岸开发适宜性作为社会经济因素考虑到海岸侵蚀脆弱性评估中。基于以上分析,共选取了9个指标构建废黄河三角洲海岸侵蚀脆弱性评估体系(图 3-7)。

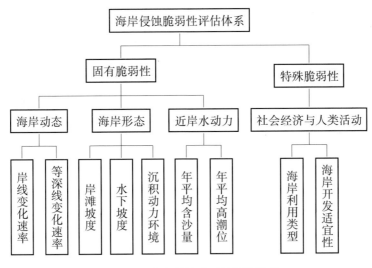

图 3-7　海岸侵蚀脆弱性评估体系

利用 1975~2013 年近 40 年遥感影像对苏北废黄河三角洲岸线变化进行动态监测,监测结果显示废黄河三角洲大部分岸段表现为侵蚀,只有灌河口南侧-浦港以及双洋港以南少部分岸段表现为稳定或淤积;废黄河三角洲海岸仍然表现为较高的侵蚀速率,但侵蚀速率有减缓的趋势(图 3-8 和图 3-9)。

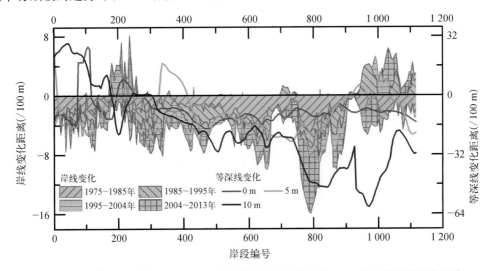

图 3-8　废黄河三角洲 1975~2013 年岸线变化距离及 1980~2006 年等深线变化距离

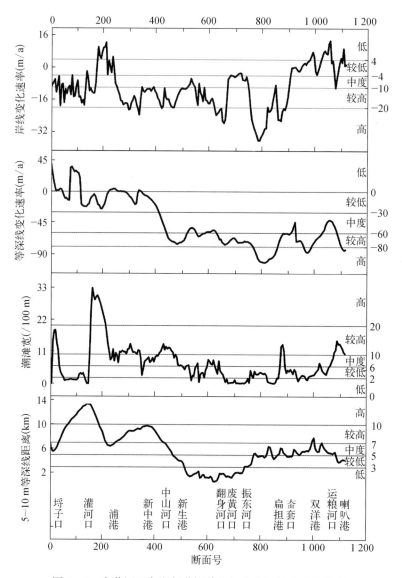

图 3-9　废黄河三角洲部分评估指标大小及其脆弱性分布

　　海岸侵蚀脆弱性与岸线变化脆弱性表现为较大的相关性。岸线侵蚀后退严重的区域通常也表现为较高的侵蚀脆弱性,而较低脆弱性则往往分布在岸线侵蚀后退速率较小或者淤积的区域。但是海岸侵蚀脆弱性综合评价结果与岸线变化脆弱性单一指标评价结果也存在一定的差异性。评估时根据动力条件的不同以及泥沙来源情况,将研究区分为微侵蚀区、侵蚀区和相对稳定区三个亚环境(图 3-10 和图 3-11)。

　　据《2013 年中国海平面公报》,我国沿海海平面总体呈现波动上升趋势,1980～2013年平均上升速率为 2.9 mm/a,高于全球平均水平,预计未来 30 年,江苏沿海海平面将上升 85～155 mm。如何应对未来海平面上升带来的风暴潮增强、海岸侵蚀加剧、咸潮入侵等灾害将是沿海地区人们不得不面临的问题。废黄河三角洲海岸表现为较高侵蚀脆弱性的主要原因是泥沙来源的断绝;由松散沉积物组成的三角洲地形地貌特征使其本身即表

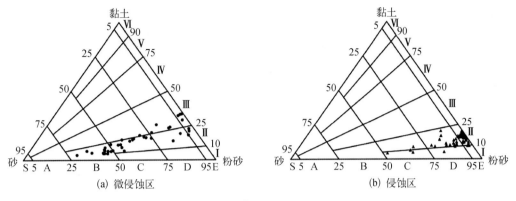

(a) 微侵蚀区　　　　　　　　　(b) 侵蚀区

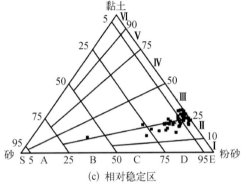

(c) 相对稳定区

图 3-10　废黄河三角洲海区沉积物三角图式

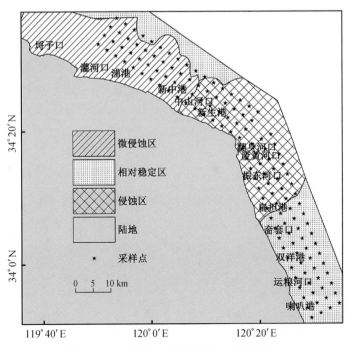

图 3-11　废黄河三角洲沉积动力环境分区

现为易侵蚀性;海平面上升引起的风暴潮频率增加、潮流和波浪动力的加强则加剧了海岸的侵蚀;近期,人类活动如滩涂围垦工程、港口工程、护岸工程等则越来越成为影响废黄河三角洲侵蚀脆弱性分布的主导因子。

　　基于 AHP 和 CVI 方法得到了废黄河三角洲海岸侵蚀脆弱性分布图(图 3-12),总体显示研究区海岸表现为较高的侵蚀脆弱性,结果表明废黄河三角洲整体表现为较高的侵蚀脆弱性,其中较高以上脆弱性超过 50%,中度以上脆弱性超过 75%。随着未来全球性增温和海平面上升,废黄河三角洲将面临更大的侵蚀风险,迫切需要进一步加强海岸侵蚀防护。

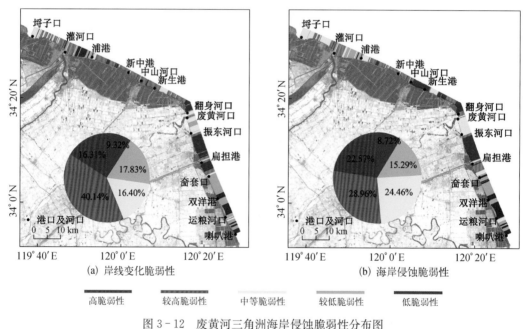

图 3-12　废黄河三角洲海岸侵蚀脆弱性分布图

3.2.2　三角洲冲淤演变对港口建设、湿地变化等的影响

　　苏北废黄河三角洲的演变趋势以侵蚀为主,这将会对三角洲海岸带的土地增减有重要影响,对该三角洲的经济发展有重要影响。岸线后退造成的土地损失是海岸侵蚀最为显著的部分,由于三角洲部分海岸的侵蚀作用,大量的土地资源已经流失,人类的生存和安全直接受到威胁(陈希祥等,2006)。岸线侵蚀造成的直接经济损失主要是人类财富的损失,如房屋的倒塌、报废,建筑工程(公路、海岸防护工程)的废弃,码头港池的报废,粮食的减产造成的损失等,还有由于加固岸线和防护工程资金的投入,城镇、村庄的搬迁投入等(丰爱平等,2003)。随着侵蚀的继续,尤其是人工海岸外岸滩的下蚀过程的进行,人工修筑的堤坝会由于底部的掏空而发生坍塌,造成经济损失。

　　苏北废黄河三角洲的海岸冲淤演变不仅发育了广阔的三角洲,也因为岸线侵蚀后退和护岸工程导致了岸滩下蚀,从而形成了深水区离岸愈近、水下岸坡变陡和向海方向水深加深等特征,为沿岸港口的建设提供了良好的地理条件。以上对三角洲海岸冲淤演变的分析显示,三角洲整个海岸的演变趋势以侵蚀为主,尤其是三角洲拐角处的侵蚀现象明显,15 m 等深线离岸最近,该岸段水深条件适合实施海港建设,射阳河口岸段岸滩相对稳定,深水区离岸较近,也适于港口的开发建设。因此,正在规划建设的滨海港和射阳港具备港口建设的自然地理条件(张长宽,2013),也是江苏省海港建设中的重点项目。

苏北废黄河三角洲拐角岸段为滨海港开发建设的区域,该岸段 5 m、10 m 和 15 m 等深线(理论基面)离岸距离分别为 1.3 km、2.0 km 和 4.3 km。三角洲拐角处的断面演变显示,由于 20 世纪 80 年代以来护岸工程的实施,岸线侵蚀后退速率明显减小,但水下岸坡的坡度逐渐变陡。水下三角洲 15 m 等深线以深冲淤演变比较稳定,15 m 等深线以浅以侵蚀为主,其中水深 2～12 m 的岸坡侵蚀强度较大,向岸迁移速率可达 100 m 左右(管君阳,2012)。15 m 和 20 m 等深线相距大约 40 km,之间的海底地形较为平坦。因此,三角洲拐角岸段适于建设 10 万吨以下的港区,对于建设 30 万吨的港口的没有明显的优势(张长宽,2013)。

射阳河口水下等深线基本顺直,该岸段冲淤现状为浅水区淤积、深水区冲刷的特征,岸坡坡度呈变陡的趋势。随着三角洲拐角岸段的侵蚀后退,凸出岸线的挑流作用对三角洲两翼的掩护功能逐渐减弱,从而将导致侵蚀强度的增强和侵蚀范围的扩大,射阳河口岸段也呈由淤积转向侵蚀的趋势。由于水下三角洲的侵蚀,射阳河口 10 m 等深线距岸距离小于 10 km,具有宽广的潮间滩涂和水下岸坡,适于开发码头和航道建设,根据需要可建设规模 5 万吨级的深水港区(张长宽,2013)。

黄河在江苏行水期间,不仅形成了三角洲平原,也形成了大面积的湿地。目前,苏北废黄河三角洲的湿地面积为 795.6 km^2,其中,人工湿地(62%)以养殖池塘比重较大(33%),其次为盐田(15%),自然湿地占总湿地面积的 49%,粉砂细砂质海岸湿地面积占湿地面积的 31%(张长宽,2013)。但是,由于海岸的侵蚀,潮间带滩涂较窄,自然湿地面积总体上偏小。

1855 年黄河的北归不仅造成三角洲海岸的侵蚀后退,也同时粗化了三角洲的沉积物。通过对沉积物对三角洲演变的响应分析,苏北入海口的月亮已形成砂质海岸,现场野外调查发现此地沙滩具有一定规模,并已经成为旅游景点,通过走访得知每年有不少游客前去游玩,促进了当地的经济发展。因此,三角洲海岸侵蚀形成的砂质海岸对旅游来讲具有一定的经济价值。

3.3 应对策略与措施

海岸侵蚀是废黄河三角洲海岸目前面临的一个严重问题。随着全球性增温、海平面上升和极端风暴频率的增加,废黄河三角洲将面临严峻的侵蚀灾害风险,迫切需要进一步加强海岸防护,维持海岸稳定,以保障社会经济的持续发展。针对未来气候变化,做好海岸侵蚀防护工作必须从自然和人为两方面开展,在加强抵御自然灾害能力的同时减少人为破坏。因此,在进行海岸演变趋势和风险分析的基础上,针对不同岸段的侵蚀发展趋势,需采用相应的应对措施。具体可以从以下三方面着手:① 加强海岸侵蚀监测,建立完善的监测网络;② 加强科学预测,制订海岸侵蚀预警线;③ 采取有效的措施,加强海岸侵蚀防护。

1) 加强海岸侵蚀监测,建立完善的监测网络

海岸侵蚀是海洋灾害的一个重要组成部分。海岸侵蚀相对缓慢,并且作用因素复杂,目前尚未建立统一规范的监测网络。但是,废黄河三角洲海岸侵蚀现状严峻,因此必须建立科学完善的海岸侵蚀灾害监测网络。

首先,以多样化的监测手段为基础,利用卫星、飞机、船舶、浮标、岸基监测站等高新技术和手段构成海岸侵蚀立体监测网。监测手段是海岸侵蚀监测工作的技术支撑。加速发展海岸侵蚀监测技术,能够实时有效地获取海岸环境数据,为海岸管理、资源保护、灾害监测和生产作业等活动提供更好的信息平台。在废黄河三角洲沿海建立海岸侵蚀灾害监测站,定期监测海岸线动态变化、滩面下蚀、沿海地面沉降、海岸坍塌等情况,积累实测资料,以便对海岸侵蚀中长期趋势进行预报。

2) 加强科学预测,制订海岸侵蚀预警线

关注全球变化和区域响应,进一步探索海岸侵蚀灾害的发展趋势和规律,以便采取有效的应对措施。加强对海平面上升引起的海岸冲淤变化的预测,开展不同岸段相对海平面上升对海岸侵蚀的影响评估。充分利用 RS、GIS 和 GPS(全球定位系统)等技术,及时监控海洋动态变化过程,对可能带来灾害的风暴潮等提前发出预报,尽可能减小灾害损失。

基于目前海岸演变过程和趋势的基础上,充分考虑未来海平面上升和极端风暴的影响,确定未来海岸侵蚀灾害可能发生的范围,尤其是对典型的侵蚀岸段设置预警线,为沿岸开发建设提供风险预警。

3) 采取有效的措施,加强海岸侵蚀防护

加强和完善废黄河三角洲沿岸防护工程体系。对强侵蚀区和风暴潮易发段,在原有防潮大堤的基础上,加强维护,设计更高标准的防护工程,并妥善处理各排河出口水闸问题。同时,还应采取可行的非工程措施,如生物促淤,增强海堤的耐蚀性。

建立海岸侵蚀缓冲区,实行退耕还海政策,把近期过渡围垦的外围部分垦区回归自然,以削弱台风、风暴潮的能量,减缓其向沿海陆地推进的速度。继续加快沿海防护林体系建设,加强滩涂植被的促淤实施工作。

参 考 文 献

曹祖德,王桂芬.1993.波浪掀沙、潮流输沙的数值模拟.海洋学报,15(1):107-118.

陈才俊.1990.灌河口至长江口海岸淤蚀趋势.海洋科学,3:11-16.

陈宏友.1990.苏北南通海涂近期冲淤动态及其开发.海洋科学,(2):28-35.

陈吉余,恽才兴,徐海根,等.1979.两千年来长江河口发育的模式.海洋学报,1(1):103-111.

陈家其,姜彤,许朋柱.1998.江苏省近两千年气候变化研究.地理科学,18(3):219-226.

陈可峰.2008.黄河北归后江苏海岸带陆海相互作用过程研究.南京水利科学研究院博士学位论文.

陈沈良,张国安,陈小英,等.2005.黄河三角洲飞雁滩海岸的侵蚀及机理.海洋地质与第四纪地质,25(3):9-14.

陈希祥,王祥,董洪信.2006.江苏中部黄海岸带侵、淤与防护.地质灾害与环境保护,17(3):17-25.

丁平兴,王厚杰,孟宪伟,等.2013.近50年我国典型海岸带演变过程与原因分析.北京:科学出版社.

杜景龙,杨世伦,陈德昌.2012.三峡工程对现代长江三角洲地貌演化影响的初步研究.海洋通报,31(5):489-495.

杜景龙,杨世伦,陈广平.2013.30多年来人类活动对长江三角洲前缘滩涂冲淤演变的影响.海洋通报,32(3):296-302.

杜景龙,杨世伦,张文祥,等.2005.长江口北槽深水航道工程对九段沙冲淤影响研究.海洋工程,23(3):78-83.

杜瑜.1993.甘肃、宁夏黄土高原历史时期农业牧业发展研究.见:王守春主编,黄河流域环境演变与水沙运行规律研究文集.北京:海洋出版社.

端义宏,高泉平,朱建荣.2004.长江口区可能最高潮位估算研究.海洋学报,26(5),45-54.

丰爱平,夏东兴.2003.海岸侵蚀灾情分级.海岸工程,22(2):60-66.

国家海洋局.2015.2014年中国海平面公报.http://www.coi.gov.cn/gongbao/haipingmian.

何海丰,杨世伦,张朝阳,等.2013.朱家尖岛邻近海域潮流时空变化及其影响因素.上海国土资源,34(1):27-31.

胡红兵,胡刚,胡光道.2008.GIS支持下长江口南支河道百年来的演变.海洋地质与第四纪地质,28(2):23-29.

季子修,蒋目巽,朱季文,等.1993.海平面上升对长江三角洲和苏北滨海平原海岸侵蚀的可能影响.地理学报,48(6):516-526.

季子修,蒋自巽.1994.海平面上升对长江三角洲附近沿海潮滩和湿地的影响.海洋与湖沼,25(6):582-590.

贾本凯,郑崇伟,郭随平,等.2013.近44年全球海域海表风速整体变化趋势研究.延边大学学报(自然科学版),39(1):74-78.

江滢,罗勇,赵宗慈,等.2007.近50年中国风速变化及原因分析//中国气象学会2007年年会气候变化分会场论文集.北京:中国气象学会.

李松.2015.调水调沙影响下黄河入海泥沙的变化及河口沉积环境效应.青岛:中国海洋大学硕士学位论文.

李伯昌.2006.1984年以来长江口北支演变分析.水利水运工程学报,(3):9-17.

李鹏,杨世伦,陈沈良.2014.浙南近岸海流季节变化特征.海洋学报,36(3):19-29.

李元芳.1991.废黄河三角洲的演变.地理研究,10(4):29-39.

凌申.1991.江苏滩涂农垦发展史研究.中国农史,1:61-69.

刘苍字,陈吉余,戴志军.2013.河口地貌//中国自然地理系列专著:中国地貌.北京:科学出版社.

刘升发,石学法,刘焱光,等.2009.东海内陆架泥质区沉积速率.海洋地质与第四纪地质,29(6):1-7.

刘小喜,陈沈良,蒋超.2014.苏北废黄河三角洲海岸侵蚀脆弱性评估.地理学报,69(5):607-618.

刘晓燕,杨胜天,李晓宇,等.2015.黄河主要来沙区林草植被变化及对产流产沙的影响机制.中国科学:技术科学,45(10):1052-1059.

刘志宏,郑崇伟,庄卉,等.2011.近22年西北太平洋海表风速变化趋势及空间分布特征研究.海洋技术,30(2):127-130.

陆培东.2007.江苏滨海港10万吨级海港工程海岸稳定性和泥沙研究.南京水利科学研究院研究报告.

庞家珍,司书亨.1980.黄河口演变-Ⅱ.河口水文特征及泥沙淤积分布.海洋与湖沼,11(4):295-305.

钱宁,万兆慧.1983.泥沙运动力学.北京:科学出版社.

秦蕴珊,赵一阳,陈丽蓉,等.1987.东海地质.北京:科学出版社:290.

任美锷.1986.江苏海岸带和海涂资源综合调查报告.北京:海洋出版社,23-83.

上海市海岸带和海涂资源综合调查报告编写组.1987.上海市海岸带和海涂资源综合调查报告.上海:上海科学技术出版社.

沈芳,周云轩,张杰,等.2006.九段沙湿地植被时空遥感监测与分析.海洋与湖沼,37(6):498-504.

盛季达,何金林.1999.长江口可能最高潮位研究.水文,(3):1-5.

王如生.2015.近半个世纪长江口门区的冲淤变化分析及未来几十年冲淤趋势探讨.上海:华东师范大学硕士学位论文.

王艳红.2006.废黄河三角洲海岸侵蚀过程中的变异特征及整体防护研究.南京师范大学博士学位论文.

王遵娅,丁一汇,何金海,等.2004.近50年来中国气候变化特征的再分析.气象学报,62(2):228-236.

吴晗.2014.长江水下三角洲的侵蚀潜力探讨.上海:华东师范大学硕士学位论文.

徐福龄.1979.黄河下游明清时代河道和现行河道演变的对比研究.人民黄河,1:66-76.

许炯心.2001.人类活动对公元1194年以来黄河河口延伸速率的影响.地理科学进展,20(1):1-9.

闫龙浩,杨世伦,李鹏,等.2010.近期(2000~2008年)长江口南港河槽的冲淤变化——兼议外高桥新港区岸段强烈淤积的原因.海洋通,29(4):378-384.

杨达源,张建军,李徐生.1999.黄河南徙、海平面变化与江苏中部的海岸线变迁.第四纪研究,19(3):283-283.

杨勤业.1991.黄土高原地区自然环境及其演变.北京:科学出版社,125-152.

杨世伦.2013.长江三角洲冲淤演变过程与原因分析//丁平兴.近50年我国典型海岸带演变过程与原因分析.北京:科学出版社:22-61.

杨世伦,丁平兴,赵庆英.2002.开敞大河口滩槽冲淤对台风的响应及其动力泥沙机制探讨——以长江口南汇边滩、南槽、九段沙系统为例.海洋工程,20(3):69-75.

杨世伦,赵冬至,李玉中,等.2003.海平面变化及其对海岸带的影响//杨世伦.海岸环境和地貌过程导论.北京:海洋出版社:240.

叶青超.1986.试论苏北废黄河三角洲的发育.地理学报,41(2):112-122.

虞志英,陈德昌,金镠.1986.江苏北部旧黄河水下三角洲的形成及其侵蚀改造.海洋学报,8(2):187-206.

恽才兴.2004.长江河口近期演变基本规律.上海:海洋出版社:290.

张长宽.2013.江苏省近海海洋环境资源基本现状.北京:海洋出版社.

张忍顺,陆丽云,王艳红.2002.江苏海岸的侵蚀过程及其趋势.地理研究,21(4):469-478.

张兴军.2013.黄河2013年汛前调水调沙启动.http://news.xinhuanet.com/2013-06/19/c_116209582.htm[2015-10-10]

周子鑫.2008.我国海平面上升研究进展及前瞻.海洋地质动态,10:14-18.

朱季文,季子修,蒋自巽,等.1994.海平面上升对长江三角洲及邻近地区的影响.地理科学,14(2):109-117.

Bernard P L, Short A D, Harley M D, et al. 2015. Coastal vulnerability across the Pacific dominated by El Nino/Southern Oscillation. Nature Geoscience, 8: 801-807.

Blum M, Roberts H. 2009. Drowning of the Mississippi Delta due to insufficient sediment supply and global sea-level rise. Nature Geoscience, 2(7): 488-491.

Bruun P. 1962. Sea level rise as a cause of shore erosion. Journal of the Waterways and Harbors Division, Proceeding of the American Society of Civil Engineers, 88: 117-130.

Carter R W G. 1988. Coastal Environments. London, San Diego, New York, Boston, Sydney, Tokyo, Toronto: Academic Press: 559.

Chen X Q, Yan Y, Fu R S, et al. 2008. Sediment transport from the Yangtze River, China, into the sea over the post-Three Gorge Dam period: a discussion. Quaternary International, 186: 55 – 64.

Dai Z, Liu J T. 2013. Impacts of large dams on downstream fluvial sedimentation: an example of the Three Gorges Dam (TGD) on the Changjiang (Yangtze River). Journal of Hydrology, 480: 10 – 18.

Dai Z, Liu J T, Wei W, et al. 2014. Detection of the Three Gorges Dam influence on the Changjiang (Yangtze River) submerged delta. Scientific Reports, 4: 6600.

Fan D, Guo Y, Wang P, et al. 2006. Cross-shore variations in morphodynamic processes of an open-coast mudflat in the Changjiang delta, China: with an emphasis on storm impacts. Continental Shelf Research, 26: 517 – 538.

Gao A, Yang S L, Li G, et al. 2010. Long-term morphological evolution of a tidal island under influences of natural episodes and human activities, the Yangtze estuary. Journal of Coastal Research, 26(1): 123 – 131.

Hu B Q, Yang Z S, Wang H J, et al. 2009. Sedimentation in the Three Gorges Dam and the future trend of Changjiang (Yangtze River) sediment flux to the sea. Hydrology and Earth System Science, 13: 2253 – 2264.

Intergovernmental Panel on Climate Change (IPCC). 2013. Climate change 2013: the physical science basis//Stocker T F, Qin D, Tignor M, et al. Contribution of Working Group I to the Fifth Assessment Report of the Intergovernmental Panel on Climate Change. Cambridge: Cambridge University Press: 1535.

IPCC. 2013. Climate Change 2013: The Physical Science Basis. Contribution of Working Group I to the Fifth Assessment Report of the Intergovernmental Panel on Climate Change [Stocker, T. F. et al. (eds.)]. Cambridge University Press, Cambridge, United Kingdom and New York, NY, USA, 1535 pp.

IPCC. 2014. Climate Change 2014: Impacts, Adaptation, and Vulnerability. Part A: Global and Sectoral Aspects. Contribution of Working Group II to the Fifth Assessment Report of the Intergovernmental Panel on Climate Change [Field, C. B. et al. (eds.)]. Cambridge University Press, Cambridge, United Kingdom and New York, NY, USA, 1132 pp.

Kirwanl M L, Megonigal J P. 2013. Tidal wetland stability in the face of human impacts and sea-level rise. Nature, 504: 54 – 60.

Kriebel D L. 1982. Beach and dune response to hurricanes. Dissertation for the degree Master of University of Delaware, Newark, DE.

Lee H J, Chao S Y. 2003. A climatological description of circulation in and around the East China Sea. Deep Sea Research Part II: Topical Studies in Oceanography, 50(6): 1065 – 1084.

Li P, Yang S L, Milliman J D, et al. 2012. Spatial, temporal, and human-induced variations in suspended sediment concentration in the surface waters of the Yangtze Estuary and adjacent coastal areas. Estuaries and Coasts, 35: 1316 – 1327.

Liu J P, Xu K H, Li A C, et al. 2007. Flux and fate of Yangtze River sediment delivered to the East China Sea. Geomorphology, 85: 208 – 224.

Luo X X, Yang S L, Zhang J. 2012. The impact of the Three Gorges Dam on the downstream distribution and texture of sediments along the middle and lower Yangtze River (Changjiang) and its estuary, and subsequent sediment dispersal in the East China Sea. Geomorphology, 179: 126 - 140.

Milliman J D, Shen H T, Yang Z S, et al. 1985. Transport and deposition of river sediment in the Changjiang estuary and adjacent continental shelf. Continental Shelf Research, 4: 37 - 45.

Oscar Ferreira, Garcia T, Matias A, et al. 2006. An integrated method for the determination of set-back lines for coastal erosion hazards on sandy shores. Continental Shelf Research, 26: 1030 - 1044.

Shi Y F, Zhu J W, Xie Z R, et al. 2000. Prediction and prevention of the impacts of sea level rise on the Yangtze River Delta and its adjacent areas. Science in China (Series D), 43(4): 412 - 422.

Stumpf R P. 1983. The processes of sedimentation on the surface of a salt marsh. Estuarine, Coastal and Shelf Science, 17: 495 - 508.

Titus J G. 1986. The causes and effects of sea level rise, effects of changes in stratospheric ozone and global climate. Sea Level Rise, 4: 219 - 241.

Turner R E, Baustian J J, Swenson E M, et al. 2006. Wetland Sedimentation from Hurricanes Katrina and Rita. Science, 314, 449 - 452.

Wang H, Saito Y, Zhang Y, et al. 2011. Recent changes of sediment flux to the western Pacific Ocean from major rivers in East and Southeast Asia. Earth-Science Reviews, 108: 80 - 100.

Wang H, Wang A, Bi N, et al. 2014. Seasonal distribution of suspended sediment in the Bohai Sea, China. Continental Shelf Research, 90: 17 - 32.

Wang H, Yang Z S, Saito Y, et al. 2007. Stepwise decreases of the Huanghe (Yellow River) sediment load (1950 - 2005): impacts of climate changes and human activities. Global and Planetary Change, 57 (3 - 4): 331 - 354.

Wang H, Yang Z, Li G, et al. 2006. Wave climate modeling on the abandoned Huanghe (Yellow River) delta lobe and related deltaic erosion. Journal of Coastal Research, 22(4): 906 - 918.

Xu K H, Li A C, Liu J P, et al. 2012. Provenance, structure, and formation of the mud wedge along inner continental shelf of the East China Sea: a synthesis of the Yangtze dispersal system. Marine Geology, 291(4): 176 - 191.

Yang S L, Belkin I M, Belkina A I, et al. 2003a. Delta response to decline in sediment supply from the Yangtze River: evidence of the recent four decades and expectations for the next half-century. Estuarine, Coastal and Shelf Science, 57(4): 689 - 699.

Yang S L, Ding P X, Chen S L. 2001a. Changes in progradation rate of the tidal flats at the mouth of the Yangtze River, China. Geomorphology, 38: 167 - 180.

Yang S L, Eisma D, Ding P X. 2000. Sedimentary processes on an estuarine marsh island in the turbidity maximum zone of the Yangtze River mouth. Geo-marine Letters, 20(2): 87 - 92.

Yang S L, Friedrichs C T, Shi I, et al. 2003b. Morphological response of tidal marshes, flats and channels of the outer Yangtze River mouth to a major storm. Estuaries, 26(6): 1416 - 1425.

Yang S L, Li M, Dai S B, et al. 2006a. Drastic decrease in sediment supply from the the Yangtze River and its challenge to coastal wetland management. Geophysical Research Letters, 33(6): 272 - 288.

Yang S L, Liu Z, Dai S B, et al. 2010. Temporal variations in water resources in the Yangtze River (Changjiang) over the Industrial Period, based on reconstruction of missing monthly discharges. Water Resources Research, 46: W10516.

Yang S L, Milliman J D, Li P, et al. 2011. 50,000 dams later: erosion of the Yangtze River and its delta. Global and Planetary Change, 75: 14 - 20.

Yang S L, Milliman J D, Xu K H, et al. 2014. Downstream sedimentary and geomorphic impacts of the

Three Gorges Dam on the Yangtze River. Earth-Science Reviews, 138: 469 – 486.

Yang S L, Shi Z, Zhao H Y, et al. 2004. Effects of human activities on the Yangtze River suspended sediment flux into the estuary in the last century. Hydrology and Earth System Sciences, 8(6): 1210 – 1216.

Yang S L, Xu K H, Milliman J D, et al. 2015. Decline of Yangtze River water and sediment discharge: impact from natural and anthropogenic changes. Scientific Reports, 5: 12581.

Yang S L, Zhang J, Dai S B, et al. 2007. Effect of deposition and erosion within the main river channel and large lakes on sediment delivery to the estuary of the Yangtze River. Journal of Geophysical Research, 112: F02005.

Yang S L, Zhang J, Zhu J, et al. 2005. Impact of dams on Yangtze River sediment supply to the sea and delta wetland response. Journal of Geophysical Research, 110(3): F03006.

Yang S L, Zhao Q Y, Belkin I M. 2002. Temporal variation in the sediment load of the Yangtze River and the influences of the human activities. Journal of Hydrology, 263: 56 – 71.

Yang S L, Zhao Q, Chen S, et al. 2001b. Seasonal changes in coastal dynamics and morphological behavoir of the central and southern Changjiang River delta. Science in China (Series B), 44: 72 – 79.

Yang Z S, Wang H J, Saito Y, et al. 2006b. Dam impacts on the Changjiang (Yangtze) River sediment discharge to the sea: the past 55 years and after the Three Gorges Dam. Water Resource Research, 42(4): W04407.

Yuan W. 2014. The fluvial dynamic process and the river-channel evolution of the Middle Yangtze after 3-Gorges Dam closure: prediction of new sediment source to estuary. Shanghai: Ph. D. Dissertation of East China Normal University.

Zheng Y, Kissel C, Zheng H B, et al. 2010. Sedimentation on the inner shelf of the East China Sea: magnetic properties, diagenesis and paleoclimate implications. Marine Geology, 268(1): 34 – 42.

Zhou L Y, Liu J, Satio Y, et al. 2014. Coastal erosion as a major sediment supplier to continental shelves: example from the abandoned Old Huanghe (Yellow River) delta. Continental Shelf Research, 82: 43 – 59.

第二部分

典型海岸带盐水入侵演变趋势与影响分析

提　要

　　本书第二部分内容为预测和研究气候变化和人类活动对长江河口和珠江河口盐水入侵的影响,以及其对淡水资源和生态环境的影响,并提出相应对策,得到如下主要成果:

　　建立了先进的长江河口三维盐水入侵数值模式,采用实测的水位、流速、流向和盐度数据对模式作验证,计算结果与实测资料吻合良好。模拟和揭示了在气候变化和人类活动下,2012年、2030年、2050年和2100年长江河口盐水入侵和淡水资源的状况和变化,首次定量剥离了因气候变化引起的径流量变化、海平面上升和三峡工程、南水北调工程在各个预测年份对长江河口盐水入侵和淡水资源的影响,定量给出和揭示了气候变化和人类活动对长江盐水入侵和淡水资源的影响,提出了保障长江河口水源地淡水资源安全的对策。

　　将珠江河网、河口和邻近南海北部陆架作为整体,设置高分辨率、河口充分加密和完全拟合岸线的网格,综合考虑各种动力因子,建立珠江河口三维盐水入侵模式,并对模式作了严格验证。模拟结果表明海平面上升将加剧珠江河口盐水入侵。数值模拟证实了挖沙引起北江潮差减小和盐水入侵减弱、西江潮差增大和盐水入侵加剧的近几十年演变的观测事实,首次从分流比、潮汐、余流变化上揭示了挖沙对珠江河口影响的动力机制。分析了盐水入侵对珠江河口生态环境的影响,并提出相应的对策。

引　言

　　河口是外海盐水与上游河流淡水交汇的区域,由此产生的盐水入侵是河口地区存在的普遍现象。气候变化和人类活动,特别是重大工程导致河口水文和盐水入侵等变化,越来越受到政府和社会的关注。本文选择长江河口和珠江河口为典型海岸带盐水入侵的典型区域,它们为我国第一和第二大河口,存在严重的河口盐水入侵(咸潮入侵、海水入侵)问题。

　　气候变化对河口盐水入侵的影响主要体现在降水的变化,最终引起河流径流量的变化,以及海平面上升。径流是河口盐水入侵的主要影响因子之一,由气候变化引起的径流量变化必然导致河口盐水入侵强度和范围的变化,从而改变河口自然生态环境,影响社会经济的发展,尤其是城市水资源的安全和保障。全球气温变暖、海洋热膨胀等加速了海平面的上升,IPCC(1992)第二次评价报告指出,到 2100 年全球海平面将上升 20～85 cm,海平面上升所带来的影响也越来越为政府所关注。长期的海平面上升将抬高河口地区的水位、改变海岸环境、影响河口水文动力过程、加强盐水入侵的程度,对生态系统和社会经济造成严重的影响。

　　本书第二部分为全球变化研究国家重大科学研究计划项目"全球变化对我国典型海岸带的影响及其脆弱性评估研究"(2010CB951200)01 课题"海岸带海水入侵对气候变化和海平面上升的响应"(2010CB951201,下称"本课题")的主要内容,考虑气候变化和人类活动的影响,研究它们对长江河口和珠江河口盐水入侵和淡水资源、生态环境的影响。

　　(1) 长江河口。长江是我国第一大河,全长 6 300 km。长江河口是我国最大的河口,地形复杂,上游徐六泾附近的河道宽度约为 6 km,口门附近的河道宽度达到 90 km。自徐六泾以下长江河口有三级分汊、四口入海的结构(陈吉余等,1988)。崇明岛将长江河道划分成南支和北支水道,为第一级分汊。自 18 世纪中叶后,长江主流重归南支,北支日益淤浅,主槽水深不足 5 m,上段江面宽约 2 km,口门附近宽达 15 km,呈喇叭口状。由于地形的缘故,目前北支径流远小于南支,北支分流比在 5% 以下,南支分流比占到 95% 以上。由于进入北支的径流量减少,及其北支呈喇叭口状,潮汐作用相应增强,造成北支成为涨潮流占主导的涨潮槽,尤其是在枯季大潮期间,长江径流量相对较小,北支的水、盐随涨潮流倒灌进入南支,形成长江河口特殊的盐水倒灌,影响南支盐度。南支是长江径流的主要下泄通道,河面宽阔,存在很多水下沙洲和浅滩通道。南支主河道被长兴岛和横沙岛分成南港和北港水道,形成第二级分汊。上海最大的水源地——青草沙水库,就建立在南北港分汊处。北港平均宽度约 9 km,上段航道水深约为 10 m,下段拦门沙区域水深不足 5 m,分流比略大于南港。南港水道西起吴淞口,河面平均宽度约 6 km。南港河道下游自铜沙浅滩起被分为南槽和北槽水道,为第三级分汊。深水航道工程沿北槽主河道,是长江河口十分重要的一条交通运输通道,三期工程完工后,航道最深处达到 12.5 m。南槽水深较浅,其中的铜沙浅滩是长江河口最大的航道拦门沙,下段水道在径流量较小的情况下呈涨潮流优势。

长江河口是典型的中等强度潮汐河口,盐水入侵受径流、潮汐、地形、风应力和混合等动力因子的作用,动力过程复杂。同时,盐水入侵又与河口环流、最大浑浊带和生态环境等密切相关。以往的研究表明,入海径流量大小和潮汐强弱是影响长江河口盐水入侵的最主要因素(茅志昌等,1993;肖成猷和沈焕庭,1998;沈焕庭等,2003)。

长江三角洲是我国经济最发达、发展最快速的地区之一。随着社会的发展,各种重大工程也越来越多地改变着河口的地理和水文环境,主要体现在流域重大工程对入海水沙的影响,以及河口工程对局地河势的影响。长江上游三峡水库的建立对长江流域有季节性调水的功能,直接影响河口的淡水资源分布(Chen et al.,2001)。同样地,南水北调工程作为大型水利工程项目,在为北方地区供给淡水资源的同时,削减了长江流域的水资源,给下游河口带来不可忽视的影响。

长江河口地区对淡水资源的需求量非常大。上海的用水 2010 年以前主要取自黄浦江,约占总用水量的 80%,但水质较差,水量不足。2010 年后,青草沙水库建成,实现了上海水源地的战略性转移,供水达到全市总用水量的 80% 以上。目前供给上海用水的三大水库陈行、青草沙和东风西沙水库均位于长江河口。根据公共给水标准,饮用水的氯化物含量一般规定要小于 250 ppm[①](对应盐度值约为 0.45,单位为 psu,国际惯例使用盐度单位不用标出,下同)。长江河口在枯水期的盐水入侵是一个相当重要的问题,对上海市及江苏省部分沿江地区的生活用水和工农业用水带来严重的危害,使上海成为一个水质性缺水城市。因此,研究长江河口盐水入侵和淡水资源对气候变化和重大工程的响应,具有科学意义,同时对保障上海市用水安全和水资源管理具有重要的应用价值。

(2)珠江河口。珠江是我国第三长河流,按径流量计算是仅次于长江的中国第二大河流,径流量排在世界河流的第 13 位(Lerman,1981;Yin 等,2001)。它原指广州到入海口的一段河道,后来逐渐成为西江、北江、东江和珠江三角洲诸河的总称。珠江全长约 2 214 km,流域面积约 4.52×10^5 km²(赵焕庭,1990)。年平均径流量为 10 524 m³/s,4~9 月的丰水季流量约占全年的 80%,10 月到翌年 3 月的枯水季流量约占全年的 20%(赵焕庭,1990;Yin 等,2001)。

珠江三角洲地区自然条件优越,资源丰富,人口密集,经济发达,地位十分重要。珠江水系各河径流汇集于三角洲后,通过 8 条水道流入南海,各水道的出口称为"门"。珠江入海口门共有 8 个,称为八大口门。东边注入伶仃洋(又称珠江口)的口门有 4 个,从东向西依次为虎门、蕉门、洪奇门(沥)和横门;西边注入的有磨刀门、鸡啼门、虎跳门和崖门(刘景钦,2006)。珠江河口属弱潮强径河口,潮汐为不规则半日潮,年平均潮差为 0.86~1.69 m,最大潮差为 2.29~3.64 m(崔伟中,2004)。

虎门位于东莞市沙角,通过虎门注入伶仃洋的径流包括全部的东江径流,部分的西、

---

① ppm 的量级为 10^{-6}。

北江径流以及珠江三角洲本身的部分径流。虎门是一个强潮汐作用的口门,潮汐吞吐量居八大口门之首,最大涨潮差为 2.59 m,最大落潮差为 3.12 m。虎门的年径流量为 603 亿 m³,占珠江入海总径流量的 18.5%,年输沙量为 658 万 t,占珠江入海总输沙量的 9.3%。

蕉门位于番禺的广兴围、虎门江以西约 8 km 处,是蕉门水道的出海口门。蕉门的年径流量为 565 亿 m³,占珠江入海总径流量的 17.3%,年输沙量为 1 289 万 t,占珠江入海输沙量的 18.1%。最大涨潮差为 2.72 m,最大落潮差为 2.81 m。

洪奇门(沥)位于番禺的沥口,是洪奇水道的出海口门。洪奇门(沥)的年径流量为 209 亿 m³,占珠江入海总径流量的 6.4%,年输沙量 517 万 t,占珠江总入海总输沙量的 7.3%,最大涨潮差为 2.79 m,最大落潮差为 2.57 m。

横门位于中山市横门山,距洪奇门 4 km,是横门水道的出海口门。横门口的年径流量为 365 亿 m³,占珠江入海总径流量的 11.2%,年输沙量 925 万 t,占珠江总入海输沙量的 13%。

磨刀门位于珠海市洪湾企人石,是西江径流的主要出海口门。磨刀门的年径流量为 923 亿 m³,占珠江入海总径流量的 28.3%,年输沙量为 2 314 万 t,占珠江入海总输沙量的 33%。磨刀门最大涨潮差为 1.9 m,最大落潮差为 2.29 m。

鸡啼门位于斗门的大霖,邻接磨刀门内海区的西侧,是鸡啼门水道的出海口门。鸡啼门的年径流量为 197 亿 m³,占珠江入海总径流量的 6.1%,年输沙量 496 万 t,占珠江入海总输沙量的 7%。最大涨潮差为 2.44 m,最大落潮差为 2.71 m。鸡啼门是 1959 年泥湾门填海工程完成以后形成的出海口门,此前位于鸡啼门上游 16 km 处的泥湾门才是珠江八大出海口门之一。

虎跳门位于斗门的蟛蜞仔,是虎跳门水道的出海口门。虎跳门的年径流量为 202 亿 m³,占珠江入海总径流量的 6.2%,年输沙量 509 万 t,占珠江入海总输沙量的 7.2%,最大涨潮差为 2.51 m,最大落潮差为 2.66 m。

崖门位于新会的崖南,是银洲湖的入海口门,它与虎跳门均位于黄茅海湾的头部。崖门是珠江八大口门中最西边的一个口门,潭江流域的径流主要通过银洲湖从崖门入海。崖门年径流量为 196 亿 m³,占珠江总入海径流量的 6%,年输沙量为 363 万 t,占珠江入海总输沙量的 5.1%,最大涨潮差为 2.73 m,最大落潮差为 2.95 m。

本书第五章为珠江河口盐水入侵演变趋势与影响分析。研究结果表明,因气候变化引起的珠江河口入海径流量变化较小(丁平兴等,2013)。近 20 年来珠江河口盐水入侵变化的原因与挖沙引起的河床变化有关。本章建立珠江河口盐水入侵数值模式,重点模拟和分析气候变化引起的海平面上升和人类活动(挖沙引起的河床变化)对珠江河口盐水入侵的影响,以及对生态环境的影响。

第四章 长江河口盐水入侵演变趋势与影响分析

要定量研究盐水入侵,揭示盐水入侵变化规律,定量剥离气候变化和人类活动对盐水入侵的影响,预测未来盐水入侵的变化,需要建立盐水入侵的数值模式。在验证模式的基础上,设计对比数值试验,运行数值模式,输出计算结果,动力分析某一因子变化后盐水入侵的变化。

4.1 长江河口三维盐水入侵模式的建立和验证

4.1.1 模式建立

采用的三维数值模式 ECOM-si(semi-implicit estuarine, coastal, and ocean model)(Blumberg, 1994)是基于 POM 模式(princeton ocean model)(Blumberg and Mellor, 1987)发展起来的,已得到了广泛的应用。模式采用隐式格式求解水位,代替了 POM 模式中利用分裂算法求解水位的方法。模式的水平方向采用 Arakawa C 网格配置(Arakawa and Lamb, 1977),垂直方向采用 σ 坐标。模式采用隐式方法求解正压梯度力,连续方程利用 Casulli(1990)发展的半隐格式进行求解,从而提高模式的计算效率,回避了因 CFL 判据而限制的时间步长条件。模式对水平黏滞项和扩散项采用显示差分以增加计算效率,对垂向黏滞项和垂向扩散项分别采用隐式差分求解,从而保证其垂向上的分辨率和稳定性。采用 Mellor 和 Yamada(1982)提出的 2.5 阶湍流闭合模型来计算垂向黏滞系数和垂向扩散系数。

在研究河口等区域时,为了提高模式计算的精度和网格局部地区的空间分辨率,Chen 等(2001)发展了非正交坐标曲线网格下的 ECOM-si 模式,以此来拟合复杂弯曲的岸线。朱建荣工作组多年来对该数值模式进行了大量的改进,并多次应用于研究长江河口水文和盐水入侵,取得很多成果。Zhu 等(2001)采用 Euler-Lagrange 方法计算物质输运方程的平流项,该方法可以有效地避免数值频散。朱建荣等(2002)采用预估修正法计算科氏力项,修正了模式在涡动黏滞系数较小时存在的弱不稳定性。Wu 等(2010)开发了 3 阶精度的 HSIMT-TVD 数值格式并用于 ECOM-si 模式中求解物质输运方程中的平流项,达到消除数值频散、降低耗散等目的,提高了盐度计算的精度。

有关数值模式的海洋原始控制方程组、初始条件、边界条件、潮滩动边界、数值求解方法可参见《海洋数值计算方法和数值模式》(朱建荣,2003)。

　　本课题研究长江河口的盐水入侵,模式计算范围包括整个长江河口、杭州湾和邻近海区,外海开边界东边界到125°E附近,北边界到33.5°N附近,南边界到27.5°N附近[图4-1(a)]。上游边界设在长江潮区界大通,这样可直接采用大通水文站的实测径流量资料来给出模式的径流边界条件。模式网格较好地拟合了长江河口的岸线,并主要对南北支分汊口以及北槽深水航道工程区域的网格进行局部加密。在长江河口内网格分辨率为100~500 m不等,口外网格较疏,分辨率最大为10 km左右。垂向采用σ坐标,均匀分为10层。模式干湿判别法中,临界水深取0.2 m。

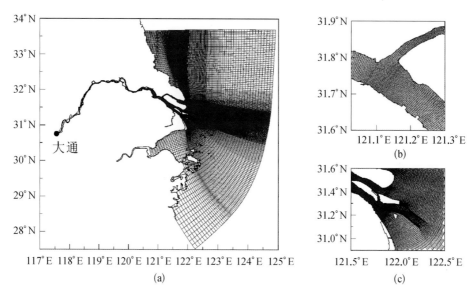

图4-1　模式计算网格(a)、放大的南北支分汊口区域网格(b)以及放大的深水航道区域网格(c)

　　模式地形采用2010年的岸线及水深资料。外海开边界由潮位和余水位驱动,潮位考虑16个分潮(M_2,S_2,N_2,K_2,K_1,O_1,P_1,Q_1,U_2,V_2,T_2,L_2,$2N_2$,J_1,M_1,OO_1),由各分潮调和常数算出,资料来源于NAOTIDE数据库(http://www/miz.nao.ac.jp)。上游开边界以径流通量形式给出,取大通水文站实测资料,其中每日实测资料用于模式验证,月平均资料用于模式控制实验和对比实验。模式初始水位场和流速场均取零,温度和盐度初始场在长江口外由《渤海黄海东海海洋图集(水文)》数字化得到(海洋图集编委会,1992),河口内由枯季或洪季多次实测资料的插值得到。模式考虑海表面风应力的作用。模式验证中应用WRF模型(weather research forecast model)计算得到时间分辨率为6 h的风场数据,WRF模型中的初始和边界条件由国家环境预报中心(national centers for environmental prediction,NCEP)提供。控制实验和对比实验中的风场数据则由NCEP数据库多年半月平均风场资料给出。

4.1.2　模式验证

　　河口地区的最主要动力为潮汐,外海潮波向岸传播的过程中,振幅不断增大,使得河口区潮汐现象更加明显。另一方面,河口作为咸淡水混合区域,盐度的空间分布差异明显,使得河口的斜压作用大为增强,对水流、盐度分布等会产生较大的影响。因此要检验一个河口海岸数值模式的精度,首先需对潮位进行验证,在潮位验证合理的基础上,需进一步对水流流速、流向、盐度等进行验证。只有潮位、潮流等验证准确,才能表明模式对河口水动力过程有较好的模拟精度。

本课题所应用的长江河口盐水入侵三维数值模式,主要对河口水位、潮流和盐度进行模拟,因此本节将对上述因子分别进行模式验证。验证资料采用 2011 年 12 月至 2012 年 1 月期间本课题在长江河口进行的水文观测数据,该组数据上至南北支分汊口,下至口门附近,覆盖范围广,可较好地比较数值模式与实测资料间的相关性。模式起算时间为 2011 年 11 月 1 日。

1) 水位验证

采用 2011 年 12 月 15 日至 2012 年 1 月 15 日分别在堡镇、石洞口、中浚、北槽中和鸡骨礁测站观测得到的潮位数据对模式进行验证。测站分布如图 4-2 所示。

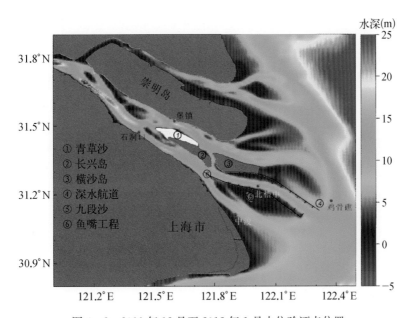

图 4-2　2011 年 12 月至 2012 年 1 月水位验证点位置

在长江河口区域,潮位呈明显的不对称半日变化和半月变化,大潮期间潮差最大为 3～4 m,小潮潮差最大约为 2 m(图 4-3)。各测站的模式计算结果与实测数据吻合良好,模式能很好地模拟出长江河口的潮汐特征。

2) 流速、流向验证

采用 2012 年 1 月 2 日至 5 日小潮期间和 1 月 10 日至 13 日大潮期间长江口多船准同步定点观测的潮流流速、流向资料对模式进行验证,测站分布如图 4-4 所示,模式计算与实测资料对比如图 4-5～图 4-7 所示。流速、流向数据采用声学多普勒流速剖面仪(ADCP)进行观测。

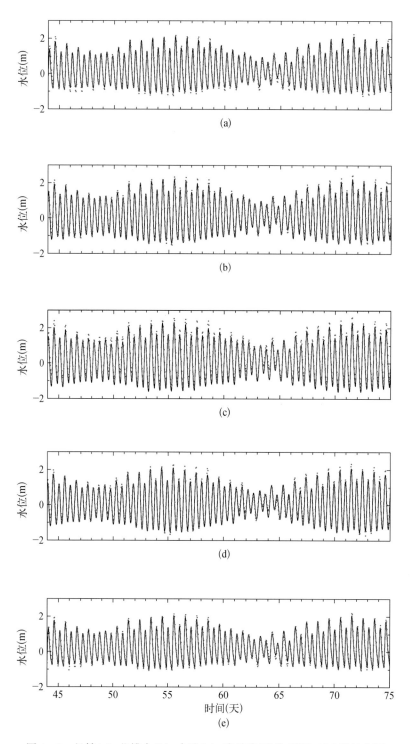

图 4-3　堡镇(a)、北槽中(b)、中浚(c)、鸡骨礁(d)和石洞口(e)测站实测
水位值(红点)与模式水位计算结果(黑线)随时间的变化

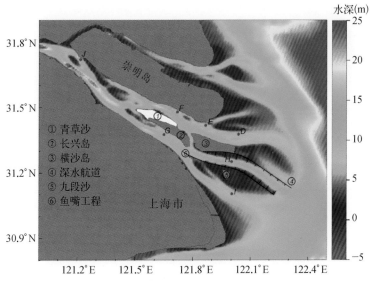

图 4 - 4　2012 年 1 月潮流流速、流向验证点位置

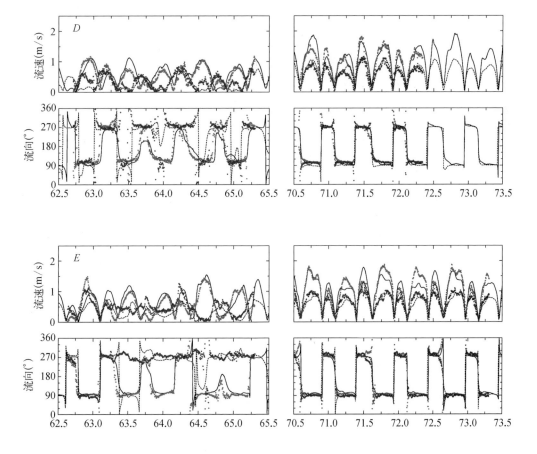

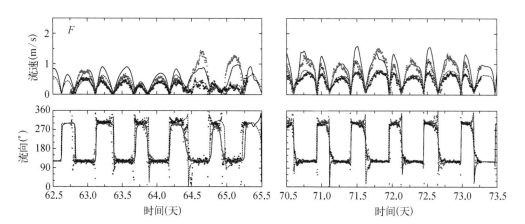

图 4-5　2012 年 1 月北港各观测点小潮期间（左列）和大潮期间（右列）
流速、流向实测值（点）与模式计算结果（线）随时间的变化

实线表示表层实测值，虚线表示底层实测值，红点表示表层计算值，蓝点表示底层计算值，下同

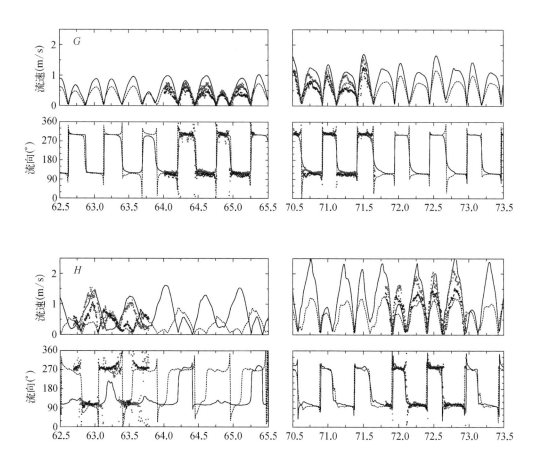

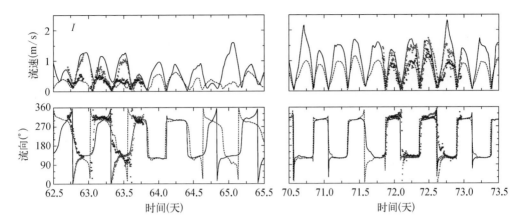

图 4-6　2012 年 1 月南港、南槽、北槽各观测点小潮期间（左列）和大潮期间（右列）
流速、流向实测值（点）与模式计算结果（线）随时间的变化

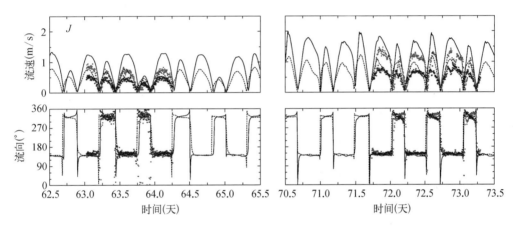

图 4-7　2012 年 1 月南北支分汊口附近观测点小潮期间（左列）和大潮期间（右列）
流速、流向实测值（点）与模式计算结果（线）随时间的变化

　　北港各测点靠近北岸，除了可以观测沿河道的涨落潮流外，E 点靠近北港北汊，可以
研究该汊口对北港主河道的影响。

　　D 点位于北港外侧，小潮期间表层流速最大可以达到 1 m/s 左右，受底摩擦作用，底
层流速小于表层流速。可以发现，表底层流速、流向存在明显差异，表层流涨落潮周期明
显，而底层流涨潮周期明显长于落潮周期，表明底层受盐水入侵的影响，在斜压作用下水
体向上游运动。大潮期间涨落潮周期明显，表、底层涨落潮方向基本一致，表层流速大于
底层流速，最大值约为 2 m/s。

　　E 点位于北港北汊口，会受到来自北港北汊潮流的影响而表现出与 D 点和 F 点不同
的特征。小潮期间表层最大流速可达到 1.5 m/s，表层主要以落潮流为主，而底层则主要
为涨潮流。对比其上下游的两个测站，在 D 点和 F 点落潮期间，如第 64 d 左右，E 点处潮
流依然为涨潮流向，表明涨潮流不是来自下游，而是来自北港北汊的影响。大潮期间表层
流速最大为 2 m/s，底层约 1 m/s，潮流流向表底层基本一致，表明北港北汊的作用在小潮
期间的影响较为明显。

  F点位于北港上段,大小潮期间潮流呈典型的往复流,表底层流向基本一致。小潮期间表层流速最大为 1.5 m/s 左右,大潮期间约为 1.6 m/s,底层流速明显小于表层流速。

  G点位于南港中段,表底层潮流运动相对一致,流向基本相同,表明该处水体受盐水楔的影响较小。小潮期间表层流速最大约 1 m/s,大潮期间表层流速最大为 1.6 m/s 左右,底层约 1.3 m/s。

  H点位于北槽中段,该区域盐度锋面十分明显,会产生很强的斜压效应。小潮期间表层以落潮流为主,流速最大约 1.6 m/s,而底层则以涨潮流为主,流速可达 1 m/s。大潮期间表底层流向较为一致,表层流速最大约 2.2 m/s,底层为 1.5 m/s 左右。

  I点位于南槽中段,同样受到盐度锋面的影响。小潮期间底层涨潮流时长大于表层,流速最大约 1.4 m/s。大潮期间表底层流向基本一致,表层流速最大约 1.6 m/s。

  J点位于南支上段,在东风西沙水库附近。小潮期间底层涨潮流时长略大于表层,表层流速最大约 1 m/s,底层约 0.5 m/s。大潮期间表层流速最大约 1.5 m/s,底层约 1 m/s,表底层流向基本一致。

3) 盐度验证

  采用 2011 年 12 月至 2012 年 1 月期间长江河口盐度观测资料对模式盐度结果进行验证。其中,在 2011 年 12 月 24 日至 2012 年 1 月 13 日期间,在 A、B、C 和 D 测点位置利用航道浮标悬挂 CTD(温盐深仪),对各点表层盐度值进行长时间序列的观测。在 2012 年 1 月 2 日至 5 日小潮期间和 1 月 10 日至 13 日大潮期间利用 OBS 进行多船准同步,对 E、G、H、I 和 J 测点进行盐度观测。测站位置如图 4 - 8 所示。由于径流、风等因素对盐水入侵有很强的影响,因此给出观测期间的径流量和风应力情况,其中风场仅给出崇明东滩附近一个网格点的风速、风向以作示意(图 4 - 9)。模式计算结果和实测值对比如图 4 - 10 和图 4 - 11 所示。

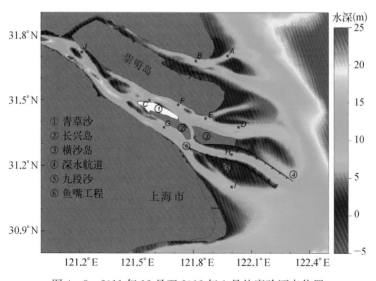

图 4 - 8 2011 年 12 月至 2012 年 1 月盐度验证点位置

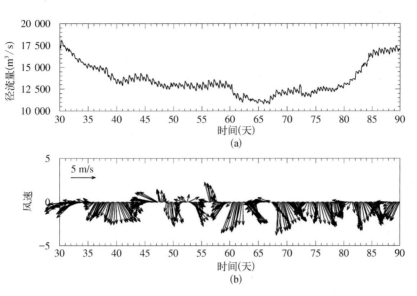

图 4 - 9　2011 年 12 月至 2012 年 1 月大通站径流量(a)和崇明东滩附近风速、风向(b)随时间的变化

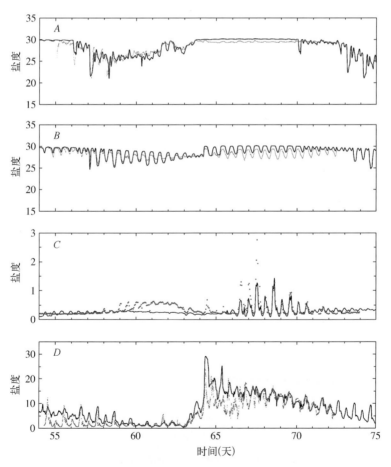

图 4 - 10　2011 年 12 月至 2012 年 1 月四定点表层盐度实测值(点)与
　　　　　模式计算结果(线)随时间的变化

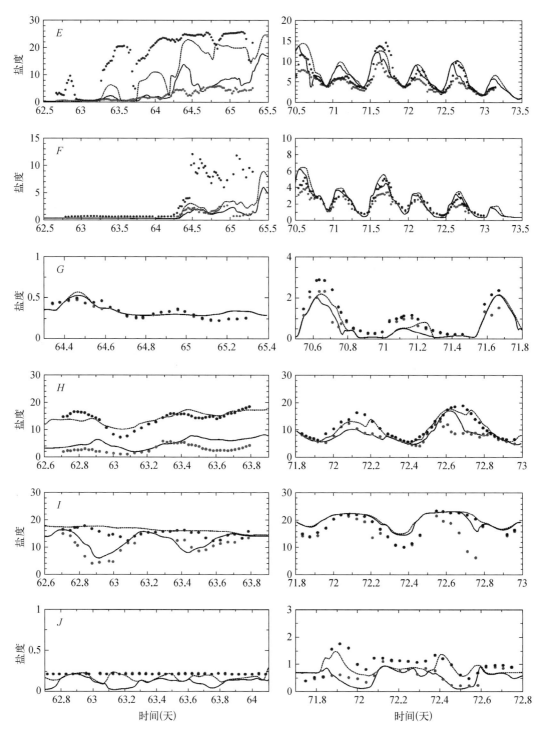

图 4-11   2012 年 1 月各观测点小潮期间（左列）和大潮期间（右列）
盐度实测值（点）与模式计算结果（线）随时间的变化

实线表示表层实测值，虚线表示底层实测值，红点表示表层计算值，蓝点表示底层计算值

A、B 两个测站位于北支口，该区域大小潮期间均为高盐水覆盖，盐度值为 $25\sim30$，受涨落潮影响，盐度的日变化显著。C 测站位于青草沙取水口附近，在 $66\sim71\,\mathrm{d}$ 期间盐度明显增加，表明该时段盐水入侵对水库取水造成严重影响。D 测站位于北港口，$63\,\mathrm{d}$ 前盐度值基本低于 10，之后盐度值陡增至 25，表明外海来的高盐水增多，盐水入侵增强。C 测站和 D 测站盐度明显升高均发生在 $62\sim71\,\mathrm{d}$ 期间，该时间段为小潮及小潮后的中潮。对比径流量和风速风向可以发现，这段时间内径流量偏低，易造成盐水入侵，同时在 $60\,\mathrm{d}$ 和 $70\,\mathrm{d}$ 左右北风极强，外海高盐水在科氏力的作用下向北港内输运，造成盐水入侵加剧。

口门附近的 E、H 和 I 测站存在明显的表底层盐度差异，并且小潮期间的盐度差异显著大于大潮期间。这表明长江河口小潮期间垂向混合较弱，使得底层盐水在斜压力作用下向上游输运，上溯距离大于表层，而大潮期间垂向混合增强，表底层盐度差异小于小潮，但基本上底层盐度仍高于表层。

F 测点位于北港北岸，小潮后期盐度显著增加，表明下游来的高盐水开始影响该处，时间上比靠近外海的 E 测点晚约 $1\,\mathrm{d}$。大潮期间盐度变化过程与 E 测点较为接近。

G 测点盐度值明显小于口门附近测点，小潮期间盐度最大值约 0.5，大潮期间为 3 左右。小潮期间该测点附近区域基本上为淡水覆盖，表底层盐度变化不明显。大潮期间由于潮动力增强，更多的盐水向上游输运，影响到该测点，使得盐度比小潮期间明显增加，并且出现表底层差异。

J 测点靠近南北支分汊口，可以用来观测北支盐水倒灌。由图可以发现，小潮期间该测点由淡水控制，不存在盐水倒灌现象。而大潮期间倒灌现象明显，底层盐度值最大可达到 2 左右。

4) 统计分析

为了直观分析评价本章所用的数值模式，这里采用相关系数（correlation coefficient，CC）、技术评分（skill score，SS）（Murphy，1988）和均方根误差（root mean square error，RMSE）对模式的计算结果和实测资料进行统计分析。相应公式如下：

$$\mathrm{CC} = \frac{\sum (X_{\mathrm{mod}} - \overline{X_{\mathrm{mod}}})(X_{\mathrm{obs}} - \overline{X_{\mathrm{obs}}})}{\left[\sum (X_{\mathrm{mod}} - \overline{X_{\mathrm{mod}}})^2 \sum (X_{\mathrm{obs}} - \overline{X_{\mathrm{obs}}})^2\right]^{1/2}} \qquad (4-1)$$

$$\mathrm{SS} = 1 - \frac{\sum (X_{\mathrm{mod}} - X_{\mathrm{obs}})^2}{\sum (X_{\mathrm{obs}} - \overline{X_{\mathrm{obs}}})^2} \qquad (4-2)$$

$$\mathrm{RMSE} = \left[\sum (X_{\mathrm{mod}} - X_{\mathrm{obs}})^2 / N\right]^{1/2} \qquad (4-3)$$

式中，X 为统计变量；$\overline{X}$ 为时间平均；N 为观测数据个数。当 SS 值等于 1 时，认为模式的模拟结果完美，当 SS 值大于 0.5 时认为模拟结果十分好。统计结果见表 $4-1$。

表 4-1　各测站水位、潮流和盐度模式计算结果与实测资料对比统计

	测站名	RMSE	CC	SS
水　位	堡　镇	0.32	0.93	0.86
	石洞口	0.31	0.93	0.85
	中　浚	0.37	0.97	0.86

续　表

	测站名	RMSE	CC	SS
水　位	北槽中	0.26	0.97	0.93
	鸡骨礁	0.26	0.97	0.92
盐　度	A	0.80	0.91	0.75
	B	0.87	0.83	0.50
	C	0.20	0.87	0.69
	D	3.54	0.86	0.52
潮流/盐度	E	0.22/4.81	0.96/0.89	0.92/0.79
	F	0.21/2.14	0.96/0.90	0.92/0.81
	G	0.20/0.34	0.97/0.95	0.91/0.88
	H	0.27/2.04	0.96/0.98	0.92/0.96
	I	0.22/4.59	0.96/0.97	0.91/0.91
	J	0.37/0.18	0.94/0.96	0.68/0.90

结果表明,模式在计算水位和潮流方面表现良好,相关系数 CC 均达到 0.9 以上。在盐度验证方面,相关系数 CC 都能达到 0.8 以上,而且 SS 最低也在 0.5 以上(B 测站),除了 D 测站因位于北港盐度锋面处均方差达到 3.54、误差较大外,其他测站均方差均较小。表明模式可以较好地模拟出长江河口盐水入侵,模式的结果是可信的。

4.2　气候变化和人类活动对长江河口盐水入侵的影响预测

应用数值模式定量研究和预测气候变化和人类活动对长江河口盐水入侵的影响,首先需要确定由气候变化和人类活动引起的径流量和海平面的变化。课题组基于长江河口入海径流量和海平面变化的研究成果,经对比和分析,确定了未来由气候变化和重大工程引起的长江入海径流量变化和海平面上升的量值。长江枯季 1～2 月期间因气候变化导致的入海径流量呈增长趋势,三峡工程和南水北调工程为长江流域最为重要的工程,其中三峡工程在枯季持续放水,增加了长江入海径流量,南水北调工程引长江水至北方地区致使径流量减少,并且远期规划中引水量持续增加。在 2012 年、2030 年、2050 年和 2100 年长江入海径流量分别为 13 755 m³/s、13 057 m³/s、12 792 m³/s 和 13 631 m³/s。气候变化导致的绝对海平面持续上升,同时由于长江河口地区地面沉降和地壳下沉,相对海平面呈上升趋势。2030 年、2050 年和 2100 年长江河口绝对海平面上升值分别为 49.1 mm、148.1 mm 和 395.6 mm。考虑到地壳下沉速率为 1.5 mm/a、地面沉降速率为 2.0 mm/a,2030 年、2050 年和 2100 年相对海平面上升值相比 2012 年分别上升 112.1 mm、281.1 mm 和703.6 mm。得出上述数据的详细过程可参见相关文献(裴诚,2014;Zhu and Qiu,2015)。

应用本课题建立和验证的长江河口三维盐水入侵数值模式,分别模拟出 2012 年、2030 年、2050 年和 2100 年长江河口盐水入侵分布态势,对比在不同的背景环境下盐水入侵造成的影响,定量剥离气候变化和人类活动对长江河口盐水入侵的影响。限于篇幅,本节省略了大潮和小潮期间沿南支和北支、北港和南港、北槽和南槽的盐度纵向剖面分布，以及盐分通量机制众多分解项的平面分布和盐分输送的动力机制的分析，详细内容可参见裘诚(2014)的博士学位论文。

4.2.1　模式实验设置及控制实验模拟

1) 控制实验设置

采用裘诚(2014)和 Zhu 和 Qiu(2015)给出的自 2012 年至 2030 年、2050 年和 2100 年入海径流量和相对海平面变化趋势的取值作为控制实验条件，设置模式上游径流边界和外海余水位边界条件(表 4-2)。风应力采用多年半月平均 NCEP 风场数据。模式自 7 月 1 日起算，至 2 月底，研究 1~2 月期间盐水入侵的情况。

表 4-2　模式的各组控制实验设置

编　号	年　份	1~2 月期间入海径流量(m^3/s)			相对海平面上升(mm)
		径流量	气候变化引起的径流量增加	重大工程(三峡＋南水北调)	
A0	2012	13 755	0	1 709(1 709＋0)	0
A1	2030	13 057	302	709(1 709－1 000)	112.1
A2	2050	12 792	637	109(1 709－1 600)	281.1
A3	2100	13 631	1 476	109(1 709－1 600)	703.6

设置 2012 年为基准年，模式中由气候变化引起的径流量变化采用裘诚(2014)得到的数值，叠加该时期的三峡蓄、放水数据，得到模式上游边界条件，径流量为 13 755 m^3/s。由于 2012 年南水北调工程尚未通水，故不作考虑。

分别设置 2030 年、2050 年和 2100 年为控制实验，用于后面各节对比分析气候变化和重大工程对该年份河口盐水入侵的影响。模式设置中，对于工程对径流量的影响方面，认为三峡在未来调水规划中不作改变，9~10 月已蓄水至最高水位，1~2 月期间放水 1 709 m^3/s。南水北调东线工程 2013 年调水，中线工程 2014 年调水。2030 年考虑南水北调东线及中线一期工程引水，径流量分别减少 500 m^3/s。2050 年和 2100 年均考虑东线及中线工程远期规划，径流量分别减少 800 m^3/s。这样，综合考虑气候变化和重大工程后，2030 年、2050 年和 2100 年 1~2 月期间长江入海径流量分别为 13 057 m^3/s、12 792 m^3/s和 13 631 m^3/s。

模式设置中，2030 年、2050 年和 2100 年相对海平面上升量分别考虑绝对海平面上升、地面沉降与地壳下沉，以 2012 年为基准进行计算。其中，绝对海平面变化项体现在初始水位以及边界余水位上，地面及地壳沉降体现在静止水深上。

2) 控制数值实验的数值模拟和分析

四组控制数值实验的模拟结果分别代表了现今和未来长江河口枯季盐水入侵在气候变化和重大工程综合作用下的情况。本节针对盐水入侵最严重的 1~2 月份进行分析，选取一个完整的大小潮周期内(取 2 月期间较大的大潮和其后一个小潮)的数据进行统计分析。

　　大潮期间,四组控制数值实验表现出的盐度分布态势相似(图4-12)。整个北支都被高盐水占据,盐度值达到30以上,在北支上段盐度变化十分剧烈,在分汊口处盐度锐减至3~5。北支倒灌现象显著,高盐水团由北支进入南支,造成南支上段大范围盐度值大于1,并且北岸盐度大于南岸。如图4-12所示,2100年盐度等值线1的覆盖面积最大,2030年次之,再次为2050年,而2012年最小。对比表4-2中的控制实验设置条件发现,2050年长江总的入海径流量小于2030年和2100年,而2012年径流量最大。因此可知,径流量是影响长江河口北支倒灌的重要因素,但不是唯一因素。Wu等(2006)给出了北支倒灌与上游径流量和北支潮差之间的对应关系,而在本课题研究中,河口相对海平面的变化会引起河口潮汐的变化,从而改变各汊道的潮差。同时,海平面上升使得北支上口过水断面增大,使得进入北支的径流量增加。在四组控制数值实验中,北支盐水倒灌同时受到入海径流量和河口相对海平面变化的影响,从而使盐水倒灌程度各不相同。其中的动力机制将在接下来的章节中进行具体分析。

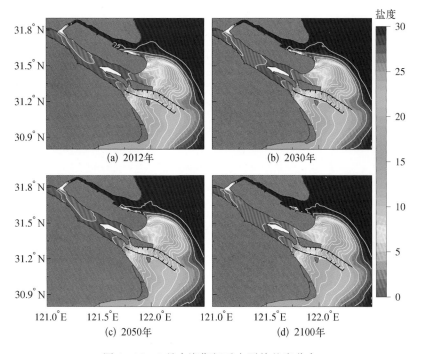

图4-12　2月大潮期间垂向平均盐度分布

虚线表示0.45等盐度线;实线表示1~31等盐度线,间隔为2。不同颜色对应盐度量值见右侧对比柱(下同)

　　北港是长江河口冲淡水向外海扩张的主要通道。在2012年的实验中,青草沙水库(一些地名见图4-8标示)附近河段盐度值为0.45~1,盐度等值线1出现在横沙岛上段,盐水入侵明显来自外海。口门附近盐度急剧升高,表现出极强的盐度锋面。出口门的冲淡水向北延伸至北支口门附近。2030年和2050年控制实验中,北港盐水入侵程度均强于2012年,盐度等值线1逼近青草沙水库下段,口门附近盐度等值线分布态势基本相同。

2100 年的实验较为复杂,由于上游北支倒灌的盐水团覆盖面积大,已与北港下游入侵的盐水汇合。青草沙附近水域盐度值大于1,盐度等值线3上溯至横沙岛上段,盐水入侵强于其余三组控制实验。

南港盐水入侵略强于北港,盐度等值线1上溯距离较远。四组实验中,盐度等值线3均位于鱼嘴附近。在北槽中,盐度等值线呈向外延伸状,表明北槽的盐水输运径流占主导作用。在南槽中,盐度等值线在主槽和北侧呈向上游延伸态势,而南侧呈向外海延伸状。考虑南槽地形,在南岸覆盖有大面积浅滩,Wu 等(2010)指出潮滩会影响河口的潮致环流和盐度输移,本课题的模拟结果与其结论一致。

小潮期间,随着潮汐强度的减弱,北支上段高盐水向下段回退,盐度等值线31由大潮期间位于崇明岛西侧中段河道下移至北侧河道,但盐度等值线1仍位于南北支分汊口附近(图 4-13)。北支盐水倒灌现象逐渐减弱,而大潮期间的高盐水团在径流作用下向南支口门输移,使得南支上段再次出现大面积淡水,盐度基本呈北高南低的态势。2012 年控制实验中,盐度等值线 0.45 下移到青草沙水库取水口下段,表明在 2012 年小潮期间青草沙水库可以取水。而在 2030 年和 2050 年控制实验中,盐度等值线 0.45 下移到青草沙水库西端,甚至在 2100 年实验中盐度等值线 0.45 尚未下移至青草沙水库。这表明在 2030 年、2050 年和 2100 年期间,青草沙水库遭遇的不宜取水天数将大于 2012 年。

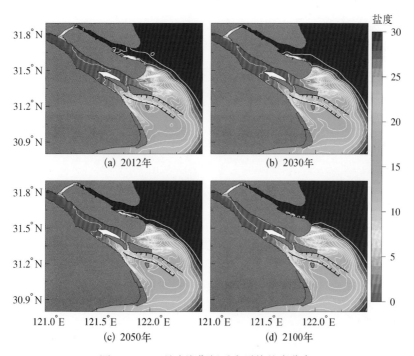

图 4-13　2月小潮期间垂向平均盐度分布

相比于大潮,北港盐度分布在小潮期间向口门内收缩。2012 年、2030 年和 2050 年盐度等值线1均位于长兴岛下段附近,而 2100 年实验中盐度等值线1上溯距离较远。北港北汊位于北港河道北侧,在四组控制实验中,盐度等值线均呈现出沿北港北汊河道向内延伸的态势,表明有低盐水沿该汊道向口内输移。其中,2012 年和 2030 年实验中,盐度等值线延伸情况较为明显,而 2100 年相对较弱。而在北港北汊两侧的滩地上盐度等值线则相对向外延伸,受地形影响,盐度值要低于北港北汊河道内。

小潮期间的北槽盐度等值线与大潮期间呈明显相反的态势,盐度等值线向口内延伸。小潮期间北槽上段盐度值高于大潮期间,而口门附近盐度值略有下降。南槽盐水入侵情况仍强于北槽,且同样小潮期间上段盐度值高于大潮期间。这是由小潮期间弱垂向混合导致强盐水楔造成的。

为了讨论未来气候变化、重大工程对河口淡水资源的影响,本节先分析当前情况与未来各年份在气候与重大工程综合影响下的差异,即分析 2012 年和 2030 年、2050 年、2100 年三个年份间的淡水资源和变化,了解长江河口淡水资源的变化情况,以及未来在气候、重大工程等条件改变后的变化情况。

以上我们分析了长江河口在 2012 年、2030 年、2050 年和 2100 年潮周期平均盐度分布特点。从盐度分布可以看出,在枯季期间,长江河口的淡水分布总体上是从南支到南、北港上段附近的河道内,并且河道南侧的淡水资源多于北侧(图 4-12 和图 4-13)。在大潮期间,淡水资源主要受到从北支倒灌过来的高盐水下移和外海高盐水上溯两方面的威胁。而在小潮期间,北支倒灌盐水随涨落潮振荡并在径流作用下下移,与下游高盐水融合,淡水资源受到的威胁主要来自下游。因此从理论上说,淡水资源体积的变化与潮汐有明显的相关性。

图 4-14(a)给出了四个年份在 2 月期间长江自徐六泾以下,直至口外的淡水总体积随时间变化的过程。按饮用水行业标准,盐度低于 0.45 为淡水,将盐度小于等于 0.45 的各个网格点及其各层体积作累积,可得到徐六泾以下河道的淡水总体积。由图中可知,淡水总体积在一天内存在明显的两个高值和两个低值。对比陈行水库取水口的水位过程线可以发现,淡水资源在每日达到最大值时基本上都是在水位最低的时间,即落憩时刻,而体积最小值一般是在涨憩时刻。同时,淡水资源体积的低值出现在大潮期间,高值出现在小潮期间。在大潮期间,淡水体积随时间变化的总体趋势是降低的,到大潮末期淡水资源基本上达到最小值。在随后的中潮期间,淡水资源的体积逐渐增加,至小潮末期达到最大值。因此,淡水资源的体积变化与长江河口半日潮和半月潮周期十分吻合。同时,在大潮末期,四个年份的淡水资源体积基本一致,表示在该时间段里盐水入侵达到一个所能影响到的峰值,即在最为恶劣的 2100 年条件下,徐六泾以下河道仍然有淡水存在。

比较四个年份淡水体积随时间的变化过程可以发现,2012 年淡水体积在整个 2 月份期间均大于其余三个年份,而 2100 年的淡水体积为最小。由前文分析可知,淡水资源的体积与上段北支盐水倒灌程度和下游外海盐水入侵上溯距离有关。由表 4-2 可知,在四组控制实验中,2012 年实验 A0 中 1、2 月平均长江入海径流量为四个年份中最大,同时相对海平面不作变化,因此北支倒灌盐通量和外海盐水入侵程度均为四年中最弱。而 2100 年径流量仅小于 2012 年的情况,但海平面上升量值为四个年份中最大,因此可知在 2100 年河口盐水入侵情况中,由海平面上升引起的入侵增强要明显强于径流量增加之后的入侵减弱。2050 年长江入海径流量在四个年份中最低,且海平面上升量值为次高,但总体

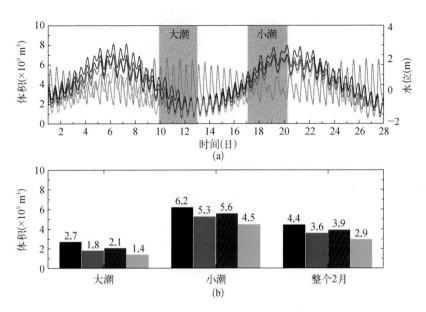

图 4 - 14　2012 年、2030 年、2050 年和 2100 年 2 月份期间长江河口淡水总
体积随时间的变化(灰线代表陈行水库水位过程线)(a)以及大、
小潮及整个 2 月份期间淡水平均体积变化(b)

黑色为 2012 年,红色为 2030 年,蓝色为 2050 年,绿色为 2100 年

上淡水资源体积仅小于 2012 年,较 2030 年和 2100 年盐水入侵情况均有所改善。由前文
对四组控制实验盐度场的分析结果可知,2050 年北支倒灌盐分小于 2030 年和 2100 年,
因此,2050 年淡水资源的"异变"不是来自口外盐水入侵,而是来自上游北支倒灌现象。
2050 年淡水资源体积大于 2030 年和 2100 年的原因是在于海平面上升导致的北支倒灌
现象减弱。在小潮中后期,2030 年和 2050 年淡水资源体积过程线趋于接近,到小潮后的
中潮,2030 年河口淡水体积超过 2050 年。这是由于小潮期间潮汐作用减小,相对径流作
用增强,盐水下移速度增加,在小潮后期盐水倒灌尚未增强时,径流量较大且海平面上升
较低的 2030 年向海输送盐分的能力强于 2050 年。而随后北支倒灌加强,2050 年淡水资
源体积再次超过 2030 年。

　　由图 4 - 14(b)可以清楚地看到各年份在大潮、小潮和整个 2 月份期间淡水资源体积
的变化情况。三个时间段内 2012 年的淡水资源均是最多的,其次是 2050 年,再次是 2030
年,最后是 2100 年。将各组数据分别与 2012 年实验所得数据进行如下计算:

$$C = \left(1 - \frac{X_i}{X_{2012}}\right) \times 100\%　　　　　　(4 - 4)$$

式中,X_i 为 i 年的淡水体积数据。利用此式可统计各年份相对于 2012 年的淡水资源体积
变化率(表 4 - 3)。可以发现,2100 年在大潮期间淡水体积相对于 2012 年减少了近一半,
整个 2 月份期间减少了 1/3 左右,表明在未来 2100 年长江河口盐水入侵形势将不容
乐观。

表 4-3　长江河口淡水体积在未来各年份相对于 2012 年的减少量(%)

	2030	2050	2100
大潮期间	32.58	23.57	47.85
小潮期间	14.97	9.91	28.02
2 月期间	18.64	11.39	33.43

4.2.2　气候变化引起的径流量变化对长江河口盐水入侵的影响

在全球气候变化的大环境下,受气候变化影响长江流域降水量在年代际时间尺度上发生变化,从而造成入海径流量的变化。本课题已对以往研究成果进行了比较分析,得出未来长江入海径流量在冬季呈上升趋势。4.2.1 节的数值模拟了 2030 年、2050 年和 2100 年在气候变化和重大工程影响下枯季的盐水入侵。本节不考虑各年份因气候变化引起的径流量变化(仍包含海平面上升和重大工程影响),将 4.2.1 节模拟结果与本节模拟结果对比分析,定量剥离气候变化引起的径流量变化对盐水入侵的影响。

1) 对比实验设置

由于设置 2012 年为基准年,即代表了受长江河口气候变化和重大工程(除三峡工程外)影响前的状态。因此,在接下来对由气候变化引起的长江入海径流量变化对河口盐水入侵影响的研究中,以 2012 年气候条件下的长江入海径流量作为气候变化前的自然径流量,研究径流量变化分别对 2030 年、2050 年和 2100 年河口盐水入侵造成的影响(表 4-4)。计算得到,对比实验的长江入海总径流量相较于控制实验分别减小了 302 m^3/s、637 m^3/s 和 1 476 m^3/s。

表 4-4　气候变化引起的径流量变化对比实验设置

编　号	年　份	1~2 月期间入海径流量(m^3/s)			相对海平面上升(mm)
		径流量	气候变化引起的径流量增加	重大工程(三峡+南水北调)	
B1	2030	12 755	0	709(1 709-1 000)	112.1
B2	2050	12 155	0	109(1 709-1 600)	281.1
B3	2100	12 155	0	109(1 709-1 600)	703.6

2) 气候变化引起的径流量变化对盐水入侵影响的数值模拟

前文已分别就 2012 年、2030 年、2050 年和 2100 年情况下长江河口盐水入侵的态势进行了分析。一般来说,低径流量情况下河口盐水入侵程度会有所加强。根据 1 月和 2 月份月平均径流量的变化趋势,未来由气候变化引起的径流量呈上升趋势,因此有利于抑制河口的盐水入侵。本节将就气候变化引起的径流量变化对长江河口盐水入侵造成的影响和变化进行详细研究。

2030 年、2050 年和 2100 年相比于 2012 年来说,由气候变化引起的径流量变化的差异逐渐增大,即说明 2030 年由气候变化引起的径流量改变对河口的影响程度应该小于

2100年。图4-15～图4-17分别为各年份大、小潮期间由气候变化引起的径流量变化对盐水入侵的影响。结果表明,未来气候变化导致的径流量变化可以有效地减弱长江的盐水入侵。

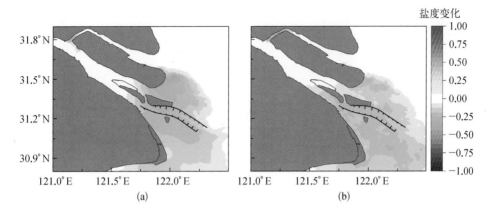

图4-15 2030年2月大潮(a)和小潮(b)期间由气候变化引起径流量变化导致的垂向平均盐度变化

数值实验A1-B1;等盐度差值线间隔为0.5(下同)

在2030年由气候变化引起的径流量变化量为302 m^3/s,相对于12 000 m^3/s以上的入海径流量来说,径流变化量很小,因此对河口盐水入侵影响较弱(图4-15)。大潮期间,北支盐度仅在上段分汊口附近略有下降,量值在0.1左右,而在中下段基本不变。从控制实验盐度分布可以发现(图4-12),北支上段盐度梯度十分明显,盐度等值线分布紧密,因此盐度锋面的略微移动即可导致盐度的明显差异。南支上段北岸靠近分汊口附近小范围的盐度有所降低,整体上盐度值保持不变。口门附近是盐度等值线集中的区域,盐度梯度空间变化明显。在由气候变化引起的径流量增加后,北港中段到北港口门范围的盐度均有所下降,量值在0.3左右。南港下段、南北槽整体及口外地区盐度均有所下降,量值也在0.3左右。

小潮期间北支上段盐度下降区域的范围略大于大潮期间,这是因为小潮时盐度锋面略向下游移动,等值线较为分散,不像大潮期间集中在北支上段。南支上段盐度基本保持不变。在北港,青草沙水库取水口附近盐度变化不大,中段直至口外盐度下降明显,量值为0.2～0.3。南港盐度下降范围比北港更向上游,且明显大于大潮期间。这主要是因为南港盐度锋面比北港更靠近口内,同时大潮垂向混合较强,而小潮混合较弱,更有利于盐水楔向上游移动,而径流量的变化在小潮潮汐强度较弱时对盐度锋面的影响更为明显。南、北槽及口外区域的盐度值降低约0.3,与大潮期间的变化基本相同。

2050年径流变化量比2030年增大一倍,对河口盐水入侵的削弱作用也更为明显(图4-16)。大潮期间北支上段盐度减少近0.5,并且南支上段大范围盐度值降低0.1左右,北支盐水倒灌现象明显减弱。北港盐度降低区域范围明显大于2030年的情况,并且在口门附近及北侧滩地的盐度降低值在0.5以上。南港盐度降低范围比2030年有所增大,量值在0.2左右。南、北槽盐度明显降低,北槽上中段盐度降低在0.5以上,南槽整体量值为0.3～0.4,总体上盐度降低比2030年显著,表明2050年由气候变化引起的径流量变化对长江河口盐水入侵的削弱作用增强。

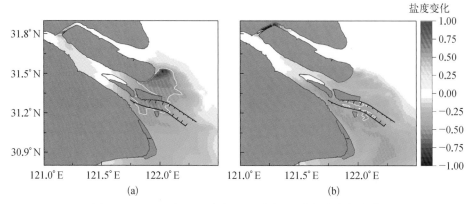

图4-16　2050年2月大潮(a)和小潮(b)期间由气候变化
引起径流量变化导致的垂向平均盐度变化
数值实验 A2-B2

小潮期间盐度变化同样明显。北支上段盐度降低明显,量值在1左右,中下段盐度变化不明显。南支在南北港分汊口附近盐度降低约0.1。对比控制实验可以发现(图4-13),该区域盐度分布基本在0.45左右,盐度值的降低有利于淡水范围的增大。北港整体盐度降低0.3～0.4,降低值略小于大潮期间。南港及南、北槽盐度降低比北港明显,量值为0.4～0.5。

2100年径流量变化为1 476 m³/s,河口盐水入侵程度明显减弱(图4-17)。大潮期间北支上段和南支上段盐度值降低达到0.4左右,表明气候变化引起的径流量增加明显削弱了北支倒灌的盐度,有利于南支上段的水库取水。在北港青草沙水库附近盐度值降低约0.5,在中下段直至口门外降低量达到1以上,盐水入侵显著减弱。南港自上到下盐度逐渐降低,量值为0.1～0.5。南、北槽盐度总体降低在0.5以上,口外盐度降低值也为0.3～0.5,降低值明显大于2030年和2050年。

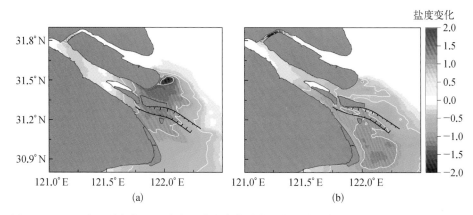

图4-17　2100年2月大潮(a)和小潮(b)期间气候变化引起径流量变化导致的垂向平均盐度变化
数值实验 A3-B3

　　小潮期间,北支上段盐度降低值达到 2 以上,进入北支的径流明显稀释了上段的高盐水。南支整体降低 0.1 以上,显著增加了南支的淡水范围。在北港,上段盐度降低在 0.4 左右,而口门附近盐度降低明显,量值可以达到 0.5 以上。在北港北侧可以发现,北港北汊两侧滩地盐度降低值大于北港北汊河道内,这表明河道里向口内入侵的能力要强于滩地上。南港盐度降低在 0.5 以上,盐度锋面在增加的径流作用下向下游移动。北槽盐度总体降低在 1 左右,南槽上段盐度降低为 0.5~1,下段至口外则明显降低在 1 以上,盐水入侵显著减弱。

　　由前面分析得知,由气候变化引起的径流量增加明显降低了长江河口的盐度,使得南支上段北支倒灌和口门的外海盐水上溯均有不同程度的减弱。对于上海市用水来讲,位于南支的三个水库(东风西沙、陈行和青草沙水库)的取水口附近的盐度变化,与能否取水和保障供水安全息息相关。因此十分有必要了解在未来气候变化和重大工程的影响下,三个水库的取水口盐度的变化情况。

　　图 4-18 展示了在 2030 年 2 月由气候变化导致径流量变化情况下三个水库取水口的盐度随时间变化的过程,整体上三个水库的盐度值在径流量变化后均有所下降,只是 2030 年气候变化后的径流量变化不大,因此盐度下降也不明显。在气候变化导致的径流量变化前后,三个水库的盐度在低值时的差别不明显,仅在峰值时差异较大。总体上,在 2030 年,由气候变化引起的径流量变化较小,因此对河口三个水库附近的盐度影响不大。

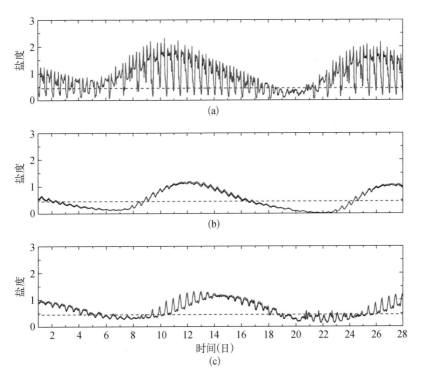

图 4-18　2030 年东风西沙水库(a)、陈行水库(b)、青草沙水库(c)取水口盐度过程线

黑色:径流量变化后,即控制实验 A1;红色:径流量变化前,即实验 B1

相比于 2030 年,2050 年河口盐水入侵强度在径流量变化后明显减弱,三个水库取水口盐度值均有不同程度的降低(图 4-19)。东风西沙水库取水口的盐度直接受北支倒灌的盐水团影响,随着气候变化径流量增加后,北支上段倒灌的盐通量减弱,使得水库附近的盐度峰值降低,量值在 0.1 左右。陈行水库在东风西沙水库下游,盐度峰值同样有所降低,并且不宜取水的时段(即取水口盐度值大于 0.45 取水标准)在径流量变化后有所减少。北港上段的青草沙水库附近盐度值同时受上游北支倒灌和下游外海入侵的影响,由于位置在陈行水库的下游,因此受北支倒灌盐水团影响的时间晚于陈行水库,同时在潮汐涨落影响下,盐水团在水库附近振荡下移,取水口附近盐度容易形成 10~18 d 期间的这种波动。可以发现,盐度峰值基本上也减小 0.1 左右,与上游水库基本一致。而在 20~24 d 时间段内,水库受到外海高盐水影响,盐度波动剧烈。在径流量增加后,外海盐度锋面有所下移,使青草沙取水口的盐度值明显降低。

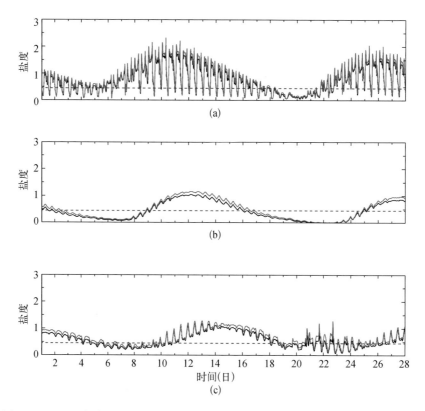

图 4-19 2050 年东风西沙水库(a)、陈行水库(b)、青草沙水库(c)取水口盐度过程线
黑色:径流量变化后,即控制实验 A2;红色:径流量变化前,即实验 B2

2100 年是径流量增大最大的一年,盐水入侵削弱十分明显。在东风西沙水库,取水口附近的盐度基本上减少了 0.1~0.3,表明北支倒灌盐水显著减少(图 4-20)。陈行和青草沙水库取水口附近的盐度峰值也减少约 0.3。而在 20~24 d 期间,外海高盐水对青草沙水库的影响也明显削弱,盐度值降低近 0.5。

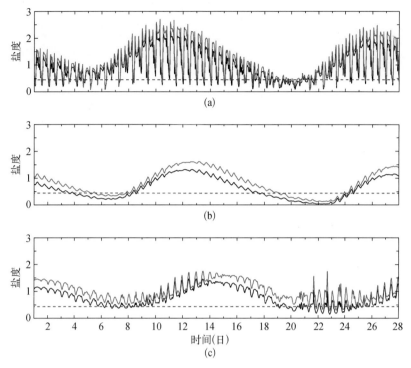

图 4-20　2100 年东风西沙水库(a)、陈行水库(b)、青草沙水库(c)取水口盐度过程线

黑色：径流量变化后，即控制实验 A3；红色：径流量变化前，即实验 B3

4.2.3　海平面变化对长江河口盐水入侵的影响

海平面上升所带来的灾害越来越引起政府部门的重视。海平面上升会导致海岸线、潮滩、耕地、淡水范围和泥沙输运等变化(Ibànez et al.，1997；Wassmann et al.，2004；Craft et al.，2008；Houston，2013)，这些变化在很大程度上影响到了生态系统和社会经济。海平面变化的一个很严重的影响在于其会改变河口的盐度。海平面上升后，盐水将更向上游移动，这会直接影响到河口的物理过程和生态环境，从而对经济环境，如居民生活和工业用水等造成危害(Paw and Chua，1991；Grabemann et al.，2001；Khang et al.，2008)。之前有研究对海平面上升所造成的盐水入侵对环境造成的危害进行评价(Ross et al.，2013；Yang et al.，2013；Zander et al.，2013)。而且，海平面上升会影响到河口潮流及潮差，从而导致物质输运产生变化(Hong and Shen，2012)。然而，尽管已有的很多研究表明海平面上升会造成河口盐度的上升和河口环流的变化，但很少有研究聚焦于分汊河口。并且由于海平面上升所引起的分流比变化、分汊河口的河口环流模式和物质输运过程的变化更为复杂，相邻河道中的水体和物质交换相应产生变化。

本节基于本课题给出的未来年份长江河口相对海平面的上升值，研究 2030 年、2050 年和 2100 年气候变化和重大工程影响的大环境下，定量剥离海平面上升对长江河口盐水入侵的影响，揭示海平面上升对河口的潮汐、盐度分布和水库取水口盐度的影响。长江河口海平面上升对盐水入侵影响的成果已发表在 *Journal of Coastal Research* 上（Qiu and Zhu，2015）。

1）对比实验设置

本节针对长江河口相对海平面上升设置了 2030 年、2050 年和 2100 年海平面不变化的三组对比实验（表 4-5），计算结果分别与 2030 年、2050 年和 2100 年综合考虑气候变化和重大工程情况下的控制实验 A1、A2 和 A3 的计算结果进行比较，定量剥离海平面变化对河口盐水入侵的影响。

表 4-5　相对海平面变化对比实验设置

| 编 号 | 年 份 | 1~2月期间入海径流量（m^3/s） | | | 相对海平面上升（mm） |
		径流量	气候变化引起的径流量增加	重大工程（三峡＋南水北调）	
C1	2030	13 057	302	709(1 709—1 000)	0
C2	2050	12 792	637	109(1 709—1 600)	0
C3	2100	13 631	1 476	109(1 709—1 600)	0

2）海平面变化引起的潮汐变化

以往的研究表明，海平面上升会给潮差和潮流等带来影响（Sinha et al.，1997；Hong and Shen，2012）。在长江河口，最主要的两个分潮为 M_2 和 S_2。图 4-21 分别给出了 2030 年、2050 年和 2100 年海平面上升后的分潮振幅与相应年份海平面不上升情况下的分潮振幅的差值（即数值实验 A1~A3 与实验 C1~C3 的差值）。可以明显地发现，两个分潮的振幅在海平面上升后均有显著增加。其中，在 2030 年 M_2 分潮振幅在口门内的上升值较为接近，量值为 1~2 cm，除了南槽，上升量不明显。到 2100 年，M_2 分潮振幅在北支上段增加值约 10 cm，南支上段增加 8 cm，北港段相比南港振幅上升幅度较大，增加约 5 cm，南槽与北槽分别增加 2 cm 左右。这表明 M_2 分潮的振幅随着海平面上升，逐渐向口门内增加。S_2 分潮振幅的增加在 2030 年主要集中在北支等滩地较多的区域，在 2050 年，北支振幅比南支增加明显，两河道分别增加约 5 cm 和 3 cm。2100 年中 S_2 振幅增加值与 2050 年基本一致，除了几处滩地附近有明显的增加，在口门外则出现振幅降低的趋势。总体上来说，对比 M_2 和 S_2 分潮的振幅变化可以看出，海平面上升可以明显地增加口门内的潮汐振幅，即增大河口地区的潮差。

图 4-22 展示了青草沙水库取水口的水位在大潮和小潮期间一天内随时间的变化过程。可以发现海平面上升可以有效地抬升水位，同时也会带来相位上的偏差。海平面上升后，青草沙水库取水口水位达到高值与低值的时间提前，同时潮差也有所增加［图 4-22(e)中，高潮位的增加量略大于低潮位，则潮差也相应增加］。并且，海平面变化带来的水位相位提前在大潮和小潮期间都有所体现。潮波在口门内的传播是以外重力波形式传播的，波速 $\sqrt{gh}$ 与水深 h 相关，海平面上升导致水深增加，潮波传播较快，水位相位提前。

3）海平面上升对盐水入侵的影响

长江河口盐水入侵主要取决于入海径流量和潮汐强度。入海径流量增大，则盐水入

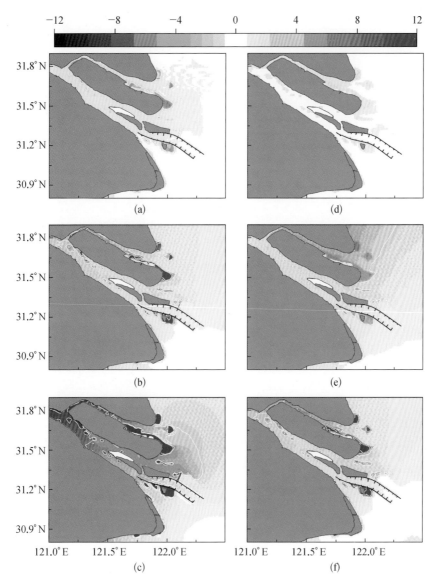

图 4-21　海平面上升对 M_2（左列）和 S_2（右列）振幅的影响（数值实验 A-C）

上、中、下分别代表 2030 年、2050 年和 2100 年实验；白线为 0～12 等差值线，间隔为 4，单位为 cm

侵减弱，潮汐增强，则盐水入侵加剧。前文中我们得出了海平面上升增加了长江河口的潮差，下面将对其如何加剧长江河口盐水入侵进行详细分析。

2030 年、2050 年和 2100 年相对海平面分别上升 112.1 mm、281.1 mm 和 703.6 mm，控制实验输出结果已在 4.2.1 节中给出。图 4-23～图 4-25 给出了对比实验 C1、C2 和 C3 与控制实验 A1、A2 和 A3 的计算结果差值分布。结果表明，海平面上升在一定程上增强长江河口的盐水入侵，但在不同区域，其增强的效应不尽相同，并且在部分区域呈现出削弱盐水入侵的现象。

2030 年长江河口相对海平面上升量相对较小，河口整体盐水入侵略有加剧，但明显不如 2050 年和 2100 年的情况（图 4-23）。由海平面上升造成的盐水入侵主要体现在北

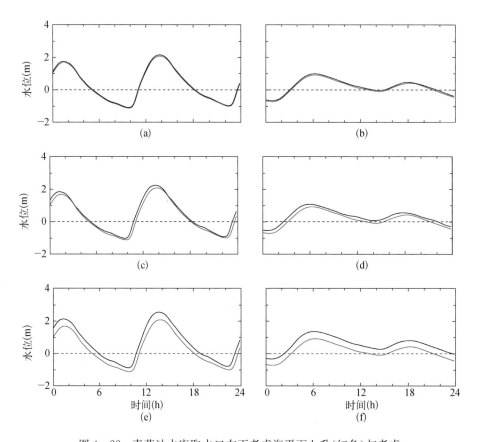

图4-22　青草沙水库取水口在不考虑海平面上升(红色)与考虑
海平面上升(黑色)情况下一天内的水位随时间的变化

左列为大潮期间,右列为小潮期间;上、中、下分别代表2030年、2050年和2100年的计算结果

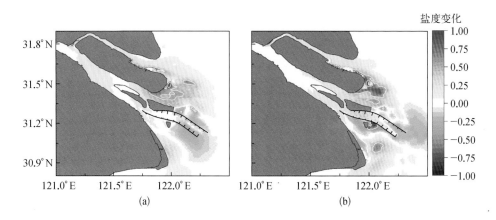

图4-23　2030年2月大潮(a)与小潮(b)期间海平面上升导致的垂向平均盐度变化

数值实验A1-C1;白线为0.5间隔的等盐度差值线(下同)

支和北港。大潮期间,北支整体盐度增加 0.1～0.2,其中北支上段盐度增加 0.5 左右,口门附近增加约 0.3。北支倒灌南支盐水的效应有所增强,使得南支上段盐度上升约 0.1。北港上段靠近青草沙水库取水口附近的盐度值基本不变,但中下段来自口外的盐水入侵明显增强,靠近青草沙水库下段附近河道的盐度值上升约 0.2,北港中下段为盐度锋面,盐度梯度较大,该处河道盐度值增加约 0.7。南、北槽上段盐度变化不明显,但下段九段沙滩地附近盐度值有所降低,量值在 0.4 左右。Wu 等(2010)指出,潮滩由于水深较浅,在潮汐涨落过程中会形成非线性效应,尤其是在潮汐强度较强的大潮时期,在长江口南槽和北槽下段会形成西北方向的潮致环流,促进盐水向口内迁移,影响到右侧河道。海平面上升后,滩地附近水位略有增加,相应的非线性效应有所削弱,盐度略微下降。

小潮期间,北支盐度值依然有所增加,口门附近盐度增加量比大潮期间略有上升。北港盐度也呈现明显的增加态势,上段青草沙水库附近河道受大潮期间北支倒灌盐水下移的影响,盐度值略有增加,量值在 0.1 左右,在口门附近盐度增加明显,量值约 0.5,其中北港北汊盐度增加达到 1 以上。李路(2011)、Li 等(2014)曾就北港北汊对盐水入侵的影响进行了数值模拟,认为该汊道加深后盐水入侵加强。本课题的结果与其一致,海平面升高后,变相使得北港北汊水深增加,从而增加沿该汊道进入北港的水、盐通量。南港上段受倒灌盐水的影响,盐度上升约 0.1。北槽中上段盐度值均有所升高,增量为 0.1～0.2,而下段至口门外盐度则有所降低,量值在 0.3 左右。南槽上段九段沙滩地附近盐度值降低约 0.3,而中下段盐度则上升 0.5 左右,表明海平面上升后南槽下段高盐水向口内的输移量增加。

2050 年较 2030 年相对海平面上升值增加,相应的盐度分布变化也有所区别(图 4 - 24)。大潮期间北支中下段盐度上升显著,整体上升约 0.3,到口门附近达到 0.5～1.0。但是,北支上口出现盐度值降低现象,连带南支上段也出现部分盐度值降低的现象。这与 2030 年海平面上升后北支盐水倒灌南支增强的态势有所不同。Wu 等(2006)研究认为北支盐水倒灌通量大小与长江上游径流量,以及北支上段青龙港附近的潮差有关,并给出相应关系式。前文提到,海平面上升可以增强河口潮汐强度,即可以增加潮差,从而在海平面上升后可以增强北支盐水倒灌。但海平面上升还可以抬升河道水位,增大河道过水面积。北支上段潮滩众多,水深较浅,在南北支分汊口附近水深仅 1～2 m。海平面

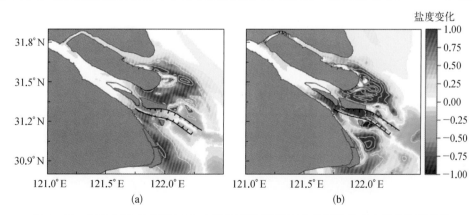

图 4 - 24　2050 年 2 月大潮(a)与小潮(b)期间海平面上升导致的垂向平均盐度变化

数值实验 A2 - C2

上升后,北支上段水位被加深,进入北支的径流量增加,减弱北支盐水入侵,并使得盐度锋面下移,从而削弱了北支倒灌现象。总体上海平面上升对南支上段没有造成影响。北港中下段的盐水入侵与 2030 年的情况相近,且盐度上升量更大,中下段盐度增加 0.5～1.0。北港南侧受横沙岛滩地的影响,盐度值略有下降。北槽上段盐度值上升 0.5,增加明显,下段盐度略有降低。南槽整体上盐水入侵加强,南岸盐度增加值为 0.5～1.0,明显高于 2030 年海平面上升后的增量。

小潮期间,北支上段盐度明显降低,除受海平面上升引起的过水断面增加而造成的进入北支的径流量增加的影响外,还有大潮期间后退的盐度锋面在经过中潮到小潮期间,在径流作用下进一步向下游移动的影响。而北支中下段的盐度在海平面上升的作用下仍保持升高态势,口门盐度增加值在 1 以上。南支上段由于受到北支盐水倒灌削弱的影响,盐度值略有降低,而在南港上段附近盐度值存在明显增加,表明在 2050 年期间,海平面上升使得口外高盐水向内迁移,盐度上溯距离已经可以影响到南北港分汊口附近水域。这也与 2050 年 1～2 月期间的径流量较低有关。北港上段盐度变化不明显,而中下段盐度增加值达到 1～2,盐水入侵显著增强。北槽中上段盐度值上升 1 左右,高盐水直接影响到南港。南槽除了九段沙和南汇边滩附近滩地上盐度值有所下降外,主河道盐度值明显升高,量值为 0.5～1.5。

2100 年海平面上升值最大,相应的盐水入侵增强也更为明显(图 4 - 25)。大潮期间北支整体盐度增加 0.5 左右,口门附近盐度增加值达到 1 以上,而北支上段盐度增加不明显,但显然北支倒灌南支的盐水量明显增加,致使南支上段整体盐度增加 0.5 左右,南支在大潮期间全部被盐水覆盖。北港盐度增加显著,上段盐度值升高约 0.5,至口门附近盐度值升高约为 3,表明北港口门附近的盐度锋面向口门内推进,盐水入侵距离增加。南港在下游盐水上溯和上游北支倒灌加强的双重影响下,盐度增加值在 0.5 左右。北槽上段盐度增加 0.3～0.5,而下段盐度则降低,量值在 0.5 左右,这与前两组对比试验结果一致。南槽北侧受九段沙滩地的影响,在海平面上升之后滩地对向陆输运盐水的非线性效应减弱,同时由于海平面升高,北槽下泄水体在科氏力作用下右偏,越过深水航道导堤进入南槽,使得盐度值显著降低,量值在 1 左右。南槽南侧盐度值明显升高,量值为 0.5～1。

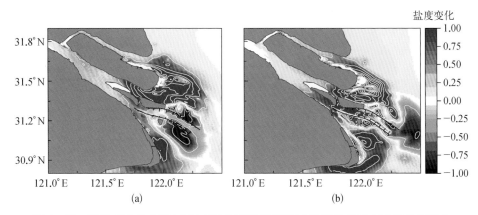

图 4 - 25　2100 年 2 月大潮(a)与小潮(b)期间海平面上升导致的垂向平均盐度变化

数值实验 A3 - C3

　　小潮期间盐度变化趋势同前两组对比实验相近。北支中下段受海平面上升的影响，外海入侵增强，盐度升高约0.5，其中口门附近盐度增加在1以上。而在北支上段则受到进入北支的径流量增加的影响，出现部分区域盐度降低。南支上段在大潮期间北支倒灌过来的盐水团的影响下，盐度仍呈增高态势，量值在0.5以下。北港盐水入侵明显加剧，由海平面上升引起的水位增高加强了水体的斜压效应（因为斜压压强梯度力与水深成正比），底部盐水上溯能力加强，口门盐度锋面向口内推进。北港上段盐度升高约0.5，到口门附近盐度增加在4以上。等盐度差值线沿北港北汊河道方向向北港内延伸，表明外海高盐水沿北港北汊入侵程度加剧，盐度升高值达到7以上，严重加剧了北港的盐水入侵。南港整体盐度增加值在0.5以上，到北槽上段盐度增高1～2，而北槽口外盐度则略有降低，量值为0.5～1。南槽两侧的九段沙滩地和南汇边滩区域的盐度有所降低，但南槽主槽的盐度则明显升高，增加量值为0.5～2。

　　海平面上升给长江河口的盐水入侵带来了明显影响。口门附近随着海平面的上升造成斜压增强，盐度锋面向口内推进，使得高盐水上溯距离增加。由海平面上升导致的潮汐强度增强，促使北支盐水倒灌加剧，相反由于海平面上升导致断面面积的增加，更多径流进入北支，又使得北支盐水倒灌减弱。这些效应的互相影响，使得在未来不同年份中，海平面上升对长江河口的水库取水安全造成不同的影响。

　　在2030年，海平面上升后长江河口三大水库取水口的盐度均有不同程度的增加（图4-26）。2030年1、2月份的径流量在13 000 m³/s以上，三个水库取水口的盐度主要

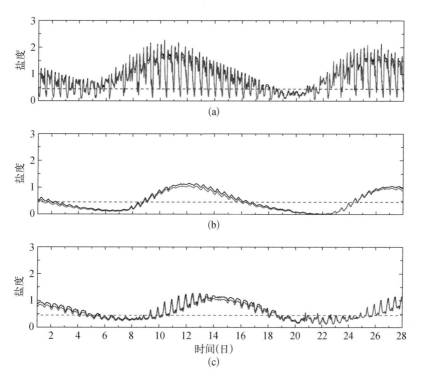

图4-26　2030年东风西沙水库(a)、陈行水库(b)、青草沙水库(c)取水口盐度过程线

黑色：在考虑海平面上升情况下，即控制实验A1；红色：在不考虑海平面上升情况下，即实验C1

受到北支盐水倒灌的影响。上游东风西沙水库在海平面上升前后的盐度峰值相差 0.1 左右,低值较为接近。陈行与青草沙水库分别位于东风西沙水库的下游,北支倒灌盐水团随潮汐振荡,在径流作用下下移,影响到两个水库,因此在盐度相位上迟于东风西沙水库。海平面上升后,盐水倒灌增强,使两个水库的盐度相应升高,峰值较海平面上升前上升约 0.1。

根据上文的对比计算结果可知,2050 年 2 月份期间,虽然河口口门附近受到海平面上升的影响,盐水入侵有所增强,但上游北支倒灌则在更多地进入北支的径流的作用下有所减弱。由于东风西沙和陈行水库取水口的盐度主要是受北支倒灌盐水团的影响,因此在 2050 年实验中,海平面上升使得两个水库的盐度值略有下降,量值在 0.1 左右[图 4 - 27(a)和图 4 - 27(b)]。青草沙水库取水口受到倒灌盐水团的影响,盐度过程线在相位上滞后于东风西沙和陈行水库,盐度随海平面上升而略有下降[图 4 - 27(c)]。但在 22 日左右,海平面上升后的盐度值高于海平面上升前。对比东风西沙和陈行水库的盐度过程线可以发现,上游两个水库均没有该现象,且东风西沙水库的盐度变化可以代表北支倒灌盐水团的强弱,在此期间内倒灌现象仍然为海平面上升后弱于海平面上升前。因此可以断定,在 20～24 日期间,青草沙水库取水口主要受到来自北港下段的外海高盐水上溯的影响,从而出现盐度变化,而海平面上升的确有助于外海盐水向上游入侵的距离增加。所以,在 2050 年实验中,青草沙水库同时受到北支倒灌盐水团和外海入侵高盐水的影响,同时两者在海平面上升前后的盐度变化呈现相反的态势。

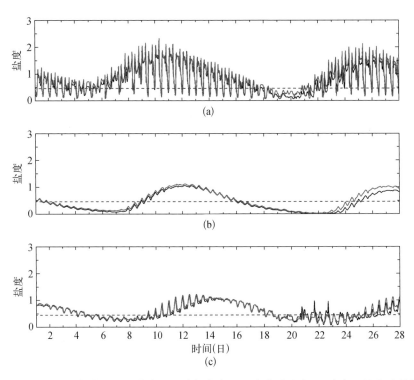

图 4 - 27 2050 年东风西沙水库(a)、陈行水库(b)、青草沙水库(c)取水口盐度过程线

黑色:在考虑海平面上升情况下,即控制实验 A2;红色:在不考虑海平面上升情况下,即实验 C2

2100 年海平面上升达到 703.6 mm,海平面上升前后三大水库的盐度变化极为显著(图 4 - 28)。在海平面上升引起北支盐水倒灌增强的情况下,三个水库取水口的盐度均有明显的上升,盐度峰值增加量均在 0.5 左右。在一个潮周期内,陈行水库的不宜取水时段在海平面上升后明显延长 2 d 左右,青草沙水库约为 1 d。海平面上升对水库取水造成的危害十分明显。

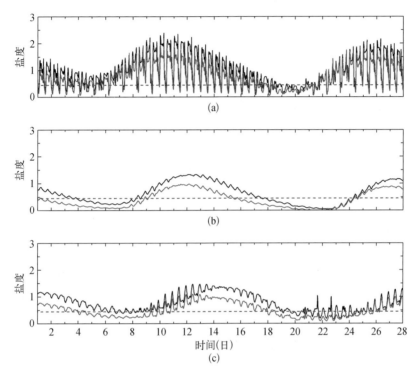

图 4 - 28　2100 年东风西沙水库(a)、陈行水库(b)、青草沙水库(c)取水口盐度过程线

黑色:在考虑海平面上升情况下,即控制实验 A3;红色:在不考虑海平面上升情况下,即实验 C3

4.2.4　长江河口盐水入侵对三峡工程的响应

对长江河口盐水入侵产生影响的重大工程,主要是流域的重大工程,改变长江入海径流量,以及河口重大工程改变局地河势。本节仅考虑三峡工程和南水北调对长江河口盐水入侵的影响,它们对入海径流量的影响已在前面给出。第 4.2.2 节数值模拟了 2030 年、2050 年和 2100 年在气候变化和重大工程影响下枯季的盐水入侵,本节不考虑各年份单个重大工程(三峡工程和南水北调工程)引起的径流量变化,将第 4.2.2 节的模拟结果与本节模拟结果对比分析,定量剥离重大工程引起径流量变化对长江河口盐水入侵的影响,给出水库取水口盐度的变化过程。三峡工程对长江河口盐水入侵影响的成果已发表在 *Continental Shelf Research* 上(Qiu and Zhu, 2013)。

1) 对比实验设置

三峡水库 1～2 月放水量约为 1 709 m³/s,增大了长江的入海径流量。模式控制实验设置参照本课题 4.2.1 节,对比实验分别在控制实验的基础上,移除三峡水库调水对入海径流量带来的变化,即分别从 2030 年、2050 年和 2100 年控制实验中重大工程造成的径流量变化中扣除三峡水库的放水量约 1 709 m³/s,表示未来三个年份中三峡水库不对长江入海径流产生作用的情况,分别标为实验 D1、D2 和 D3(表 4 - 6)。与控制实验 A1、A2 和 A3 进行对比,定量研究在上述年份三峡工程对河口盐水入侵的影响。

表 4 - 6　三峡工程建设前后对比实验设置条件

| 编　号 | 年　份 | 1~2 月期间入海径流量(m³/s) | | | 相对海平面上升(mm) |
		径流量	气候变化引起的径流量增加	重大工程(三峡+南水北调)	
D1	2030	11 348	302	−1 000(0−1 000)	112.1
D2	2050	11 083	637	−1 600(0−1 600)	281.1
D3	2100	11 922	1 476	−1 600(0−1 600)	703.6

2) 三峡工程对盐水入侵影响的数值模拟

由于三峡水库于秋季蓄水,秋季长江下泄径流量减少。在调水过程中,长江河口的盐度锋面向上游的入侵距离加大,尤其北支的高盐水较早地向上游移动,导致北支盐水倒灌现象提前,但进入枯季后,三峡水库持续性地放水使得倒灌提前所引起的影响逐渐消退,基本上在 1 月中旬这一影响即被径流量增加带来的影响所掩盖(Qiu and Zhu,2013)。因此,在枯季期间,我们仅研究三峡水库放水之后对河口盐水入侵造成的影响。

2030 年、2050 年和 2100 年期间,若不考虑三峡工程各年份 1、2 月平均径流量削减为 11 348 m³/s、11 083 m³/s 和 11 922 m³/s,控制实验的河口盐水入侵结果见 4.2.1 节。图 4 - 29~图 4 - 31 分别给出了 2030 年、2050 年和 2100 年三峡工程在大小潮期间对长江河口盐度的影响。结果表明,三峡水库枯季放水明显削弱了长江河口的盐水入侵强度,有利于河口淡水资源的利用。

2030 年大潮期间,在考虑三峡工程的情况下,河口盐度基本上呈降低态势(图 4 - 29)。北支上段和南支上段的盐度分别下降 0.5~1,三峡水库下泄水体增加了进入

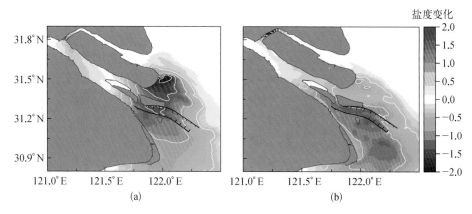

图 4 - 29　2030 年 2 月大潮(a)与小潮(b)期间三峡工程导致的垂向平均盐度变化

数值实验 A1 - D1;白线为 0.5 间隔的等盐度差值线(下同)

北支的径流量,稀释了北支上段的高盐水,从而削弱了北支盐水倒灌,使南支上段的盐水入侵有所缓解。在北支中下段,盐度变化不明显。在口门附近,北港上段至下段盐度分别降低0.5～1.5,盐度锋面附近盐度下降最为明显。在北港北侧崇明东滩附近受滩地水深较浅的影响,盐度差值较为明显。在南港至下游南、北槽段,盐度均有明显的降低,量值基本为0.5～1.5,盐度降低程度略低于北港。

小潮期间北支上段的盐度降低值较大潮期间更为显著,盐度降低1.5～2.0,这是因为潮汐强度的相对减弱使得径流对盐度的影响相对增强,致使盐度锋面向下游移动。在南支上段,盐度受大潮期间北支倒灌盐水减弱的影响,在小潮期间也有所降低,量值在0.5以下。北港盐度值降低量在0.5左右,而南、北槽略大于北港,盐度降低量在1以上。

2050年,在不考虑三峡工程的情况下1、2月份长江入海径流量仅11 083 m³/s,为各组实验中的最小值。大潮期间,北支上段盐度锋面受三峡工程下泄径流增大的影响向下游移动,造成北支上段盐度值明显降低,北支盐水倒灌相应减少(图4-30)。在前面介绍过,2050年海平面上升对北支倒灌的影响不同于另外两个年份的实验,倒灌盐通量在上升后由于过水断面增加引起的径流作用增强而弱于上升前的情况。但不考虑三峡工程的情况下,过低的径流量使得北支倒灌程度加剧的同时,也打破了与海平面上升保持平衡的格局,因此不考虑三峡工程的情况下北支倒灌强度显著强于考虑三峡工程的结果,并且盐度差异比2030年和2100年更为显著。南支整体受到工程变化带来的影响,三峡工程导致南支盐度明显降低,上段受北支倒灌盐水团影响的区域,盐度降低0.5以上。在北港,径流量增大促使外海入侵的高盐水输送出口外,显著降低了北港口门的盐度,量值在1以上,北侧东滩附近盐度降低量更是达到2以上,北港口门的盐度锋面在径流作用下明显外移。南北槽整体盐度有明显的降低,量值均在0.5以上。对比2030年和2100年考虑与不考虑三峡工程的实验发现,南北槽的盐度降低明显小于另外两组对比实验,表明在2050年三峡工程导致径流量的增加对南北槽的盐水入侵抑制能力弱于另外两个年份。

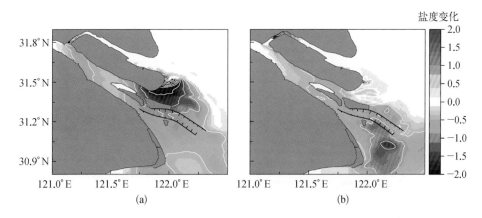

图4-30 2050年2月大潮(a)与小潮(b)期间三峡工程导致的垂向平均盐度变化

数值实验A2-D2

小潮期间,北支上段盐度锋面在考虑三峡工程后明显下移,使得整体盐度显著降低。南支在小潮期间主要受北支倒灌盐水振荡下移的影响,由于大潮期间倒灌量明显减弱,因此南支整体盐度也有所降低,量值从上段的 0.1 变化到南北港分汊口附近的 0.5,北港上段和南港河道的盐度也同样降低 0.5 以上。然而,在北港口门附近,河道主槽及北港北汊河道内的盐度有所升高,量值为 0.2～0.3,附近滩地上盐度降低约 0.3。由前文动力机制分析可知,小潮期间潮汐强度较弱,北港口门附近的盐分输送主要是径流作用和斜压作用之间的平衡。通过盐度差值发现,在 2050 年情况下,由三峡工程引起的径流量增大并不能削弱北港口门附近的外海盐水入侵,相反还会有增强的趋势。但是,该现象仅局限于北港口,且量值较小,三峡工程总体上对北港口门内的盐水入侵还是有所削弱的。南北槽总体盐度下降在 0.5 以上,南槽口外盐度下降达到 1 以上。

2100 年大小潮期间三峡工程对盐度的影响与 2030 年的情况基本一致,在三峡工程引起的径流量增加的情况下,各个汊道的盐度值均有不同程度的下降(图 4 - 31)。由于 2100 年的径流量与 2030 年接近,同时三峡工程的调水量也一致,因此两个年份的盐度变化情况差别不大。

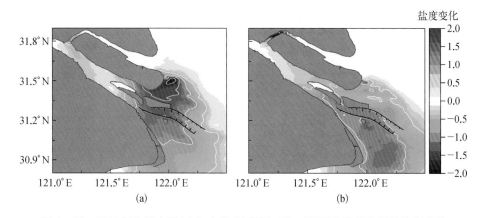

图 4 - 31 2100 年 2 月大潮(a)与小潮(b)期间三峡工程导致的垂向平均盐度变化
数值实验 A3 - D3

由上文盐度的平面分析可以得知,三峡工程在枯季期间放水增加了径流量,对河口盐水入侵有着抑制的影响。图 4 - 32～图 4 - 34 分别是考虑与不考虑三峡工程情况下长江河口三个重要水库取水口 2 月份的盐度过程线,可以很明显地看到,三峡工程导致各水库取水口附近的盐度明显下降,很大程度上改善了河口盐水入侵给水库取水带来的危害。

2030 年 2 月份期间,东风西沙水库的盐度峰值下降约 0.4,表明北支盐水倒灌在考虑三峡工程的情况下明显减弱。陈行水库的盐度峰值同样减少 0.4 左右,同时,在一个潮周期内,不宜取水时长减少约 1 日,表明其受北支倒灌的影响有所减弱。青草沙取水口的盐度值下降 0.2～0.5,值得注意的是,在 6～10 日左右,不考虑三峡工程的情况下盐度正好高于 0.45 可取水标准,使得前后两段较长的不宜取水时段连接起来,对水库取水极为不利,而在三峡工程后,盐度值有所下降,使该时间段内青草沙水库可以进行取水,极大地保障了水库供水安全。同样地,在 20～24 日左右也存在类似情况。

2050 年三峡工程对三个水库取水口的盐度值的影响明显减小,且量值上明显大于 2030 年的情况。东风西沙水库在考虑三峡工程的情况下盐度峰值降低近 1,表明北支倒

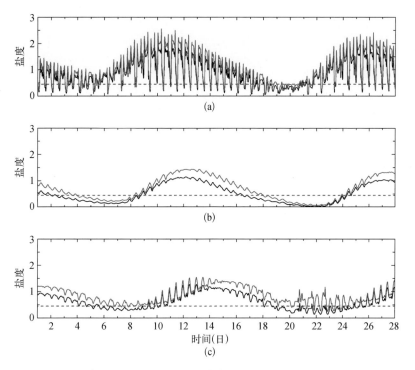

图 4-32　2030 年东风西沙水库(a)、陈行水库(b)、青草沙水库(c)取水口盐度过程线

黑色：考虑三峡工程情况，即控制实验 A1；红色：不考虑三峡工程情况，即实验 D1

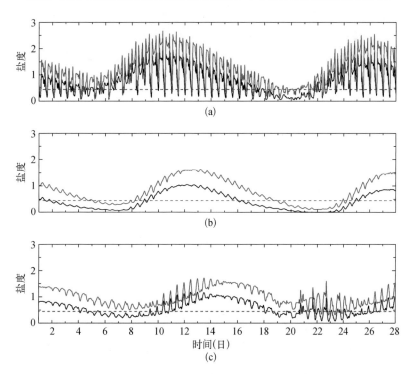

图 4-33　2050 年东风西沙水库(a)、陈行水库(b)、青草沙水库(c)取水口盐度过程线

黑色：考虑三峡工程情况，即控制实验 A2；红色：不考虑三峡工程情况，即实验 D2

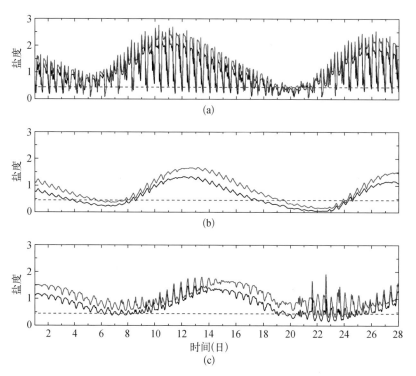

图 4-34   2100 年东风西沙水库(a)、陈行水库(b)、青草沙水库(c)取水口盐度过程线
黑色:考虑三峡工程的情况,即控制实验 A3;红色:不考虑三峡工程的情况,即实验 D3

灌对南支的影响显著减弱。陈行水库的盐度受北支倒灌减弱的影响,峰值降低在 0.5 以上,同时,不宜取水时长也相应减少近 3 日。青草沙水库取水口在考虑三峡工程的情况下盐度峰值降低在 0.5 以上,其中 6～10 日期间在不考虑三峡工程情况下盐度超过 0.45,而工程导致盐度显著降低,也使得水库增加了 4 d 左右的取水时段,极大地改善了青草沙水库的供水安全问题。而在 20～24 日期间,外海盐水对青草沙取水口的影响在考虑三峡工程情况下也有明显的降低。

在 2100 年,东风西沙、陈行和青草沙水库取水口的盐度峰值在考虑三峡工程的情况下分别降低了 0.4～0.5。其中,陈行水库不宜取水时段减少 1 d 以上,而青草沙水库则有大幅度的改善。原因即在于三峡工程增大的径流量可以保证青草沙水库在两个盐度低值的时段,即 6～10 日和 20～24 日,抑制水库取水口附近的盐度,使其低于 0.45 可取水标准,从而保障水库供水的安全。同时也可以发现,在不考虑三峡工程的情况下,青草沙水库在 20～24 日期间受到外海盐水入侵的影响极强,而在考虑三峡工程情况下则明显有所缓解。

4.2.5   盐水入侵对南水北调工程的响应

1) 对比实验设置

南水北调工程在近期,即 2030 年左右,东线和中线调水量共计 1 000 m³/s,而在远期,即 2050 年和 2100 年,调水量共计 1 600 m³/s。模式控制实验设置参照第 4.2.1 节,对比实验分别在控制实验的基础上，移除南水北调工程调水对入海径流量带来的变化，即分别从 2030 年、2050 年和 2100 年控制实验中重大工程造成的径流量变化中扣除南水北调工程的影响，表示在未来这三个年份中假设不考虑南水北调工程对径流量的影响，分别设为实验 E1、E2 和 E3（表 4 - 7），与控制实验 A1、A2 和 A3 对比，定量研究南水北调工程在未来长江河口盐水入侵中的影响。

表 4 - 7　南水北调工程建设前后对比实验设置条件

编　号	年　份	1～2 月期间入海径流量(m³/s)			相对海平面上升(mm)
		径流量	气候变化引起的径流量增加	重大工程（三峡＋南水北调）	
E1	2030	14 057	302	1 709(1 709＋0)	112.1
E2	2050	14 392	637	1 709(1 709＋0)	281.1
E3	2100	15 231	1 476	1 709(1709＋0)	703.6

2) 南水北调工程对盐水入侵影响的数值模拟

2030 年在考虑南水北调工程情况下的整体盐度有所升高（图 4 - 35）。大潮期间，北支上段和南支上段均出现盐度增加，量值为 0.1～0.2，表明北支倒灌盐水量增加。北港上段青草沙取水口附近河道没有明显的盐度变化，下段至口门附近盐度增加在 0.5 左右，北港北汊河道内存在盐度增量高于 1 的区域。南港下段盐度升高约在 0.5，直至南、北槽整体盐度升高，量值在 0.5 以上。

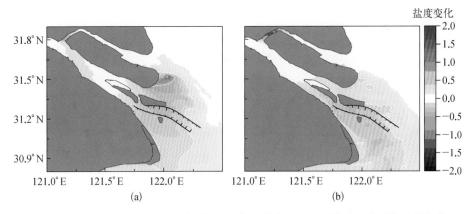

图 4 - 35　2030 年 2 月大潮(a)与小潮(b)期间南水北调工程导致垂向平均盐度变化
数值实验 A1 - E1；白线为 0.5 间隔的等盐度差值线（下同）

小潮期间北支上段盐度增量比大潮期间显著，量值为 1～2。南支上段的盐度变化较小。北港整体盐度变化量在 0.5 以下。北港上段和南港上段盐度变化范围较大潮期间有所增加，盐度上升的范围有所上移，盐度增加值为 0.1～0.2。而南、北槽则在 0.5 以上，略大于北港的盐度变化。

2050 年南水北调工程东线和中线较 2030 年各增加调水量 300 m³/s，使得长江入海径流量进一步减少，河口盐水入侵比 2030 年更为严重（图 4 - 36）。大潮期间，北支上段在工程后盐度明显升高，表明进入北支的径流量减少使得下游高盐水推动盐度锋面向上游移动,北支盐水倒灌增强,同时也使得南支整体盐度值上升近0.5。北港上段受倒灌的影响,盐度明显增大,而下段受外海入侵增强的影响,盐度升高在1以上,滩地上更为明显。南、北槽盐度在工程后同样又有上升,但量值上小于北港,为0.5~1。

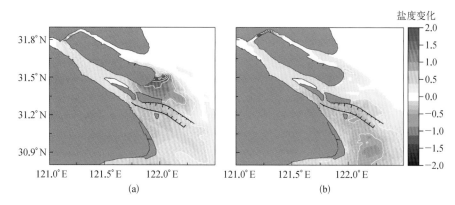

图4-36　2050年2月大潮(a)与小潮(b)期间南水北调工程导致垂向平均盐度变化
数值实验A2-E2

小潮期间北支上段盐度增大在2以上,且盐度增加的范围比2030年更大,表明盐度锋面移动距离更远。南支整体上盐度上升近0.5,且由于盐度分布"北高南低",因此盐度增加量也显示出同样的态势。北港整体盐度上升0.5左右,量值上明显小于大潮期间,这主要是由于潮汐强度减弱,工程前后盐水入侵强度的差异比大潮小。受外海盐水上溯增强的影响,南港盐度上升达到0.5以上,南、北槽盐度分别上升1左右,其中南槽口外盐度升高达到1以上。小潮期间南、北槽盐度上升大于北港。

2100年南水北调工程调水量与2050年同为1 600 m³/s,大潮期间除了北支中下段之外,其他区域的盐度在工程后均有所上升(图4-37)。北支上段盐度增量为0.5~1,南支上段为0.3左右。南支中段至南北港分汊口、青草沙水库附近盐度值上升量均在0.3左右,对水库取水极为不利。北港中下段盐度上升在0.5以上,崇明东滩附近受地形影响盐度增加值大于1。南、北槽整体盐度增加值在0.5左右。河口整体盐水入侵明显加剧。

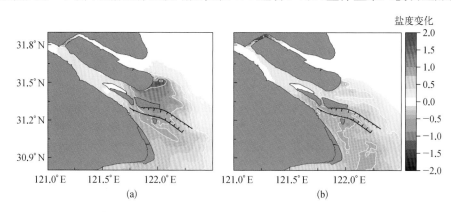

图4-37　2100年2月大潮(a)与小潮(b)期间南水北调工程导致垂向平均盐度变化
数值实验A3-E3

　　小潮期间北支上段盐度增加量在 2 以上,盐度锋面向上游移动。对于南支上段的盐度,北岸增加量大于南岸,量值在 0.2 左右,这与北支倒灌盐水团下泄路径有关。北港上段的盐度增加 0.4~0.5,下段增量在 0.5 以上,且河道主槽与北港北汊增加值大于滩地上的增量。南港的盐度由上段增加 0.5 到下段增加 1,盐度差值逐渐递增。到北槽时盐度增加量达到 1 以上,而南槽则为 0.8~1。同前两组实验一样,小潮期间南、北槽的盐度增加量要大于北港。

　　南水北调工程调水后使得枯季长江入海径流量减少,河口盐水入侵加剧,给河口淡水资源的利用带来严重的影响。

　　2030 年工程调水 1 000 m³/s,使得北支盐水倒灌现象增强(图 4-38)。上游东风西沙水库取水口盐度峰值增加 0.1~0.2,低值增加 0.1 左右。下游陈行和青草沙水库受盐水倒灌增强的影响,取水口盐度均有上升,盐度峰值上升 0.2 左右,不宜取水时段略有增加。青草沙在 20~24 日期间受到外海盐水入侵的影响,考虑南水北调工程的情况下盐度上升明显,表明盐水入侵上溯距离较不考虑南水北调工程的情况下有所增加。

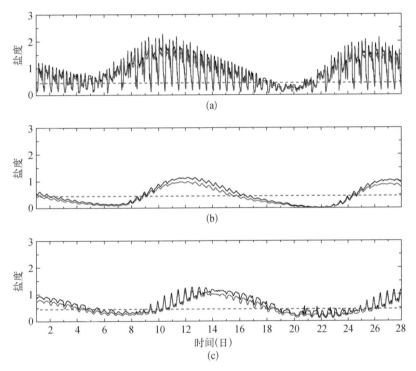

图 4-38　2030 年东风西沙水库(a)、陈行水库(b)、青草沙水库(c)取水口盐度过程线
黑色:考虑南水北调工程情况,即控制实验 A1;红色:不考虑南水北调工程情况,即实验 E1

　　2050 年考虑南水北调工程情况下,河口三个水库取水口的盐度均呈现出增高的态势(图 4-39)。东风西沙水库盐度峰值在工程后增加约 0.3。陈行水库受工程影响,盐度峰值增加 0.3,同时不宜取水时段延长约 1 d。青草沙水库取水口盐度的上升同样明显,量值在 0.3 左右,并且北港下游的高盐水锋面可以影响到青草沙水库,使得盐度可以超过 0.45。

　　2100 年南水北调工程在 1、2 月期间共计抽调径流量 1 600 m³/s,盐水倒灌增加幅度明显强于 2030 年(图 4-40)。上游东风西沙水库取水口盐度峰值增加 0.3~0.4,量值上

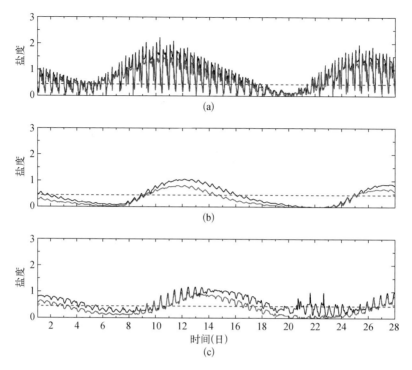

图 4 - 39　2050 年东风西沙水库(a)、陈行水库(b)、青草沙水库(c)取水口盐度过程线
黑色：考虑南水北调工程情况，即控制实验 A2；红色：不考虑南水北调工程情况，即实验 E2

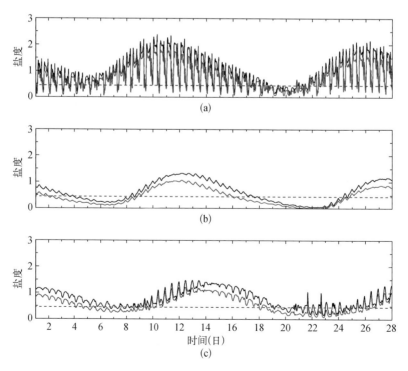

图 4 - 40　2100 年东风西沙水库(a)、陈行水库(b)、青草沙水库(c)取水口盐度过程线
黑色：考虑南水北调工程情况，即控制实验 A3；红色：不考虑南水北调工程情况，即实验 E3

大于 2030 年的增加量,这也反映了盐水倒灌给南支淡水资源带来的危害增强。陈行水库的盐度峰值上升 0.4 左右,低值增量在 0.1 左右,不宜取水时段延长近 1 d,表明 2100 年南水北调工程对河口水库取水的影响强于 2030 年。青草沙取水口盐度峰值同样上升近 0.4,同时外海盐水入侵程度加剧,20~24 日期间由外海盐水上溯引起的盐度值升高超过 0.5。

4.3　盐水入侵对长江河口淡水资源的影响及对策

本节的研究重点是在气候变化与重大工程(三峡工程与南水北调)共同作用的环境背景下,分别将气候变化引起的径流量变化、海平面上升和流域重大工程对长江河口淡水资源的影响从整体影响中剥离出来。

结合长江河口淡水资源体积和气候变化及重大工程可以探讨这些变化对河口淡水资源的影响。对 2030 年、2050 年和 2100 年 2 月份期间的气候变化和重大工程变化因子,即在考虑和不考虑气候变化引起的入海径流量变化、海平面上升、三峡工程和南水北调工程情况下的长江河口淡水资源总体积进行统计和分析,得到在 2 月期间各变化因子对淡水资源体积的影响。

4.3.1　长江河口淡水资源的变化

图 4-41~图 4-43 分别给出了 2030 年、2050 年和 2100 年期间长江河口淡水资源体积与各项变化因子的关系。河口淡水资源受北支盐水倒灌和外海盐水入侵的不利影响,同时又受上游径流量升高的有利影响。从图 4-41 可以看出,在 2030 年,由气候变化引起的径流量增加,以及三峡工程枯季放水,导致长江河口淡水资源体积有所增加,而海平面上升和南水北调工程导致淡水体积有所减少,并且三峡工程和南水北调工程对河口淡水体积的增长和减少幅度的影响最大。为了表述某一因子在变化前后给 2030 年总体盐水入侵情况带来的影响,我们通过式(4-5)统计因子在变化前后淡水体积的变化率:

$$C = \left(1 - \frac{X_{\text{before}}}{X_{\text{after}}}\right) \times 100\% \tag{4-5}$$

通过表 4-8 可以看出,在 2030 年由气候变化引起的径流量的增加虽然对河口盐水入侵有削减,但程度上明显小于其他几项变化因子带来的改变。海平面上升有利于增强河口潮汐强度,这一作用在大潮期间更为明显,使得大潮时海平面上升对河口淡水资源体积的影响要强于小潮期间。三峡工程在大潮期间对淡水资源的影响略小于南水北调工程,但在小潮和整个 2 月份期间,其对河口淡水体积的影响更为明显。这主要是由于在大潮期间,潮汐强度影响河口盐水入侵的强度略大于径流作用,并且南水北调工程后径流量为 2030 年各组实验中的最低值,北支盐水倒灌更强,因此大潮期间盐水入侵明显加剧。而小潮期间,径流作用相对潮汐强度占优,三峡工程增加下泄径流量,使得水体向海的运动增强,同时上游供应淡水资源量也增多,因此对河口盐水入侵有明显的削弱作用。

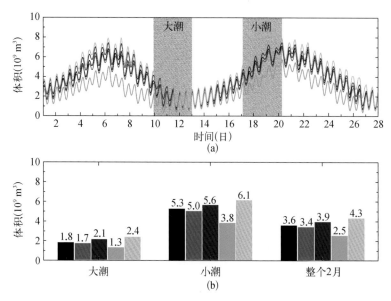

图4-41　2030年2月长江河口淡水资源总体积随时间的变化(a)以及大、
小潮及整个2月淡水资源平均体积的变化(b)

黑色为实验A1,红色为实验B1,蓝色为实验C1,绿色为实验D1,橙色为实验E1

**表4-8　2030年长江河口淡水资源体积在考虑和不考虑
气候变化和重大工程情况下的变化率(%)**

	大潮期间	小潮期间	2月期间
气候变化引起的径流量变化(B1)	5.58*	4.93	5.46
海平面上升(C1)	−17.27	−6.69	−8.95
三峡工程(D1)	28.88	27.65	30.26
南水北调工程(E1)	−29.48	−16.15	−19.21

*正值表示河口淡水资源体积增加,负值则表示淡水资源体积减小。

　　2050年总体上盐水入侵造成的淡水资源减少量要比2030年少,盐水入侵给淡水资源带来的危害要弱于2030年。究其原因,在2050年中,仅南水北调工程使得河口淡水体积有所减少,而气候变化引起的径流量增加、海平面上升,以及三峡工程枯季放水有利于河口淡水资源的增加(图4-42)。南水北调工程在2050年抽调长江径流量共计1 600 m³/s,造成河口盐度大范围上升,2月期间淡水体积共计减少42.79%(表4-9)。而三峡工程后增加了入海径流量1 709 m³/s,量值上与南水北调工程的调水量接近,在2月期间增加了河口淡水资源,淡水体积的变化率在量值上接近南水北调工程。由气候变化引起的径流量变化小于三峡工程的影响,因此总体上对淡水资源的影响也相应较小。在海平面上升情况下,外海入侵河口的盐量虽然增加,但上游北支倒灌量略有降低,而南支上段淡水资源主要受北支倒灌的影响。同时,海平面上升使水体总体积增加。故而在2050年,海平面上升,淡水资源略有增加,2月期间整体增加4.41%。仅在小潮末期和过后,下游高盐水在斜压力的作用下上溯,使得海平面上升导致的淡水资源体积略微减少。有关2050年海平面上升导致长江河口北支盐水倒灌减弱、淡水资源增加的原因详见裴诚(2015)。

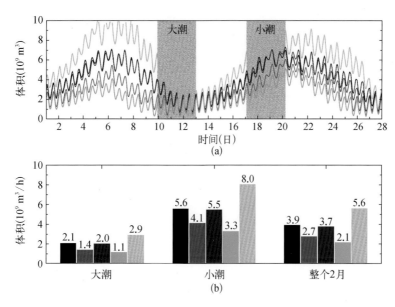

图 4-42　2050 年 2 月长江河口淡水资源总体积随时间的变化(a)以及大、
小潮及整个 2 月淡水资源平均体积的变化(b)

黑色为实验 A2,红色为实验 B2,蓝色为实验 C2,绿色为实验 D2,橙色为实验 E2

表 4-9　2050 年长江河口淡水资源体积在考虑和不考虑
气候变化和重大工程情况下的变化率(%)

	大潮期间	小潮期间	2 月期间
气候变化引起的径流量变化(B2)	33.38	26.35	30.31
海平面上升(C2)	3.60	2.17	4.41
三峡工程(D2)	45.43	41.75	45.46
南水北调工程(E2)	−39.53	−44.02	−42.79

　　在 2100 年,气候变化引起的径流量增加和海平面上升均达到各组控制实验中的最大值,同时南水北调工程也实行远期规划,引水量最多。因此,2100 年各组对比实验之间的盐水入侵程度的差异性为三个未来年份中最大。由图 4-43 中的淡水体积变化过程线可以发现,海平面上升和南水北调工程明显增强河口盐水入侵强度,因子变化后淡水体积相对于变化前明显减少。而气候变化引起的径流量增加和三峡工程枯季放水则显著增加河口的淡水体积。通过各组实验设置可以得知,在 2100 年,由气候变化引起的径流量变化值为 1 476 m³/s,接近三峡工程后的调水量 1 709 m³/s,这两个因子均是增加河口的入海径流量,因此在对淡水体积变化的贡献上两者基本接近,三峡工程造成的影响略大于气候变化(表 4-10)。其中大潮期间由三峡工程引起的变化率比气候变化大 1.8%,而在小潮期间则大 4.65%,这是由于小潮期间潮汐减弱,径流的相对作用增强,对河口淡水体积的影响能力增加,因此气候变化和三峡工程增加的径流量对淡水资源影响的差异比大潮期间更为明显。海平面变化对河口淡水资源的威胁主要表现为北支倒灌的增强,上升后显著地增加了倒灌盐通量,使得南支上段的淡水区域大面积消失。而大潮期间海平面上升的作用明显强于小潮,因此淡水资源体积的变化率也显著大于小潮期间。

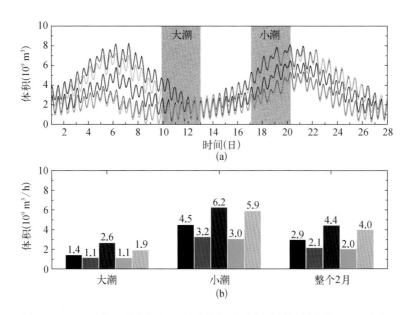

图 4-43 2100 年 2 月长江河口淡水资源总体积随时间的变化(a)以及大、
小潮及整个 2 月淡水资源平均体积的变化(b)

黑色表示实验 A3,红色为实验 B3,蓝色为实验 C3,绿色为实验 D3,橙色为实验 E3

表 4-10 2100 年长江河口淡水资源体积在考虑和不考虑
气候变化和重大工程情况下的变化率(%)

	大潮期间	小潮期间	2 月期间
气候变化引起的径流量变化(B3)	20.02	27.80	27.71
海平面上升(C3)	−85.90	−39.21	−49.45
三峡工程(D3)	21.82	32.45	32.38
南水北调工程(E3)	−32.36	−31.18	−34.41

4.3.2 长江河口淡水资源与气候变化和重大工程间的关系

据 4.3.1 节分析,淡水资源的变化可以较为明显地显示出气候变化和重大工程对长江河口淡水资源的影响。同时在前文中提到,北支盐水倒灌也是影响河口淡水资源的重要原因。本节采用 Pearson 相关系数,对各项因子与淡水资源和北支倒灌盐通量之间的相关性进行研究,分析在 2030 年、2050 年和 2100 年中各项因子与河口淡水资源之间的关系。

Pearson 相关系数的公式如下:

$$\rho_{X,Y} = \frac{\mathrm{cov}(X,Y)}{\sigma_X \sigma_Y} \tag{4-6}$$

式中,定义 Y 为各组实验中淡水资源体积和北支倒灌盐通量的减少量,即表征河口盐水入侵强度;X 为各项影响河口盐水入侵的气候及重大工程因子的变化量,两个变量之间的 Pearson 相关系数即定义为两个变量之间的协方差和标准差乘积的商。通过统计数据计算出河口入侵强度与变化因子的相关系数,用以确定主要影响因素。

由气候变化引起的径流量增加随着年份的增加,变化趋势为逐渐增加。由图4-44(a)可以看出,径流量与淡水体积呈正相关,这与之前淡水体积变化得出的结论一致。并且,年份越大,即径流量增加越多,淡水体积增加量越明显,相互间的负相关系数越高。对于北支倒灌盐通量来讲,径流量增加,北支倒灌受到抑制,径流量与淡水体积呈正相关。但2030和2050年的相关系数较小,仅2100年相关系数达到0.5左右,表明径流量的增加值越大,与北支倒灌的相关性越强。

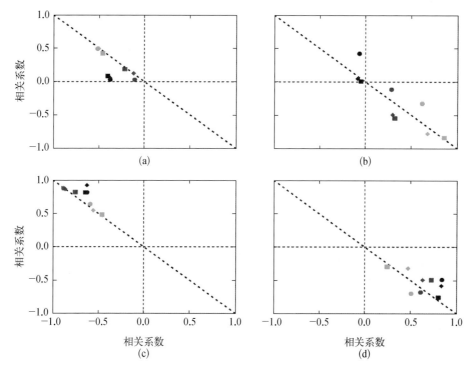

图4-44 气候变化引起的径流量增加(a)、海平面上升(b)、三峡工程引起的径流量增加
(c)和南水北调工程引起径流量减小(d)各因子变化量和淡水资源体积减小
(x轴)与北支倒灌盐通量减小(y轴)之间的Pearson相关系数

红色:2030年;蓝色:2050年;绿色:2100年;大潮:方形;小潮:圆形;2月期间:菱形

相对海平面的上升值同样随年份的增长而增加,2100年海平面上升值达到各组实验的最大值,因此在2100年,海平面上升与河口淡水资源体积呈显著的负相关关系,尤其是在大潮期间,相关系数可以达到0.859,而小潮期间则为0.619[图4-44(b)]。同样,大潮期间海平面上升值与北支倒灌之间的负相关也十分明显,相关系数达到-0.837。这表明了海平面上升对大潮期间的河口盐水入侵有明显的促进作用。2030年海平面上升量远小于2100年,因此各个统计周期(大潮、小潮及2月期间)内与淡水体积和北支倒灌的相关性均明显弱于2100年,但总体趋势基本一致。而在2050年,据前文通量机制分析结论,海平面上升增加了北支上段的过水断面,使进入北支的径流量增加,从而抑制了北支的倒灌。统计相关系数发现,小潮期间海平面上升对北支倒灌的削弱作用较为明显,但对于河口淡水体积来说,与海平面上升的相关性较小。

　　三峡水库调水量为一恒定值,其对河口盐水入侵的影响差异主要来自各组实验的背景情况。分析相关系数发现,各个年份的三峡工程影响与河口淡水体积减小呈明显的负相关关系,同时也与北支倒灌减少呈正相关,表明三峡工程枯季放水对长江河口的盐水入侵强度有显著的削弱作用[图 4 - 44(c)]。其中,2030 年 2 月三峡工程调水分别和淡水体积及北支倒灌的相关系数为 -0.864 和 0.864,为三个年份中最高,而 2100 年分别为 -0.554 和 0.544,为最低。总体而言,2030 年和 2050 年三峡工程调水与河口盐水入侵程度的相关性比气候变化引起的径流量变化和海平面上升都要显著,而 2100 年大潮及 2 月期间小于海平面上升与盐水入侵的相关性,但在小潮期间与之接近。

　　南水北调工程导致长江入海径流量的减少,与河口淡水体积的减少呈正相关关系,而与北支倒灌盐通量的减少呈负相关关系,表明该工程对盐水入侵具有增强作用[图 4 - 44(d)]。在2030 年南水北调工程调水量要小于 2050 年,因此就相关系数而言略小于 2050 年的情况。而 2100 年则是由于入海径流量本身较大,因此调水后对河口盐水入侵的影响程度比 2030 年和 2050 年要小。

　　气候变化和重大工程对长江河口盐水入侵的影响相当复杂,不但单个因子单独对河口动力环境和物质输运造成的影响不同,各因子之间还会形成不同的叠加效应。根据相关系数分析结果,对不同年份的河口盐水入侵,由于气候及重大工程的各项因子随年份变化呈现出不同程度的改变,因此在各年份实验中各项因子所起到的影响程度也不尽相同,主要影响因素也有所差异。对于2030 年情况下,三峡工程枯季放水是抑制长江河口盐水入侵的主要因素,而南水北调工程减少了河口入海径流量,与河口盐水入侵加强的关系较密切,海平面上升带来的影响则仅次于南水北调工程。气候变化虽然与河口盐水入侵减弱有相关性,但相关性明显小于由其他因子带来的影响。在 2050 年,三峡工程和南水北调工程仍是影响河口盐水入侵的主要因素,其中南水北调工程由于调水量有所增加,因此与盐水入侵的相关系数高于 2030 年,对盐水入侵增强的贡献也较大。气候变化引起的径流量变化对河口盐水入侵的影响主要体现在对河口淡水资源的贡献上,而海平面变化所造成的影响则主要体现在小潮期间对北支倒灌的削弱上。但无论是气候变化引起的径流量增加,还是海平面的上升,它们与河口盐水入侵的相关性上显著小于重大工程对入侵造成的影响。2100 年气候引起的径流量增加和海平面上升均达到最大值,对河口盐水入侵的影响程度也显著大于 2030 年和 2050 年。其中气候变化引起的径流量增加有利于减弱盐水入侵的强度,但同时海平面上升则显著加强了盐水入侵和北支倒灌,尤其是在大潮期间。同时,随着气候变化引起的径流量变化和海平面上升对河口盐水入侵的影响增加,三峡工程和南水北调工程所带来的影响则相应减弱。根据相关系数分析结果,在 2100 年盐水入侵增强的主要因素是海平面上升,其次是南水北调工程,而削弱盐水入侵的主要动力是三峡工程,气候变化引起的径流量变化次之。

4.3.3 长江河口淡水资源及其利用

1) 上海淡水资源状况

长江河口地处长江末尾,与东海相接。长江径流量巨大,季节性变化大,丰水期河口淡水资源充沛。枯水期径流量下降，以及受盐水入侵的影响，淡水资源下降，但仍有大量淡水资源可利用。来自长江的淡水资源对长江河口来说为过境淡水，若不充分利用，就会进入东海。长江河口地区，人口密集，经济发达，需要大量优质原水。

2010 年前上海的用水主要取自黄浦江，但水量不足，水质较差，使上海成为典型的水质性缺水城市。要从根本上解决上海的用水难题，必须从长江河口取水。长江河口水量充沛，水质总体良好，2010 年以前黄浦江上游原水供水规模为 622 万 m^3/d，占全市集约化原水供应量的 80%，长江原水供水规模为 156 万 m^3/d，占全市集约化原水供应量的 20%。根据上海市城市总体规划，2020 年上海城市最大日原水供水量为 1 400 万 m^3/d，上海的原水供应存在严重的缺口。为了解决这个问题，迫切需要在水质较好的长江河口兴建大型水库。2010 年以后，随着青草沙巨型水库的建成，上海实现了水源地从黄浦江转向长江河口的战略转移，上海原水主要取自长江河口。

目前上海主要拥有长江口青草沙、黄浦江上游、陈行水库及在建的崇明东风西沙四大水源地，形成了"两江并举、多源互补"的原水供应格局。目前全市原水供应总规模约为 1 600 万 m^3/d，其中青草沙水库原水供应比例为 50%，黄浦江上游为 20%，陈行水库为 10%，其余 20% 原水来自内河及地下水。

2) 长江河口水源地

长江河口水源地主要由陈行水库、青草沙水库和东风西沙水库组成（图 4 - 45）。

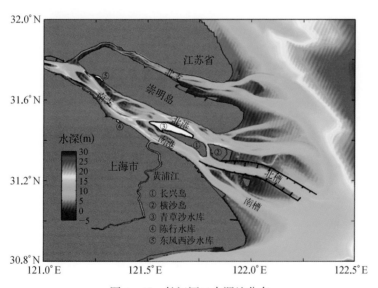

图 4 - 45　长江河口水源地分布

陈行水库是上海市主要供水水源地之一，地处宝山区西北部长江边滩，水库库容为 830 万 m^3，日供原水量为 130 万 m^3。20 世纪 90 年代初，上海为了满足其日益增长的用水量和改善水质的要求，通过多学科综合性研究，确定在浏河口下游建造陈行水库。陈行水库的设计利用了长江口的咸潮入侵规律，水库设计参数为：保证率 91%，最大连续不可取水天数 10 d，氯化物标准 250 mg/L（国家标准）。陈行水库主要承担月浦、大场、泰和、吴淞、闸北及浦东凌桥 4 家水厂的原水供应，供应范围包括宝山、杨浦、虹口、闸北、浦东新区等上海市北部区域 200 万人的用水,占上海市原水供应量的 20% 左右。

长江陈行水库的引水工程分三期建成。一期工程于 1992 年 6 月竣工,系统的供水规模为 20 万 m^3/d。二期工程于 1996 年 6 月建成投产,输水系统的供水规模达到 130 万 m^3/d。长江陈行水库引水工程系统主要由长江取水泵站、陈行边滩水库以及原水输水系统三部分组成。长江取水泵站位于陈行水库北堤外缘,水库位于长江防汛大堤外侧,西接宝钢水库,东邻石洞口电厂灰库,水库的功能为避咸蓄淡、避污蓄清。

目前陈行水库引水工程规划总供水规模为 255 万 m^3/d,其中嘉定区规划供水规模为 67 万 m^3/d。考虑维持原有设计规模 130 万 m^3/d,则存在 125 万 m^3/d 的缺口。

青草沙水库位于长兴岛西北侧、北港上端南侧,总面积约 70 km^2,规模相当于 10 个西湖,这将是目前国内最大的江心河口水库,设计有效库容可达 4.35 亿 m^3,在长江口咸潮期可确保最长 68 d 的连续供水(朱建荣等,2013)。青草沙水库于 2010 年 10 月并网供水,覆盖中心城区、浦东新区、南汇区的全部和宝山、普陀、崇明、青浦、闵行的部分区域,日供水能力为 719 m^3/d,受益人口将超过 1 000 万人。青草沙水源地原水工程包括青草沙水库及取输水泵闸工程、长江原水过江管工程、陆域输水管线及增压泵站工程 3 大主体工程。由于规划调整,青草沙水源地原水系统规划供水规模为 751 万 m^3/d,有 32 万 m^3/d 的缺口。

东风西沙工程位于长江口南支上段,崇明岛的西南侧,东风西沙与崇明岛之间的夹泓地带。水库已于 2011 年 11 月 29 日开工,2014 年 1 月 17 日完工。主要内容包括水库围堤、取水泵站和输水泵站、管理区、涵闸等。有效库容为 890.2 万 m^3,总库容为 976.2 万 m^3,最高蓄水位为 5.65 m。工程设计近期供水规模为 21.5 万 m^3/d,远期供水规模为 40 万 m^3/d,向崇明岛居民供水,惠及 70 多万人口。在长江口咸潮期可确保最长 26 d 的连续供水(朱建荣和吴辉,2013)。

崇明岛是我国第三大岛,四面环水,其水资源来源长期主要靠降水补给以及已有涵闸引进的长江潮水。据有关数据统计,进潮量约占崇明岛地表水资源的 90%,是岛内水资源的最重要来源。目前,崇明岛依靠岛内水厂供水,岛内水厂约 20 个,均规模较小,且分散于内河取水,无集中水源地。每年 1~3 月份是长江枯水期,长江口咸潮入侵严重。岛内水厂受此影响,供水质量严重下降。该水库的建成将彻底改变崇明岛长期以来守着长江却无优质饮用水的历史。

4.3.4 面临问题和应对措施

1) 面临问题

尽管上海已在长江河口建成了陈行水库、青草沙水库和东风西沙水库,但随着上海经济、人口和社会的发展,用水量趋于增加。按上海市的规划,2020 年咸潮期原水规模约为 805 万 m^3/d,供水缺口为 153 万 m^3/d。

对于气候变化和重大工程对长江河口淡水资源的影响,本课题的研究结果表明,在盐水入侵期间整个 2 月,2030 年、2050 年和 2100 年淡水资源体积相对于 2012 年分别减少 18.64%、11.39% 和 33.43%。对低径流量水文年,1999 年冬季、2006 年秋季和 2011 年春季,盐水入侵相比于平水年明显加剧,考虑未来海平面上升的影响,盐水入侵更为严重,淡水资源减少更甚(裴诚和朱建荣,2015)。例如,当考虑海平面上升时,在1999年冬季径流量情况下,盐水倒灌明显加剧,尤其是2100年海平面条件下,盐度增加使陈行水库中间盐度低于0.45可取水标准的时间消失,导致水库不宜取水时长几乎翻一番;在2006年秋季径流量情况下,在2030年和2100年海平面条件下水库取水口盐度升高,北支盐水倒灌增强是主要原因;在2011年春季径流量情况下,水库取水口盐度变化没有1999年冬季那么显著,不宜取水时长增加1~2 d。因此,未来上海用水需求量上升,但盐水入侵区域增强,上海淡水资源面临较为严重的问题。

2) 应对措施

(1) 盐水入侵的实时监测。目前长江河口已建立起了盐水入侵的实时监测系统,共有近30个测站,能较好地监测到盐水入侵的状况,这在短期内(3 d)为水库的调度提供指导。若监测到盐水入侵严重,则可在可取水时段加大取水力度,以防御盐水入侵对水库取水的影响。

(2) 盐水入侵的数值预报。最近几年,河口海岸学国家重点实验室朱建荣研究组基于长期研发和应用的长江河口三维盐水入侵数值模式和上海城投原水有限公司在长江河口建立的30个盐度长期定点测站,研发三维变分法给出盐度初始场,开展盐水入侵10 d的数值预报,给出盐度平面分布和水库取水口盐度变化过程,预报报告提交给应用单位上海城投原水有限公司,为长江河口水源地三个水库的调度提供科技支撑。

(3) 水库潜能开发和新水源地建设。开发现有水库潜能,包括疏浚水库、增加库容等;寻找和建设新的水源地。

第五章　珠江河口盐水入侵演变
趋势与影响分析

研究结果表明,因气候变化引起的珠江河口入海径流量变化较小(丁平兴等,2013)。近20年来珠江河口盐水入侵变化的原因主要与挖沙引起的河床变化有关。本章建立珠江河口盐水入侵数值模式,模拟和分析气候变化引起的海平面上升和人类活动(挖沙引起的河床变化)对珠江河口盐水入侵的影响,分析盐水入侵对生态环境的影响,提出相应的对策。

本章的模式建立、率定和验证、潮汐潮流、盐水入侵的模拟和分析由王彪(2012)完成;气候变化和人类活动对珠江河口盐水入侵的影响由袁瑞和朱建荣完成,成果已发表在 *Journal of Coastal Research* 上(Yuan, et al., 2015; Yuan and Zhu, 2015);珠江河口盐水入侵对生态环境的影响和对策部分由龙爱明完成。

5.1　珠江口三维盐水入侵模式的建立和验证

5.1.1　模式的建立

基于珠江河口的河网特点,本课题采用有限体积海岸带模型(finite-volume coastal ocean model, FVCOM)建立珠江河口盐水入侵三维数值模式。FVCOM 是一个基于无结构三角形网格对海洋原始控制方程组进行数值求解的三维数值模式(Chen et al., 2003)。由于采用无结构三角形网格配置,FVCOM 模式能够应用于地形复杂、岛屿众多的河口、近岸海域。模式引入潮滩动边界处理(Chen et al., 2008),使得在河口潮滩区域更为适用,同时模式能够并行化运行,保证模式的计算效率。

模式使用的无结构网格如图 5-1 所示,网格包括了西江、北江、东江、整个珠江三角洲河网、八大口门、口外伶仃洋和黄茅海、邻近南海北部陆架等区域,作为一个整体建立三维数值模式。网格上游到达西江的高要、北江的石角、东江的博罗、增江的麒麟咀、潭江的石咀、流溪河的老鸦岗,下游覆盖了离岸约 150 km 的海域,网格东西跨度约 700 km。网格共包括 84 487 个三角形单元,53 844 个节点。网格分辨率按研究需求进行控制,其中河网区最高分辨率达 75 m,而外海开边界分辨率约 15 km,外海分辨率较低有利于减小模式计算量。

模式上游开边界共设置了 6 条河流,分别为西江(高要)、东江(博罗)、北江(石角)、潭

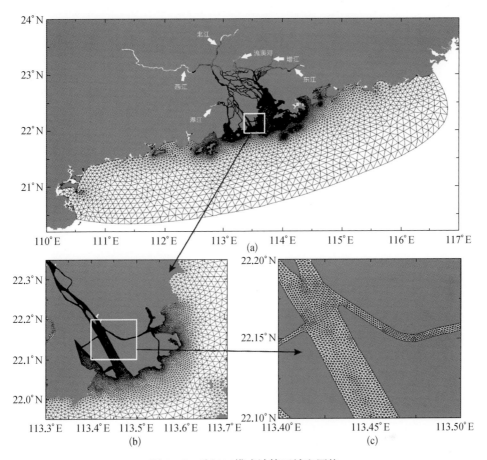

图 5-1　珠江口模式计算区域和网格

江(石咀)、流溪河(老鸦岗)、增江(麒麟咀)。由于潭江、流溪河、增江的流量资料相对匮乏,考虑到其流量相对其他三条河流来说是个小量(潭江、增江、流溪河年平均流量分别约 $140\ m^3/s$、$120\ m^3/s$、$90\ m^3/s$),并不影响模式的模拟精度,因而在模式计算中给出一个大致的恒定流量。模式计算中西江、北江和东江分别给定了 $3\ 000\ m^3/s$、$600\ m^3/s$ 和 $400\ m^3/s$ 的平均流量。

外海开边界潮汐考虑 16 个主要分潮 M_2、S_2、N_2、K_2、K_1、O_1、P_1、Q_1、MU_2、NU_2、T_2、L_2、$2N_2$、J_1、M_1 及 OO_1,以调和常数的形式合成给出,资料从全球潮汐数值模式 NAOTIDE 中的计算结果得到(http://www.miz.nao.ac.jp/staffs/nao99/index_En.html)。与以前考虑 4 个主要分潮的研究(曹德明和方国洪,1990;Fang et al.,1999;Wong et al.,2003a,2003b,2004;王崇浩和韦永康,2006;Hu and Li,2009;Zhang and Li,2009)相比,本模式中的外海潮汐动力设置更为准确。

模式中使用的初始温盐场资料主要是通过对南海海洋图集的多年月平均资料(海洋图集编委会,2006)进行数字化,同时结合了现有的其他一些观测资料共同给出。风场选用的是 NCEP 的多年平均风场。模式内模和外模时间步长分别取为 1 s 和 10 s。

5.1.2　模式的验证

基于 2008 年 1 月份的潮汐表资料、2005 年 1 月份的断面观测资料、2009 年 2 月份的野外船测定点资料三批资料,对所建立的三维数值模式的潮位、断面水通量、流速、流向、盐度等多种物理量进行验证。

1）潮位

由于没有观测时段的径流量,在潮位验证试验中上游西江、北江、东江径流取枯季平均流量 3 000 m³/s、650 m³/s、500 m³/s。风场考虑枯季平均风场(东北风:6.5 m/s,70°)。由于潮位变化主要是一个正压过程,模式调整较快,因而模式起算时间设置为 2007 年 12 月 25 日,提前 7 d 起算,输出后面 30 d(2008 年 1 月)的计算结果与潮位站资料进行对比。

由于模式计算区域范围很大,潮波从外海向近岸传播的过程中,振幅逐渐增大,为了检验模式在整个珠江河口的计算精度,课题通过数字化潮汐表共收集了珠江河口区域 23 个潮位站 2008 年 1 月份的潮位资料,其中河网区域有 8 个潮位站,伶仃洋区域有 7 个潮位站,近岸海域有 8 个潮位站,各潮位站位置如图 5-2 所示。从潮位站的位置分布可以看出,测站较好地覆盖了珠江河口及上游河网区域的大部分区域,测站位置的空间分布也还是比较均匀,因而对这些测站的潮位验证具有较好的代表性,能反映出模式在整个珠江河口的潮汐模拟精度。本批潮位资料的时间分辨率分为两种,一种为逐时的分辨率;一种则仅记录高潮位和低潮位,约一天 4 个数据。潮位站潮位资料时间长度长达一个月,包括了 2 个大小潮周期,因而对这批资料的验证也能看出模式在不同潮汐动力下的模拟精度。

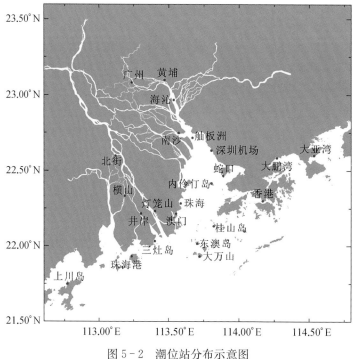

图 5-2　潮位站分布示意图

　　从图 5-3～图 5-5 中的潮位站潮位资料可以看出,各个测站都存在明显的日不等现象。而且对于潮汐的日不等现象,小潮较不明显,小潮到大潮的过程中日不等差异逐渐增大,大潮时最为明显。基本上珠江河口的潮波在一个全日周期中具有这样的变化规律:潮位从低低潮位开始上涨直至低高潮位,而后潮位下降,当潮位降到高低潮位时,潮位转为上升,当上升至高高潮位后便一直下降,直到降回低低潮位,完成一个全日周期变化。在一个全日周期的变化中,落潮潮差大于涨潮潮差。由于潮波的不规则变化,在小潮后的中潮期间,珠江河口潮汐会转变成一个不规则全日潮,如 1 月 18 日期间的东澳岛、大万山、珠海、澳门等,此期间这些潮位站的潮位仅出现一次涨落潮过程。

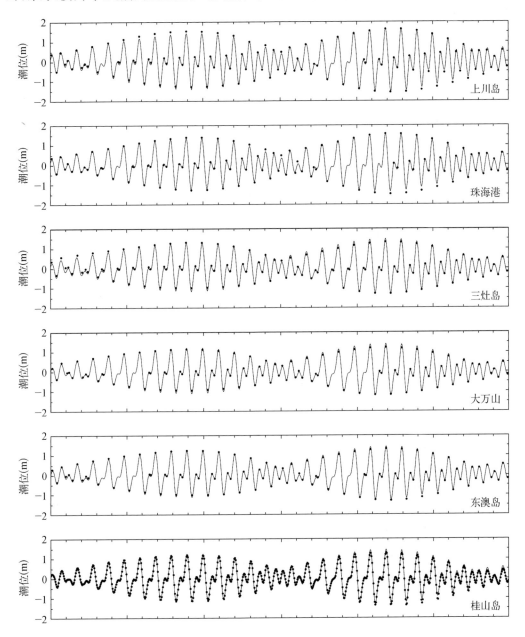

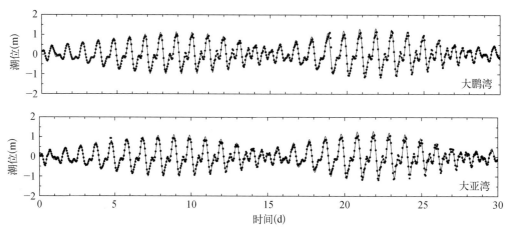

图 5-3 近海海区潮位站潮位验证
实线为计算值；圆点为潮汐表值

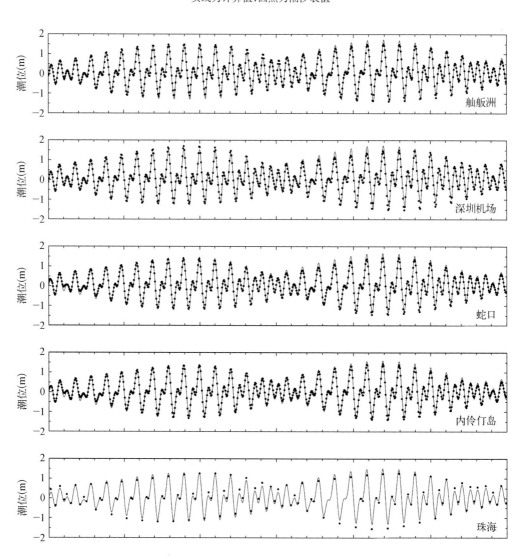

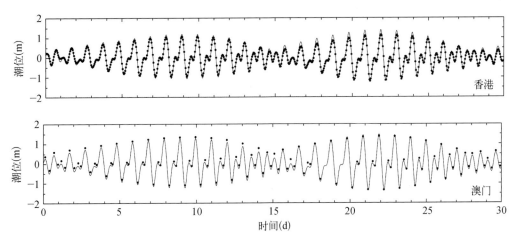

图 5-4　伶仃洋海区潮位站潮位验证

实线为计算值;圆点为潮汐表值

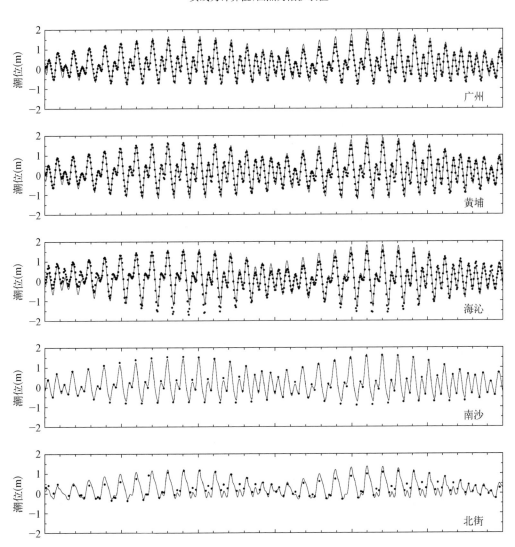

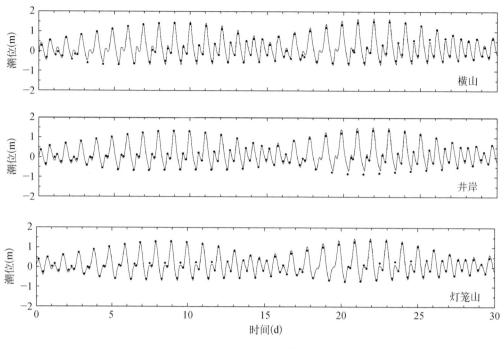

图 5-5　河网区潮位站潮位验证

实线为计算值；圆点为潮汐表值

　　从模式的计算结果看,模式能较好地模拟出珠江河口潮波不规则变化过程,体现出了珠江河口潮汐的日不等,以及小潮后中潮期间潮汐会转变成不规则全日潮等特征。而且,无论是在位相上还是在振幅上,模式计算结果都与实测资料较为接近。

　　模式的模拟精度在口内相对较低,而越往口外,模式的模拟精度越高。表 5-1 对各个测站的模式计算值与实测值之间的绝对偏差进行了统计,给出了绝对偏差的平均值以及标准差。近海海域各站绝对偏差的平均值为 0.05～0.08 m,标准差为 0.03～0.07 m。偏差均值最大为东部的大亚湾潮位站(0.08 m),偏差标准差最大为大鹏湾(0.07 m);伶仃洋海域各站绝对偏差的平均值为 0.06～0.11 m,标准差为 0.05～0.10 m。而河网区由于潮波传入河网时受地形的作用明显,潮波变形更为严重,模拟难度较大,相应的模式计算偏差也较大,平均偏差和偏差标准差分别为 0.07～0.16 m、0.05～0.15 m,其中北街站偏差最大,平均值和标准差分别达 0.16 m 和 0.15 m。从图 5-5 可以看出,尽管北街站的模拟精度较差,尤其在中潮期间,计算潮差明显比实测值大,但模式计算结果总体上还是较好地反映出了该站复杂的潮位变化规律。对于重点区域——磨刀门水道,模式依然保持着较好的精度,灯笼山测站的平均偏差和标准偏差仅为 0.07 m 和 0.05 m。

表 5-1　模式计算潮位与潮汐表潮位绝对偏差统计　（单位：m）

站点 （口外近岸区）	平均值	标准差	站点 （伶仃洋）	平均值	标准差	站点 （河网区）	平均值	标准差
上川岛	0.07	0.04	舢舨洲	0.09	0.07	广　州	0.10	0.08
珠海港	0.05	0.04	深圳机场	0.11	0.09	黄　埔	0.12	0.10

站点 （口外近岸区）	平均值	标准差	站点 （伶仃洋）	平均值	标准差	站点 （河网区）	平均值	标准差
三灶岛	0.06	0.05	蛇　口	0.07	0.06	海　沁	0.16	0.14
大万山	0.05	0.04	内伶仃岛	0.08	0.06	南　沙	0.07	0.05
东澳岛	0.05	0.03	珠　海	0.10	0.07	北　街	0.16	0.15
桂山岛	0.06	0.04	香　港	0.06	0.05	横　山	0.08	0.06
大鹏湾	0.07	0.07	澳　门	0.06	0.10	井　岸	0.07	0.07
大亚湾	0.08	0.06	—	—	—	灯笼山	0.07	0.05

从以上潮位站的验证结果及偏差统计情况可以看出，模式计算值与潮汐表资料十分吻合，较为真实地重现了珠江河口的潮汐变化过程。模式在近海海域、伶仃洋海域及河网区域的总体精度（标准差）分别可达到 0.05 m、0.07 m、0.09 m。尽管模式在模拟河网区域潮汐变化过程时，局部区域标准偏差达 0.15 m，但模式总体上能较好地反映出河道中潮位的复杂变化规律。值得一提的是，模式在磨刀门水道中依然保持着较好的精度。这说明本文建立的数值模式对珠江河口潮汐过程有着较好的模拟精度。

2）断面水通量和盐度

在潮位验证合理的基础上，进一步对模式的断面水通量及断面平均盐度进行验证。验证试验中，模式上游西江、北江、东江的径流考虑实时的日平均流量，下游开边界除了潮汐作用外，增加余水位作用，同时考虑了实时风场作用。因为河口的斜压过程调整较慢，模式提前约一个月起算，即 2004 年 12 月 16 日起算，初始温盐场采用南海海洋图集 12 月份的多年月平均资料。

2005 年 1 月，经水利部珠江水利委员会和广东省水利厅批准，广东省水文局联合水利部珠江水利委员会水文局对珠江三角洲河网开展大规模同步水文、水质断面监测。

此次监测共布设 56 个断面，测验项目包括水位、流速、流量（水通量）、含氯度、水质等。全部断面统一从 2005 年 1 月 18 日（农历十二月初九）9:00 开始同步水文测验。测验分两个阶段：一是 1 月 18 日～2 月 5 日进行 32 个完整周潮同步水文测验和咸潮监测，二是 1 月 28～29 日进行调水压咸水文同步监测，资料的时间分辨率为 1 h。因具体要求不同，各断面测量结束时间的先后有所不同，总体在 2 月 7～9 日结束。

本节选取其中部分断面的流量和含氯度的实测资料进行模式验证。选取的断面分为两类，一类断面主要位于各大口门附近区域，另一类断面则主要位于西江入海的干流水道即马口-磨刀门沿程水道，具体断面位置如图 5-6 所示。

实测资料表明（图 5-7 和图 5-8），与潮位变化过程相似，断面水通量的涨落潮变化也存在明显的日不等现象，尤其是小潮后的中潮期间，因潮汐转变成不规则全日潮，相应的水通量变化也仅出现一次涨落潮过程，且涨潮历时远大于落潮历时。模式计算的断面水通量变化总体上与实测情况较为一致，能较好地体现出实测资料中的断面水通量的日不等、小潮后中潮期间的全日潮变化等特征。总体上，口门附近断面的最大涨潮通量略比最大落潮通量大，在大潮期间相对更为明显；历时上，落潮历时总体比涨潮历时长

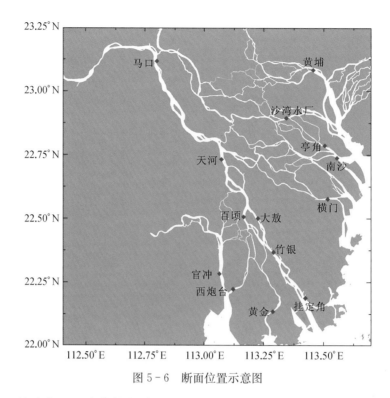

图 5-6　断面位置示意图

（图 5-7）。虽然涨潮通量峰值较大，但通量的均值还是落潮较涨潮大，加上历时总体上是落潮较大，这导致水体净通量为向海输运，体现出径流的作用。马口-磨刀门沿程河道中（图 5-8），上游的马口断面受径流的影响明显，落潮历时明显大于涨潮历时，而且最大落潮通量也较涨潮通量大，最大落潮通量普遍超过 5 000 m^3/s，而最大涨潮通量则几乎不超过 5 000 m^3/s；下游的挂定角断面，潮汐作用增大，相应的涨落潮通量都增大，因磨刀门为径流型河口，总体上还是以落潮通量为主，最大落潮通量接近 10 000 m^3/s。

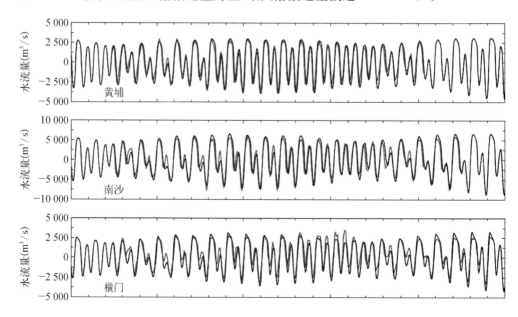

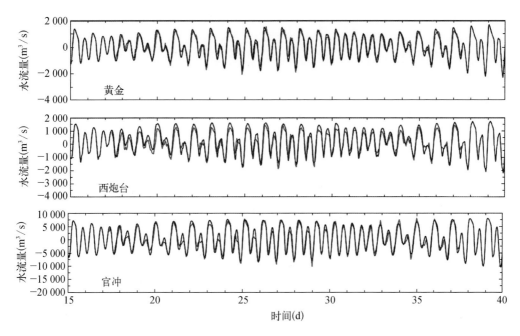

图 5-7 各口门附近断面流量验证

红线为实测断面流量,蓝线为模式计算流量;流量单位为 m^3/s,正值表示落潮,负值表示涨潮;起始测验时间为 2005 年 1 月 1 日

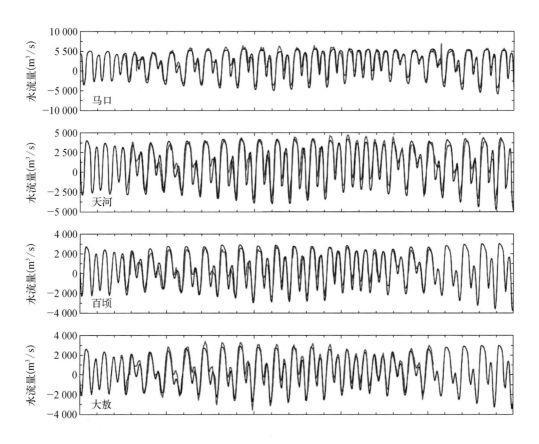

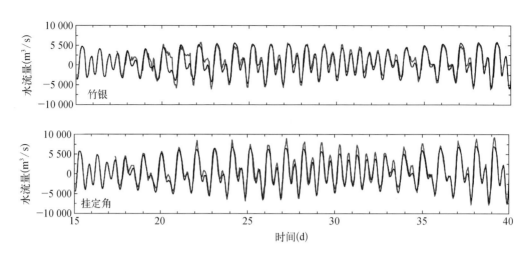

图 5-8 马口-磨刀门沿程断面流量验证

红线为实测断面流量,蓝线为模式计算流量;流量单位为 m^3/s,正值表示落潮,负值表示涨潮;起始测验时间为 2005 年 1 月 1 日

从图 5-7、图 5-8 的断面通量验证结果可以看出,模式能较好地模拟出河网区域各主要河道的断面水通量的变化过程。但是,在个别断面,如横门、百顷等,模式还是存在一定误差,表 5-2 统计了各个断面计算值与实测值之间的绝对偏差。从表中可以看出,各断面的平均绝对偏差为 200~1 200 m^3/s,标准差则为 170~977 m^3/s。南沙站的偏差最大,其平均值和标准差分别达到 1 170.6 m^3/s 和 976.9 m^3/s,偏差主要是模式计算的水体通量在大小潮周期中的部分潮形下与实际通量在位相上略有偏差(约 30 min),由于断面通量的涨落潮周期特征,细小的位相差可能导致统计出来的偏差结果较大,但从图 5-7 可以看出,南沙站计算的通量振幅与实测值还是较为一致。磨刀门处挂定角断面绝对偏差的平均值和标准差分别为 817.0 m^3/s 和 589.5 m^3/s,相对于磨刀门本身较大的涨落潮通量(最大落潮通量接近 10 000 m^3/s)而言,这个计算误差是比较小的,体现出模式在磨刀门区域还是具有较高的计算精度。

表 5-2 断面水通量绝对偏差统计 （单位：m^3/s）

断面(河道)	平均值	标准差	断面(口门)	平均值	标准差
马 口	771.8	651.0	黄 埔	651.3	496.2
天 河	710.0	556.9	南 沙	1 170.6	976.9
百 顷	469.3	388.4	横 门	559.3	420.4
大 敖	412.8	310.4	黄 金	202.3	151.9
竹 银	851.6	726.1	西炮台	264.6	169.7
挂定角	817.0	589.5	官 冲	877.6	703.5

至于断面的盐度模拟,从图 5-9 可以直观地看出,模式的盐度模拟精度相对流量有所降低。对于亭角、沙湾水厂站的盐度日内变化,模式仅体现出一个明显的涨落潮过程,而实测资料中,除了一个较强的涨落潮过程外还存在一个较弱的涨落潮过程。表 5-3 给

出的盐度偏差统计表明,模式计算的 4 个断面的盐度绝对偏差的平均值为 0.04~1.99,标准偏差为 0.01~1.64。虽然盐度模拟精度总体较流量低,但模式总体上还是较好地体现出盐度的大小潮变化特征,尤其是在挂定角断面处,模式计算值还是较好地体现出该区域盐度的复杂变化规律。

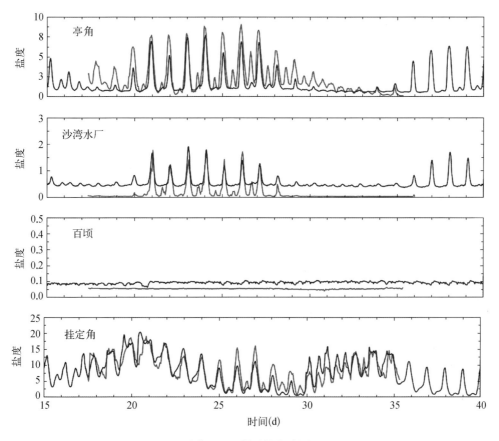

图 5-9 断面盐度验证

红线为实测断面盐度,蓝线为模式计算盐度;盐度单位为 psu;测验起始时间为 2005 年 1 月 1 日

表 5-3 断面盐度绝对偏差统计 （单位：psu）

断 面	平 均 值	标 准 差
亭 角	1.02	0.96
沙湾水厂	0.37	0.12
百 顷	0.04	0.01
挂定角	1.99	1.64

断面流量、盐度的验证结果表明,模式总体上能真实反映出珠江三角洲河网主要河道断面通量的大小潮、涨落潮变化过程,模式对较长时间尺度上的盐度变化规律也能较好地把握。尽管模式的精度在部分河道还有待提高,但考虑到珠江河网的复杂性以及地形、风等资料中存在的一些不确定因素,模式的表现还是比较令人满意的。

3）流速、流向和盐度

上文已对模式的潮位、断面水通量、断面盐度进行了对比验证,模式取得较好的验证结果,为进一步检验模式的水动力精度,本节设置一个数值试验,对 2009 年 2 月的野外定点船测流速、流向、盐度的资料进行验证。

试验中模式起算时间设置为 2009 年 1 月 1 日,共计算 60 d。模式初始温盐场来自南海海洋图集 1 月份的多年月平均资料。下游开边界也是同时考虑潮汐作用和余水位作用,上游考虑实际径流,并考虑实时风场作用。

为了提供模式流速、流向、盐度验证资料,也为了能给珠江口咸潮入侵的研究积累宝贵的野外观测资料,在国家海洋公益项目(项目名称:珠江口咸潮数值预报技术研究;项目编号:200705019)资助下,中国科学院南海海洋研究所等单位于 2009 年 2 月实施了珠江河口的大范围同步观测。

此次观测通过 10 只船对 20 个站点进行大潮和小潮两个潮形的准同步观测。观测项目包括温度、盐度、海流、悬沙等。具体观测分两个阶段进行,第一阶段于 2009 年 2 月 16~18 日(农历 1 月 22~24 日)的小潮期间进行同步观测,第二阶段于 2009 年 2 月 24~26 日(农历 1 月 30 日~2 月 2 日)的大潮期间进行同步观测。每个测站进行连续27 h的定点观测,资料时间分辨率为 1 h。

由于珠江河口野外观测资料较少,此次 20 个测站的大规模观测资料既供模式率定使用,又供模式验证使用,其中 8 个测站用于率定,12 个测站用于验证。验证测站的位置如图 5-10 所示。

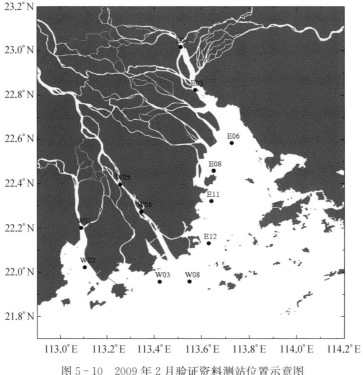

图 5-10　2009 年 2 月验证资料测站位置示意图

　　本次验证试验对 12 个测站的表底层流速、流向、盐度进行了验证。为节约篇幅,仅给出部分测站的验证结果图(图 5 - 11～图 5 - 15),所有测站的详细偏差统计见表 5 - 4～表 5 - 6,表中统计了各个测站不同潮形(大潮、小潮)下的表、底层的流速、流向、盐度的计算偏差。

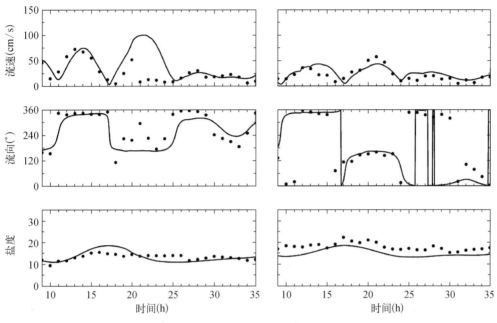

图 5 - 11　E06 测站 2 月 16 日 9 时～17 日 11 时盐度、流速、流向验证

左为表层,右为底层;实线为计算值,圆点为实测值

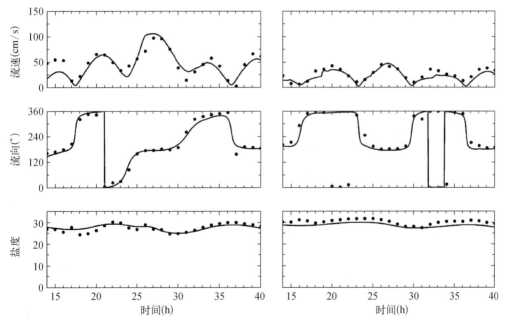

图 5 - 12　E12 测站 2 月 25 日 14 时～26 日 16 时盐度、流速、流向验证

左为表层,右为底层;实线为计算值,圆点为实测值

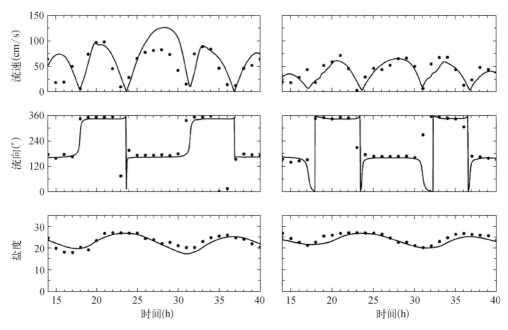

图 5 - 13　W02 测站 2 月 25 日 14 时～26 日 16 时盐度、流速、流向验证
左为表层,右为底层;实线为计算值,圆点为实测值

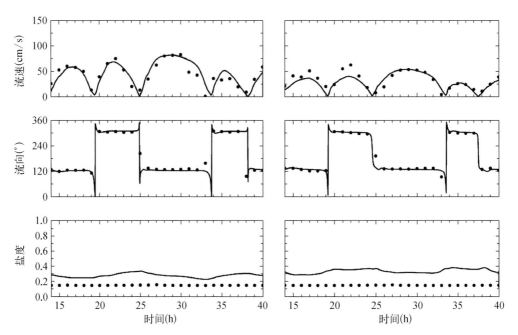

图 5 - 14　W06 测站 2 月 25 日 14 时～26 日 16 时盐度、流速、流向验证
左为表层,右为底层;实线为计算值,圆点为实测值

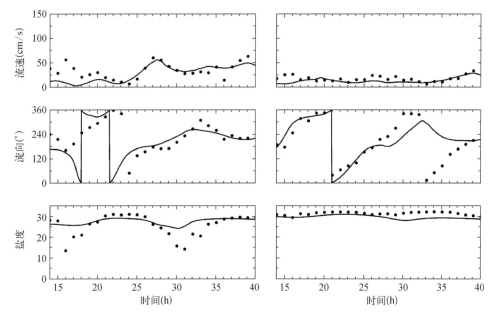

图 5-15 W08 测站 2 月 25 日 14 时～26 日 16 时盐度、流速、流向验证

左为表层，右为底层；实线为计算值，圆点为实测值

表 5-4 模式流速偏差（标准差）统计表 （单位：cm/s）

测 站	小 潮		大 潮		平 均
	表层	底层	表层	底层	
E01	16.3	10.0	18.3	10.7	13.8
E03	12.8	8.8	26.8	16.1	16.1
E06	24.7	5.9	25.1	7.6	15.8
E08	16.2	10.0	26.7	10.9	16.0
E11	10.1	5.3	15.2	6.3	9.2
E12	10.3	7.2	9.1	4.1	7.7
W01	13.8	6.1	15.3	6.9	10.5
W02	8.8	4.7	18.4	8.2	10.0
W03	9.1	7.3	6.2	3.7	6.6
W05	10.6	4.8	13.8	5.2	8.6
W06	12.6	4.9	6.8	6.4	7.7
W08	5.8	12.6	11.4	5.0	8.7

表 5-5 模式流向偏差（标准差）统计表 （单位：°）

测 站	小 潮		大 潮		平 均
	表层	底层	表层	底层	
E01	58.2	46.7	64.9	60.7	57.6
E03	48.7	39.5	52.9	53.8	48.8
E06	34.1	25.8	50.0	27.8	34.4
E08	17.1	53.2	32.8	43.0	36.5

续　表

测　站	小　潮		大　潮		平　均
	表层	底层	表层	底层	
E11	59.1	31.0	31.2	17.9	34.8
E12	19.8	58.7	10.1	12.9	25.4
W01	35.5	52.9	23.7	25.4	34.4
W02	34.8	35.2	32.9	38.0	35.2
W03	8.9	7.1	21.0	37.4	18.6
W05	31.7	37.9	30.0	33.9	33.4
W06	58.0	39.6	33.3	11.3	35.5
W08	7.3	13.0	33.5	41.9	23.9

表 5-6　模式盐度偏差(标准差)统计表

测　站	小　潮		大　潮		平　均
	表层	底层	表层	底层	
E01	0.14	0.21	0.18	0.26	0.20
E03	0.56	0.62	0.82	0.78	0.70
E06	1.17	1.14	1.99	0.71	1.25
E08	2.03	2.30	2.03	1.96	2.08
E11	0.87	0.94	1.05	1.65	1.13
E12	1.34	1.03	0.61	0.54	0.88
W01	2.44	1.49	1.35	0.80	1.52
W02	2.86	1.15	0.91	0.91	1.46
W03	0.44	0.35	1.60	0.27	0.66
W05	0.02	0.03	0.02	0.04	0.03
W06	0.64	2.62	0.03	0.03	0.83
W08	1.85	0.90	3.35	0.97	1.77

　　实测资料表明珠江河口的潮流较为复杂(图5-11~图5-15),如伶仃洋(E06)、黄茅海(W02)海区潮流主要为往复流,而磨刀门口外海域(W08)主要为旋转流。潮流的表底层流态基本相似,总体上落潮流速大于涨潮流速,落潮历时大于涨潮历时。个别测站的潮流表底层差异较大,如W08测站,表层流态较不规则。图5-11~图5-15中的流速、流向验证结果表明,模式计算的流速、流向与实测值较为一致,模式能较好地模拟出珠江河口潮流的时空变化规律,对于W08测站较为复杂的流速过程也有较好的体现。

　　表5-4给出了大潮、小潮期间各个测站模式计算的表、底层流速与实测资料之间偏差的标准差。从表中可以看出,各个测站的流速标准偏差为6.6~16.1 cm/s,总体平均约10.9 cm/s,其中表层偏差总体平均约为14.3 cm/s,底层各站平均约为7.4 cm/s,表明模式的表层流速模拟精度相对较差,这与珠江河口潮汐动力较弱,风影响较大有关。由于风对珠江河口表层潮流的影响较大,模式中风场不精确会导致表层潮流计算偏差较大。模式在个别站点的潮流计算偏差较大,如E06、E08等,其标准偏差分别达15.8 cm/s、16.0 cm/s。这些站点较大的偏差可能是由观测资料本身存在的误差引起的。例如,E06

站第 21 小时表层实测流速不足 10 cm/s,而底层实测达到 60 cm/s(图 5 - 11),反映出明显的测量误差,或是当时有特殊海况发生。对于磨刀门水道,模式计算的流速结果无论是振幅还是位相都与实测资料吻合良好(图 5 - 14),W05、W06 站的流速平均标准偏差分别为 8.6 cm/s、7.7 cm/s。

流向偏差统计表明,模式计算的流向偏差总体上为 18.6°~57.6°,平均约为 35°(表 5 - 5)。流向的较大偏差主要是由于模式计算值与实测值之间存在细微的相位差引起的。由于潮流的涨落潮周期性特征,转流期间的模拟结果往往与实际情况存在一定的相位差,这使得最终统计的流向偏差较大,如 W06 站点,流向计算值几乎与实测值一致,但由于第 25 小时转流时刻的流向偏差,表层流向偏差依然达到 33.3°(图 5 - 14)。虽然流向的统计偏差数值上较大,但从验证图中可以看出模拟的流向变化总体还是与实际较为相符。

从图 5 - 11~图 5 - 15 的实测盐度可以看出,珠江河口的盐度具有较为明显的空间差异特征:伶仃洋北部的 E06 测站的盐度在 10~20 之间变化;伶仃洋湾口附近的 E12 测站的盐度较高,为 25~30;黄茅海的 W02 测站的盐度有明显的涨落潮差异,盐度潮周期变化为 15~28;在磨刀门口外的 W08 测站,盐度会出现明显的垂向分层结构;而磨刀门水道中的 W06 测站,径流影响明显,实测盐度几乎接近于 0。从验证结果来看,相比流速、流向,模式的盐度模拟精度相对有所降低,模式总体上能模拟出各站盐度的变化情况,计算的盐度空间差异也与实测资料相符。表 5 - 6 统计的盐度偏差表明,各站偏差标准差为 0.03~2.08,其中 W08 站盐度偏差较大,平均标准差约 1.77,而大潮表层标准差可达 3.35。由于 W08 测站恰好位于盐度锋面区域,动力相对更为复杂(Wong et al. ,2004),相应的盐度模拟的偏差也相对大些。总体上,模式还是能较好地反映出珠江河口的盐度变化特征。

此次大范围观测的流速、流向、盐度资料覆盖范围较广,具有较好的代表性,流速、流向验证结果较好,盐度验证结果相对略差,个别站点盐度还存在一定偏差,但总体上模式能较为真实地反映出观测期间实测资料的变化规律。

综合以上三个批次的资料验证情况,可以看出本课题研究组建立的三维数值模式能较为准确地模拟出珠江河口的潮汐、潮流、盐度等变化规律,可用于珠江河口水动力、盐水入侵研究。

5.2　气候变化和人类活动对珠江河口盐水入侵的影响预测

本节先进行数值试验并分析气候变化引起的海平面上升对珠江河口盐水入侵的影响,再进行数值试验并分析人类活动——挖沙对珠江河口潮汐、分流比和盐水入侵的影响。相应的研究成果已发表(Yuan,et al. ,2015;Yuan and Zhu,2015)。

5.2.1　海平面上升对盐水入侵的影响

模式的上游河流径流量采用冬季平均值,西江为 1 980 m³/s,北江为 267 m³/s,东江为 203.5 m³/s。外海开边界考虑 16 个主要天文分潮。风场在控制试验和海平面上升试验中采用相同的定常风场,风向为东偏北 20°,风速为 6.5 m/s。温盐初始场采用南海观测的数据。海平面上升试验采用的方法是增加水深,《近 40 年来珠江口的海平面变化》(时小军等,海洋地质与第四纪地质,2008 年 2 月)一文中提到,预计到 2030 年珠江口海平面上升 10 cm 左右,故试验中将水深增加 10 cm。计算时间为 2004 年 12 月 16 日,共算 60 d,时间步长为 1 s。

1) 站点水位过程线

模式输出点磨刀门口外、灯笼山、天河的站位如图 5-16 所示。磨刀门(口外)水位过程线如图 5-17 所示,其潮位的变化用于确定大、小潮的时段。

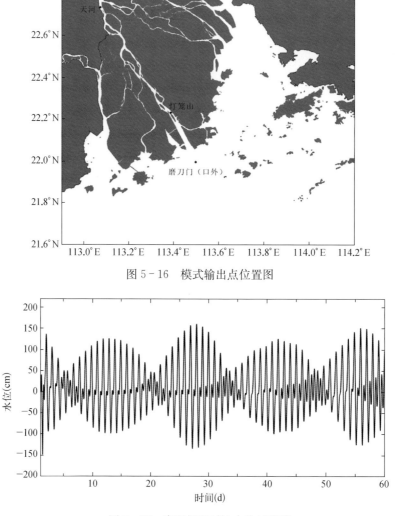

图 5-16 模式输出点位置图

图 5-17 磨刀门(口外)水位过程线

2) 盐度变化过程

从图 5-18～图 5-20 显示的盐度过程线看出,海平面上升后,位于口门附近的磨刀门盐度升高,量值为 0.0～2.4,灯笼山站盐度升高,量值为 0.0～2.3。由于海平面上升,口门附近的潮汐动力加强,涨潮流增大,导致盐水入侵增强。需要注意的是,因为海平面上升导致涨憩时刻的位相差,故盐度差异的峰值主要是由海平面上升前后盐度峰值出现时刻不同造成的。图 5 - 21 为天河站的情况,该站位于河口上游,受盐水入侵的影响较小,海平面上升后与未上升的盐度差值在 0 附近进行微小波动,振幅不超过 0.05。

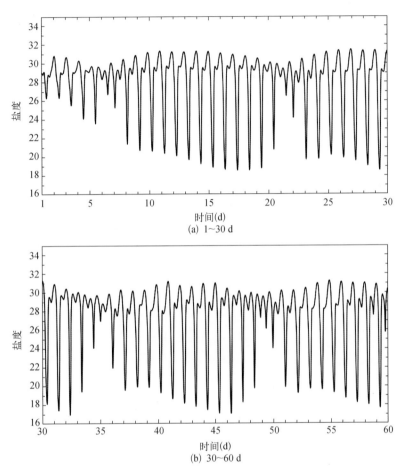

(a) 1~30 d

(b) 30~60 d

图 5 - 18　磨刀门(口外)海平面未上升试验盐度过程线

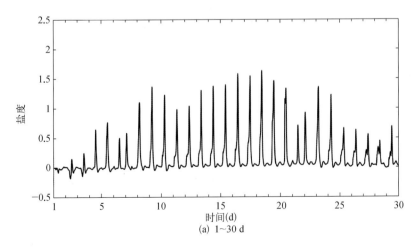

(a) 1~30 d

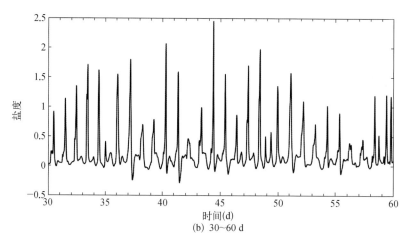

(b) 30~60 d

图 5-19　磨刀门(口外)海平面上升 10 cm 试验盐度与海平面未上升试验盐度之差

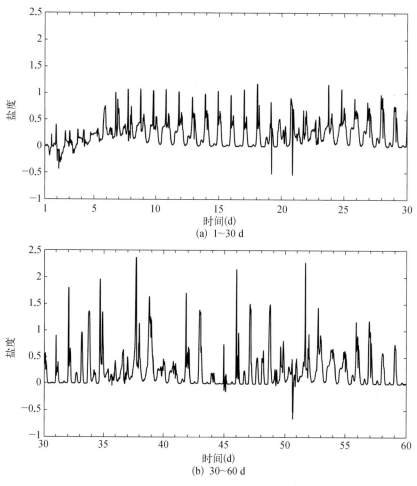

(a) 1~30 d

(b) 30~60 d

图 5-20　灯笼山海平面上升 10 cm 试验盐度与海平面未上升试验盐度之差

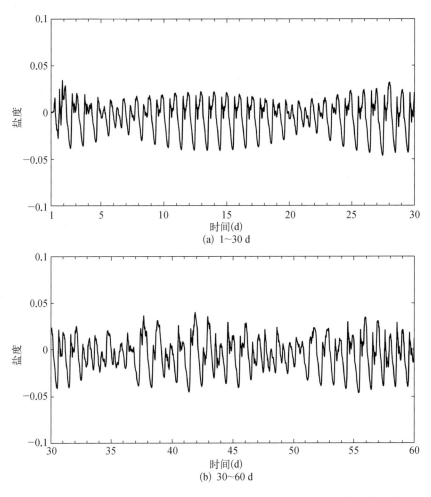

(a) 1~30 d

(b) 30~60 d

图 5-21 天河海平面上升 10 cm 试验盐度与海平面未上升试验盐度之差

3) 余流场

对 6 个潮周期(约 3 d)流场作时间平均,得到余流场。大潮期间,在海平面未上升的情况下,表层余流场分布(图 5-22)表明,伶仃洋和黄茅海口外为西南偏西方向的流动,主要受冬季东北季风的驱动。伶仃洋和黄茅海余流向南,受径流和东北风的驱动,深槽处流速较大,八大口门处的余流沿河槽入海。底层的余流分布与表层相比,陆架处流向偏南,表层东北风的作用趋弱,水位的作用趋强。虎门口外出现向陆的余流,表明该处存在着强烈的斜压作用。

在海平面上升 10 cm 的情况下,表层余流场分布与海平面未上升时相似,两者的表层余流差值分布如图 5-23 所示。在陆架和香港南侧海区,余流差向东,减弱了该区的余流;伶仃洋和黄茅海、八大口门处余流大致向海,加强了该处的余流。将磨刀门口门附近余流差值图放大(图 5-24),发现余流差在口外由东北流向西南,在洪湾水道向陆,进入磨刀门后向海。这个独特的由海平面上升产生的余流变化将导致盐水入侵显著加强。底层的余流分布与表层相比,陆架处流向偏南,东北风的作用趋弱,水位的作用趋

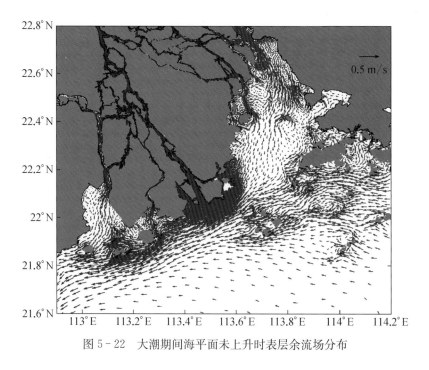

图 5-22　大潮期间海平面未上升时表层余流场分布

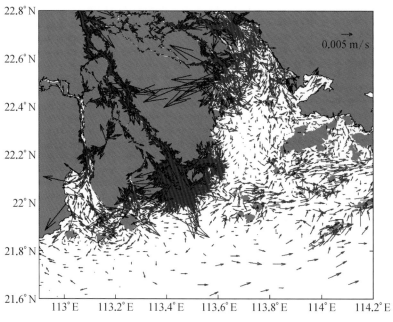

图 5-23　大潮期间海平面上升 10 cm 与海平面未上升表层余流场差值

强。虎门口外出现向陆的余流,表明该处存在着强烈的斜压作用。底层的余流差值分布与表层明显不同的是在伶仃洋和黄茅海,余流差向陆,表明海平面上升,水深增加,斜压效应增强;在磨刀门口门附近,洪湾水道向陆、磨刀门向海的余流差依然存在,但量值减小。

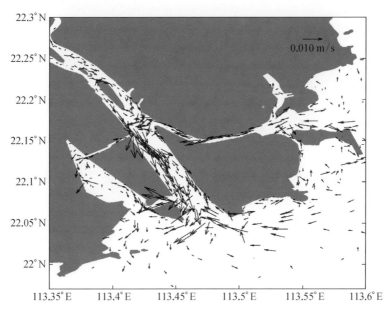

图 5 - 24　大潮期间海平面上升 10 cm 与海平面未上升表层余流场差值(磨刀门区域)

　　小潮期间,余流的分布与大潮期间基本一致,表层余流差值分布时态与大潮时相比相差较大,在香港以南海域余流差向西,表明海平面上升加强了西向的余流,在伶仃洋的余流差大致向陆。在磨刀门口门附近海区,余流差态势与大潮期间一致,但量值显著增大(图 5 - 25),潮动力的减弱使海平面上升的动力作用相对增强。底层余流差如图 5 - 26 所示,在磨刀门口门附近海区,余流差在洪湾水道向陆,在磨刀门上游仍向陆,在磨刀门下游南侧向海,但北侧向陆,与表层显著不同。

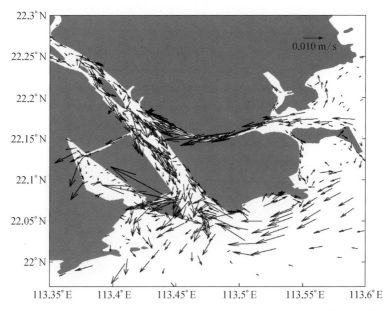

图 5 - 25　小潮期间海平面上升 10 cm 与海平面未上升表层余流场差值(磨刀门区域)

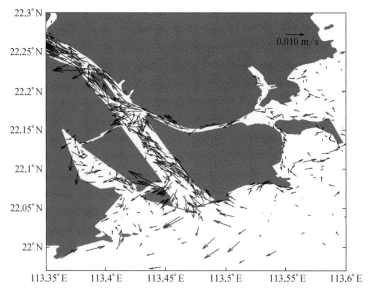

图 5-26 小潮期间海平面上升 10 cm 与海平面未上升底层余流场差值(磨刀门区域)

4) 盐度平面

盐度场同样采用 6 个潮周期约 3 d 作时间平均,得出大潮和小潮期间表层和底层的盐度分布。大潮期间,在海平面未上升情况下,表层盐度分布表明,陆架为盐度超过 30 的高盐水,伶仃洋和黄茅海内为冲淡水,受珠江径流入海的作用,湾顶和湾西侧盐度较低,等盐度线为东北-西南走向,体现了河口位置和东北季风的作用(图 5-27)。八大口门的河口存在明显的盐水入侵,受科氏力作用各河道右侧(面向陆)的盐度高于左侧。底层盐度分布态势与表层相似,但盐度明显升高。在海平面上升 10 cm 情况下,表层和底层盐度分

图 5-27 大潮期间海平面未上升时表层盐度场分布

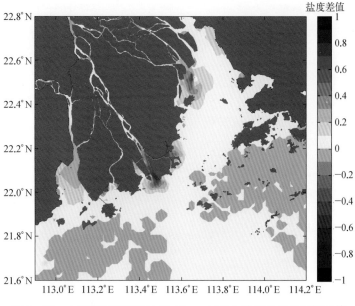

图 5-28 大潮期间海平面上升 10 cm 与未上升的表层盐度场差值

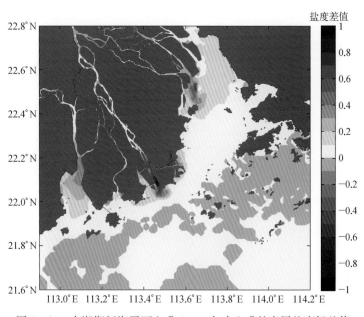

图 5-29 大潮期间海平面上升 10 cm 与未上升的底层盐度场差值

布态势基本与海平面未上升时一致。两者的差值如图 5-28 和图 5-29 所示,海平面上升导致伶仃洋和黄茅海盐度上升,尤其在洪奇沥和横门口门附近海域、洪湾水道和磨刀门口门附近海区十分明显,量值为 0.2~0.8,底层的上升幅度比表层大。在陆架海区,出现盐度略微下降的区域。海平面上升引起的盐度变化与上述余流场的变化是一致的。例如,在磨刀门附近水域,洪湾水道向陆的余流增加,带入口外的高盐水,导致洪湾水道盐度大幅上升;高盐水进入磨刀门后,向海输运,导致磨刀门盐度同样升高。

　　小潮期间,盐度的分布与大潮期间相似(图5-30),海平面上升导致的盐度变化与大潮期间也基本相似,但量值更高,表明海平面的作用在小潮期间更趋显著(图5-31和图5-32),伶仃洋湾顶东侧出现大面积盐度升高,底层盐度升高的面积和量值比表层大。

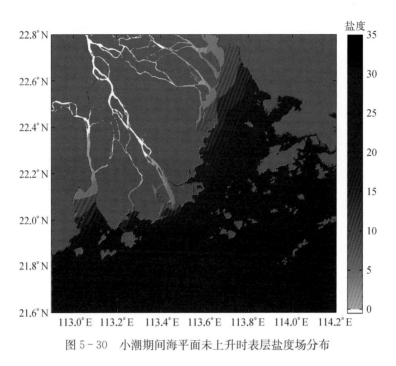

图5-30　小潮期间海平面未上升时表层盐度场分布

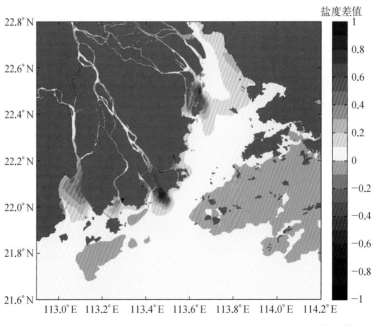

图5-31　小潮期间海平面上升10 cm与未上升的表层盐度场差值

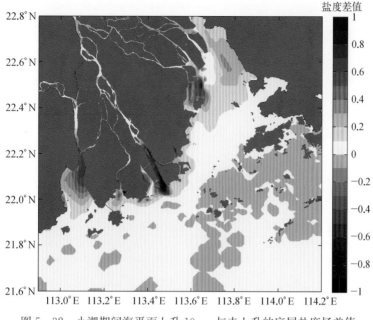

图 5-32　小潮期间海平面上升 10 cm 与未上升的底层盐度场差值

5.2.2　挖沙对盐水入侵的影响

珠江三角洲河口和河网区在近 30 年内受人类活动的干预不断加剧,从 20 世纪 80 年代末 90 年代初开始,珠江三角洲河网内大规模的人工挖沙达到了高峰,这些人类活动极大地改变了珠江三角洲河网的动力条件,其影响远远超过了河网的自然演变过程,从而引起了河道地形和径流、潮流动力格局的显著变化。

1) 潮汐和盐度的变化

通过对西江高要、北江石角、东江博罗等主要流系的控制站至珠江三角洲八大口门处的 17 个水文站点观测资料的分析,探讨珠江流域潮汐动力过程的长期变化趋势,时间自 20 世纪 50 年代开始到 2005 年前后,因建站时间早晚不同等其他因素,各站数据的有效序列长度不尽相同,最长的有 52 年,最短的也在 40 年以上(表 5-7)。

表 5-7　珠江河口潮差年际变化 M-K 检验和 P 检验计算结果

编号	站名	潮差序列年份	年数	M-K 检验		P 检验			潮差均值(m)	
				Z	趋势	突变点	K_T	P	突变前	突变后
				西	江					
1	马　口	1954~2005	52	7.33	增加	1982	-633	1	0.27	0.38
2	南　华	1954~2005	52	5.32	增加	1984	-570	1	0.45	0.54
3	竹　银	1959~2005	47	5.19	增加	1984	-414	1	0.65	0.72
4	西炮台	1957~2005	49	3.15	增加	1986	-308	0.99	1.18	1.2
5	黄　金	1965~2005	41	-1.04	减少	1989	130	0.76	1.03	1.02
6	灯笼山	1959~2005	47	0.14	增加	1995	-192	0.88	0.84	0.87

续　表

编号	站名	潮差序列年份	年数	M-K检验		P检验			潮差均值(m)	
				Z	趋势	突变点	K_T	P	突变前	突变后
					北　江					
7	三　水	1954～2005	52	8.21	增加	1980	−653	1	0.27	0.41
8	紫　洞	1954～2005	52	7.14	增加	1984	−654	1	0.51	0.67
9	大　石	1965～2005	41	5.47	增加	1989	−380	1	1.47	1.51
10	容　奇	1956～2005	50	−0.31	减少	1991	166	0.73	0.86	0.82
11	三善滘	1954～2005	52	−4.71	减少	1990	462	1	0.93	0.83
12	横　门	1954～2005	52	−4.33	减少	1981	443	1	1.1	1.06
13	万顷沙	1954～2005	52	−6.9	减少	1981	623	1	1.22	1.15
14	南　沙	1963～2005	43	−7.62	减少	1985	460	1	1.37	1.23
					东　江					
15	石　龙	1957～2004	48	8.65	增加	1985	−569	1	0.28	0.92
16	大　盛	1957～2004	48	−5.4	减少	1980	513	1	1.61	1.56
17	泗盛围	1965～2004	40	−6.26	减少	1985	397	1	1.63	1.54

（1）长期变化趋势

从表 5-7 和图 5-33 中可以清楚地看到,珠江三角洲河网内大部分站点的潮差均呈现出显著的变化趋势。对西江河网区,从上游马口站到中游南华站至下游的竹银站,潮差都表现出明显的增加趋势,计算的统计量 Z 值分别达到 7.33、5.32 和 5.19,均远大于 $\alpha/2$ 显著性水平的临界范围(−1.96,1.96),表明潮差的增加非常明显,并且可以发现西江河网区从下游至上游 Z 值是沿程增加的,表明越往上游潮差的增加趋势越为显著;而在西江的口门处,

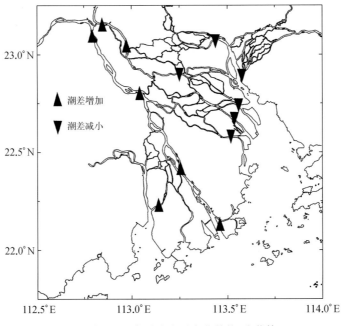

图 5-33　珠江河网各站点潮差变化趋势(张蔚等,2010)

除了西炮台表现为显著的上升趋势外,其他的两个站点黄金和灯笼山的变化趋势并不显著。对北江河网区,潮差变化规律同西江相比并不完全一致,差别主要在于在北江河网区的中下游河段,潮差表现为下降的趋势,这在中游的三善滘站点处表现得尤为显著,在口门处的三个站点横门、万顷沙和南沙站的潮差也无一例外地呈现为显著的下降趋势,其中南沙站计算的统计量达到了−7.62,在各站中潮差减小的趋势最为显著。对于上游三个站点,三水、紫洞和大石站的潮差则呈现出显著的上升趋势,其中上升趋势最为明显的也是处于最上游的三水水文站。对东江河网区,潮差变化规律与北江相似,在上游处,以石龙站为代表的站点潮差表现为显著的上升趋势,而在口门处的大盛和泗盛围站则表现为显著的下降趋势。

河网区大部分站点的潮差具有显著增大的趋势,且越往上游表现越为明显,但在北江河网区的中下游河段及珠江三角洲口门处,大部分站点的潮差呈现了下降的趋势,这种趋势在东四口门表现得尤为显著。在上游来水基本一致的情况下,海水入侵显著增强,特别是几条重要的供水水道,表明近年来珠江三角洲海水入侵增强的主要原因是下游潮汐动力增强所致。有证据表明,珠江口这种潮汐动力增加很大程度上是由河口无序挖沙所引起的(详见本项目编著《近 50 年来我国典型海岸带演变过程与原因分析》第五章,第 114~132 页)。因此,本课题将进一步针对这一情况建立数值模型进行情景预演与机制分析。

(2)突变年份

表 5-7 同样列出了 P 检验的计算结果,从表中可以看出珠江三角洲内潮差变化的突变年份具有以下特点,在近 50 年左右的时间内,潮差具有显著变化趋势的站点基本都在80 年代期间至 90 年代发生突变,在显著性水平 α 取 0.1 的情况下,也有 14 个站点具有显著的突变,且突变概率都在 99% 以上,可信度水平相当高。在流域内,不同站点突变后的发展方向并不相同。例如,对西江干流上的马口、南华和竹银水文站点,P 检验计算的 K_T均为负值,表明潮差突变后的发展方向是向上的,前面 M-K 检验的结果指出这几个站点的潮差呈现显著的增加趋势,这种一致性表明潮差的增加趋势主要是在突变后由近 20 年来潮差发展方向所决定的。而北江中下游至河口区的站点计算出来的 K_T 都是正值,表明在突变后潮差的发展方向是向下的。

近 50 年来珠江流域入海流量均无明显变化,但入海输沙量整体呈现出减小的趋势。对反映径流动力条件的潮差进行分析表明:河网区大部分站点的潮差具有显著增大的趋势,且越往上游表现越为明显,但在北江河网区的中下游河段及珠江三角洲口门处,大部分站点的潮差呈现了下降的趋势,这种趋势在东四口门表现得尤为显著。在上游来水基本一致的情况下,海水入侵显著增强,特别是几条重要的供水水道(表 5-8),表明近年来珠江三角洲海水入侵增强的主要原因是下游潮汐动力增强。

表 5-8 珠江三角洲主要口门测站不同年代平均盐度统计表

口 门	代表站	统计年限	涨潮期间盐度		落潮期间盐度	
			均 值	最大值	均 值	最大值
磨刀门	灯笼山	1960~1969	0.78	13.11	0.24	6.65
		1970~1979	0.60	14.45	0.06	3.49
		1980~1988	0.20	8.23	0.02	2.13

口　门	代表站	统计年限	涨潮期间盐度		落潮期间盐度	
			均　值	最大值	均　值	最大值
崖　门	黄　冲	1959~1968	1.97	12.79	0.89	7.57
		1969~1978	1.36	12.43	0.42	5.84
		1979~1988	1.37	12.23	0.54	7.95
虎　门	黄　埔	1959~1968	0.90	5.28	0.53	2.34
		1969~1978	0.60	5.77	0.31	2.27
		1979~1988	0.29	4.07	0.03	1.77
鸡啼门	黄　金	1965~1974	5.08	25.81	1.26	10.83
		1975~1984	3.19	22.43	1.02	12.84
		1985~1988	2.44	20.32	0.86	9.94

2) 挖沙对盐水入侵影响的数值模拟和分析

改革开放以来,珠江三角洲地区经济迅速发展,进而引起对建筑用沙、航道运力等的需求增加,使得珠江河道的挖沙活动日益加剧,特别是 20 世纪 80 年代以来,河道的挖沙量已经远远超过了天然的淤积量,且各个河道的挖沙量不均一。这些过度的挖沙活动在带来一系列经济效益的同时也在一定程度上改变了珠江河网及口门区域的地貌动力过程。黄镇国和张伟强(2004)认为北江三水站的分流比从 20 世纪 70 年代的 11.7% 增加到 1998 年的 23% 是由于北江比西江的挖沙量更多。张蔚等(2010)利用 Mann-Kendall 趋势检验等方法也得出了马口站和三水站的分流比变化是由地形的变化引起的。Luo 等 (2007)基于历史资料给出了西江和北江的挖沙深度量值,分别是 0.59~1.73 m 和 0.34~ 4.43 m。

本课题基于实测资料分析指出,珠江三角洲大量的河床采沙导致河势变化,从而影响口门内的潮差变化。近 50 年来,磨刀门潮差增加,横门、焦门、洪奇门和虎门潮差下降。潮汐强度的变化会影响盐水入侵的强度。挖沙改变分汊河道的分流比,从而影响各汊道的潮差。汊道潮差增大会加剧盐水入侵,潮差减小会减弱盐水入侵。这就是 90 年代以来珠江河口盐水入侵大幅增强的主要原因。内容详见《近 50 年来我国典型海岸带演变过程与原因分析》(丁平兴等,2013)。

本研究基于前人对珠江各主要河道挖沙量的资料,利用本课题研究组基于 FVCOM 模式建立和验证的珠江河口盐水入侵三维数值模式(见 5.2 节),计算和分析河道挖沙对珠江河口水动力和盐水入侵的影响,从动力过程和机制上证实上述论断。

(1) 模式设置

本研究设置了两个试验,试验 1 为控制试验,试验设置如 5.1.1 节所述,试验 2 在试验 1 的基础上,考虑西江和北江河网的挖沙情况,参照 Luo 等(2007)的研究,将珠江河网加深,分北江河网和西江河网(图 5-34),加深的量值基于河道断面水深变化资料(图 5-35)。

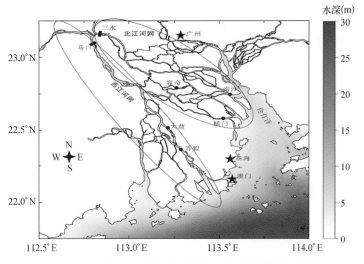

图 5-34 珠江三角洲地形、潮位站点、河道断面示意图

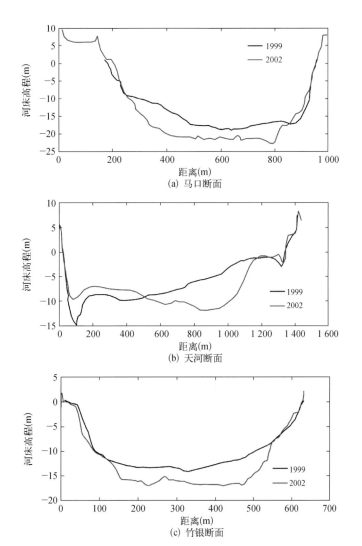

(a) 马口断面

(b) 天河断面

(c) 竹银断面

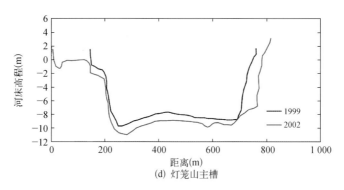

图 5-35　珠江三角洲关键断面不同年份实测高程对比

（2）分流比

马口和三水分别是西江和北江河道的代表水文站，统计通过马口站和三水站的断面过水流量，分析在北江挖沙强度比西江大的情况下，马口和三水分岔口的分流比变化情况。试验 1 计算所得的马口与三水的流量情况如图 5-36(a)所示，马口站的分流比在 75％左右，三水站的分流比在 25％左右。相对于试验 1，试验 2 中马口站的流量减少了约 400 m^3/s，同时三水站增加相当的流量，也就是说挖沙活动进行后，马口和三水站的分流比有了较大幅度的改变，分别为 61％和 39％。黄镇国等（2004）给出了 20 世纪挖沙前和挖沙后马口与三水站的分流比变化情况，挖沙前马口站的分流比为 90％，三水站分流比为 10％，挖沙后马口站分流比为 79.8％，三水站分流比为 20.2％。这种挖沙带来的分流比变化趋势与本文的研究较为一致。

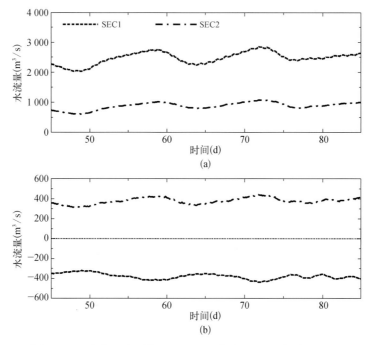

图 5-36　试验 1 马口站(SEC1)和三水站(SEC2)流量(a)以及
试验 2 对比试验 1 马口站和三水站流量变化值(b)

（3）潮差

潮差作为反映潮动力的重要因素,被用来衡量挖沙对西江和北江河道的潮汐动力的影响。如图 5-37 所示,马口、大敖和竹银是西江河道的站位,马口站潮差在 1 m 左右,大敖和竹银潮差稍大。在西江挖沙之后,这三个站位的潮差均有一定程度的增加,其中最上游的马口站潮差增幅最为明显,接近口门处的大敖和竹银站的变化较小,这是由于在河道上游潮动力相对较弱,径流对水位的影响较大,因此径流的变化导致了上游

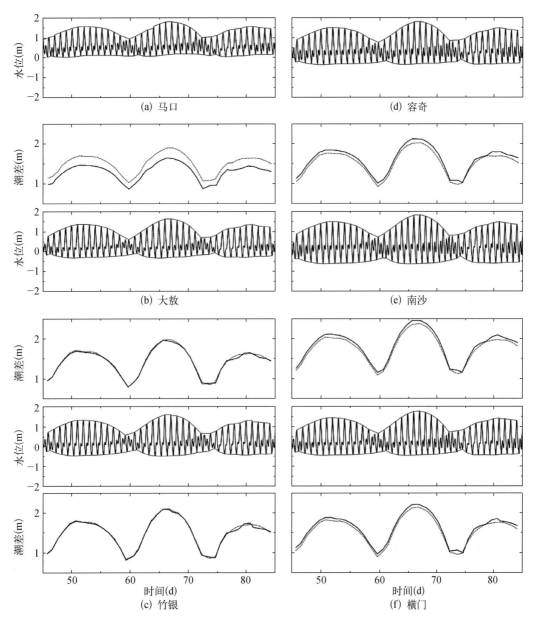

图 5-37 各站点潮位过程线及潮差过程线

实线表示试验 1 中的潮差,虚线表示试验 2 中的潮差

的潮差变化更为明显。而位于北江河道的容奇、南沙及横门的潮差总体上较西江的潮差大，在挖沙之后北江河道的潮差有明显减小。这一结果和张蔚等（2010）的研究成果十分吻合。

表5-9统计了各个站点在挖沙之后最大潮差和平均潮差的变化。其中，马口站最大潮差增加0.251 m，平均潮差增加0.205 m，大敖、竹银的最大潮差和平均潮差变化均不超过0.02 m。北江河道内，同样也是比上游的容奇潮差变化大，最大潮差减小0.102 m，平均潮差减小0.079 m。南沙最大潮差减小0.078 m，平均潮差减小0.068 m；横门最大潮差减小0.073 m，平均潮差减小0.063 m。

表5-9　试验2对比试验1的最大潮差和平均潮差变化

	西　　江			北　　江		
	马口	大敖	竹银	容奇	南沙	横门
最大潮差变化	+0.251	+0.019	+0.017	−0.102	−0.078	−0.073
平均潮差变化	+0.205	+0.014	+0.005	−0.079	−0.068	−0.063

（4）余流变化

余流是研究河口地区水流及物质净输运的重要手段。通过比较试验2和试验1的余流变化，研究挖沙对口门附近余流场的影响。

挖沙后表层有更多的外海海水通过磨刀门主河道和洪湾水道进入主河道内，余流的变化量值在2 cm/s左右。同时在磨刀门口外沿岸，表层流向西南方向的余流增强，这是因为北江流域流量增加，更多淡水被输运至外海，出口门后淡水浮于水体表层，在冬季风的作用下沿岸向磨刀门方向输运，导致表层沿岸的余流增强。对于底层的余流变化，在洪湾水道与磨刀门水道交叉口的上游，余流变化尤为显著，余流向陆方向的增量超过3 cm/s。西江挖沙后径流量减少，导致磨刀门口门内向海的径流减小。

北江水域河口的余流变化与磨刀门区域情况相反，表底层的余流整体上均呈现向海方向增加的态势，增加的量值也在2 cm/s左右。这是由北江挖沙后径流量增加所致。

（5）盐度变化

将挖沙后表层和底层盐度场减去挖沙前盐度场，得到盐度变化的平面分布（图5-38）。盐度场为枯水季的平均值，已过滤掉涨落潮和大小潮的变化。表层盐度变化的态势与底层相似。在北江，挖沙后因更多淡水入海，盐度在北江口门和邻近伶仃洋减小。在邻近伶仃洋处，盐度减小超过1，并且盐度的表层变化比底层明显。北江增加的入海淡水在季风作用下沿岸向西南输运，导致磨刀门口门附近沿岸区域盐度减小。在磨刀门水道，对应余流的变化，下游河段盐度增加。在上游河段，因初始盐度很小，由挖沙导致的盐度变化不明显。挖沙后北江盐水入侵减弱，而西江盐水入侵增强。挖沙后西江和北江分流比、潮汐和余流的变化，揭示了盐水入侵的变化。它们的变化在动力机制上是一致的。

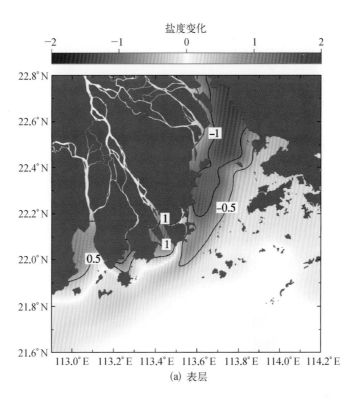

(a) 表层

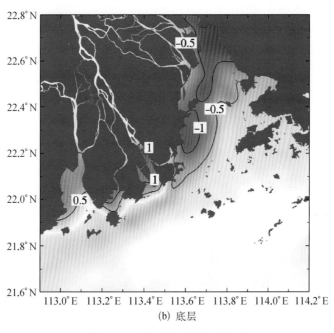

(b) 底层

图 5-38　挖沙导致的盐度变化

5.3　盐水入侵演变对珠江河口淡水资源、生态环境的影响及对策

本节重点研究盐水入侵对水体环境质量、河口植物群落结构等方面的影响。

5.3.1　盐水入侵对淡水资源的影响

近十几年来,咸潮活动频率越来越高,强度越来越大,持续时间越来越长,上溯距离越来越远。1992 年上溯至大涌口,1995 年上溯到神湾,1998 年咸潮上溯到南镇水厂,1999 年即至全禄水厂,2003 年末更是越过了全禄水厂。2003～2004 年枯季强咸潮入侵期间,中山市东西两大主力水厂相互交织同时受到侵袭,水中氯化物含量达到 3 500 mg/L,不得不采取低压供水措施,部分地区供水中断近 18 h,同时将供水氯度标准调高到 400 mg/L,少供水量达 20×10^3 m^3。2004 年 2 月期间,珠海市主要泵站之一的广昌泵站曾连续 29 d 无法启动,横琴岛及三灶连续 40 多天无水供应,其他地区只能采取低压供水,澳门地区的供水氯度标准甚至提高到 800 mg/L。2005 年以后虽然国家防汛抗旱总指挥部批准实施珠江"压咸补淡"应急调水,咸情在一定程度上得到了缓解,然而依然严重。平岗泵站的氯度值呈不断增加的趋势,全禄水厂的年最大氯度值始终高于 4 000 mg/L,2009 年全禄水厂测得的极高氯度值达到 8 134 mg/L,咸潮上溯距离甚至越过全禄水厂到达上游的稳益水厂,2010 年咸潮从 10 月开始爆发,一直持续到次年 4 月才逐渐退去。据报道,2011 年咸潮于 8 月 5 日开始影响大涌口水闸,2011 年 9 月即上溯至全禄水厂,比往年提前了两个多月,咸情异常严峻,其影响可能创下历史之最。

盐水入侵最直接的危害就是威胁群众的生产生活用水安全。咸潮所经之处,群众的生产生活用水必受影响。2003 年 10 月,珠海市几个主要自来水厂取水泵站受到咸潮袭击,因水源含氯度高而相继停止抽水。供水部门只好全力利用天文潮汐抢取淡水,但收效甚微,市民的饮用水受到严重影响。许多市民被迫抢购桶装水。珠海市紧急启动了防咸预案,实行分时段供水。同时限制特种行业用水,城市绿化用水分别就近取用污水处理厂处理后的中水。从 2004 年 2 月 5 日开始,当咸潮逼近广州番禺区时,该区南村镇、石币镇等 14 镇被迫采取了限制供水、低压供水,3 楼以上非水池用水住户均不同程度出现用水困难。咸潮对群众生产生活用水的影响程度取决于咸潮的盐度、持续时间以及当地供水系统对河水的依赖程度。如果咸潮的盐度高、持续时间长、当地的供水系统单一依靠河水,而没有别的备用水源,这种情形将是最严重的。由于珠江三角洲属于冲积平原,没有大中型水库,其供水系统主要依靠河流取水。因此,咸潮上溯对珠江三角洲地区饮用水的影响是很严重的。

另外,盐水入侵还制约经济发展。咸潮上溯,使沿江沿河两岸的城市和乡村出现水质性缺水,工农业生产将受到严重影响。当咸潮到来时,各地为了确保群众的生活用水,必然会采取先生活,后生产的原则调配有限的淡水资源。因此,当咸潮到来时,首当其冲受

影响的是工农业生产。有些工厂由于缺水而被迫减产或停产,经济发展必将受到严重制约。

5.3.2　盐水入侵对生态环境的影响

盐水入侵最主要的危害就是将长时间破坏生态环境。咸潮上溯,原来的淡水河段变成盐水河段,其生态环境受到破坏,许多在此河段生存繁衍的物种失去原有的生存环境,其生存就会受到威胁,甚至灭绝。如果咸潮灌进农田,农田原有的酸碱度发生变化,生态环境受到破坏,农田将会减产或不能耕种。

咸潮的生态危害具体表现为以下几个方面:

(1) 盐水入侵使得河口海湾和近岸海洋水体盐度升高,干扰生态系统,改变动植物的群落分布,盐度的增加还有利于赤潮生物和海洋弧菌等致病细菌的生长、迁移。

2009 年秋季在珠江口海域爆发了一次大规模的双胞旋沟藻赤潮,影响面积高达 300 km^2。赤潮爆发期间,柯志新等(2012)对珠江口水域的环境因子的特征进行了调查,结果表明,调查期间珠江口西侧受径流的影响程度远高于东部,营养盐一般呈西高东低的水平分布格局,其中以 $NO_3^- - N$、DIN 和 $SiO_3^{2-} - Si$ 的差异最为明显。表层水体的 DIN、$PO_4^{-3} - P$ 和 $SiO_3^{2-} - Si$ 的平均浓度分别为 31.64 $\mu mol/L$、0.71 $\mu mol/L$ 和 46.3 $\mu mol/L$。$SiO_3^{2-} - Si$ 和 $PO_4^{3-} - P$ 的高值区主要位于洪奇门及以下的珠海沿岸,$PO_4^{3-} - P$ 的高值区主要位于洪奇门以上的水域,虎门附近的 $PO_4^{3-} - P$ 的浓度高达 6.23 $\mu mol/L$。高的营养盐输入、低的降雨量和严重的咸潮入侵应该是导致这次双胞旋沟藻赤潮爆发的重要诱因。由于旱季上游来水减少等原因,导致咸潮上溯,一些河道水体的盐度上升及盐水持续时间延长,限制喜淡水植物的生长,而适宜咸水和半咸水植物生长。因此,在咸潮出现频率、持续时间及上溯强度持续增加的情况下,河道中游出现半咸水植物(如茳芏和红树),甚至在河道上游(喜淡水植物占优势的区域)大量生长广适性植物并逐渐成为优势群落。因此,咸潮超常上溯是各河道中植物优势群落的物种组成方向由喜淡水植物群向广适性植物群灌和减咸水植物群落发展的根本原因。

(2) 盐水入侵的加剧可能导致河口盐度分层的增加和混合能力的降低,广盐性的物种逐渐被高盐性、窄盐适应性的物种取代,导致动植物种类组成的变化和多样性的降低。

通过对珠江河口发生咸潮时环境要素的分析发现,咸潮上溯使入海河段的盐度大幅度提高,浮游植物对盐度变动也作出一定的响应。适应低盐生活的种类如小环藻属(Cyclotella)、直链藻属(Melosira)、栅藻属(Scenedesmus)、螺旋鱼腥藻(Anabacna spiroides)、微囊藻(Microcystis sp.)和颤藻(Oscillatoria sp.)等主要分布在盐度较低的河口上段站,并且密度较高。而在河口下段盐度较高的调查站,甲藻类的裸甲藻(Gymnodinium sp.)和原甲藻(Prorocentrum sp.)经常出现。河口浮游植物由低盐度区向高盐度区,其种类组成不断变化。

对磨刀门水道大小潮浮游植物进行调查发现(表 5-10),大潮期间,W2 站(上游)的细胞密度明显低于小潮,而喜淡水浮游植物所占比例也明显减少。这说明咸潮入侵将改变浮游植物的生态结构。

表 5‑10　磨刀门水道大小潮浮游植物结构

潮形	站点	层次	细胞密度 (×10⁴个/L)	H′	J	主要物种 (占总细胞浓度百分比)
小潮	W2	S	52.63	0.75	0.20	*Melosira granulata* (83.8%), *Melosira granulata* var. *Angustissima* (14.6%)
	W2	B	21.89	0.79	0.21	*Melosira granulata* (85.7%), *Melosira granulata* var. *Angustissima* (11.1%)
	W5	S	9.53	1.07	0.27	*Melosira granulata* (83.1%), *Melosira granulata* var. *Angustissima* (8.2%)
	W5	B	2.77	1.19	0.34	*Melosira granulata* (75.8%), *Melosira granulata* var. *Angustissima* (17.7%)
	W8	S	0.32	2.79	0.81	*Skeletonema costatum* (34.4%), *Coscinodiscus subtilis* var. *minorus* (9.4%)
	W8	B	0.20	3.25	0.94	*Skeletonema costatum* (20%), *Gymnodinium catenatum* (15%), *Prorocentrum* sp. (15%)
大潮	W2	S	12.77	0.66	0.19	*Melosira granulata* (88.3%), *Melosira granulata* var. *Angustissima* (9.4%)
	W2	B	14.26	0.60	0.18	*Melosira granulata* (88.1%), *Melosira granulata* var. *Angustissima* (10.9%)
	W5	S	0.24	2.86	0.86	*Gymnodinium catenatum* (37.5%), *Coscinodiscus subtilis* var. *minorus* (13.2%)
	W5	B	0.38	2.23	0.70	*Melosira granulata* (55.3%), *Coscinodiscus subtilis* var. *minorus* (13.2%)
	W8	S	0.13	2.87	0.96	*Coscinodiscus subtilis* var. *minorus* (23.1%), *Coscinodiscus* sp. (15.4%), *Thalassiosira* sp. (15.4%), *Prorocentrum ttiestinum* (15.4%)
	W8	B	0.36	3.23	0.90	*Melosira granulata* (22.2%), *Coscinodiscus subtilis* var. *minorus* (16.7%), *Bacillaria paradoxa* (13.9%)

　　盐水入侵导致河口水域营养盐结构发生变化,从而引起生态环境中浮游植物群落的结构发生相应的变化,如大型硅藻的减少和浮游植物优势种组成的变化,大型硅藻可能趋于小型化。

　　另外,根据长时间文献统计发现(表 5‑11):① 浮游植物种类数目大幅度下降,从 20 世纪 80 年代的约 240 种,到现在的约 60 种,减少近 5/6;② 浮游植物仍然以硅藻为主,甲藻所占比例稍有上升,但它们的种类均在减少;③ 浮游植物多样性指数呈下降趋势;④ 浮游植物优势种依然以淡水种为主,但主要为广温、广盐种。例如,中肋骨条藻为优势种的概率增加。这些都反映了咸潮入侵对生态的影响较为严重。

　　(3)咸潮加强将加剧河口沉积物的缺氧,进而导致沉积物中硫化物的增加,聚集于河口沉积物中的重金属将被重新释放出来。咸淡水混合以及潮汐冲刷作用会影响河口理化参数的时空变化并控制河流碳的生物地球化学行为。潮流强度和混合过程可能会诱发强

表5-11　长时间序列浮游植物变化

时　　间	总种类数	硅藻种类数	甲藻种类数	多样性指数 H'	资　料　来　源
1980~1981	244	157	48	—	林永水等(1985)
1990~1991	287	198	79	—	海岛资源调查报告
1998~1999	239	173	57	2.91	戴明等(2004)
2003~2004	209	112	6	3.01	冯洁娉等(2006)
2005	191	134	31	2.67	刘凯然(2008)
2006	153	124	13	2.66	刘凯然(2008)
2007~2008	76	38	14	2.90	李开枝等(2010)
2011年1月	65	37	19	2.23	周伟华等(磨刀门水道)
2011年9月	46	26	14	1.86	周伟华等(磨刀门水道)
2012	62	—	—	2.03	2012年中国海洋环境状况公报

烈的垂直营养盐循环,许多研究都表明,沿岸系统中沉积物的再悬浮伴随着营养盐的释放,强的潮汐能使得沉积物再悬浮,影响光在水体中的通透性,从而影响浮游植物的分布。在潮流的作用下,瓜纳巴拉湾发生短期明显的水生生物学变化,盐度、营养盐、叶绿素均随着潮流变化而发生周期性的变化。有研究结果表明,盐度、营养盐、叶绿素 a 受潮汐的影响极为明显,盐度的变化趋势与潮汐变化趋势相似,营养盐(无机氮、无机磷)、叶绿素 a 的变化趋势与潮汐变化趋势相反(表5-12)。大小潮调查期间的各重金属和营养盐的平均浓度值见表5-12。除了大潮 W3 站的表层溶解态 Zn 的浓度未达到一类水质标准以外,其他站位和定点观测站位的重金属浓度均达到一类海水水质标准。大小潮调查期间,DIN 的浓度均低于四类海水水质,DIN 的浓度最低值出现在大潮断面底层 W8 站,为66.52 $\mu mol/L$,是四类海水水质标准值的1.9倍;最高值出现在大潮断面中层,为217.56 $\mu mol/L$,是四类海水水质标准值的6.1倍。小潮调查期间(包括断面调查和定点调查)DIP 浓度的平均值均超过三类海水水质的标准值,但未超过四类海水水质标准,大潮调查期间的DIP 浓度的平均值除了断面调查底层浓度超过三类海水水质标准值,但未达到四类海水水质标准值以外,均超过四类海水水质标准值;DIP 浓度的最小值出现在小潮断面的 W2 站,浓度值为 0.78 $\mu mol/L$,未超过二类水质标准值,最大值出现在大潮定点观测期间,出现时间为 9 月 27 日 0:00,浓度值为 1.94 $\mu mol/L$,是四类海水水质标准值的 1.3 倍。磨刀门海水水质不仅未因为咸水入侵的加强得到改善,反而有使污染加重的趋势。

表5-12　大小潮调查期间营养盐、重金属的平均浓度值
（营养盐：$\mu mol/L$；重金属：$\mu g/L$）

	小　潮						大　潮					
	断　面			连续站			断　面			连续站		
	S	M	B	S	M	B	S	M	B	S	M	B
DIP	1.21	1.20	1.11	1.13	1.42	1.12	1.52	1.56	1.33	1.61	1.69	1.50
NH_4^+	2.48	3.16	3.18	3.26	5.40	4.65	3.84	3.73	4.16	3.22	2.78	2.96
NO_3^-	118.87	126.18	108.54	122.22	134.61	98.92	101.51	113.49	80.55	108.23	92.88	86.92

续　表

	小　　潮						大　　潮					
	断　面			连续站			断　面			连续站		
	S	M	B	S	M	B	S	M	B	S	M	B
NO_2^-	6.87	7.32	6.93	8.22	9.65	8.37	10.85	11.38	10.95	15.22	15.29	14.06
DIN	126.22	136.66	118.65	133.70	149.65	111.94	116.20	128.60	95.66	126.67	110.95	103.95
Zn	5.39	5.40	8.15	4.04	4.08	4.50	20.05	8.48	5.61	5.02	5.61	4.68
Cd	0.18	0.21	0.24	0.21	0.24	0.28	0.40	0.43	0.32	0.41	0.40	0.40
Pb	0.41	0.55	0.44	0.38	0.39	0.38	0.56	0.61	0.39	0.40	0.40	0.40
Cu	2.00	1.83	1.97	2.09	1.49	1.43	2.23	1.93	1.43	1.56	1.48	1.42

　　研究人员在两个热带河口的研究中发现,在低潮阶段,由于河流和潮间带的冲刷作用,水体中的细颗粒有机材料的浓度增加,生化需氧量随之增加,两个河口的溶解氧(DO)都表现为缺氧现象。有研究指出,在高潮阶段,pH 增加,而溶解氧的含量与潮流无关;在低潮期,PO_4^{3-}、NH_4^+、NO_3^-、NO_2^-、SiO_4^{2-} 的浓度均增加。涨潮流是珠江口磷酸盐的主要来源之一,涨潮和落潮阶段的 DIN 的浓度明显不同,在涨潮和落潮阶段硝酸盐氮的含量都是最高的,氨氮次之,亚硝氮的浓度最低,说明潮流作用对氮盐的形态变化影响不大。涨潮阶段河口南部磷酸盐的浓度明显高于北部海域,说明了盐水入侵作用对磷酸盐的浓度有重要的影响,落潮阶段的 NO_3^-、PO_4^{3-} 和 SiO_4^{2-} 浓度是涨潮阶段的 2 倍。李开枝等(2010)根据珠江口咸潮入侵期间大小潮的调查结果,指出浮游植物的种类组成、种数、细胞密度的分布等群落特征明显受到潮汐的影响。Guinder 等在布兰卡港(Bahiablanca)河口的研究中发现,在整个潮周期,NO_3^-、NH_4^+ 和 PO_4^{3-} 的浓度呈不规律的变化,与潮流循环的关系不紧密,亚硝氮的浓度随着潮高的降低而降低。由于该河口沉积物中溶解态 SiO_4^- 的浓度高于水体,在低潮时期较强的沉积物再悬浮作用使得硅浓度在低潮阶段升高。潮流明显控制着哈肯萨克河(Hackensack)河口的 NH_4^+-N 的浓度,经向的潮流波动是控制 NH_4^+-N 浓度的一个很重要的过程。Sanderson 等的研究则认为,在河口下游整个潮周期内河水径流量和潮流对盐度、温度、溶解氧有明显的影响,最大流速和强落潮的结束伴随着这些水质参数的最小值,涨潮开始阶段,水深达到最小值的 1～2 h 之后,DO、pH 和盐度也出现最小值。

　　有研究表明,盐度与高活性重金属之间存在正相关关系,盐度对重金属离子对的形成以及重金属与氯离子的配合作用具有重要的影响。化学形态分析模型指出,重金属可能会跟水体中的配合物发生配合作用,在水相中,重金属首先跟海水中大量存在的 Cl^- 配合。河口混合期间可溶性 Fe、Mn、Al、Ni、Cd 和 Co 的絮凝作用是盐度的函数,对于绝大多数重金属,当盐度从 0 增大到 15～18 时,絮凝量增大到最大值,而后趋于稳定。在北卡罗来纳州的纽波特(Newport)河口靠近陆地低盐度区,溶解态 Mn 的含量远高于正常盐度区,而颗粒态 Mn 的含量正好相反。龙爱民等(2003)认为珠江口 Cu 的形态分布在更大程度上取决于水体的理化性质,无论是游离态 Cu 的浓度还是游离态 Cu 在总 Cu 中所占的份额都自河口向外海随盐度的增加而降低。在长江口就细颗粒泥沙对重金属吸附作用的研究则表明,Cu 的吸附量与盐度的关系不大,Pb、Cd 的吸附量随盐度增大而减小。

磨刀门在小潮期间的日上溯盐分量为 $1.76×10^7$ kg,大潮期间则为 $1.82×10^7$ kg,小潮期间的盐分上溯量与大潮期间相近;磨刀门强烈的盐水入侵使得河口营养盐和重金属的通量明显不同于国内外其他河口,小潮期间 NH_4^+、溶解态 Zn、溶解态 Pb 具有明显的上溯通量,大潮期间发生强烈的盐水入侵时,营养元素和重金属均具有净上溯通量。磨刀门的水质受到重金属的污染较小,但受到 N、P 的严重污染,属于磷限制潜在性富营养水域。磨刀门盐水入侵的加强不仅不利于污染物质的向海排出,而且有使污染加重的趋势,随着磨刀门及邻近水域社会经济的进一步发展,污染的进一步加剧,磨刀门盐水入侵引起的严重生态问题可能会逐渐显现出来。

（4）盐水入侵的加剧对盐沼生态系统、红树林生态系统以及海草床生态系统等具有重要生态功能的生态系统产生影响。

滨海湿地是介于陆地和海洋生态系统间复杂的自然综合体,通常指海陆交互作用下经常被静止或流动的水体所浸淹的沿海低地、潮间带滩地及低潮时水深不超过 6 m 的浅水水域,是一个高度动态又敏感脆弱的生态系统。滨海湿地具有调节气候、蓄水调洪、净化水质、消减海流等重要功能。海平面上升将淹没低洼地区的滨海湿地,并通过改变海岸地形地貌、波浪、潮汐、潮流、地下水等自然条件,影响到滨海湿地生态系统原有的环境体系,导致滨海湿地生物群落发生变化,甚至退化成盐沼地或光滩。

红树林是生长在热带、亚热带海岸潮间带滩涂上的特殊木本植物群落,主要分布在江河入海口及沿海岸线的海湾内。红树林生态系统孕育着丰富的生物资源,为许多海生和陆生生物提供栖息地和食物,还是一些海洋鱼类的重要繁育场所;红树林还具有护堤削浪、促淤造陆、净化沿海环境的功能。海平面上升将从改变河流和海湾的潮汐范围、增加港湾和淡水区的盐度、影响沉积物和营养物的输送等方面改变红树林生长的物理化学环境,与海平面上升相伴随的海岸侵蚀、海水入侵、洪涝灾害等过程的加剧,都将对红树林生态系统构成一定的负面影响,从而使部分红树林的生长受抑制,群落结构发生改变;随着海平面上升,红树林可能向内陆迁徙,一旦其向陆一侧的转移受阻(如防风防浪和围垦的海堤),红树林的生长范围也将受到抑制。

5.3.3　盐水入侵对地下水和土壤的影响

由表 5-13 可见,各监测点氯化物浓度高低分布的特点和矿化度的分布一致。就磨刀门而言,井水氯化物含量范围为 0.5～161 mg/L,矿化度均认证为 44～409 mg/L,最高浓度出现在连屏水样中,全禄次之,平缪水样的浓度最低,表明各采样点水井水体咸度未受咸潮上溯的影响。

表 5-13　地下水分析结果 　　　　　　　　（单位：mg/L）

序　　号	所在口门	站　　位	氯化物	矿化度
1		大海环村养虾塘地下水	14 966	10 427
2	鸡啼门	湾口村山丘前水井	904	6
3		湾口村山丘前水井	440	1.8

序　号	所在口门	站　位	氯化物	矿化度
4	鸡啼门	白石村水井	417	1.9
5		大拓村水井	375	3.4
6		银潭村山丘前水井	666	3.9
7		银潭村山丘前水井	358	3.8
8		银潭村山丘前水井	666	4.2
9	崖门	古井镇慈溪村水井	476	11.7
10		古井镇长乐村水井	548	35.5
11		古井镇崖门村山前水井	296	13
12	虎跳门	斗门镇大豪涌村水井	309	14.2
13		斗门镇上洲村水井	706	2.9
14		莲洲镇横山村山前水井	566	76
15	横门	中山民众镇锦标村养虾塘机井	24 163	5 761
16	虎门	东莞虎门镇沙角村水井	895	71.8
17		东莞虎门镇沙角新沙村水井	777	41.8
18		东莞虎门镇沙角新沙村水井	753	86.5
19		东莞虎门镇威远北面村水井	571	44.4
20		东莞虎门镇威远邓屋村水井	651	19.9
21		东莞沙田镇民田山丘前水井	784	230
22	磨刀门	横琴旧村水井	15.70	187.00
23		横琴新村水井	16.60	153.00
24		连屏村水井	161.00	409.00
25		平缧村后水井	0.50	44.00
26		平缧村前水井	0.90	51.00
27		全禄村水井	45.90	391.00

　　土壤盐渍化水平是评价盐水对土壤影响程度的直接判据,根据 Cl^-/SO_4^{2-} 可以分析受不同程度咸潮影响的河道两侧土壤的盐渍化程度,由表 5-14 可知,土壤中 Cl^-/SO_4^{2-} 的浓度比为 0.08～2.72,根据土壤盐渍化类型划分标准,比值小于 0.5,土壤属于硫酸盐型,本研究中的 4♯样地的 2 号样品,5♯样地的 1 号及 3 号样品的 Cl^-/SO_4^{2-} 均小于 0.5,属于硫酸盐型。1♯样品、2♯样品的 Cl^-/SO_4^{2-} 为 0.5～1,属于硫酸盐-氯化物型;其余样品都属于氧化物-硫酸盐型,没有土壤样品中的 Cl^-/SO_4^{2-} 大于 4.0,即没有样品属于氯化物型。由各样点所处区域距河口的距离及盐渍化类型的变化情况,可知磨刀门水道两侧陆地土壤的盐渍化类型变化趋势为沿口门由氯化物-硫酸盐型向硫酸盐-氯化物型,再向硫酸盐型过渡。这与河道中水体盐度由下游向上游逐渐递减的趋势一致。由此可以推断,近十多年来珠江三角洲咸潮入侵尚未引起咸水所及区域土壤以及地下水咸化。

表 5–14　土壤采样监测分析结果

样品编号	pH	有机质（%）	总氮（%）	水解性氮（mg/kg）	有效磷（mg/kg）	速效钾（mg/kg）	可溶性盐（%）	密度（g/cm³）	Cl⁻（mg/kg）	SO₄²⁻（mg/kg）	Cl⁻/SO₄²⁻
1#	6.33	0.77	0.040	37	8.9	78	0.012	2.63	14.3	20.3	0.70
2#	7.29	2.50	0.130	110	28	140	0.032	2.64	23.9	37.5	0.64
3#	8.13	2.00	0.094	49	30	390	0.250	2.72	1 310	481	2.72
4#-1	8.22	1.70	0.089	40	19	140	0.120	2.73	414	322	1.28
4#-2	8.02	2.20	0.100	62	24	140	0.150	2.63	59.3	467	0.13
5#-1	6.03	3.10	0.140	100	19	79	0.072	2.67	42.5	539	0.08
5#-2	7.05	3.30	0.130	74	18	64	0.097	2.69	409	402	1.02
5#-3	5.45	1.20	0.035	32	23	2.0	0.042	2.68	11.4	49.9	0.23

　　咸潮入侵过程中,咸水水面上升、咸水线上移,咸潮可能通过渗透作用入侵河岸两侧的地下水和土壤,对地下水水质和土壤造成影响。但珠江三角洲的地下水和土壤基本上未到咸潮入侵的影响,其主要原因可能是:一方面,珠江三角洲主要出海口水道两侧一般均采用水泥筑上了防洪大堤,而小河涌与主河道均有水闸相隔,即使咸潮上溯,咸度较高的河水一般不会越过大堤内的陆地。咸潮期间,当地农民关闸隔绝咸水,咸潮过后,开闸引淡水,所以农业生产用水基本为淡水,受灌溉的农地没有受到咸水的影响。另一方面,珠江三角洲基本没有开采地下水,因此地下水水位高,土壤质地黏重,上溯的咸水通过黏土渗透到堤内侧的进程非常慢。

5.3.4　应对策略与措施

　　和其他河口一样,珠江河口盐水入侵对淡水资源的利用产生严重影响的时间发生在低径流量期间,因此上游水库放水增加径流量是直接有效的对策。另外,开展盐水入侵的数值预报,提前知道盐水入侵的状况,早做水库蓄水至高水位的准备,延长水库供水时间,也可降低盐水入侵对水库取水的影响。人类活动中改变珠江河口盐水入侵,尤其是加剧西江(磨刀门水道)盐水入侵的是挖沙。挖沙使得西江径流分流比下降,潮差增大,盐水入侵加剧,对珠海、中山和澳门的供水造成影响。对无序挖沙进行有效管理,也是更好利用珠江河口淡水资源的一种对策。

　　下面给出 2006～2007 年严重盐水入侵期间联合调度放水压咸的成功范例。珠江河口水库主要集中于磨刀门,供水给珠海、澳门和中山。近几十年来,磨刀门咸潮入侵趋于严重。例如,2005～2006 年、2006～2007 年发生了极为严重的咸潮入侵,严重影响了当地的用水安全。珠江河口水库的运行模式主要依靠流域水库的放水压咸。

　　2006 年珠江流域来水偏枯,导致珠江河口咸潮入侵严重,影响澳门、珠海等地的供水安全。为解决咸潮入侵影响珠江河口淡水资源的问题,广东水文局预先开展了 2006～2007 年枯水季的水情预测和咸情分析工作,开展保障澳门、珠海供水安全专项规划和龙滩水电站下闸蓄水及珠江骨干水库调度方案的编制工作。根据预测,2006～2007 年,对于冬春季节珠江流域来水仍属偏枯年份,珠江三角洲地区咸潮上溯仍将较严重,且西江上游广西龙滩水电站计划 2006 年 11 月下闸蓄水,到 2007 年 4 月要拦蓄上游水量达 50.6亿 m^3,此时段正值珠江枯水期。如果不科学制订龙滩水电站下闸蓄水方案、合理调度流域骨干水库,将使上游河道短期断流,下游平均流量大幅度减少,进一步加剧珠江三角洲地区的咸潮上溯,严重影响澳门、珠海等地的供水安全。近期主要依靠流域水量调度和当地应急工程措施,应对澳门、珠海的供水安全问题。

调度时段自 2006 年 9 月初开始,至 2007 年 2 月底结束,关键调度期为 2007 年 1 月 1日至 2007 年 2 月底;在关键调度期,控制西江广西梧州断面流量不低于 1 800 m^3/s,控制广东思贤窖断面流量不低于 2 200 m^3/s。12 月底做好珠海供水水库群的联合调度工作和抢淡蓄淡及供水预案。

珠江流域骨干水库调度时间长、不可预见因素多、技术复杂、协调难度大,珠江防总办成立了工作领导小组,下设调度、方案、预报、督查、宣传和后勤保障等工作小组,制订并下发了《今冬明春珠江骨干水库调度工作制度》,明确分工,落实责任。采用"月计划、旬调度、周调整、日跟踪"等手段,不断优化实施方案,确保骨干水库调度工作的顺利进行。

按照专业分工,珠江防总办及时组织上报西江干流、北江干流、三角洲等主要控制站及沿程主要支流控制站的水情资料和珠海等地的咸潮监测、蓄水资料等,为骨干水库调度提供信息支撑。预报组密切关注流域水情和三角洲咸情发展,滚动预测主要预报干、支流主要控制站的流量,开展咸潮活动变化分析、流域水雨情及咸情预测分析。方案组采用数学模型、物理模型等多种技术手段,每 15 d 根据水情咸情预测数据,合理选择龙滩下闸时机,不断调整优化骨干水库调度方案,提供全过程的调度实施计划。调度人员强化与电网的沟通协调,密切跟踪各水库蓄水和出库流量,严密监控调水演进过程,每日根据实测和预测数据滚动演进,为指挥部实时优化调度方案,适时发出调度指令,指导预警预报、测验、督查及抢淡蓄淡工作。督查组按照珠江防总办的统一要求分赴各关键地点,确保龙滩等水库、电站严格按照珠江防总办的调度指令运行,多次前往珠海市检查、督促做好各项预案、平岗应急工程进展情况和抢淡蓄淡等各项准备工作。宣传组及时组织召开新闻通报会和相关宣传报道工作,后勤保障组提供良好的调度值班、调度会商和现场督查后勤保障。

由于珠海市南屏等对澳门供水水库的库容较小,蓄满也仅能保证澳门等地 20 d 的供水,若连续两个天文潮期(1 个月)不能通过联石湾水闸抢到足够淡水,澳门供水将会出现超标现象。为了保证澳门人民能够喝到优质淡水,珠江防总根据未来降水、咸情趋势和骨干水库蓄水情况,经综合分析后决定在 11 月至 12 月实施 4 次集中补水,保障澳门、珠海抢淡蓄淡的需要。为尽量以较少的水量换取最大的压咸效果,珠江防总组织各专业技术骨干,认真分析雨咸情活动规律和发展趋势,精细调度,4 次集中补水取得了显著成效,既保证了压咸补淡的需要,又兼顾了发电、航运的需要,同时充分利用区间降雨过程,保持流域骨干水库的有效蓄水量。此期间珠海通过广昌泵站和洪湾泵站抢抽含氯度符合国家标准的淡水共 2 813 万 m^3,珠海蓄水水库始终处于间歇性满库状态。

通过前期的蓄水调度,并实施了 4 次集中补水压咸补淡,至 2007 年 1 月 1 日珠江流域骨干水库有效蓄水量仍达 83 亿 m^3,水量满足关键调度期保障澳门、珠海供水安全的水量调度需要。

珠海平岗泵站扩建工程于 2006 年 12 月 26 日完成,其取水能力由 24 万 m^3/d 提高至 124 万 m^3/d,向澳门及珠海市区输水的能力达 100 万 m^3/d,大大提高了珠海市抢淡和蓄淡的能力。2007 年 1~2 月是珠江骨干水库调度的关键期,珠江流域已进入干旱少雨季节,上游降雨和主要江河来水减少,另一方面,从 12 月下旬的磨刀门水道的咸潮活动情况来看,咸潮强于往年,有关资料分析表明,梧州的流量保持 1 800 m^3/s 时,平岗泵站的实际取水保证率不到 40%,无法保障澳门、珠海(东区)60 万~70 万 m^3/d 的供水需求,必须继续运用联石湾水闸抢淡,提高抢蓄淡水的保障程度。珠江防总根据上游水库的蓄水状况,密切关注流域水雨情的变化情况,适时优化调整调度方案,确保梧州流量在 1 800 m^3/s 以上,并在最佳取水时段适当加大西江补水流量,同期加大北江飞来峡水利枢纽下泄流量,提高平岗泵站取水保证率,保证联石湾水闸也可取到淡水。

分析结果表明,2006 年枯季来水与 2005 年同期基本相当,相同来水条件下珠江三角洲的咸潮影响强于去年同期水平,经珠江防总办精细调度,珠海、中山各主要取水口含氯度超标时数、超标天数和连续不可取水天数均比 2005~2006 年同期下降了 30%~60%。坦洲、中珠联围内的坦洲涌、前山河、洪湾涌等内河涌的水质也大大优于往年同期的Ⅳ~Ⅴ类,其中 2007 年 1 月裕洲泵站氨氮平均值仅为 0.49 mg/L,达到Ⅱ类水的水质标准,洪湾泵站 2 月氨氮平均值为 0.34 mg/L,达到Ⅱ类水的水质标准。

据统计,2006 年 11 月初至 2007 年 2 月底,珠海市直接从河道抽取淡水共 9000 多 m^3。调度结束后,珠海市区蓄水水库基本蓄满,其中南部库群有效蓄水量达 900 万 m^3,北部库群有效蓄水量达 1 600 万 m^3,完全可以继续保障澳门、珠海今春供水安全。同时三角洲各地河涌里的污水和咸水得到了有效置换,水环境比近年同期大大改善,其中坦洲围进闸水量达 5.6 亿 m^3,围内含氯度基本维持在 200 ppm 左右,氮平均值达到Ⅲ类水质标准。

经初步分析,若不实施珠江流域骨干水库调度,即使龙滩水电站不下闸蓄水,梧州流量也会长时间维持为 1 400~1 500 m^3/s,若龙滩水电站在枯水季下闸蓄水,梧州流量将会更低。在这种情况下,即使珠海平岗应急泵站如期投入使用,珠海、澳门的供水安全也将受到严重影响。珠江流域水库的放水压咸效果明显,有效地保障了河口城市的供水安全。

参 考 文 献

曹德明,方国洪.1990.南海北部潮汐潮流的数值模型.热带海洋,9(2):63-70.

陈吉余,沈焕庭,恽才兴,等.1988.长江河口动力过程和地貌演变.上海:上海科学技术出版社.

崔伟中.2004.珠江河口水环境时空变异对河口生态系统的影响.水科学进展,04:472-478.

戴明,李纯厚,贾晓平,等.2004.珠江口近海浮游植物生态特征研究.应用生态学报,15:1389-1394.

丁平兴,王厚杰,孟宪伟,等.2013.近 50 年来我国典型海岸带演变过程与原因分析.北京:科学出版社.

冯洁婷,姜胜,冯佳和,等.2006.广州海域浮游植物群落结构特征.生态科学,3:210-212.

海洋图集编委会.1992.渤海黄海东海海洋图集(水文).北京:海洋出版社:13-168.

黄镇国,张伟强.2004.人为因素对珠江三角洲近 30 年地貌演变的影响.第四纪研究,04:394-401+481-482.

柯志新,谭烨辉,黄良民,等.2012.2009 年秋季旋沟藻赤潮爆发期间珠江口表层水体的环境特征.海洋环境科学,05:635-638.

李开枝,尹健强,黄良民,等.2010.南海西北部陆架区住筒虫属(*Fritillaria*)的种类描述及其丰度分布.海洋学报,5:76-86.

李路.2011.长江河口盐水入侵时空变化特征和机理.上海:华东师范大学博士学位论文.

林永水,周雅操,王国才.1994.珠江口赤潮生物及其与环境关系.热带海洋,13(4):58-64.

刘景钦.2006.珠江口八大口门营养盐的分布及入海通量的研究.中国海洋大学硕士学位论文.

刘凯然.2008.珠江口浮游植物生物多样性变化趋势.大连海事大学硕士学位论文.

龙爱民,陈绍勇,刘胜,等.2003.珠江河口及近海水域中Cu的形态分布及其对藻类的生物毒性.海洋环境科学,03:48-51.

茅志昌,沈焕庭,姚运达.1993.长江口南支南岸水域盐水入侵来源分析.海洋通报,12(1):17-25.

裘诚.2014.长江河口盐水入侵对气候变化和重大工程的响应.上海:华东师范大学博士学位论文.

裘诚,朱建荣.2015.低径流量条件下海平面上升对长江口淡水资源的影响.气候变化研究进展,11(4):245-255.

沈焕庭,茅志昌,朱建荣.2003.长江河口盐水入侵.北京:海洋出版社.

石荣贵,龙爱民,周伟华,等.2012.珠江口磨刀门咸潮及其对环境要素变化的影响.海洋科学,08:86-93.

王彪.2012.珠江河口盐水入侵.上海:华东师范大学博士学位论文.

王崇浩,韦永康.2006.三维水动力泥沙输移模型及其在珠江口的应用.中国水利水电科学研究院学报,4:246-252.

吴辉.2006.长江河口盐水入侵研究.上海:华东师范大学博士学位论文.

肖成猷,沈焕庭.1998.长江河口盐水入侵影响因子分析.华东师范大学学报(自然科学版),3:74-80.

张蔚,严以新,郑金海,等.2010.珠江三角洲年际潮差长期变化趋势.水科学进展,21(1):77-83.

赵焕庭.1990.珠江河口演变.北京:海洋出版社:1-357.

朱建荣.2003.海洋数值计算方法和数值模式.北京:海洋出版社.

朱建荣,顾玉亮,吴辉.2013.长江河口青草沙水库最长连续不宜取水天数.海洋与湖沼,44(5):1138-1145.

朱建荣,吴辉.2013.长江河口东风西沙水库最长连续不宜取水天数数值模拟.华东师范大学学报(自然科学版),5:1-8.

朱建荣,杨陇慧,朱首贤.2002.预估修正法对河口海岸海洋模式稳定性的提高.海洋与湖沼,33(1):15-22.

Arakawa A,Lamb V R.1977.Computational design of the basic dynamical process of the UCLA general circulation model.Methods in Computational Physics:Advance in Research and Applications,17:173-265.

Blumberg A F.1994.A primer for ECOM-si.Technical Report of HydroQual,Mahwah,New Jersey:66.

Blumberg A F,Mellor G L.1987.A description of a three-dimensional coastal ocean circulation model//Heaps N S.Coastal and Estuarine Science,Volume 4,Three-Dimensional Coastal Ocean Models.Washington,DC:American Geophysical Union:1-16.

Casulli V.1990.Semi-implicit finite difference methods for the two-dimensional shallow water equations.Journal of Computational Physics,86(1):56-74.

Chen C S,Zhu J R,Ralph E,et al.2001.Prognostic modeling studies of the Keweenaw current in Lake Superior.Part I formation and evolution.Journal of Physical Oceanography,31:379-395.

Chen C,Liu H,Beardsley R C.2003.An unstructured,finite-volume,three-dimensional,primitive equation ocean model: application to coastal ocean and estuaries. Journal of Atmospheric and Ocean Technology, 20: 159–186.

Chen C, Qi J, Li C, et al. 2008. Complexity of the flooding/drying process in an estuarine tidal creak salt-marsh system: an application of FVCOM. Journal of Geophysical Research, 113: C07052.

Chen X Q, Zong Y Q, Zhang E F, et al. 2001. Human impacts on the Changjiang (Yangtze) River basin, China, with special reference to the impacts on the dry season water discharges into the sea. Geomorphology, 41(2–3), 111–123.

Craft C, Clough J, Ehman J, et al. 2008. Forecasting the effects of accelerated sea-level rise on tidal marsh ecosystem services. Frontiers in Ecology and the Environment, 7(2): 73–78.

Grabemann H J, Grabemann I, Herbers D, et al. 2001. Effects of a specific climate scenario on the hydrography and transport of conservative substances in the Weser Estuary, Germany: a case study. Climate Research, 18(1–2): 77–87.

Hong B, Shen J. 2012. Responses of estuarine salinity and transport processes to potential future sea-level rise in the Chesapeake Bay. Estuarine, Coastal and Shelf Science, 104: 33–45.

Houston J. 2013. Sea level rise//Charles W F. Coastal Hazards. The Netherlands: Springer: 245–266.

Hu J, Li S. 2009. Modeling the mass fluxes and transformations of nutrients in the Pearl River Delta, China. Journal of Marine Systems, 78: 146–167.

Ibàñez C, Canicio A, Day J W, et al. 1997. Morphologic development, relative sea level rise and sustainable management of water and sediment in the Ebre Delta, Spain. Journal of Coastal Conservation, 3(2): 191–202.

Khang N D, Kotera A, Sakamoto T, et al. 2008. Sensitivity of salinity intrusion to sea level rise and river flow change in Vietnamese Mekong Delta-Impacts on availability of irrigation water for rice [Oryza sativa] cropping. Journal of Agricultural Meteorology, 64(3): 167–176.

Lerman A. 1981. Control on river water composition and the mass balance of river systems//Martin J M, Burton J D, Eisma D. River Inputs to Ocean Systems, Proceedings of a SCOR/ACMRR/ECOR/IAHS/UNESCO/CMG/IABO/IAPSO Review and Workshop: 1–4.

Li L, Zhu J R, Wu H, et al. 2014. Lateral saltwater intrusion in the North Channel of the Changjiang Estuary. Estuaries and Coasts, 37: 36–55.

Luo X L, Zeng E Y, Ji R, et al. 2007. Effects of in-channel sand excavation on the hydrology of the Pearl River Delta, China. Journal of Hydrology, 343(3–4): 230–239.

Mellor G L, Yamada T. 1982. Development of a turbulence closure model for geophysical fluid problem. Reviews of Geophysics and Space Physics, 20: 851–875.

Murphy A H. 1988. Skill score based on the mean square error and their relationship to the correlation coefficient. Monthly Weather Review, 116(12): 2417–2424.

Paw J N, Chua T E. 1991. Climate changes and sea level rise: implications on coastal area utilization and management in south-east Asia. Ocean and Shoreline Management, 15(3): 205–232.

Qiu C, Zhu J R, 2013. Influence of seasonal runoff regulation by the Three Gorges Reservoir on saltwater intrusion in the Changjiang River Estuary. Continental Shelf Research, 71: 16–26.

Qiu C, Zhu J R, 2015. Assessing the influence of sea-level rise on salt transport processes and estuarine circulation in the Changjiang River Estuary. Journal of Coastal Research, 31(3): 661–670.

Ross M S, Sah J P, Meeder J F, et al. 2013. Compositional effects of sea-level rise in a patchy landscape: the dynamics of tree islands in the southeastern coastal everglades. Wetlands, 34 (Suppl

1）：S91 - S100.

Sinha P C, Rao Y R, Dube S K, et al. 1997. Effect of sea level rise on tidal circulation in the Hooghly Estuary, Bay of Bengal. Marine Geodesy, 20(4): 341 - 366.

Wassmann R, Hien N X, Hoanh C T, et al. 2004. Sea level rise affecting the Vietnamese Mekong Delta: water elevation in the flood season and implications for rice production. Climatic Change, 66(1 - 2): 89 - 107.

Wong L A, Chen J C, Dong L X. 2004. A model of the plume front of the Pearl River Estuary, China and adjacent coastal waters in the winter dry season. Continental Shelf Research, 24 (16): 1779 - 1795.

Wong L A, Chen J C, Xue H, et al. 2003a. A model study of the circulation in the Pearl River Estuary (PRE) and its adjacent coastal waters: 1. Simulations and comparison with observations. Journal of Geophysical Research, 108: C5.

Wong L A, Chen J C, Xue H, et al. 2003b. A model study of the circulation in the Pearl River Estuary (PRE) and its adjacent coastal waters: 2. Sensitivity experiments. Journal of Geophysical Research, 108: C5.

Wu H, Zhu J R. 2010. Advection scheme with 3rd high-order spatial interpolation at the middle temporal level and its application to saltwater intrusion in the Changjiang Estuary. Ocean Modeling, 33: 33 - 51.

Wu H, Zhu J R, Chen B R, et al. 2006. Quantitative relationship of runoff and tide to saltwater spilling over from the North Branch in the Changjiang Estuary: a numerical study. Estuarine, Coastal and Shelf Science, 69: 125 - 132.

Wu H, Zhu J R, Choi B H. 2010. Links between saltwater intrusion and subtidal circulation in the Changjiang Estuary: a model-guided study. Continental Shelf Research, 30: 1891 - 1905.

Yang S C, Shih S S, Hwang G W, et al. 2013. The salinity gradient influences on the inundation tolerance thresholds of mangrove forests. Ecological Engineering, 51: 59 - 65.

Yin K, Qian P Y, Wu MC S, et al. 2001. Shift from P to N limitation of phytoplankton biomass across the Pearl River estuarine plume during summer. Marine Ecology Progress Series, 221: 17 - 28.

Yuan R, Zhu J R. 2015. The effects of dredging on the tidal range and saltwater intrusion in the Pearl River estuary. Journal of Coastal Research, 31(6): 1357 - 1362.

Yuan R, Zhu J R, Wang B. 2015. Impact of sea-level rise on saltwater intrusion in the Pearl River estuary. Journal of Coastal Research, 31(2): 477 - 487.

Zander K K, Petheram L, Garnett S T. 2013. Stay or leave? Potential climate change adaptation strategies among Aboriginal people in coastal communities in northern Australia. Natural Hazards, 67(2): 591 - 609.

Zhang H, Li S. 2009. Effects of physical and biochemical processes on the dissolved oxygen budget for the Pearl River Estuary during summer. Journal of Marine Systems, 79(1 - 2): 65 - 88.

Zhu J R, Qiu C. 2015. Responses of river discharge and sea level rise to climate change and human activity in the Changjiang River Estuary. Journal of East China Normal University (Natural Science), 4: 54 - 64.

Zhu S X, Ding P X, Sha W J, et al. 2001. New Eulerian-Lagrangian method for salinity calculation. China Ocean Engineering, 04: 553 - 564.

第三部分

典型海岸带生态系统景观格局
演变趋势与影响分析

提 要

　　生态系统是海岸带系统中的重要组成部分,其中大河河口、红树林和珊瑚礁是我国比较典型的海岸带生态系统。景观(如植被和珊瑚礁的结构与分布等)作为根本支撑,直接决定了这类生态系统的健康状态与演化趋势,因而成为这类生态系统研究的核心内涵。这类生态系统位于海-陆交界的过渡带,使其景观格局对气候变化的影响尤其敏感。因此,在气候变化背景下,预测这类生态系统景观格局的演变趋势,评价其脆弱性对于制订减缓和适应气候变化的生态系统保护措施具有重要意义。本部分选取长江口盐沼湿地、广西典型红树林(英罗湾和钦州湾)和海南三亚湾珊瑚礁为研究对象,在气候变化情景下,分别预测了三个生态系统到 2030 年、2050 年和 2100 年的景观格局演变趋势;分析了三个生态系统景观格局演变趋势的潜在影响;提出了应对气候变化的措施。

　　(1)长江口盐沼湿地生态系统景观演变趋势。预测结果表明,滩面淤涨速率与相对海平面上升速率的制衡决定了湿地植被的景观格局演变。由于长江口滩面淤涨速率远大于相对海平面上升速率(接近一个数量级),相对海平面的上升只起到对长江口湿地植被规模扩展的限制作用。因此,在全球绝对海平面上升不同的情景下(2.4~6.2 mm/a),长江口湿地植被的规模依然呈现扩展态势,且在相同预测年,总体扩展规模相近,但不同植被类型的变化趋势却不尽相同。与长江口相对海平面上升速率相近的最高海平面上升情景(2010~2065 年,2.9 mm/a;2065~2080 年,4.5 mm/a;2080~2100 年,6.2 mm/a)下的预测结果显示:① 在 2030 年,自然植被总面积与 2010 年相比将增加约 143 km²,年均增长率约为 7.2 km²/a,其中芦苇群落面积将增长最多,达到 96 km²,海三棱藨草群落总面积将增加 38 km²,而互花米草群落面积仅增加 9 km²;② 在 2050 年,自然植被总面积与 2010 年相比将增加约 247 km²,2030~2050 年年均面积增加速率约为 12.3 km²/a,与 2030 年相比,其中芦苇群落面积减少 2 km²,互花米草群落面积增加 61 km²,海三棱藨草群落面积增加 46 km²;③ 在 2100 年,自然植被总面积与 2010 年相比将增加约 605 km²,与 2050 年相比,芦苇群落、互花米草群落以及海三棱藨草群落面积分别增加127 km²、171 km²、59 km²。

　　(2)广西典型红树林生态系统景观演变趋势。全球平均海平面上升对红树林景观的影响实际上取决于相对海平面上升与滩涂基面高程增长之间的关系。如果滩涂基面高程增长与相对海平面上升同步,那么红树林的景观相对稳定,否则,会发生向陆或向海迁徙,而向陆迁徙又会受到海堤阻挡的影响。由于广西海岸带地壳一直处于上升状态,且在英罗湾和茅尾海有充沛的沉积物供应,因此,较低的相对海平面上升速率和较高的滩涂基面高程增长速率抑制了全球海平面上升对两区红树林景观的影响。在当前海堤阻挡情况下,从 2000 年—2030 年—2050 年—2010 年,在低、中、高和极端 4 个全球海平面上升情景模式下,英罗湾红树林向陆边界除中段因海堤的存在而保持稳定外,其他岸段不断地向陆推进,红树林面积相应地不断增大,而向海边界在低、中海平面上升情景模式下,将向海扩展,面积增大,而在高和极端海平面上升情景模式下,转变为向陆后退,面积减小;与英罗湾不同,环茅尾海几乎都有海堤分布,且沉积物的累积速率较高,因此除西北段在极端海平面上升模式下,茅尾海红树林总体上呈现出向海扩展的态势,使得红树林面积增大,且从 2000 年—2030 年—2050 年—2100 年,红树林的分布范围逐渐扩大。但在茅尾海西北段,在极端海平面上升模式下,红树林向陆后退,使得该段红树林面积减少。此外,受茅尾海潮间带地形地貌的制约,其潮间带红树林多处呈斑块状分布(岛状)发生合并,或者增生一些新的岛状红树林。在无海堤分布假设下,即便海平面没有上升,英罗湾和茅尾海当前的红树林面积应该比实际面积分别多出 76.47 hm^2 和 6 254 hm^2;在 4 个海平面上升情景下,英罗湾和茅尾海红树林陆侧边界向陆扩展,面积增大,但英罗湾红树林向陆迁徙幅度远低于茅尾海。

(3)海南三亚湾珊瑚礁生态系统景观演变趋势。通过采用珊瑚骨骼中 1906~1994 年 Sr/Ca 的温度,进行线性回归和外推,获得三亚湾的海表水温度在 2030 年、2050 年和 2010 年分别可以达到 28.18 ℃,28.73 ℃和 30.11 ℃。对收集到的 2001~2010 年三亚湾的 pH 资料进行回归、外推可以得出,三亚湾的 pH 在 2030 年、2050 年和 2100 年可以分别达到 8.03、7.9 和 7.6。由于三亚湾气温升高、pH 降低以及人类活动增加,在三亚西瑁岛和东瑁岛,2030 年,珊瑚的分布面积将缩小,但珊瑚种类与现在相差不大;到 2050 年,珊瑚分布面积缩小 30%,珊瑚种类主要是块状和平板型;2100 年,珊瑚面积将缩小 50%,珊瑚类型主要是以块状为主。在三亚鹿回头半岛,2030 年,由于码头建设和相关的建筑,鹿回头中西部的珊瑚将消失殆尽;2050 年,由于更多的海岸建设和水质状况恶化,更多的珊瑚将消失,仅在鹿回头尖端的珊瑚还将有一定留存;2100 年,伴随海岸建设的发展和水质恶化的加剧,三亚鹿回头几乎所有的珊瑚消失殆尽。

(4)景观演变的影响分析与应对措施。海平面上升引发的长江口盐沼湿地植被面积的减少将导致该生态系统的促淤、防风消浪、碳汇及作为鸟类栖息地等主要功能的减弱,应采取控制地面沉降、自然和人工促淤等措施,以制衡相对海平面上升对长江口盐沼湿地植被景观的负面影响;在当前海堤分布状况下,英罗湾和茅尾海西北岸段在极端海平面上升情景下的红树林面积将减少,这将导致整个红树林生态系统的初级生产、固碳、水质净化、促淤、防风消浪、底栖生物繁育和对其他生态系统支撑能力的降低,应采取促淤和适当清除海堤等防范措施;在海水温度和酸度增大的情景下,三亚湾珊瑚礁生态系统中珊瑚景观的衰退(甚至消失)可能导致海岸带侵蚀的加剧和近海其他生态系统的崩溃,因此,应该加强气候变化背景下的珊瑚演化预测模型和珊瑚对气候变化适应性的驯化研究,并最大限度地管控近岸人类活动,包括:① 设置人类活动强度阈值;② 设立种源区域等。

引　言

　　海岸带生态系统,如河口、红树林和珊瑚礁等生态系统在维护陆地-海洋-大气系统中的碳、氮、硫和磷等生源要素的循环及海洋生态系统的平衡和生物多样性中发挥着重要作用(Jennerjahn and Ittekkot,2002)。同时,海岸带生态系统具有独特的资源属性及生态和社会服务功能,因此具有重要的经济和社会价值。

　　但是,在全球气候变化和人类活动的双重胁迫下,以红树林、珊瑚礁和河口湿地为代表的海岸带生态系统面临日益退化的危险,表现出前所未有的生态脆弱性(Hoegh-Guldberg,1999;Kleypas et al.,2005;Gilman et al.,2008),直接威胁了海岸带经济的可持续发展。因此,河口、红树林和珊瑚礁等海岸带生态系统的变化过程及其对气候变化的响应研究日益成为科学界广泛关注的科学命题(Zhang et al.,1999;Ellison,2000;Gilman et al.,2007)。全球气候变化的直接表征是以CO_2为代表的温室气体浓度的升高及其导致的气温升高、降水量时空分布格局变化的不均匀,以及极端灾害性天气增加等。这些气候变化因子对河口湿地、红树林和珊瑚礁等海岸带生态系统的影响程度和机制并不相同。例如,对滨海湿地而言(河口盐沼湿地和红树林湿地),气温和CO_2浓度的升高利于这类滨海湿地植被的生长发育,而海平面上升则是这类生态系统的直接威胁;对于珊瑚礁生态系统而言,气温和CO_2浓度的升高是直接威胁,海平面上升的影响却相对较弱。因此,当前国际上有关红树林等滨海湿地对气候变化的响应研究更多地集中于海平面上升导致的景观格局演变;而有关珊瑚礁对气候变化的响应研究则关注于气温升高和CO_2浓度升高对珊瑚礁生长发育的影响。

　　国际上有关全球海平面上升对盐沼和红树林等滨海湿地的影响研究的核心是沉积物表面高程的累积对局域相对海平面上升的制衡作用。当滨海湿地沉积物表面高程的变化速率低于相对海平面变化的速率时,湿地系统不能和变化的海平面保持同步,湿地植被便会发生迁移或者群落结构发生改变(Thom,1984;Ellison and Stoddart,1991;Woodroffe,1987,1995,2002;Lovelock and Ellison,2007),而沉积物表面高程的变化主要受制于沉积速率(Cahoon et al.,2006;Cahoon and Hensel,2006);当滨岸有海堤等工程物体阻挡时,湿地植被向陆迁移便会受到阻挡(Gilman et al.,2007)。但是,对海岸带滨海湿地而言,由于有足够的沉积物供应,海平面上升的威胁显著削弱。因此,当前有关滨海湿地系统对海平面上升的响应研究主要集中于无沉积物供应的碳酸盐区和海岛区(Thom,1984;Ellison and Stoddart,1991;Woodroffe,1987,1995,2002)。

　　相比于滨海湿地,珊瑚礁生态系统受全球气候变化的影响更为明显。有关全球气候变化对珊瑚礁生态系统的影响研究主要集中在两大方面：一是在全球变暖背景下，珊瑚白化导致的珊瑚礁生态系统退化（Goreau，1992；Hanaki et al.，1998；Browm，1997）；二是由大气 CO_2 浓度升高导致的海水酸度增大引发的珊瑚骨骼溶解（Kleypas，1999）。关于温度升高背景下，珊瑚白化的研究主要关注于白化现象、白化性质和白化规律及其发生原因研究（Brown et al.，1990；Kushmaio et al.，1998；Shpperil et al.，1998；Polder，1999），例如，对珊瑚白化发生事件和周期性的研究（Wilknson，1998；IPCC，2001），以及在气候升温背景下的珊瑚礁生态系统演化预测（IPCC，2001）；为了能够预测珊瑚的白化，NOAA 等机构开发了关于珊瑚白化周热度指数等指标，对珊瑚的生长状况进行预测。关于海水酸化对珊瑚骨骼溶解的研究主要针对海水酸度增大对组成珊瑚骨骼的碳酸盐矿物（文石）的溶解实验（Kleypas，1999），以及未来预测（Dai et al.，2001）。

　　与国际上对滨海湿地的研究相比，我国过去对滨海湿地系统的研究思路更多地限于湿地生态系统结构和湿地功能等生态学方面的研究（黄初龙等，1995；林鹏，2001），而对于海平面上升情景下红树林等湿地景观的预测研究目前尚未涉足；在气候变化对珊瑚礁生态系统的影响研究方面，主要关注海水温度升高和海水酸化对珊瑚礁个体的生长、生态结构改变和珊瑚礁白化的研究，而对于由气温升高和大气 CO_2 浓度的增高导致的海水酸化背景下珊瑚礁生态景观演变的预测研究明显不足。

　　总之，气候变化正在越来越深刻地影响着我国的近岸海洋和河口生态系统，通过在气候变化背景下预测长江口湿地、红树林和珊瑚礁生态系统的景观格局演变，对于我国未来应对气候变化而采取有效防范措施具有重要的意义。

　　为此，国家重点基础研究发展计划（973 计划）项目"我国典型海岸带系统对气候变化的响应机制及脆弱性评估研究"中设置了"气候变化情景下海岸带生态系统过程的响应及格局演变"课题（编号：2010CB95203）。本课题的主要目标之一是，以长江口、广西典型红树林和海南三亚湾珊瑚礁生态系统为研究对象，在气候变化背景下，筛选影响长江口湿地和广西红树林典型湿地景观格局演变的关键因子，实现长江口盐沼湿地、广西红树林典型湿地和三亚湾珊瑚礁景观格局变化趋势的预测，提出减缓和适应气候变化的海岸带生态系统保护对策。

　　作为《气候变化影响下我国典型海岸带演变趋势与脆弱性评估》专著的一部分，"典型海岸带生态系统演变趋势与影响分析"主要阐述了：① 在 IPCC 给出的 4 个海平面上升情景下的长江口盐沼湿地和广西典型红树林（英罗湾和钦州湾）景观格局演变趋势与影响分析；② 在气温升高和海水酸化背景下的海南三亚湾珊瑚礁景观格局演变与影响分析，并在此基础上提出了减缓和适应气候变化的 3 个海岸带典型生态系统的防范对策。

　　需要指出的是，与短时间尺度的预测相比，对长江口盐沼湿地、广西英罗湾和钦州湾植被及海南三亚湾珊瑚礁景观演变的长时间尺度（2030 年、2050 年和 2100 年）的预测结果存在一定的不确定性。这种不确定性主要归因于：① 气候变化的不确定性；② 预测模型（或方法）的不完善；③ 缺少长时序的历史观测数据的验证。另外，与人类活动相比，气候变化对长江口盐沼湿地、广西红树林和三亚湾珊瑚礁生态系统的影响相对较弱。

第六章　长江河口盐沼湿地生态系统景观演变趋势与影响分析

长江口生态系统由水域和 0 m 等深线以上的滨海盐沼湿地系统组成,其中,滨海盐沼湿地系统受海平面上升的影响最为敏感。植被作为滨海盐沼湿地系统的重要支撑,其在海平面上升情景下的演变直接制约了盐沼湿地生态系统的结构和功能的变化。因此,本章主要阐述了不同海平面上升情景下,长江口滨海盐沼湿地 2030 年、2050 年和 2100 年的植被景观的演变趋势及其对生态系统服务功能的影响,并在此基础上,提出了应对策略。

6.1　长江口盐沼湿地概况

6.1.1　地形

在"三级分叉、四口入海"的地貌格局下,长江口的地形总体表现为"周边深、中部浅"。具体表现在西部南支水道和金山深槽水深多大于10 m(图 6-1),地形坡度大,并大多呈突变特征;东部,尤其是东北部,随水下三角洲前缘和前三角洲的向海推进,水深逐渐增大至10 m以下;中部和杭州湾北岸区水深多为 5～10 m,在含长江口门的中部区广泛发育浅滩。

6.1.2　湿地景观

以海堤为界,长江口滨海湿地分为两大部分(图 6-2):海堤以内(向陆一侧)因多年累积围垦,形成了人工湿地;海堤以外(向海一侧)为自然湿地。受自然和人为因素的共同影响,长江口海堤以外的盐沼湿地总面积一直呈波动状态,但基本

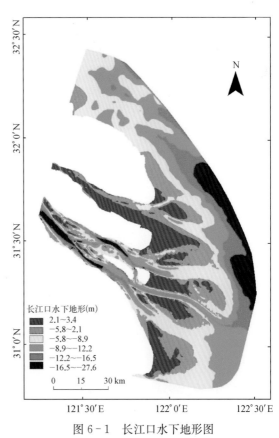

图 6-1　长江口水下地形图

维持在 200 km² 左右。根据 2010 年遥感影像的解译结果,堤外盐沼湿地总面积为 192 km²,自南向北,主要分布在上海南汇边滩、九段沙、横沙东滩、崇明东滩和江苏启东沿海;从外向内,堤外湿地类型依次为开放水体、光滩和天然植被。

长江口盐沼湿地的优势植物群落包括芦苇(*Phragmites australis*)、互花米草(*Spartina alterniflora*)和海三棱藨草(*Scirpus mariqueter*)群落。据 2010 年遥感影像解译结果,植被总面积约 106 km²,其中芦苇群落面积约为 40 km²,互花米草群落面积约为 38 km²,海三棱藨草群落面积约为 28 km²(任璐婧等,2014)。

6.1.3　盐度特征

小潮期间,长江口北支被高盐水占据,盐度大于南支,平均为 25～30(图 6-3);在南支,对于盐水入侵,南槽最强,

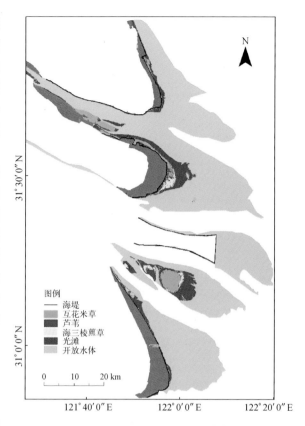

图 6-2　长江口盐沼湿地分布

据 2010 年遥感影像解译结果,灰色部分为 1980～2010 年的围垦区

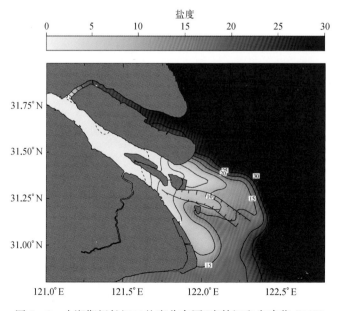

图 6-3　小潮期间长江口盐度分布图(李林江和朱建荣,2015)

北槽次之,北港最弱(盐度约为5)。崇明东滩从北向南盐度不断降低,北支沿岸盐度为25～30,向南逐渐降为0～5;南汇边滩沿岸由北向南盐度逐渐升高,由15逐渐增长到25;而长江口江心沙洲地区盐度大多为0～15;江苏启东边滩盐度较大,盐度值为25～30。

6.1.4　滩涂冲淤变化特征

根据刘扬扬等(2010)的研究,崇明北沿是长江口淤积最强烈的区域,2000～2008年冲淤变化深度达1.093 m;长江南支是近期冲刷最严重的区域,主要沙洲的演变趋势是向东南方向移动;南汇东滩1993～1990年间略有冲刷,90年代以来由于圈围工程的开展基本保持了持续淤涨的态势,但近期冲淤变化不大,稍有冲刷。2003年三峡水库蓄水以来,下游的来沙量急剧减少,造成河口滩涂不同区域(如长江南支、南汇东滩)的冲刷加剧。

2008～2012年对长江口崇明东滩滩涂湿地三种植被群落(芦苇群落、互花米草群落、海三棱藨草群落)的分布区以及光滩分布区的淤积速率进行断面测量表明,崇明东滩近年来一直处于快速淤积的过程,其中,在互花米草群落、海三棱藨草群落、芦苇群落分布区和光滩区的淤积速率分别为200 mm/a以上、110 mm/a左右、60～70 mm/a和50 mm/a以上。

6.1.5　地面沉降

长江口区底质属于海陆交互相沉积,并具有饱和软弱、孔隙比大、含水量高的特点。这一客观的沉积层物理力学特性加之地下水开采活动使长江口地区成为我国地面沉降最为显著的区域。前人的监测结果表明,1980～1995年崇明东滩围垦区的地面沉降速率为5.0～6.7 mm/a,而成陆较久的地区同期沉降速率仅为3.0～5.0 mm/a;上海市中心城区在1921～2007年期间累积沉降总量为1 974.5 mm,平均沉降速率为22.70 mm/a(龚士良等,2008)。

6.2　海平面上升情景下长江口盐沼湿地景观的演变趋势

尽管与人类活动相比,气候变化对滨海湿地的威胁相对较小,但气候变化对滨海湿地的影响仍不可低估(Primavera,1997;Valiela et al.,2001;Alongi,2002;Duke et al.,2007)。在海平面变化、洪水事件、风暴、降水、温度、大气二氧化碳浓度、海洋环流等气候变化因子中,相对海平面上升可能是滨海盐沼湿地的最大威胁(Field,1995)。此外,对于植被景观演变而言,局域生境(如地形和盐度等)和植物种群之间的竞争演替也是决定植被景观变化的影响因素。因此,预测长江口盐沼湿地植被景观演变不仅涉及全球绝对海平面上升情景的选择,而且预测模型应尽可能地表征可预测的影响因素。

6.2.1 情景设置

1）预测区边界设置

预测区的启东边滩、崇明东滩、横沙东滩、九段沙和南汇边滩均以 2010 年海堤为陆侧边界，崇明东滩北部以 2014 年海堤为陆侧边界，并假定在预测时段内不再围垦。

2）海平面上升情景设置

依据 IPCC 发布的全球海平面上升情景报告（IPCC，2007），将长江口海平面上升情景设置为 4 种情况（表 6-1）。其中，情景四与中国海洋公报（2014）发布的上海过去 30 年相对海平面上升速率（2.8～4.8 mm/a）和前人（施雅风等，2000；姜澎，2013）预测的未来 20～30 年上海市相对海平面的上升速率相当（分别为 4.5～6.5 mm/a 和 5～8 mm/a）。

表 6-1　长江口盐沼湿地演变海平面上升情景设置（IPCC，2007）

情　景	描　　　述	海平面上升速率（mm/a）		
		2010～2065 年	2065～2080 年	2080～2100 年
现行趋势	无海平面上升	0	0	0
情景一（RCP2.6）	辐射强迫在 2100 年之前达到峰值，到 2100 年下降到 2.6 W/m², CO₂当量浓度峰值约 490 ppmv	2.4	3.2	4.0
情景二（RCP4.5）	辐射强迫稳定在 4.5 W/m², 2100 年后 CO₂当量浓度稳定在约 650 ppmv	2.6	3.65	4.7
情景三（RCP6.0）	辐射强迫稳定在 6.0 W/m², 2100 年后 CO₂当量浓度稳定在约 850 ppmv	2.5	3.6	4.7
情景四（RCP8.5）	辐射强迫稳定在 8.5 W/m², 2100 年后 CO₂当量浓度稳定在约 1 370 ppmv	2.9	4.55	6.2
淤涨速率减半	情景四（RCP8.5），同时淤涨速率减半	2.9	4.55	6.2
淤涨速率减为 1/4	情景四（RCP8.5），同时淤涨速率减为原来的 1/4	2.9	4.55	6.2

3）淤涨速率情景设置

IPCC 报告给出的只是全球绝对海平面上升速率预测值，但是影响滨海湿地景观演变的是相对海平面变化。不同于海洋公报发布定点监测的区域性海平面上升速率，不同海岸岸段的相对海平面上升速率往往取决于区域地壳升降速率，并受泥沙淤涨速率的制衡。对于长江口湿地相对较小的范围，在假定地壳沉降速率相对均等的情况下，淤涨速率的差异对预测湿地景观演变就显得尤为重要。

受长江三峡工程的影响，近 30 年来长江口来沙呈现出显著减少态势。1950～1985 年间在大通站测得长江口年均输沙量约为 4.70 亿 t，而 2003～2010 年间年均输沙量约为 1.53 亿 t（李保等，2012），减少了约 67%。对 1959～2002 年多个时段杭州湾以北淤积速率与大通站来沙的统计分析表明，二者存在显著正相关（Yu et al.，2014）。参照这种趋势，在海平面上升情景四中增加了因长江口来沙减少，滩涂淤涨速率减半和减为 1/4 两种假定情景（表 6-1）。对于不同植被带淤涨速率的设置参考了前人的研究成果（表 6-2）。

表 6 − 2　长江口滩涂湿地水平淤涨速率情景设置

地 物 类 型	现行趋势淤涨速率*（m/a）	淤涨速率减半（m/a）
芦苇群落	71.8	35.9
互花米草群落	233.1	116.6
海三棱藨草群落	110.3	55.2
光滩	57.9	29.0

* 引自 2008～2012 年杨世伦等对崇明东滩断面的实测数据。

6.2.2　数据来源与预测模型选择

1) 数据类型与来源

湿地类型源于 1980 年、1990 年、2000 年和 2010 年 4 个时段的卫星影像对湿地类型的解译结果（任璘婧等，2014），分辨率为 30～79 m；地形高程数据来自河口海岸学国家重点实验室提供的 2009 年 19 195 个点的长江口堤外高程数据；盐度数据引自李林江等（2015）。

2) 模型的选择

（1）模型参量

模型参量的选择需充分考虑植被景观格局与区域生境的关系及不同植被对生境的适应性和相互竞争。

① 高程

前人对长江口植被群落与高程关系的研究表明，芦苇主要分布在高程 3.0 m 以上的滩面，海三棱藨草分布于高程 1.5～3.0 m 的滩面；互花米草分布于 1.5～3.0 m 的高程范围内。由此看出，三种典型植被分布区域的高程存在相互重叠，这是由植被在适应环境的演替过程中的竞争所致。例如，互花米草凭借自身耐盐耐淹的特性以及无性繁殖能力在演替过程中取得优势，导致在九段沙和崇明东滩互花米草分布区域都出现了对芦苇和海三棱藨草的严重排挤现象。可见，高程是模型中的主要参量之一。

② 土壤盐度

前人的研究表明，盐度为 0～32，互花米草能够正常生长和繁殖，但盐度高于 32 时，对其生长具有显著的抑制作用，表现为植株高度、生物量和无性繁殖能力显著降低（陈中义等，2005）。土著种海三棱藨草的耐盐范围明显低于互花米草，当盐度达到 16 时，植物趋于死亡（陈中义等，2004），而这个盐度正是互花米草生长的最适盐度范围（10～20）（LaSalle et al.，1991）。海三棱藨草在土壤盐度为 0～4 的条件下生长良好（陈中义等，2005），如果盐度高于 16，海三棱藨草将趋于死亡。研究表明，4 以下盐度对芦苇的生长无影响，而盐度高于 16 时芦苇将趋于死亡（王卿，2007）。可见，土壤盐度也是模型中的主要参量。

③ 淤涨速率

前人对长江口典型盐沼湿地沉积速率的实际观测结果表明，大堤外，距离大堤越远，沉积速率越小；堤内高程越低，沉积速率越大。据此，对光滩以外水体区域（光滩与 − 6 m

等深线之间的区域)的淤涨速率进行计算,首先将-6 m 等深线处的淤涨速率设定为 0,光滩与-6 m 等深线之间的淤涨速率采用式(6-1)计算:

$$V_d = \frac{d}{L_{-6}} \times V_0 \tag{6-1}$$

式中,V_d 为光滩与-6 m 等深线之间某一点的淤涨速率,d 为该点距离光滩的欧氏距离,L_{-6} 为-6 m 等深线距光滩的距离,V_0 指光滩的淤涨速率。

(2)改进的元胞自动机模型

元胞自动机模型(CA 模型)是当前广泛应用于土地利用时空演化模拟(Ke and Bian, 2008)和植被竞争关系模拟(Huang et al.,2008)的主要模型之一。由于长江口盐沼湿地的景观变化与生境变化和植被竞争状态密切相关,因此,我们对 CA 模型进行了改进,丰富其生境和植被竞争内涵。改进的 CA 模型由元胞(cell)、状态(state)、邻域(neighbors)、转换规则函数(function)、高程(height)和盐度(salinity)六部分组成,其数学表达式为

$$A = (C, Si, N, F, H, S) \tag{6-2}$$

式中,A 为元胞空间最终状态,C 为元胞空间初始状态,Si 为元胞有限状态的集合,N 为一个邻域内所有元胞的组合,F 为基于邻近函数来实现的转换规则,H 为元胞所处高程(m),S 为元胞所处盐度(‰)。转换规则的设置见式(6-3)。

$$S_{t+1} = \begin{cases} S_w, & \text{当 } H \leqslant 0 \text{ 时} \\ S_0, & \text{当 } H > 0 \text{ 且 } H \leqslant 1.5, S \geqslant 0 \text{ 时} \\ S_{p.a}, & \text{当 } H \geqslant 3, S > 0 \text{ 且 } S < 15 \text{ 时} \\ S_{s.a}, & \text{当 } H > 1.5 \text{ 且 } H < 3, S > 4 \text{ 且 } S < 32 \text{ 时} \\ S_{s.m}, & \text{当 } H > 1.5 \text{ 且 } H < 3, S > 0 \text{ 且 } S < 2 \text{ 时} \end{cases} \tag{6-3}$$

式中,S_0、S_w、$S_{s.m}$、$S_{p.a}$、$S_{s.a}$ 分别表示元胞状态是光滩、水体、海三棱藨草、芦苇和互花米草。

在式(6-3)中,当盐度为 2~4 时,海三棱藨草群落和互花米草群落出现适宜生境重叠的情况,因为二者最适高程均为 1.5~3.0 m,在改进的 CA 模型中无法模拟,对此沿用 Huang 等(2008)使用 CA 模型,在此种情况下对植被竞争过程进行模拟,转化规则见式(6-4)。

$$S_{t+1} = \begin{cases} S_{s.m}, & \text{当 } N_{s.m} + N_0 > 4 \text{ 时} \\ S_{s.a}, & \text{当 } N_{s.m} + N_0 \geqslant 0 \text{ 且 } N_{s.m} + N_0 < 4 \text{ 时} \end{cases} \tag{6-4}$$

式中,N_0、$N_{s.m}$ 分别表示中心元胞的邻域中光滩、海三棱藨草元胞的个数;S_{t+1}、$S_{s.m}$ 分别表示 $t+1$ 时刻元胞的状态、当前元胞状态是海三棱藨草。

6.2.3 海平面稳定在当前水平下的植被景观演变

如果海平面没有上升,而是稳定在当前水平,长江口滩面将缓慢淤高,自然植被面积也相应地持续增长(图 6-4)。统计结果表明,与 2010 年相比,在 2030 年、2050 年和 2100

年,长江口自然植被总面积将分别增加约 193 km² 、371 km² 和 1074 km²（图 6 - 5）；在 2010～2030 年、2030～2050 年和 2050～2100 年间,年均增长率分别为 10 km²/a、9 km²/a 和 14 km²/a,显然,2050～2100 年期间,自然植被面积的增长速率最快。

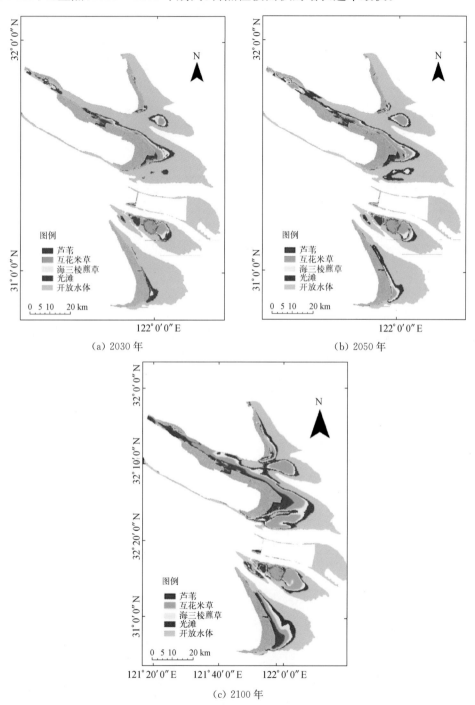

图 6 - 4　海平面稳定在当前水平下的不同预测年（2030 年、2050 年和 2100 年）长江口滩涂湿地植被的空间分布

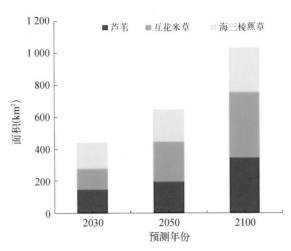

图 6-5　海平面稳定在当前水平下的不同预测年长江口滩涂湿地植被类型的面积变化

　　不同类型的植被增长的趋势并不相同。在 2030 年,海三棱藨草面积增长最多,达到 75 km²,互花米草的面积增加 66 km²,而芦苇群落面积仅增加 52 km²;到 2050 年,芦苇群落、互花米草群落以及海三棱藨草群落的面积分别增加 35 km²、90 km² 和 55 km²;2100 年,芦苇群落、互花米草群落以及海三棱藨草群落的面积分别增加 346 km²、116 km² 和 62 km²。

6.2.4　不同海平面上升情景下的植被景观演变

　　在不同海平面上升情景下,水下滩面的淤积与海平面上升之间的制衡决定了湿地植被景观的演变。由于海平面上升速率与滩面淤积速率相比,大约低一个数量级,因此水下滩面的淤高速率与海平面上升速率相互抵消一部分后,仍有不同程度的淤涨。基于 IPCC 报告(2007 年)预测的四个海平面上升情景,对长江口盐沼湿地植被景观演变的预测结果表明,不同海平面上升情景下植被发育的面积变化差异不大(图 6-6 和图 6-7)。因此,选择与长江口相对海平面上升速率最为接近的情景(情景四),具体分析海平面上升情景下长江口盐沼湿地景观演变的趋势。

　　在 IPCC 报告(2007 年)预测的海平面上升情景中,海平面上升速率最快的“高上升情景(情景四)”(2010~2065 年,2.9 mm/a;2065~2080 年,4.5 mm/a;2080~2100 年,6.2 mm/a)与长江口目前较高的相对海平面上升速率(5~8 mm/a)最为接近。在此情景下,自然植被的总面积将持续增长(图 6-6):与 2010 年相比,在 2030 年、2050 年和 2100 年,长江口盐沼湿地的植被面积将分别增加约 197 km²、294 km² 和 668 km²;在 2010~2030 年、2030~2050 年和 2050~2100 年期间,年均增长率分别为 9.8 km²/a、4.85 km²/a 和 7.5 km²/a。

　　不同类型的植被的面积增长速率并不相同,到 2030 年,芦苇群落的面积将增长最多,达到 119 km²,海三棱藨草群落总面积将增加 47 km²,而互花米草群落面积仅增加 30 km²;与 2030 年相比,在 2050 年,芦苇群落面积减少 2 km²,互花米草群落面积增加 61 km²,海三棱藨草群落面积增加 46 km²;与 2050 年相比,到 2100 年,芦苇群落、互花米草群落以及海三棱藨草群落面积分别增加 127 km²、171 km²、59 km²。

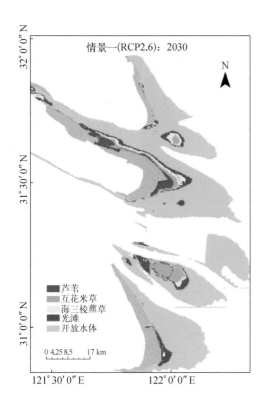

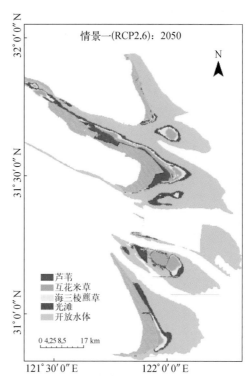

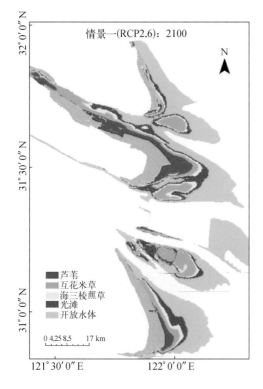

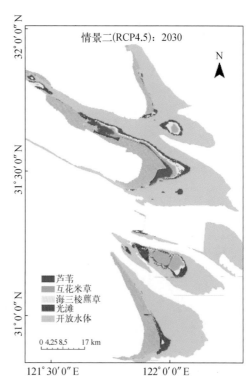

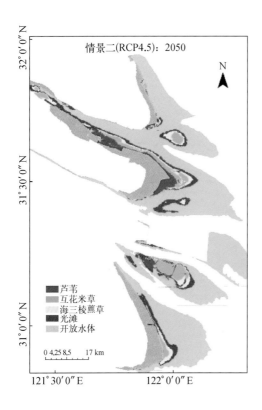

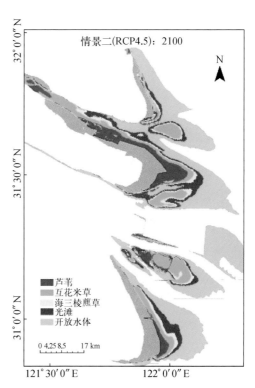

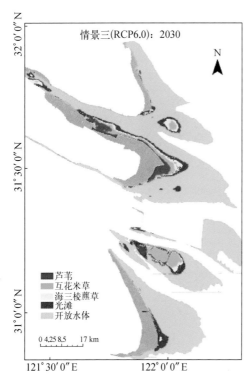

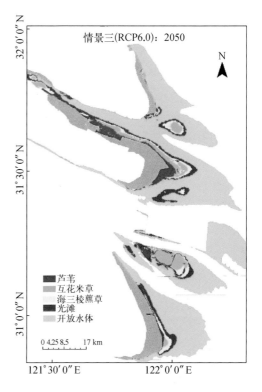

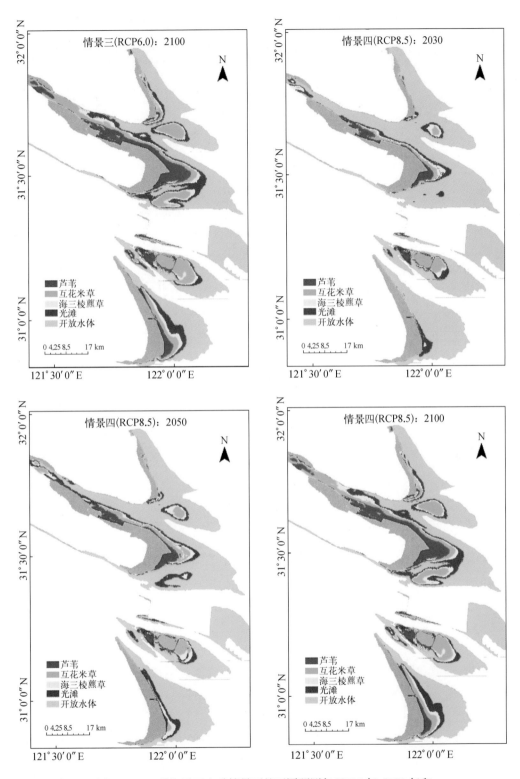

图 6-6　四种海平面上升情景下的不同预测年(2030 年、2050 年和
2100 年)长江口滩涂湿地植被的空间分布

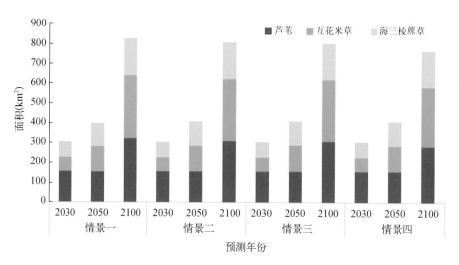

图 6-7 四种海平面上升情景下不同预测年(2030 年、2050 年和
2100 年)长江口典型滩涂植被群落面积变化

6.2.5 海平面上升最大和流域来沙减少极端情景下的植被景观演变

我们模拟了海平面上升最大情况下,来沙减少、涨速减半(极端情景一)和涨速减至
1/4(极端情景二)条件下,长江口滩涂湿地类型的分布(图 6-8),并据此对比分析了盐沼
植被在极端情景、海平面稳定假设和上升最大情景下的面积变化(图 6-9)。

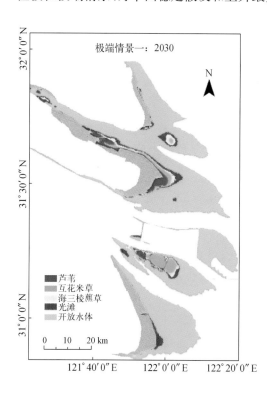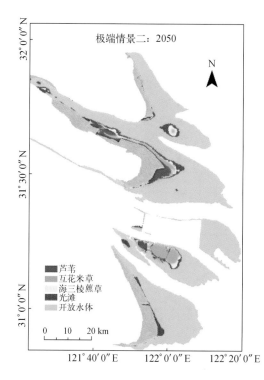

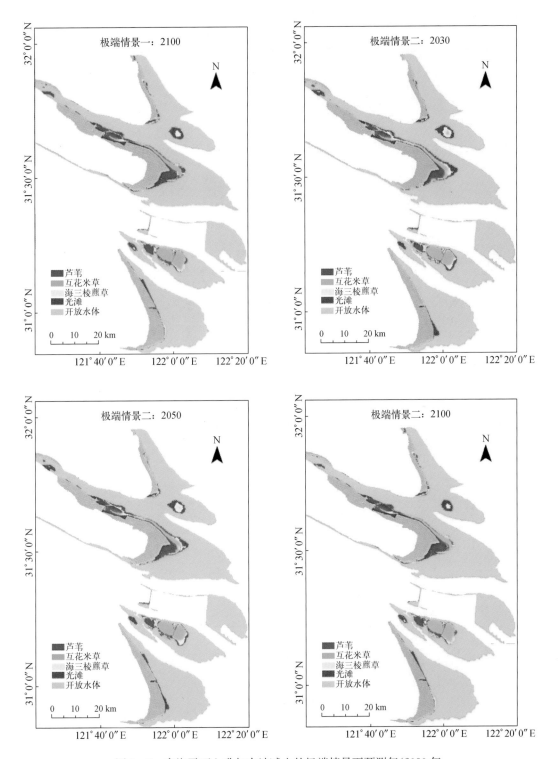

图 6-8　高海平面上升与来沙减少的极端情景下预测年(2030 年、
2050 年和 2100 年)长江口滩涂湿地植被分布

极端情景一：涨速减半、海平面上升最大；极端情景二：涨速减至 1/4、海平面上升最大

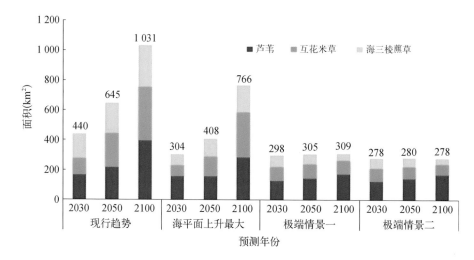

图 6-9 　四种海平面上升情景下的长江口滩涂湿地主要植被面积
在预测年（2030 年、2050 年和 2100 年）的比较
极端情景一：涨速减半、海平面上升最大；极端情景二：涨速减至 1/4、海平面上升最大

　　由图 6-9 可知，与海平面稳定在当前水平的假设下的湿地植被发育相比，快速的海平面上升对滩涂植被总面积的影响较大，植被的总面积将大幅减少；特别是在来沙减少的两个极端情景下，尽管不同的预测年滩涂植被面积基本稳定在 300 km² 左右，但却远低于海平面稳定在当前水平假设下的湿地植被发育规模，这可能是由于水体中泥沙含量的减少导致了长江口水下地形演变趋势由当前以"淤积"为主转变为冲淤基本平衡的态势，此时，海平面上升与流域来沙减少对滩涂湿地的影响基本达到平衡状态。由于淤涨速率放缓造成海三棱藨草群落面积增长缓慢，而互花米草群落主要入侵海三棱藨草群落，几乎没有入侵芦苇群落，导致此阶段互花米草群落面积基本没有变化；芦苇群落在九段沙上沙和崇明岛北支部分区域的优势分布压缩了此区域海三棱藨草群落的生长空间，促进了芦苇群落面积与同时期现行趋势相比的缓慢增长。

　　需要说明的是，上述模拟主要是基于 2009 年的水下地形数据和长江口主要盐沼植被类型对水、盐适应的范围，分为几种不同的海平面上升速率情景来实现的。由于水下地形、盐度处在不断变化中，滩面高程的淤涨速率在长江口不同的部位也有很大的时空差异，且受数据资料和模型本身的局限，我们把这些因素都视为相对稳定的因子，进而给模拟结果和后续的生态影响分析带来一定的误差。尽管如此，模型模拟结果在各情景之间的相对值大小及对未来发展趋势的分析还是相对可靠的。

6.3 　长江口盐沼湿地景观演变的潜在影响

　　长江口作为我国世界级的大型河口，其巨大的盐沼湿地具有碳汇功能、促淤功能和消浪功能。在海平面上升背景下，这些功能势必发生改变。本节根据不同海平面上升情景下长江口盐沼湿地景观演变趋势预测结果，通过预测湿地鸟类生境、有机碳储量、植被黏附悬浮颗粒物总量、年沉积量和堤外无足够植被保护岸段长度的变化,分析海平面上升对未来长江口湿地生态系统主要服务功能的影响。

6.3.1　海平面上升对长江口滩涂湿地鸟类生境的影响

长江口鸟类以雁鸭类、鸻鹬类为主,也有少量鹤类在此越冬。综合考虑各类群的适宜生境条件,将三种主要植物群落海三棱藨草、芦苇、互花米草分别归为适宜、次适宜和不适宜生境(裴恩乐等,2012;侯森林,2009;张斌等,2011)。光滩和围垦大堤内的养殖塘虽然也是部分鸟类的适宜生境,考虑到其面积随时间变化的不确定性,这里只考虑大堤以外有自然植被定居的区域,并把芦苇和海三棱藨草群落合并为"鸟类适宜生境",粗略估算未来不同情景下鸟类生境面积的变化。

在海平面稳定在当前水平的假设下,鸟类适宜生境的面积将从 2010 年的 67.4 km^2 增长到 2100 年的 672.3 km^2,增长率高达 897%,其中 2030 年和 2050 年适宜生境面积分别约为 332.0 km^2 和 419.1 km^2;2010～2030 年期间适宜生境面积增加速率达到约 13.23 km^2/a,而在 2030～2050 年和 2050～2100 年阶段这一增长放缓,达到一个相对稳定的增长趋势,其增加速率分别约为 4.36 km^2/a 和 5.06 km^2/a。

在不同海平面上升情景下,水鸟的适宜生境面积总体上呈现出先快速增长,然后增长速率急剧放缓,最后保持平稳缓慢增长的趋势。但是在相同的预测年、不同海平面上升情景下的水鸟核心生境面积的变化较小,故仅以海平面上升最大情景四(与上海市未来海平面上升速率最一致)为例进行说明:2010～2030 年水鸟适宜生境面积增长最快,平均速率约为 8.4 km^2/a;2030～2050 年期间急剧下降为约 2.2 km^2/a;在 2050～2100 年期间又上升为约 3.7 km^2/a。2030 年水鸟适宜生境面积将达到约 235 km^2,约为 2010 年的 3 倍多;2050 年面积将达到约 279 km^2。

在海平面上升最大、淤涨速率减半的情景下,适宜生境面积增加速率减慢,2030 年、2050 年和 2100 年适宜面积分别为 203.9 km^2、210.8 km^2 和 221.1 km^2,其中 2010～2100 年间增长率仅为约 1.7 km^2/a,而适宜面积的增长主要集中在 2010～2030 年,增长率约为 10.2 km^2/a,随后面积增长率远远低于这一阶段,主要原因可能是在淤涨速率减半的情况下,2030 年以后长江口处于冲淤平衡状态,生境面积不再有大幅扩张。

6.3.2　海平面上升对长江口滩涂湿地盐沼植被黏附悬浮颗粒物总量的影响

采用 Li 和 Yang(2009)取得的崇明东滩芦苇、互花米草、海三棱藨草三种典型植被群落的悬浮颗粒物年黏附量数据[分别为 64.9±38.1 g/(m^2·a)、220.6±172.7 g/(m^2·a)、31.6±10.0 g/(m^2·a)],结合未来长江口滩涂湿地自然植被面积变化的预测结果,估算了长江口三种典型盐沼植被群落每年黏附悬浮颗粒物总量的变化趋势。

1) 海平面稳定在当前水平假设下的盐沼植被黏附悬浮颗粒物总量的变化

假定海平面不上升,而是稳定在当前水平下(现行趋势),从 2010～2100 年,盐沼植被黏附悬浮颗粒物总量呈现出不断增加的趋势(图 6-10)。2010～2030 年、2030～2050 年、

2050～2100 年将分别增加 21 468 t、51 855 t 和 95 039 t。2010 年、2030 年、2050 年、2100 年芦苇群落、互花米草群落和海三棱藨草群落对植被黏附悬浮颗粒物总量的贡献比将分别为 22∶71∶6、27∶60∶13、20∶71∶9、23∶70∶7。

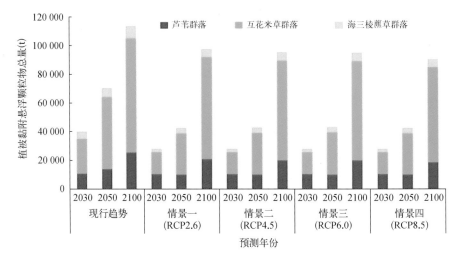

图 6-10　海平面上升情景下预测年(2030 年、2050 年和
2100 年)盐沼植被黏附悬浮颗粒物总量的变化

2) 不同海平面上升情景下盐沼植被黏附悬浮颗粒物总量的变化

在四种海平面上升情景下,从 2010 年—2030 年—2050 年—2100 年,盐沼植被黏附悬浮颗粒物的总量呈现出不断增加的趋势(图 6-10)。但是,在相同的预测年,不同海平面上升情景下的黏附量差异不大。2010 年、2030 年、2050 年、2100 年芦苇群落、互花米草群落和海三棱藨草群落对植被黏附悬浮颗粒物总量的贡献比在四种情景下的比例基本一致,分别为 22∶70∶8、43∶48∶9、48∶44∶8、58∶36∶6。

3) 极端情景一(来沙减少、淤涨速率减半)下的盐沼植被黏附悬浮颗粒物总量的变化

在来沙减少、淤涨速率减半的假设下,不同海平面上升情景下的黏附量,以及相同海平面上升情景下不同预测年的黏附量基本一致,都在 25 000 t/a 左右(图 6-11)。

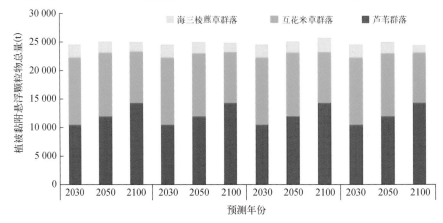

图 6-11　淤涨速率减半假设下的长江口滩涂湿地盐沼植被黏附悬浮颗粒物总量统计

6.3.3　海平面上升对长江口滩涂湿地盐沼植被年沉积量的影响

采用前人 2008～2012 年对崇明东滩三条断面(南断面、中断面和北段面)的沉积速率的观测结果,按照芦苇、互花米草和海三棱藨草群落类型统计了这三种植被群落分布区域内的沉积速率,分别为 29.4±27.4 mm/a、108.7±80.6 mm/a 和 57±47 mm/a;结合长江口盐沼湿地景观预测结果中的三种典型盐沼植被群落面积的变化,估算出了不同预测年、不同情景下的长江口盐沼湿地沉积量的变化。

1) 海平面稳定在当前水平(现行趋势)假设下的盐沼湿地沉积量变化

即便假定未来海平面没有上升,长江口盐沼湿地的景观(不同类型植被的面积)也会自然发生变化,进而导致沉积量发生显著的变化(图 6-12)。2010 年长江口盐沼植被年沉积量为 693 万 m³,2030 年沉积量将达到 2 602 万 m³,增加约 2.75 倍,主要是由于互花米草群落和芦苇群落面积的增加;从 2030～2050 年,滩涂湿地面积将增长 205 km²,这使得 2050 年盐沼植被年沉积量增加到 4248 万 m³;到 2100 年盐沼植被年沉积量增加到 6 641 万 m³。

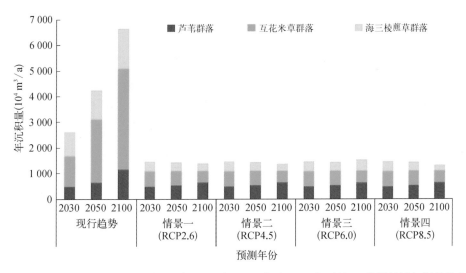

图 6-12　海平面上升情景下不同预测年(2030 年、2050 年和 2100 年)长江口盐沼植被年沉积量变化

2) 不同海平面上升情景下的盐沼湿地沉积量变化

到 2030 年,四种海平面上升情景下的长江口盐沼植被年沉积量相差不多,均将达到约 1 570 万 m³ 左右,比 2010 年增加约 126%(图 6-12),主要缘于互花米草和芦苇群落面积的增长;从 2030～2050 年,尽管因芦苇面积略有增加导致滩涂湿地面积将增长约 10 km²,但因互花米草群落、海三棱藨草群落面积减少,且海三棱藨草单位面积沉积量大于芦苇,盐沼植被年沉积量将减少。到 2100 年,海平面上升情景一、情景二、情景四条件下,互花米草群落、海三棱藨草群落的面积将进一步减少,芦苇群落的面积出现较大幅度增加,这导致此三种情景下的年沉积量比 2030 年减少,将减少至 1 318～1 360 万 m³;而在情景三下,由于海三棱藨草群落面积出现较大幅度增长,且其单位面积沉积量大于芦

苇,故 2100 年其沉积量出现增长,将达到 1 532 万 m³。

3) 极端情景一(来沙减少、淤涨速率减半)下的盐沼湿地沉积量变化

在来沙减少、淤涨速率减半情况下,2030 年长江口盐沼植被年沉积量在四种海平面上升情景下均将达到 1 458 万 m³,比 2010 年减少约 44%(图 6 - 13),这主要缘于互花米草群落和芦苇群落面积的减少。在 2030～2050 年的 20 年间,互花米草群落、海三棱藨草群落面积减少,芦苇群落面积相对增加较多,滩涂湿地面积将增长 7 km²。但由于海三棱藨草群落单位面积沉积量大于芦苇群落,因此 2050 年盐沼植被年沉积量将出现减少,相当于 2030 年的 98%左右;到 2100 年,互花米草群落和海三棱藨草群落的面积进一步减少,芦苇群落的面积将进一步增加,导致四种海平面上升情景下沉积量将分别减少到 1 318 万 m³。

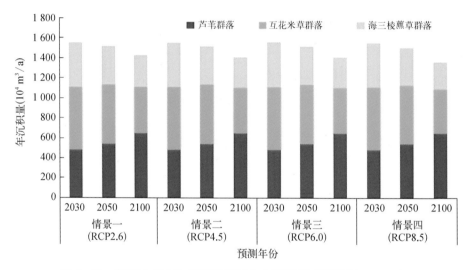

图 6 - 13　淤涨速率减半、不同海平面上升情景下不同预测年(2030 年、
2050 年和 2100 年)长江口盐沼植被年沉积量变化

6.3.4　海平面上升对长江口滩涂湿地碳储量的影响

利用刘钰等(2013)基于九段沙不同季节三种典型盐沼植被(芦苇、互花米草和海三棱藨草)样本和区内表层土壤样品有机质碳含量的测试,计算得到植被碳储量、表层土壤碳储量以及总碳储量结果(表 6 - 3)。首先计算了 2010 年(基准年)的长江口盐沼湿地的碳储量(25.16×10⁴ t),然后结合不同海平面上升情景下长江口滩涂湿地自然植被面积的变化统计,估算了 2030 年、2050 年和 2100 年长江口盐沼植被及表层土壤总碳储量(表 6 - 4)。

表 6 - 3　三种典型盐沼植物群落碳储量(刘钰等,2013)　　　(单位: g/m²)

	植被+枯立物碳储量	表层土壤碳储量	总　　计
芦苇	2 125.7	1 048.6	3 174.4
互花米草	2 133.9	583.3	2 717.2
海三棱藨草	306	343.7	649.6

表 6‑4 不同情景下长江口滩涂湿地盐沼植被各部分碳储量变化（单位：10^4 t）

群落类型		无海平面上升情景			海平面上升最大（RCP8.5）			极端情景一		
		2030 年	2050 年	2100 年	2030 年	2050 年	2100 年	2030 年	2050 年	2100 年
植被＋枯立物碳储量	芦苇群落	35.82	46.09	84.05	33.95	33.80	60.37	26.78	30.61	36.99
	互花米草	23.07	48.24	76.57	14.72	14.72	64.02	14.46	20.06	18.78
	海三棱藨草	5.00	6.19	8.47	2.31	2.33	5.57	2.38	2.05	1.44
	小 计	63.89	100.52	169.10	50.99	50.99	129.96	49.27	52.72	57.20
土壤表层碳储量	芦 苇	17.67	22.73	41.46	16.75	16.67	29.78	13.21	15.10	18.25
	互花米草	6.31	13.19	20.93	4.02	4.02	17.50	5.48	5.48	5.13
	海三棱藨草	5.62	6.95	9.52	2.60	2.61	6.26	2.68	2.30	1.62
	小 计	29.60	42.87	71.91	23.37	23.31	53.53	21.38	22.89	24.99
总 计		93.49	143.39	241.01	74.36	74.16	183.49	70.61	75.60	82.20

1）海平面稳定在当前水平假设下（现行趋势）的碳储量变化

估算结果表明（图 6‑14，表 6‑4），在海平面稳定在当前水平的假设下（现行趋势），到 2030 年、2050 年和 2100 年，碳储量总计分别为 93.49×10^4 t、143.39×10^4 t 和 241.01×10^4 t，呈现出快速增加的趋势。与 2010 年相比，2030 年、2050 年和 2100 年分别增加为 3.72 倍、5.70 倍和 9.58 倍。不同植物群落的现有面积、结构变化、竞争生长优势及其碳汇能力是导致不同植物群落碳储量增加的原因。例如，芦苇群落单位面积碳储量比海三棱藨草群落大，且 2010～2030 年芦苇群落分布面积增加了 127 km^2，导致这二十年里滩涂湿地总碳储量增加 68.33×10^4 t；从 2030～2050 年，由于植被面积增加约 205 km^2，碳储量增加 49.90×10^4 t，是 2030 年碳储量的约 0.53 倍；从 2050～2100 年，碳储量增加了约 97.62×10^4 t，这是由于互花米草群落和芦苇群落不断扩张，侵占了部分原海三棱藨草群落的分布区，而单位面积互花米草群落的碳汇能力远大于海三棱藨草群落。

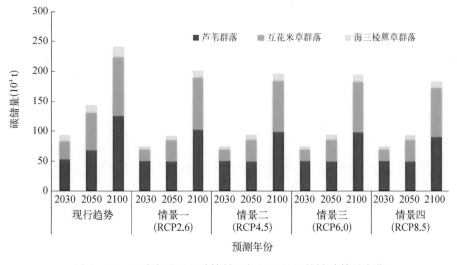

图 6‑14 四种海平面上升情景下长江口盐沼植被碳储量变化

2) 不同海平面上升情景下的碳储量变化

在四个海平面上升情景下,从 2030 年—2050 年—2100 年,长江口盐沼湿地的碳储量与 2010 年相比呈现出缓慢增加—快速增加的趋势,而且相同预测年不同海平面上升情景下的碳储量增加幅值差异不大(图 6 - 14)。因此,仅以海平面上升最大情景说明海平面上升情景下碳储量随预测年的变化。在海平面上升最大情景下,到 2030 年、2050 年和 2100 年,碳储量总计分别为 74.36×10^4 t、74.16×10^4 t 和 183.49×10^4 t(表 6 - 4),呈现出 2030~2050 年期间的缓慢增加和 2050~2100 年期间的快速增加态势。与 2010 年相比,2030 年、2050 年和 2100 年的碳储量将分别增加 2.96 倍、2.95 倍和 7.29 倍。

3) 极端情景一(来沙减少、淤涨速率减半)下的碳储量变化

在这一情景下,海平面上升四个情景下的碳储量变化表现出两个明显特征(图 6 - 15):① 相同的预测年、不同的海平面上升情景下的碳储量差异不大。例如,到 2030 年,海平面上升情景一下的碳储量为 72.36×10^4 t,而在最大海平面上升情景(情景四)下的碳储量为 70.61×10^4 t;② 不同的预测年、在相同的海平面上升情景下的碳储量变化呈现出缓慢增长的态势。例如,最大海平面上升情景(情景四)下的 2030 年、2050 年和 2100 年碳储量分别为 70.61×10^4 t、75.60×10^4 t 和 82.20×10^4 t(表 6 - 4)。但是,随着海平面上升幅度的增大(从情景一到情景四),碳储量有微弱减小的态势。

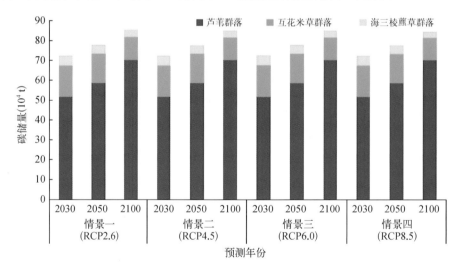

图 6 - 15　极端情景一(涨速速率减半)条件下不同海平面上升情景下长江口滩涂湿地盐沼植被碳储量变化

6.3.5　海平面上升对长江口海堤因无足够植被消浪产生的威胁

1) 风浪强度对海堤的威胁

湿地海岸缓冲风浪的能力不仅取决于植被的规模与分布,而且与风浪的强度有关。因此,本节在预测未来长江口海堤因无足够植被消浪而受冲击的岸段长度变化时,分为常规波高和发生风暴潮两种情形。

（1）常规波高情形

利用前人对崇明东滩正常潮汛条件下的光滩、海三棱藨草群落和互花米草群落对波高波能的消减速率的观测结果（分别为 0.091%/m、0.95%/m 和 1.3%/m～6.0%/m）（Ysebaert et al.，2011；Yang et al.，2012），并假定芦苇与互花米草的消浪能力一致（由于芦苇与互花米草在植株高度、生物量和种群密度等植被形态上类似，而且长江口很多岸段芦苇和互花米草的分布格局呈镶嵌式分布，因此，这一假设是合理的），首先估算出不同盐沼植被类型将有效波高消减为 0.01 m 时所需宽度；再利用前人对崇明东滩中部中潮滩常规平均有效波高（常规波高）的观测结果[(0.13±0.09)m]（陈燕萍等，2012），最终估算出在常规波高情况下[(0.13±0.09)m]，使浪高降低为 0（完全消浪）时的植被景观宽度，分别为：光滩需要 4 979～5 058 m 宽，海三棱藨草需要 456～482 m 宽，互花米草和芦苇需要 74～352 m 宽。

（2）发生风暴潮情形

在发生向岸强台风或大潮处于高潮位时，崇明东滩盐沼前缘外潮滩的最大波高将达 1.5～2.0 m（陈燕萍等，2012）。在长江口大潮期间，Ysebaert 等（2011）测到崇明东滩最大水深约 1.86 m，最大波高约 0.64 m，此时海三棱藨草群落已完全倒伏且被淹没，消浪能力几乎为零；互花米草大部分被淹，消浪能力十分有限；而史本伟等（2010）测得的每米宽互花米草植被带能消除有效波高为 4.4 mm，并据此推断，要消除 2 m 的风暴潮波高，需互花米草群落或芦苇群落的最小宽度约 450 m（史本伟等，2010）。

根据以上两种波高情形，利用 ArcGIS 软件在不同海平面上升情景下的长江口盐沼湿地景观分布预测图中量得堤外不同植被类型宽度，用以估算大堤外没有足够植被带保护的岸段长度。

2）海平面稳定在当前水平假设（现行趋势）下的海堤无足够植被消浪而受威胁的岸段长度变化

在现行趋势下，2030 年、2050 年、2100 年，常规波高情况下的长江口海堤因没有足够植被消浪而受威胁的岸段长度呈直线减少的趋势（图 6-16），到 2100 年时减少到 124 km。在发生风暴潮情况下，从 2030～2050 年，岸段长度缓慢减少，从 2050～2100 年急剧减少到 148 km。就受威胁岸段的减少幅度而言，从 2030～2050 年，常规波高条件下受威胁岸段减少约 86 km；风暴潮条件下减少约 72 km。可见，在海平面稳定在当前水平假设下，即便发生风暴潮，只要堤外植被繁盛，长江口海堤仍可以得到更充分的保护。

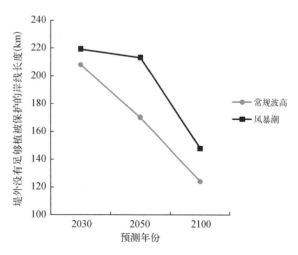

图 6-16　现行趋势下长江口堤外无足够植被消浪而受威胁的岸段长度变化

3) 不同海平面上升情景下的海堤无足够植被消浪而受威胁的岸段长度的变化

在四种海平面上升情景下,2030 年、2050 年、2100 年,常规波高和风暴潮发生情况下

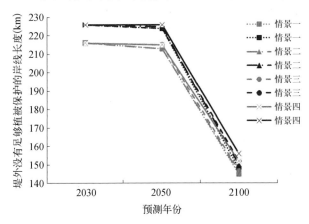

图 6-17 四种海平面上升情景下长江口堤外无足够植被消浪而受威胁的岸段长度变化
蓝色代表常规波高情景;红色代表风暴潮发生情景

的长江口海堤因没有足够植被消浪而受威胁的岸段长度都呈现出与现行趋势一致的减少趋势(图 6-17),即从 2030～2050 年缓慢减少,从 2050～2100 年急剧减少,在海平面上升情景四下,到 2100 年常规波高和发生风暴潮情形下的存在风险的岸段分别达到 152 km 和 156 km,将比 2010 年分别减少 109 km 和 180 km。这是因为在海平面上升情景四下,海平面上升幅度较大,大部分的光滩和海三棱藨草的高程低于此时海平面的高度。

6.3.6 海平面上升导致的盐沼湿地景观演变对其主要服务功能的潜在影响

结合前述的长江口盐沼湿地现行趋势、不同海平面上升情景和来沙减少、淤涨速率减半条件下的鸟类适宜生境、碳储量、黏附悬浮颗粒物总量、沉积量和无足够植被保护的岸段长度的变化趋势分析,本节具体以 2010 年为参比,通过 2100 年现行趋势、最高海平面上升情景(情景四,与当前上海相对海平面上升速率监测结果相近)和极端情景一(来沙减少、淤涨速率减半)下的碳储量、黏附悬浮颗粒物总量、沉积量和无足够植被保护的岸段长度变化(表 6-5),归纳海平面上升导致的长江口盐沼湿地景观格局演变对其主要服务功能的潜在影响。

表 6-5　当前趋势和高海平面上升速率情景下盐沼湿地植被服务功能的变化

情景	生态系统服务功能		年　份		变　化	
	类　型	指　标	2010 年	2100 年	变化量	百分比
海平面稳定于当前水平	鸟类生境	适宜生境面积(km²)	67.41	672.32	+604.91	+897%
	碳汇能力	碳储量(10⁴ t)	25.16	241.01	+215.93	+861%
	促淤能力	黏附悬浮颗粒物总量(t)	11 928	113 572	+101 644	+852%
		沉积量(10⁶ m³)	6.93	66.42	+59.49	+858%
	消浪能力(无足够植被被消浪而受威胁的岸段长度)	常规波高情况(km)	261	124	-137	-52.5%
		风暴潮情况(km)	336	148	-188	-56%
高海平面上升	鸟类生境	适宜生境面积(km²)	67.41	465.54	+398.13	+591%
	碳汇能力	碳储量(10⁴ t)	25.16	183.49	+158.33	+629%
	促淤能力	黏附悬浮颗粒物总量(t)	11 928	90 362	+78 434	+658%
		沉积量(10⁶ m³)	6.93	51.33	+44.4	+641%

续　表

情景	生态系统服务功能		年　份		变　化	
	类　型	指　标	2010 年	2100 年	变化量	百分比
高海平面上升	消浪能力(无足够植被被消浪而受威胁岸段长度)	常规波高情况(km)	261	152	−109	−42%
		风暴潮情况(km)	336	156	−180	−54%
淤涨速率减半	鸟类生境	适宜生境面积(km²)	67.41	221.13	+153.72	+228%
	碳汇能力	碳储量(10⁴ t)	25.16	82.20	+57.12	+227%
	促淤能力	黏附悬浮颗粒物总量(t)	11 928	32 190	+20 262	+170%
		沉积量(10⁶ m³)	6.93	17.36	+10.43	+150%
	消浪能力(无足够植被被消浪而受威胁岸段长度)	常规波高情况(km)	261	323	+62	+24%
		风暴潮情况(km)	336	352	+16	+5%

1) 对鸟类生境的影响

与 2010 年的情况相比,在无海平面变化、无进一步围垦发生的假设下,鸟类适宜生境面积从 67.4 km² 增加到 2100 年的 672.3 km²,增加近 9 倍;在高海平面上升情况下,到 2100 年鸟类适宜生境面积仅增加近 6 倍;海平面上升最大且淤涨速率减半条件下,鸟类适宜生境面积较 2010 年的扩大幅度更小,仅 2.3 倍(表 6-5)。需要说明的是,上述估算仅限于堤外有植被覆盖区域的面积,不包括光滩和堤内部分,因此会被低估。

2) 对碳汇功能的潜在影响

如前述,尽管在不同海平面上升情景下,长江口盐沼湿地相同预测年的碳储量差异不大,但仍能看出,从情景一到情景四,相同预测年碳储量微弱减小(图 6-14),即便在极端情景一情况下(来沙减少、淤涨速率减半),相同预测年碳储量也呈现出微弱减小的态势(图 6-15);四个海平面上升情景下长江口盐沼湿地碳储量都比无海平面上升情景下的碳储量略低。但在来沙减少、淤涨速率减半的情况下,长江口盐沼湿地的碳储量与无海平面上升情况下的碳储量相比,却显著降低(表 6-5)。

对比 2100 年与 2010 年的长江口盐沼湿地植被的碳储量发现,在现行趋势条件下的碳储量增加最多,2100 年是 2010 年的 9.6 倍;在高海平面上升情景下(2.9~6.2 mm/a),碳汇能力相对较低,此阶段碳储量增加 6.3 倍;来沙减少、淤涨速率减半的条件下,总碳储量增加更少,仅增加 2.3 倍。

以上分析表明,海平面上升的确减弱了长江口盐沼湿地的碳汇功能,但影响不大,而淤涨速率则是影响其碳汇功能的主要因素,并对海平面上升起着明显的制衡作用。

3) 对促淤功能的潜在影响

如前述,在相同的预测年不同海平面上升情景下的长江口盐沼湿地植被群落的黏附悬浮颗粒物总量的变化不大(图 6-10),表明海平面上升对长江口盐沼湿地植被群落的黏附悬浮吸附能力的影响不大;但与现行趋势相比,相同预测年不同海平面上升情景下的黏附量却显著降低,而且当来沙减少、淤涨速率减半的假设下,无论相同预测年不同海平面上升情景下的黏附量,还是相同海平面上升情景下不同预测年的黏附量都基本一致(图 6-11),表明淤涨速率是影响长江口盐沼植被黏附悬浮颗粒物能力变化的决定因素。

对比 2100 年与 2010 年的长江口盐沼植被对悬浮颗粒物的黏附总量和沉积量发现,在现行趋势下,2100 年盐沼植被黏附悬浮颗粒物总量和总沉积量都比 2010 年增加 8 倍以上;高海平面上升情景下,二者都增加 6 倍多;在淤涨速率减半的情况下,黏附悬浮颗粒物总量和总沉积量都只增加不到两倍。

以上分析表明,海平面上升的确导致了长江口盐沼湿地促淤能力的降低,但远不及来沙减少、淤涨速率减半导致的促淤能力的降低幅度。

4)对消浪功能的潜在影响

从表 6-5 可以看出,在海平面稳定在当前水平假设(现行趋势)和高海平面上升情景下,无论是常规波高状态还是风暴潮状态,从 2010 年到 2030 年、2050 年、2100 年,堤外无足够植被消浪而受威胁的岸段长度都在减少,其中 2100 年的这类岸段长度比 2010 年减少一半左右,表明随着预测时间的延长,长江口盐沼湿地的消浪能力在增强;但在高海平面上升情景下的减少量比现行趋势略低,表明海平面的上升对长江口盐沼湿地植被的消浪功能有微弱的抑制作用。在来沙减少、淤涨速率减半的条件下,长江口因无足够植被消浪而受威胁的岸段长度却增加。例如 2100 年在常规波高和风暴潮情形下,此类岸段长度分别增加了 24% 和 25%,表明淤涨速率是长江口盐沼湿地消浪功能的主要影响因素。

6.4　应对策略与措施

以上研究表明,无论是在海平面稳定在当前水平假设下,还是在不同海平面上升情景下,如果无进一步的圈围,长江口盐沼湿地植被面积都将大幅增加,而且在不同海平面上升情景下,植被面积增加幅度大致相同,与之相应的碳汇、促淤、护岸等各项服务功能也大幅增加。这一结果表明,长江输沙对长江口湿地的持续促淤作用将主导未来长江口盐沼湿地植被的变化。但是,与海平面稳定在当前水平假设下的湿地植被面积增长幅度相比,四个海平面上升情景下长江口盐沼湿地植被面积增加幅度较小,进而说明海平面上升对长江口盐沼湿地植被的扩展将具有一定的抑制作用。为了抵消这种抑制作用,在未来海平面上升的背景下,保持长江口盐沼湿地地表高程增长速率与相对海平面上升速率同步是根本思路,为此,应该采取如下措施。

1)控制地面沉降,减小长江口相对海平面上升速率

上海沿岸是我国沿海相对海平面上升速率最快的岸段之一,其中由地面沉降造成的影响占比很大,由此造成的堤外盐沼湿地损失及其潜在影响也比我国其他岸段更大。除了长江三角洲冲积物软土层"含水量大、孔隙大及压缩性大"的自然原因外,目前造成地面沉降的两大人为原因,一是地下水开采,二是大规模的城市建设。自 20 世纪 60 年代以来,在地下水资源管理方面已经采取了一些措施,如控制地下水开采和地面水回注等。在城市建设上,也需要适当控制建筑物的密度和高度,扩大绿地比例,结合"海绵型城市"发展理念,提高雨水入渗比例,最终实现控制海堤以内地面沉降,维持堤外滩面相对高程的目标,为滩涂植被的发育提供空间。

2）减缓长江入海泥沙通量下降，维持长江口盐沼湿地的持续淤涨

近年的研究成果表明，长江口入海泥沙通量近年来持续下降，其中流域筑坝等人类活动是主要影响因素（占泥沙减少量的 80％）。因此，应对已经超过使用年限、基本废弃的河流堤坝及时拆除，并适度控制中下游河道采沙，使入海泥沙通量维持相对稳定。同时对维持盐沼湿地植被正常发育所需泥沙来量的阈值开展研究，为保证长江三角洲经济区的生态安全提供决策依据。

3）适度围垦

考虑到长江口围垦与潮滩淤涨之间在一定范围内存在的"正反馈"关系，即围垦后由于滩面地貌形态的改变，会对堤外潮汐动力过程造成影响，短时间内可在一定程度上促进滩面的淤高，至少要经过 10 年左右才能达到新的冲淤平衡，淤涨速率放缓。因此在对堤外植被进行保护的同时，对平均高潮线以上，演替已趋于成熟，开始进入旱生演替阶段的植被带进行适度围垦，同时保证围垦推进速率略低于潮滩淤涨速率，并在堤外适当保留一定面积的盐沼植被，将有助于盐沼湿地维持一定的面积，保证其主要生态服务功能的发挥。

4）人工促淤

密切关注局部冲淤变化，尤其是来沙减少和海平面上升对局部滩面造成的冲刷侵蚀。在这种情况下，可通过堤外人工植被恢复和机械促淤等措施来保证滩面稳定。目前，在南汇边滩新围垦大堤之外修筑了 0 米线辅堤并加以吹填，促进了大堤和辅堤之间的盐沼植被发育，也有助于植被向辅堤外的扩展，这一经验值得推广和借鉴。此外，应充分利用长江口深水航道疏浚过程中产生的泥沙资源，在九段沙下沙、横沙东滩等地就近抛淤，促进盐沼植被发育，补偿因围垦和海平面上升、来沙减少等造成的自然植被损失。

第七章 广西典型红树林生态系统景观演变趋势与影响分析

红树林生态系统以红树林为支撑结构。因此,在全球气候变化背景下,红树林景观格局的演变直接制约着红树林生态系统的健康。尽管海平面变化、洪水事件、风暴、降水、温度、大气二氧化碳浓度、海洋环流模式等都会影响红树林的景观格局,但是由于其分布空间的独特区位(潮间带),相对海平面上升可能是红树林湿地的最大威胁(Field,1995)。本章以广西英罗湾、茅尾海红树林为对象,在全面分析了影响红树林景观演变因素(包括全球平均海平面上升、地壳上升、潮滩沉积、潮滩地形和海堤等)的基础上,选择 IPCC 报告(2007)给出的四个海平面上升情景,以 2000 年为基础年,分别预测了英罗湾和茅尾海红树林景观演变及其潜在影响,并具体分析了导致红树林区内和两区之间景观演变差异性的原因,提出了应对海平面上升的广西红树林保护策略。

7.1 典型红树林分布区区域概况

7.1.1 地理位置

英罗湾位于广西壮族自治区合浦县沙田半岛东南端,在山口国家级红树林生态自然保护区内。湾内红树林分布区的中心位置的地理坐标为 $109°45'35''$E 和 $21°29'33''$N[图 7-1(a)]。

茅尾海位于广西壮族自治区钦州市西南沿岸,属于钦州湾的内湾,地理坐标介于 $108°28'$E~$108°42'21''$E 和 $21°44'18''$N~$21°54'26''$N 之间[图 7-1(b)]。茅尾海红树林属于广西茅尾海红树林自然保护区。

7.1.2 地形特征

英罗湾是一个西北—东南走向、深入陆地内部的小型海湾。海湾纵深 3.6 km,湾口宽 1.5 km。低潮时湾内为滩涂,约占整个海湾长度的三分之二,地势低平,海拔在 3 m 以下,坡度约为 0.25%;东北岸为一典型岬角,顶部海拔为 28~47 m,岸坡坡度为 14.88%;西南岸顶部海拔为 26~45 m,岸坡坡度为 7.87%。

茅尾海为一个深入陆地内部的海湾。位于东北—西南走向的构造盆地中。构造盆地

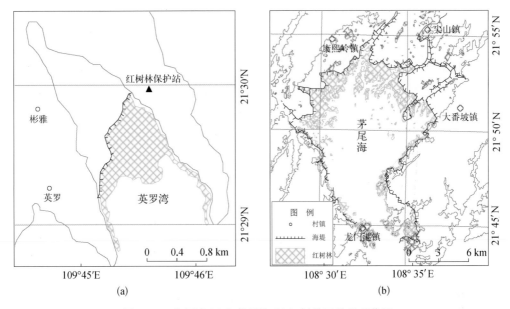

图 7-1　英罗湾(a)和茅尾海(b)红树林区的地理位置

长 30 km,宽 15 km,茅尾海位于盆地的西南部。西北、东南海岸海拔 60 m,岸坡坡度分别为 2.32%和 2.41%。西南海岸海拔为 40 m,受钦州湾—涠洲岛断裂的影响,岸坡陡峭,坡度为 14.88%。东北岸滩涂广布,岸坡和缓,坡度仅为 0.19%。

7.1.3　区域气候

英罗湾所处区域属于南亚热带海洋性季风气候。年均日照时数为 1 796~1 800 h。年均气温为 23.4 ℃,≥10 ℃年积温为 7 708~8 261 ℃,1 月均温为 14.2~14.5 ℃,极端低温为 2.0 ℃。气温年较差为 13.8 ℃。年平均降水量为 1 500~1 700 mm,夏季降水约占一半。蒸发量为 1 000~1 400 mm,平均相对湿度为 80%。气候温和、光热充足、干湿季分明、有效积温高的气候特点十分有利于红树植物的生长发育。

茅尾海所处的钦州湾地区具有从南热带向热带过渡性质的季风气候特点,受海洋气候的影响较大,高温多雨,夏长冬短,夏湿冬干。年均日照时数为 1752 h,年均气温为 22.2 ℃,极端低温为 -1.8 ℃,极端高温为 37.6 ℃。气温年较差不大,仅 15.6 ℃。年均降水量为 2 140 mm,近一半集中在夏季。年均蒸发量为 1 688 mm,平均相对湿度为 81%。

7.1.4　海洋水文环境

英罗湾所在海域的潮汐类型属非正规全日潮。一年中约 60%的时间为全日潮,其余时间为半日潮。该区年平均潮差为 231~259 cm,潮差在夏季大、春季小。多年平均潮差为 252 cm,最大潮差为 625 cm。海水平均盐度为 28.9,pH 为 7.6~7.8,平均温度为 23.5 ℃

(温远光，2002)。

茅尾海所在海域的潮汐类型属非正规全日潮。以潮高基准面为基准，该区平均潮差为 248 cm，最大潮差为 556 cm；最高潮位为 608 cm，最低潮位为 21 cm；平均高潮位为 437 cm，平均低潮位为 194 cm。海水平均盐度为 27.96，pH 为 7.2~8.2，平均温度为 23.5 ℃(广西壮族自治区海岸带和海涂资源综合调查领导小组，1986)。

7.1.5 海堤分布

解放塘海堤位于英罗湾中部，长 1 552 m，修建于 20 世纪 50 年代。解放塘海堤将英罗湾分隔为内、外两部分。堤内(向陆一侧)因围海造田砍伐了约 76.5 hm² 的红树林；堤外(向海一侧)为红树林滩涂。

新中国成立之前，茅尾海已有堤围零星分布。1950~1960 年系统地对堤围加固整治。1960 年后改建康熙岭围、坚心围，新建尖山围。1970~1980 年，又新建一批堤围。目前，茅尾海周围堤围长度近 93 km。堤围内(向陆一侧)的红树林被砍伐，发展种植和养殖。

7.1.6 区域地壳垂直运动

英罗湾位于云开地块(又称云开台隆)的地质构造单元。云开地块周边为断裂所限。东起吴川—四会断裂，西至博白—岑溪断裂；北自杨梅—船步断裂，南止百色—合浦—遂溪断裂(袁正新，1995)。新生代古新世时，云开地块仍处于停积状态。到了始新世，又开始下沉。经渐新世、中新世到上新世，沉积了一套厚度达 2 680 m 的陆相碎屑岩建造。上新世以后，自加里东旋回的中、晚期以来，一直处于渐近隆升状态。20 世纪后半叶前人对地壳垂直运动研究的结果表明，英罗湾一带地壳以平均 2.0 mm/a 的速率上升(莫永杰等，1996；卢汝圻，1997)。

茅尾海位于钦州残余陆缘盆地构造单元中的六万大山盆地地隆次级构造单元。六万大山盆地地隆位于灵山—藤县断裂与博白—岑溪断裂之间(郭福祥，1994)。20 世纪后半叶地壳垂直运动数据表明，茅尾海一带地壳以平均 2.3 mm/a 的速率上升(卢汝圻，1997；莫永杰等，1996)。

7.1.7 入海河流

英罗湾没有较大河流入海。茅尾海却有茅岭江和钦江分别从西北、东北方向流入，较高的径流量和输沙量对茅尾海的红树林生态系统具有重要的影响。

钦江发源于灵山县罗阳山，长 179 km，流域面积为 2 457 km²，年均径流量为 $19.6 \times 10^8 m^3$，其中，夏季和冬季的径流量占年均径流量的 58.8% 和 6%；年均输沙量为 $46.5 \times 10^4 t$，其中，夏季和冬季的输沙量分别占年均输沙量的 64.8% 和 21%。茅岭江发源于钦州市的龙门村，长 112 km，流域面积为 2 959 km²，年均径流量为 $29.0 \times 10^8 m^3$，其中，夏季和冬季的径流量占年均径流量的 44.4% 和 9.5%；年均输沙量为 55.3×10^4 t,其中,夏季和冬季的输沙量分别占年均输沙量的 44.3% 和 49.4%。

源自茅岭江和钦江的泥沙在河口一带落淤,并缓慢向海方向扩散,形成大片沙质、泥质浅滩,面积约 110 km^2,导致茅尾海逐渐淤浅、萎缩(李贞,2010)。

7.1.8　主要红树林群落

从低潮滩到高潮滩,英罗湾红树林群落主要有白骨壤(*Avicennia marina*)、白骨壤+桐花树(*Aegiceras corniculatum*)、桐花树、秋茄(*Kandelia candel*)+桐花树、红海榄(*Rhizophora stylosa*)+秋茄、红海榄和木榄(*Bruguiera gymnorrhiza*)等群落(梁士楚,2001)。英罗湾红树林面积约 88 hm^2,其中,红海榄群落的分布面积最大,为 44.3 hm^2,其他群落的分布面积比较小。英罗湾真红树植物的带状分布特点代表了广西沿海真红树植物分布的一般特征。而且,英罗湾红树林分布区是"山口国家级红树林生态自然保护区"的核心区,已加入生物圈保护区网络并入选国际重要湿地名录。

茅尾海红树林以桐花树、秋茄、白骨壤和老鼠簕(*Acanthus ilicifolius*)为主。茅尾海红树林群落分带不明显,而是成片分布,以桐花树、秋茄和白骨壤树种的分布面积最大。桐花树群落主要分布于坚心围村附近;秋茄主要分布于海虾楼附近;老鼠簕主要分布于沙井村附近;白骨壤则分布在钦州港附近(刘秀,2009)。茅尾海红树林面积为 2 454.8 hm^2,占广西沿海红树林面积总值的 30%,是广西红树林的集中分布区。

7.2　红树林景观演变对海平面上升响应的原理浅析

7.2.1　红树林独特的分布区位和景观格局

全球绝大多数红树林呈带状分布于平均高潮位线与平均潮位线之间的区域(上潮间带)。这种独特的分布区位取决于红树植物的自身生理结构和生长习性对盐度的忍耐水平。但实际上,盐度不是红树林生长的限制因素,大多数红树林也能够在淡水区生长,生长于潮间带的红树种属只是在淡水中的生长竞争能力远不及淡水维管束植物,但对盐度却有一定的忍耐能力(排盐能力)。不同的红树林树种,具有不同的耐盐能力。例如,海榄雌属(*Avicennia eucalyptifolia*)、木果楝属(*Lumnitzera racemosa*)红树植物,能够在较高盐度的环境中生存,生存环境中 Cl$^-$ 的水平超过海水中 Cl$^-$ 的平均水平;银叶树属(*Heritiera littoralis*)、木槿属(*Hibiscus tiliaceus*)和白千层属(*Melaleuca* sp.)植物,只能在较低盐度的环境中生存。

潮汐和地表高程是控制红树林生境盐度、海水淹没频率和深度的两大关键因素。潮汐带来的盐水淹没有助于排除大多数其他的维管束植物,减少其与红树林的竞争;潮汐为红树林环境输入泥沙、养分和净水,输出有机碳和硫化物;在蒸发强烈的区域,潮汐还有助于冲洗土壤盐分,降低盐度。正是潮汐和地表高程的联合制约,以及不同红树种属对盐度、海水淹没时间的偏好不同导致了红树林的独特景观格局,即:① 红树林主要分布在平均潮位线和平均大潮高潮位线之间(C. Giri,2011;S. BHATT,2009;Joanna C. Ellison,1989),平均潮位线和平均大潮高潮位线分别成为红树林分布的向海边界和向陆边界;② 红树林内部形成单种的带状分布,高乔木树种分布在近海边缘,矮灌木树种分布在近陆边缘,并平行于海岸线(Feller and sitnik,1996;M. I. Pinto,1982);③ 受到水道、地形影响的区域,红树林物种的带状分布模式有时为斑状分布模式所取代。

7.2.2　红树林边界移动对平均潮位线和平均大潮高潮位线位置变化的响应

红树植物对潮位的变化非常敏感。当平均潮位线和平均大潮高潮位线向海移动时,红树林地表平均水深减小,生境盐度降低,海水淹没的时间缩短、淹没频率和深度降低,近岸红树植物失去了和淡水植物的竞争能力而枯死,使得红树林向陆边界向海移动;同样由于淹没时间、频率和深度及伴随的盐度变化,向海一侧形成了新的栖息地,经过逐渐的植物繁衍过程,最终导致红树林向海边界也向海移动。相反,当平均潮位线和平均大潮高潮位线向陆移动时,红树林地表平均水深增大,侵蚀作用增强,生境的盐度增高,以及淹没的时间延长、淹没频率和深度增加,向海红树林边界因红树林枯死而向陆移动;同样由于侵蚀、淹没时间和伴随的盐度变化,红树林向陆边界也向陆移动,形成了新的栖息地。

7.2.3　未来平均潮位线和平均大潮高潮位线位置变化的影响因素

影响平均潮位和平均大潮高潮位线位置变化的因素包括:① 区域性相对海平面上升;② 潮滩沉积速率;③ 潮滩地形;④ 海堤分布。

1) 区域性相对海平面上升

区域性相对海平面上升是区域性绝对海平面上升和地壳升降叠加的结果。一般认为,全球平均海平面上升相当于区域性绝对平均海平面上升。区域性相对海平面的上升可能伴随区域平均潮位和平均大潮高潮位的抬升,进而导致平均潮位线和平均大潮高潮位线位置相应地向陆移动。特别指出的是,由于区域内地壳升降差异性的存在,由单点观测得到的相对海平面上升数值(例如中国海平面公报发布的北海站海平面上升数值)实际上并非代表整个区域相对海平面上升数值,因此不适于具体的红树林区(例如英罗湾和钦州湾)潮位线变化和红树林迁移预测。

2) 潮滩沉积速率

潮滩沉积通过对区域性相对海平面上升的制衡作用来影响平均潮位线和平均大潮高潮位线的迁移。当沉积速率与区域性相对海平面上升速率同步时,潮位线的位置基本保持不变;当沉积速率大于区域性相对海平面上升速率时,地表高程相对升高,平均潮位线和平均大潮高潮位线向海洋方向移动;当沉积速率低于区域性海平面上升速率时,或者潮滩发生侵蚀时,地表高程相对降低,平均潮位线和平均大潮高潮位线向陆地方向移动。

3) 潮滩地形

潮滩地形不是平均潮位线和平均大潮高潮位线移动的动力,其不能改变潮位线的水平移动方向,只能改变潮位线的水平移动速率。它只是被动地对平均潮位线和平均大潮高潮位线的移动速率进行调控。潮滩地形对平均大潮高潮位线和平均潮位线位置的调控是通过潮滩地形的坡度差异实现的。等量的潮位变化(全球平均海平面上升的影响)或等量的潮滩高程变化(地壳上升或潮滩沉积的影响),在坡度小的潮滩,推动平均潮位线和平均大潮高潮位线移动较大的水平距离,在坡度大的潮滩,推动平均潮位线和平均大潮高潮位线移动较小的水平距离。

4) 海堤分布

位于红树林向陆边界的海堤阻止平均红树林向陆边界向陆地方向移动,本质上是阻止平均大潮高潮位线向陆地方向的移动。

7.3 海平面上升情景下典型红树林景观格局演变趋势

如前述,制约红树林景观格局发生变化的原因是区域平均潮位线和平均大潮高潮位线的移动,而后者受体现全球平均海平面和区域地壳垂直升降叠加效应的区域性相对海平面上升、潮滩沉积作用制衡、区域地形的调控和海堤分布的阻挡的影响。因此,本章将全球平均海平面上升、地壳垂直升降、潮滩沉积、潮滩地形和海堤分布作为影响红树林景观格局的主要因素;以 2000 年为基准年,分别预测 2030 年、2050 年和 2100 年广西英罗湾和茅尾海红树林景观格局的演变趋势。

7.3.1 数据来源与预测模型

1) 数据来源

(1) 全球平均海平面上升情景

2007 年 IPCC AR4 中,给出了 6 种温室气体排放条件下相对于 1980～1999 年的 2090～2099 年全球平均海平面上升情景(表 7-1)。每种情景取其范围的中值作为 2100 年全球海平面上升的预测值(表 7-1)。根据不同情景全球平均海平面上升数据的分布情况,选择 B1、A1B 和 A1FI 情景对应的全球平均海平面的上升值作为全球平均海平面上升的低、中、高模式值,将"A1FI+冰原动力增量"作为全球平均海平面上升的极端模式值。这样,得到本章所应用的 2100 年低、中、高和极端 4 种模式下的全球平均海平面上升值分别为 28 cm、35 cm、43 cm 和 58 cm。

表 7-1　2100 年全球平均海平面上升预测(cm)

情　　景	B1	B2	A1T	A1B	A2	A1FI	冰原动力增量
全球平均海平面上升值	18～38	20～43	20～45	21～48	23～51	26～59	10～20
全球平均海平面上升中值	28	32	33	35	37	43	15

（2）地形数据

选择八景 SRTM 2000 年 2 月的 DEM 数据和两景 2000 年 11 月 6 日的 Landsat TM 影像数据,采用 UTM 投影、WGS84 世界大地坐标系和 EGM96 大地水准面,并选定北半球 48 区和 49 区为茅尾海和英罗湾研究区,提取两区地形数据。

（3）基准年(2000 年)平均大潮高潮位与平均潮位

由于英罗湾内没有验潮站,因此,选择距其最近的石头埠验潮站的潮位数据作为英罗湾的潮位数据。该站多年平均潮位高出 1956 年黄海基准 40 cm(莫永杰等,1996),多年平均大潮高潮位高出 1956 年黄海基准 225 cm(广西壮族自治区海岸带和海涂资源综合调查领导小组,1986)。由于研究中采用的数字高程模型的高程基准是 EGM96 大地水准面,因此潮位数值需进行基准校正。EGM96 大地水准面比 1956 年黄海基准低 23 cm(耿汉文和孔杰,2010;郭海荣,2004;焦文海,2002;翟振和等,2001;肖伯震,2000;董鸿闻,1995),因此经高程基准修正的、以 EGM96 大地水准面为基准的英罗湾 2000 年平均潮位为 63 cm,平均大潮高潮位为 248 cm。

茅尾海潮位数据采用龙门验潮站的 1970～1983 年观测值的平均值。该站多年平均潮位高出 1956 年黄海基准 0.4 m(莫永杰等,1996),多年平均大潮高潮位高出 1956 年黄海基准 2.25 m(广西壮族自治区海岸带和海涂资源综合调查领导小组,1986)。经高程基准修正后,以 EGM96 大地水位面为基准的茅尾海基础年平均潮位为 63 cm,平均大潮高潮位为 248 cm。

（4）潮滩沉积速率

利用广西英罗湾和茅尾海红树林区(东北岸段)6 个短柱状沉积物(图 7 - 2)中过剩 $^{210}Pb(^{210}Pb_{ex})$ 的测试结果,在考虑了压实作用进行深度校正后(图 7 - 3),采用 CIC 模式计算了各柱状沉积物的平均沉积速率。6 个短柱状沉积物(SJC、HXL、JXW、DDH、YLW02 和 YLW04)柱的平均沉积速率分别为 0.52 cm/a、0.31 cm/a、0.39 cm/a、0.12 cm/a、0.21 cm/a、0.16 cm/a。相对于茅尾海,英罗湾红树林的分布范围较小,且沉积速率相对均匀,因此将英罗湾 2 个柱状沉积物(0.21 cm/a、0.16 cm/a)的平均值视为整个英罗湾红树林区的沉积速率,即为 0.19 cm/a。而对于茅尾海而言,不同岸段(东北、西北、西南和东南)的沉积速率差异较大,因此,分别确定其沉积速率:东北岸段取 SJC、HXL 和 JXW 取样点沉积速率的平均值,即为 0.41 cm/a;西北岸段(北起老金围,南至茅岭江口)和西南岸段(西起茅岭江口,东至龙门港镇)的红树林区沉积速率引自李贞等(2011)的研究数据,分别为 0.25 cm/a、0.62 cm/a;取上述三个岸段沉积速率的平均值(0.45 cm/a)作为东南岸段(南起七十二泾,北至坚心围)的沉积速率近似值。

（5）地壳升降速率

前人对广西沿海地壳形变和运动的研究结果表明,广西沿海一带的地壳一直处于上升状态。根据广东沿海地区现代地壳垂直运动年变速率等值线图(卢汝圻,1997),英罗湾地区现代地壳垂直运动年变速率为 0.15～0.25 cm/a,取平均值 0.2 cm/a 作为英罗湾地壳的上升速率;根据广西沿海多年地壳垂直形变等值线图(莫永杰等,1996),茅尾海地区地壳垂直形变速率为 0.15～0.30 cm/a,取平均值 0.23 cm/a 作为茅尾海地区地壳上升速率。

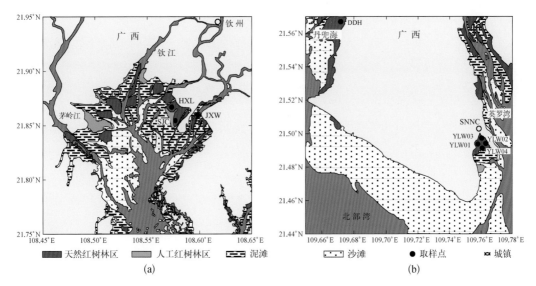

图 7-2　茅尾海(a)和英罗湾(b)用于沉积速率测量的柱状样取样站位分布

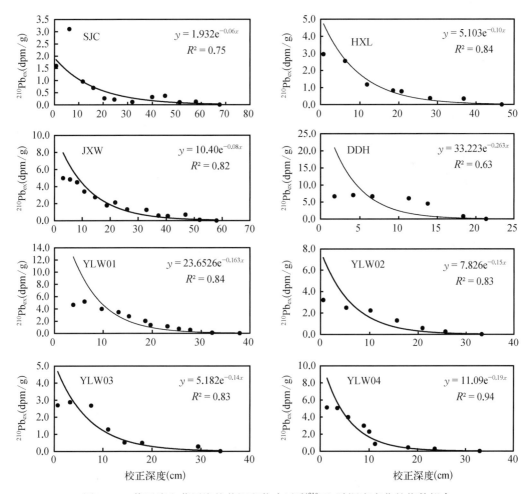

图 7-3　英罗湾和茅尾海柱状沉积物中过剩^{210}Pb随深度变化的指数拟合

（6）基准年海堤与红树林分布特征

在两景 Landsat TM 的 3、4、5 波段遥感图像解译的基础上,提取 2000 年英罗湾和茅尾海的海堤和红树林分布特征。

2）预测模型

（1）红树林边界位置预测模型

根据以上对红树林边界位置影响因素的分析,分别建立红树林向陆边界和向海边界位移的预测模型。

① 红树林向海边界位置预测模型。

$$f_s(MSL_{2000}, SLR, LR, TFS, T, SW)$$
$$= f_s(g_{11}(MSL_{2000}, SLR, LR, TFS), g_2(T), g_3(SW)) \qquad (7-1)$$

$$g_{11}(MSL_{2000}, SLR, LR, TFS) = MSL_{2000} + SLR - LR - TFS \qquad (7-2)$$

式（7-1）中, $g_{11}(MSL_{2000}, SLR, LR, TFS)$、$g_2(T)$、$g_3(SW)$ 分别为预测年平均潮位高度的预测模型、数字高程模型和海堤分布模式;式（7-1）和式（7-2）中的 MSL_{2000}、SLR、LR、TFS、T 和 SW 分别为基础年平均潮位、自 2000 年到预测年全球平均海平面上升幅度、地壳上程式幅度、潮滩沉积厚度、潮滩地形和海堤分布。在模型中,SLR、LR 和 TFS 的升高（沉积）均采用正值,降低（侵蚀）均采用负值。

② 红树林向陆边界位置预测模型。

$$f_1(MHWS_{2000}, SLR, LR, TFS, T, SW)$$
$$= f_1(g_{12}(MHWS_{2000}, SLR, LR, TFS), g_2(T), g_3(SW)) \qquad (7-3)$$

$$g_{12}(MHWS_{2000}, SLR, LR, TFS) = MHWS_{2000} + SLR - LR - TFS \qquad (7-4)$$

式（7-3）中的 $g_{12}(MHWS_{2000}, SLR, LR, TFS)$ 为预测年平均大潮高潮位高度的预测模型,$MHWS_{2000}$ 是基础年平均大潮高潮位;式（7-3）和式（7-4）中的 $g_2(T)$、$g_3(SW)$、SLR、LR、TFS、T 和 SW 的含义与式（7-1）和式（7-2）中相同。

7.3.2　预测年（2030 年、2050 年和 2100 年）各影响因素和潮位线的变化

1）不同预测年全球平均海平面上升值

根据 2100 年低、中、高和极端 4 种模式下的全球平均海平面上升值（分别为 28 cm、35 cm、43 cm 和 58 cm）,通过内插得到不同预测年不同全球平均海平面的上升预测值（表 7-2）。

表 7-2　预测年全球平均海平面上升值（cm）

预 测 年	低模式	中模式	高模式	极端模式
2030	8.4	10.5	12.9	17.4
2050	14	17.5	21.5	29
2100	28	35	43	58

2）预测年地壳上升值

根据英罗湾、茅尾海现代地壳垂直运动年变速率和预测年限,计算出不同预测年的地壳上升值(表7-3)。

表7-3　预测年地壳上升值(cm)

研 究 区	2030 年	2050 年	2100 年
英罗湾	6	10	20
茅尾海	6.9	11.5	23

3）预测年潮滩沉积厚度

根据英罗湾、茅尾海潮滩的沉积速率和预测年限,计算出不同预测年红树林向海边界的沉积厚度(表7-4)。

表7-4　预测年潮滩沉积厚度(cm)

研 究 区	2030 年	2050 年	2100 年
英罗湾	5.7	9.5	19
茅尾海东北岸段	12.3	20.5	41
茅尾海西北岸段	7.5	12.5	25
茅尾海西南岸段	18.6	31	62
茅尾海东南岸段	13.5	22.5	45

4）预测年平均潮位线与平均大潮高潮位线高度

（1）平均潮位线高度

利用式(7-2)和基础年平均潮位、全球平均海平面上升、地壳上升、潮滩沉积速率的预测年数据,得到2030年、2050年和2100年平均潮位线的高度值(表7-5～表7-7)。

表7-5　2030年平均潮位线高度(cm)

区　　段	低模式	中模式	高模式	极端模式
英罗湾	60	62	64	69
茅尾海东北岸段	52	54	57	61
茅尾海西北岸段	57	59	62	66
茅尾海西南岸段	46	48	50	55
茅尾海东南岸段	51	53	56	60

表7-6　2050年平均潮位线高度(cm)

区　　段	低模式	中模式	高模式	极端模式
英罗湾	58	61	65	73
茅尾海东北岸段	45	49	53	60
茅尾海西北岸段	53	57	61	68
茅尾海西南岸段	35	38	42	50
茅尾海东南岸段	43	47	51	58

表 7-7　2100 年平均潮位线高度(cm)

区　　段	低模式	中模式	高模式	极端模式
英罗湾	53	60	68	83
茅尾海东北岸段	27	34	42	57
茅尾海西北岸段	43	50	58	73
茅尾海西南岸段	6	13	21	36
茅尾海东南岸段	23	30	38	53

(2) 平均大潮高潮位线高度

利用式(7-4)和基础年平均大潮高潮位、全球平均海平面上升、地壳上升、潮滩沉积速率和预测年数据,得到 2030 年、2050 年和 2100 年平均大潮高潮位线的高度值(表 7-8~表 7-10)。

表 7-8　2030 年平均大潮高潮位线高度(cm)

区　　段	低模式	中模式	高模式	极端模式
英罗湾	250	253	255	259
茅尾海东北岸段	250	252	254	258
茅尾海西北岸段	250	252	254	258
茅尾海西南岸段	250	252	254	258
茅尾海东南岸段	250	252	254	258

表 7-9　2050 年平均大潮高潮位线高度(cm)

区　　段	低模式	中模式	高模式	极端模式
英罗湾	252	256	260	267
茅尾海东北岸段	251	254	258	266
茅尾海西北岸段	251	254	258	266
茅尾海西南岸段	251	254	258	266
茅尾海东南岸段	251	254	258	266

表 7-10　2100 年平均大潮高潮位线高度(cm)

区　　段	低模式	中模式	高模式	极端模式
英罗湾	256	263	271	286
茅尾海东北岸段	253	260	268	283
茅尾海西北岸段	253	260	268	283
茅尾海西南岸段	253	260	268	283
茅尾海东南岸段	253	260	268	283

7.3.3　预测年(2030 年、2050 年和 2100 年)英罗湾和茅尾海红树林景观格局演变趋势

1) 海堤限制下的红树林景观演变

由于海堤阻挡红树林向陆边界向陆方向移动,沿海堤的红树林向陆边界保持稳定。

无海堤阻挡的红树林边界将随平均潮位线和平均大潮高潮位线的移动而移动,进而引起红树林景观变化。在英罗湾,沿解放塘海堤的红树林向陆边界将保持稳定,而东、西两段向陆边界和向海边界为移动边界;在茅尾海,红树林周边均为海堤所限,只有向海边界是移动边界。根据海堤分布对英罗湾、茅尾海平均潮位线和平均大潮高潮位线进行修正,得到了英罗湾、茅尾海红树林景观演变趋势图,据此分析两地红树林在 2030 年、2050 年和 2100 年的演变趋势。

(1)英罗湾红树林景观演变

① 从 2000 年到 2030 年。

在全球平均海平面以低模式上升的情景下(图 7-4Aa),英罗湾红树林向陆边界向陆推进,中段向陆边界(海堤段)保持稳定,东段向陆边界向陆推进 0.5 m,面积增加 0.10 hm²;西段向陆边界向陆推进 0.4 m,面积增加 0.03 hm²;向海边界向海推进,向海推进平均距离约为1.7 m,面积增加0.57 hm²。红树林总面积增加0.70 hm²。

全球平均海平面以中模式上升情景下(图 7-4Ab),红树林向陆边界向陆推进,中段向陆边界(海堤段)保持稳定。东段向陆边界向陆推进 0.8 m,面积增加 0.19 hm²;西段向陆边界向陆推进 0.8 m,面积增加 0.06 hm²;向海边界向海推进,向海推进平均距离约为0.6 m,面积增加 0.19 hm²。红树林总面积增加 0.44 hm²。

全球平均海平面以高模式上升情景下(图 7-4Ac),英罗湾红树林向陆边界向陆推进,中段向陆边界(海堤段)保持稳定,东段向陆边界向陆推进 1.2 m,面积增加 0.28 hm²;西段向陆边界向陆推进 1.2 m,面积增加 0.10 hm²;向海边界向陆方向后退 0.7 m,面积减少 0.25 hm²。红树林总面积增加 0.13 hm²。

全球平均海平面以极端模式上升情景下(图 7-4Ad),英罗湾红树林向陆边界向陆推进,中段向陆边界(海堤段)保持稳定,东段向陆边界向陆推进 2.0 m,面积增加 0.45 hm²;西段向陆边界向陆推进 1.9 m,面积增加 0.16 hm²;向海边界向陆方向后退 3.0 m,面积减少 1.02 hm²。红树林总面积减少 0.41 hm²。

② 从 2000 年到 2050 年。

全球平均海平面以低模式上升情景下(图 7-4Ba),英罗湾红树林向陆边界向陆推进,中段向陆边界(海堤段)保持稳定,东段向陆边界向陆推进 0.7 m,面积增加 0.16 hm²;西段向陆边界向陆推进 0.7 m,面积增加 0.06 hm²;向海边界向海推进,向海推进平均距离约为 2.9 m,面积增加 0.99 hm²。红树林总面积增加 1.21 hm²。

全球平均海平面以中模式上升情景下(图 7-4Bb),红树林向陆边界向陆推进,中段向陆边界(海堤段)保持稳定。东段向陆边界向陆推进 1.3 m,面积增加 0.30 hm²;西段向陆边界向陆推进 1.3 m,面积增加 0.10 hm²;向海边界向海推进,向海推进平均距离约为1.0 m,面积增加 0.33 hm²。红树林总面积增加 0.73 hm²。

全球平均海平面以高模式上升情景下(图 7-4Bc),英罗湾红树林向陆边界向陆推进,中段向陆边界(海堤段)保持稳定,东段向陆边界向陆推进 2.0 m,面积增加 0.46 hm²;西段向陆边界向陆推进 1.9 m,面积增加 0.16 hm²;向海边界向陆方向后退 1.2 m,面积减少 0.40 hm²。红树林总面积增加 0.22 hm²。

全球平均海平面以极端模式上升情景下(图 7-4Bd),英罗湾红树林向陆边界向陆推

进,中段向陆边界(海堤段)保持稳定,东段向陆边界向陆推进 3.3 m,面积增加 0.74 hm²;
西段向陆边界向陆推进 3.2 m,面积增加 0.26 hm²;向海边界向陆方向后退 4.9 m,面积
减少 1.68 hm²。红树林总面积减少 0.68 hm²。

③ 从 2000 年到 2100 年。

全球平均海平面以低模式上升情景下(图 7-4Ca),英罗湾红树林向陆边界向陆推
进,中段向陆边界(海堤段)保持稳定,东段向陆边界向陆推进 1.6 m,面积增加 0.36 hm²;
西段向陆边界向陆推进 1.4 m,面积增加 0.11 hm²;向海边界向海推进,向海推进平均距
离约为 5.7 m,面积增加 1.94 hm²。红树林总面积增加 2.41 hm²。

全球平均海平面以中模式上升情景下(图 7-4Cb),英罗湾红树林向陆边界向陆推
进,中段向陆边界(海堤段)保持稳定。东段向陆边界向陆推进 2.7 m,面积增加
0.62 hm²;西段向陆边界向陆推进 2.5 m,面积增加 0.21 hm²;向海边界向海推进,向海推
进平均距离约为 1.8 m,面积增加 0.63 hm²。红树林总面积增加 1.46 hm²。

全球平均海平面以高模式上升情景下(图 7-4Cc),英罗湾红树林向陆边界向陆推

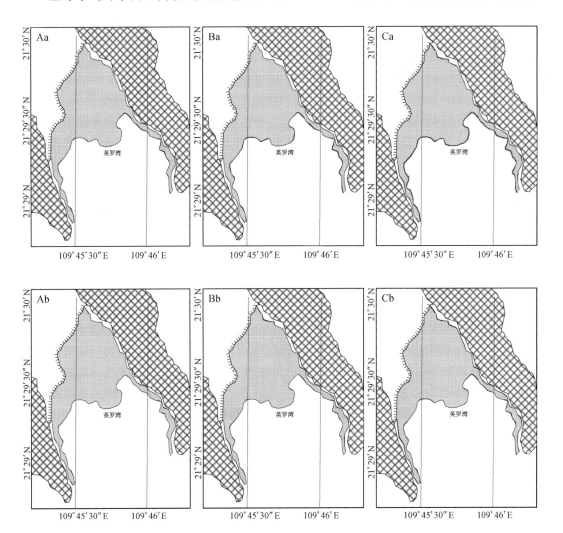

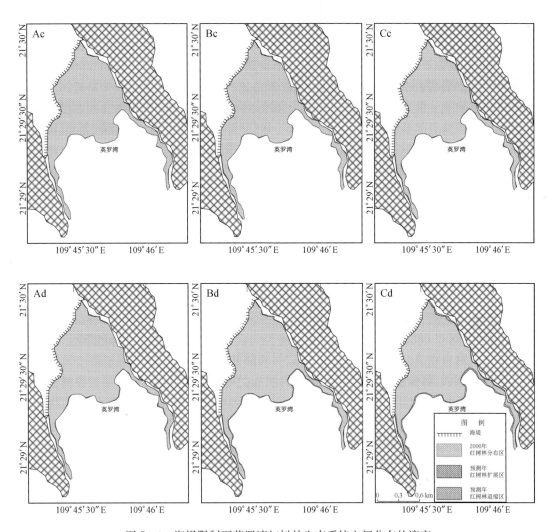

图 7-4　海堤限制下英罗湾红树林生态系统空间分布的演变

A、B、C 分别代表 2030 年、2050 年和 2100 年；a、b、c、d 分别代表全球平均海平面以低模式、中模式、高模式和极端模式上升的情景

进，中段向陆边界（海堤段）保持稳定，东段向陆边界向陆推进 4.1 m，面积增加 0.93 hm²；西段向陆边界向陆推进 3.8 m，面积增加 0.31 hm²；向海边界向陆方向后退 2.3 m，面积减少 0.79 hm²。红树林总面积增加 0.45 hm²。

全球平均海平面以极端模式上升情景下（图 7-4Cd），英罗湾红树林向陆边界向陆推进，中段向陆边界（海堤段）保持稳定，东段向陆边界向陆推进 6.6 m，面积增加 1.50 hm²；西段向陆边界向陆推进 7.8 m，面积增加 0.64 hm²；向海边界向陆方向后退 9.7 m，面积减少 3.29 hm²。红树林总面积减少 1.15 hm²。

在全球平均海平面以低、中、高、极端模式上升的情景下，从 2000 年到预测年 2030 年、2050 年和 2100 年，东段向陆边界、西段向陆边界处红树林面积增加值依次增大。

在全球平均海平面以低、中模式上升的情景下，从 2000 年到预测年 2030 年、2050 年和 2100 年,向海边界处红树林面积的增加值依次增大;在全球平均海平面以高、极端模式上升的情景下,从 2000 年到预测年 2030 年、2050 年和 2100 年,向海边界处红树林面积的减少值依次增大。

在全球平均海平面以低、中、高模式上升的情景下,从 2000 年到预测年 2030 年、2050 年和 2100 年,英罗湾红树林面积的增加值依次增大。在全球平均海平面以极端模式上升的情景下,从 2000 年到预测年 2030 年、2050 年和 2100 年,英罗湾红树林减少的面积依次增大(表 7 - 11,图 7 - 5)。

表 7 - 11 英罗湾红树林面积变化 （单位：hm²）

预 测 年	低模式	中模式	高模式	极端模式
2000~2030	0.7	0.44	0.13	−0.41
2000~2050	1.21	0.73	0.22	−0.68
2000~2100	2.41	1.46	0.45	−1.15

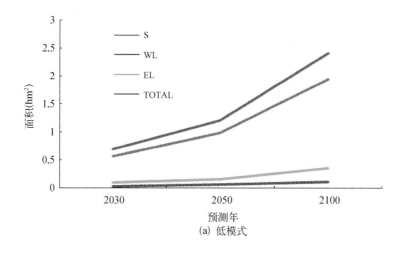

(a) 低模式

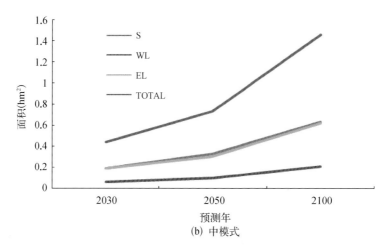

(b) 中模式

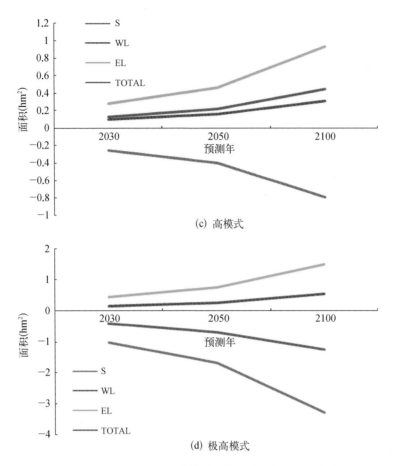

图 7 - 5　四种海平面上升情景下英罗湾红树林面积变化

S、WL、EL 分别代表红树林向海边界、西段向陆边界和东段向陆边界移动产生的
红树林面积变化值；TOTAL 代表红树林边界移动引起的红树林面积的总变化值

对同一预测年与全球平均海平面低、中、高、极端模式上升情景对应的红树林面积变化进行对比分析表明（图 7 - 6、图 7 - 7 和图 7 - 8），无论是 2030 年、2050 年或是 2100 年，均有红树林面积变化总量随着全球平均海平面上升情景从低—中—高—极端模式而下降的趋势。其中，向陆边界处红树林面积增加值随着全球平均海平面上升情景从低—中—高—极端模式而增大，向海边界处红树林面积减少值随着全球平均海平面上升情景从低—中—高—极端模式而增大。红树林总面积随着全球平均海平面上升情景从低—中—高—极端模式的减少是由向海边界处红树林面积减少所致。

（2）茅尾海红树林景观演变

① 2030 年。

从 2000 年到 2030 年，在全球平均海平面以低模式上升的情景下（图 7 - 9Aa），茅尾海东北岸段，滨岸红树林向海边界向海方向的推进距离平均约 14.0 m，增加面积约 72.95 hm²，并且有 3 块岛状红树林并入滨岸红树林中；49 块岛状红树林面积扩大，平均外扩 9.1 m，增加面积约 41.09 hm²；新增 12 块岛状红树林，平均半径约 17.3 m，总面积约

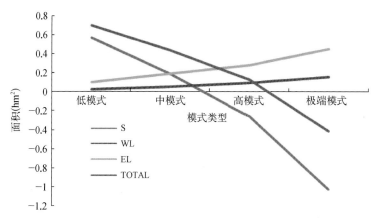

图 7 - 6 从 2000 年到 2030 年英罗湾红树林面积变化

S、WL、EL 分别代表红树林向海边界、西段向陆边界和东段向陆边界移动产生的
红树林面积变化值；TOTAL 代表红树林边界移动引起的红树林面积的总变化值

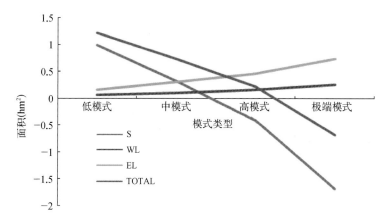

图 7 - 7 从 2000 年到 2050 年英罗湾红树林面积变化

S、WL、EL 分别代表红树林向海边界、西段向陆边界和东段向陆边界移动产生的
红树林面积变化值；TOTAL 代表红树林边界移动引起的红树林面积的总变化值

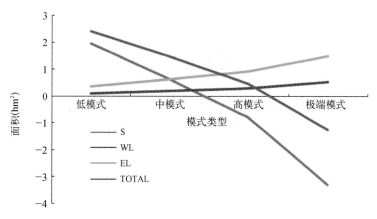

图 7 - 8 从 2000 年到 2100 年英罗湾红树林面积变化

S、WL、EL 分别代表红树林向海边界、西段向陆边界和东段向陆边界移动产生的
红树林面积变化值；TOTAL 代表红树林边界移动引起的红树林面积的总变化值

0.84 hm²。西北岸段,滨岸红树林区向海推进距离约 6.8 m,增加面积约 21.49 hm²,2 块岛状红树林并入滨岸红树林中;30 块岛状红树林面积扩大,平均外扩 7.2 m,增加面积 18.85 hm²;新增 1 块岛状分布的红树林,平均半径 6.8 m,总面积约 0.01 hm²。西南岸段,滨岸红树林区向海推进距离约 12.9 m,增加面积约 35.53 hm²,并且有 1 块岛状红树林并入滨岸红树林中;24 块岛状红树林面积扩大,平均外扩 11.6 m,增加面积约 15.36 hm²;新增 4 块岛状分布的红树林,平均半径约 18.9 m,总面积约 0.40 hm²。东南岸段,滨岸红树林区向海推进距离约 9.2 m,增加面积约 28.36 hm²,并且有 1 块岛状红树林并入滨岸红树林中;3 块岛状红树林面积扩大,平均外扩 6.2 m,增加面积 1.40 hm²;新增 1 块岛状分布的红树林,平均半径约 13.3 m,总面积约 0.22 hm²。红树林总面积增加 236.50 hm²。

在全球平均海平面以中模式上升的情景下(图 7 - 9Ab),东北岸段,滨岸红树林区向海推进距离约 11.0 m,增加面积约 58.07 hm²,3 块岛状红树林并入滨岸红树林中;49 块岛状红树林面积扩大,平均外扩 7.4 m,增加面积约 32.73 hm²;新增 12 块岛状分布的红树林,平均半径 15.3 m,总面积约 0.68 hm²。西北岸段,滨岸红树林区向海推进距离约 4.8 m,增加面积 15.00 hm²,3 块岛状红树林并入滨岸红树林中;31 块岛状红树林面积扩大,平均外扩 4.8 m,增加面积约 12.97 hm²。西南岸段,滨岸红树林区向海推进距离 11.2 m,增加面积约 29.91 hm²,1 块岛状红树林并入滨岸红树林中;24 块岛状红树林面积扩大,平均外扩 10.2 m,增加面积约 13.24 hm²;新增 4 块岛状分布的红树林,平均半径约 16.5 m,总面积约 0.31 hm²。东南岸段,滨岸红树林区向海推进距离 7.6 m,增加面积约 23.50 hm²。1 块岛状红树林并入滨岸红树林中;3 块岛状红树林面积扩大,平均外扩 5.1 m,增加面积约 1.13 hm²;新增 1 块岛状分布的红树林,平均半径约 18.4 m,总面积约 0.05 hm²。红树林总面积增加 187.59 hm²。

在全球平均海平面以高模式上升的情景下(图 7 - 9Ac),东北岸段,滨岸红树林区向海推进距离平均约 5.9 m,增加面积约 30.34 hm²,2 块岛状红树林并入滨岸红树林中;50 块岛状红树林面积扩大,平均外扩 5.4 m,增加面积约 24.86 hm²;新增 10 块岛状分布的红树林,平均半径 12.8 m,总面积约 0.39 hm²。西北岸段,滨岸红树林区向海推进距离约 1.3 m,增加面积约 4.06 hm²,31 块岛状红树林面积扩大,平均外扩 2.3 m,增加面积约 6.12 hm²。西南岸段,滨岸红树林区向海推进距离约 9.4 m,增加面积约 25.04 hm²;1 块岛状红树林并入滨岸红树林中;24 块岛状红树林面积扩大,平均外扩 8.5 m,增加面积约 10.94 hm²;新增 4 块岛状分布的红树林,平均半径 13.6 m,总面积约 0.21 hm²。东南岸段,滨岸红树林区向海推进距离约 5.7 m,增加面积约 17.75 hm²;1 块岛状红树林并入滨岸红树林中;2 块岛状红树林面积扩大,平均外扩 3.9 m,增加面积约 0.71 hm²。红树林总面积增加 120.42 hm²。

在全球平均海平面以极端模式上升的情景下(图 7 - 9Ad),在茅尾海东北岸段,滨岸红树林区向海推进距离平均约 1.5 m,增加面积约 7.07 hm²;52 块岛状红树林面积扩大,平均外扩 1.5 m,增加面积约 7.56 hm²;新增 1 块岛状分布的红树林,平均半径约 6.9 m,总面积约 0.01 hm²。西北岸段,滨岸红树林区向陆后退距离约 2.5 m,减少红树林面积约 7.86 hm²;33 个岛状红树林平均后退 3.2 m,面积减少 8.52 hm²。西南岸段,滨岸红树林区向海推进距离约 6.0 m,增加面积约 15.87 hm²,1 块岛状红树林并入滨岸红树林中;24

块岛状红树林面积扩大,平均外扩 5.4 m,增加面积约 6.77 hm²;新增 4 块岛状分布的红树林,平均半径约 8.3 m,总面积约 0.07 hm²。东南岸段,滨岸红树林区向海推进距离约 2.1 m,增加面积约 6.37 hm²。4 块岛状红树林面积扩大,平均外扩 2.0 m,增加面积约 0.54 hm²。红树林总面积增加 27.88 hm²。

② 2050 年。

从 2000 年到 2050 年,在全球平均海平面以低模式上升的情景下(图 7-9Ba),茅尾海东北岸段,滨岸红树林向海边界向海方向的推进距离平均约 24.4 m,增加面积约 152.7 hm²,并且有 7 块岛状红树林并入滨岸红树林中;45 块岛状红树林面积扩大,平均外扩 13.8 m,增加面积约 47.18 hm²;新增 20 块岛状红树林,平均半径约 25.7 m,总面积约 3.32 hm²。西北岸段,滨岸红树林区向海推进距离约 21.5 m,增加面积约 63.36 hm²,2 块岛状红树林并入滨岸红树林中;30 块岛状红树林面积扩大,平均外扩 11.3 m,增加面积约 30.36 hm²;新增 1 块岛状分布的红树林,平均半径约 14.6 m,总面积约 0.06 hm²。西南岸段,滨岸红树林区向海推进距离约 24.5 m,增加面积约 65.39 hm²,并且有 1 块岛状红树林并入滨岸红树林中;24 块岛状红树林面积扩大,平均外扩 20.5 m,增加面积约 28.70 hm²;新增 1 块岛状分布的红树林,平均半径约 14.6 m,总面积约 0.06 hm²。东南岸段,滨岸红树林区向海推进距离约 17.7 m,增加面积约 54.63 hm²,并且有 1 块岛状红树林并入滨岸红树林中;3 块岛状红树林面积扩大,平均外扩 10.8 m,增加面积约 2.55 hm²。红树林总面积增加 401.13 hm²。

全球平均海平面以中模式上升的情景下(图 7-9Bb),茅尾海东北岸段,滨岸红树林区向海推进距离约 18.4 m,增加面积约 114.8 hm²,6 块岛状红树林并入滨岸红树林中;48 块岛状红树林面积扩大,平均外扩 11.0 m,增加面积约 38.78 hm²;新增 20 块岛状分布的红树林,平均半径约 19.1 m,总面积约 1.80 hm²。西北岸段,滨岸红树林区向海推进距离约 7.2 m,增加面积约 22.82 hm²,1 块岛状红树林并入滨岸红树林中;30 块岛状红树林面积扩大,平均外扩 7.7 m,增加面积约 20.26 hm²;新增 1 块岛状分布的红树林,平均半径约 8.3 m,总面积约 0.02 hm²。西南岸段,滨岸红树林区向海推进距离 20.4 m,增加面积约 54.74 hm²,1 块岛状红树林并入滨岸红树林中;24 块岛状红树林面积扩大,平均外扩 17.5 m,增加面积约 24.05 hm²;新增 4 块岛状分布的红树林,平均半径约 27.8 m,总面积约 0.87 hm²。东南岸段,滨岸红树林区向海推进距离约 12.7 m,增加面积约 39.91 hm²。1 块岛状红树林并入滨岸红树林中;3 块岛状红树林面积扩大,平均外扩 8.8 m,增加面积约 2.03 hm²。红树林总面积增加 340.08 hm²。

全球平均海平面以高模式上升的情景下(图 7-9Bc),茅尾海东北岸段,滨岸红树林区向海推进距离平均约 13.7 m,增加面积约 71.73 hm²,3 块岛状红树林并入滨岸红树林中;49 块岛状红树林面积扩大,平均外扩 8.8 m,增加面积约 39.69 hm²;新增 11 块岛状分布的红树林,平均半径约 16.7 m,总面积约 0.74 hm²。西北岸段,滨岸红树林区向海推进距离约 2.0 m,增加面积约 6.72 hm²;32 块岛状红树林面积扩大,平均外扩 3.4 m,增加面积约 9.29 hm²。西南岸段,滨岸红树林区向海推进距离约 17.1 m,增加面积约 45.73 hm²,1 块岛状红树林并入滨岸红树林中;24 块岛状红树林面积扩大,平均外扩 14.6 m,增加面积约 19.67 hm²;新增 4 块岛状分布的红树林,平均半径约 23.2 m,总面积约 0.61 hm^2。东南岸段,滨岸红树林区向海推进距离约 9.5 m,增加面积约 29.52 hm^2;1 块岛状红树林并入滨岸红树林中;3 块岛状红树林面积扩大,平均外扩 6.5 m,增加面积约 1.47 hm^2。红树林总面积增加 225.17 hm^2。

在全球平均海平面以极端模式上升的情景下(图 7-9Bd),茅尾海东北岸段,滨岸红树林区向海推进距离平均约 2.7 m,增加面积约 13.57 hm^2 并有 1 块岛状红树林并入滨岸红树林中;51 块岛状红树林面积扩大,平均外扩 2.4 m,增加面积约 10.95 hm^2;新增 2 块岛状分布的红树林,平均半径约 6.7 m,总面积 0.02 hm^2。西北岸段,滨岸红树林区向海边界向陆后退距离约 4.3 m,减少红树林面积约 13.35 hm^2;28 个岛状红树林平均后退 5.3 m,面积减少 13.81 hm^2。西南岸段,滨岸红树林区向海推进距离约 10.1 m,增加面积约 26.51 hm^2,1 块岛状红树林并入滨岸红树林中;24 块岛状红树林面积扩大,平均外扩 9.1 m,增加面积约 12.1 hm^2;新增 4 块岛状分布的红树林,平均半径约 14.8 m,总面积约 0.24 hm^2。东南岸段,滨岸红树林区向海推进距离约 4.0 m,增加面积约 12.13 hm^2。4 块岛状红树林面积扩大,平均外扩 3.4 m,增加面积约 0.92 hm^2。红树林总面积增加 42.28 hm^2。

③ 2100 年。

从 2000 年到 2100 年,在全球平均海平面以低模式上升的情景下(图 7-9Ca),茅尾海东北岸段,滨岸红树林向海边界向海方向推进距离平均约 47.4 m,增加面积约 311.00 hm^2,并有 14 块岛状红树林并入滨岸红树林中;37 块岛状红树林面积扩大,平均外扩 30.0 m,增加面积约 92.91 hm^2;新增 25 块岛状红树林,平均半径约 46.6 m,总面积 16.41 hm^2。西北岸段,滨岸红树林区向海推进距离约 39.7 m,增加面积约 128.8 hm^2,5 块岛状红树林并入滨岸红树林中;21 块岛状红树林面积扩大,平均外扩 26.0 m,增加面积约 54.11 hm^2;新增 7 块岛状分布的红树林,平均半径约 23.5 m,总面积约 1.22 hm^2。西南岸段,滨岸红树林区向海推进距离约 58.7 m,增加面积约 162.5 hm^2,有 3 块岛状红树林并入滨岸红树林中;22 块岛状红树林面积扩大,平均外扩 52.3 m,增加面积约 77.61 hm^2;新增 4 块岛状分布的红树林,平均半径约 64.4 m,总面积约 4.70 hm^2。东南岸段,滨岸红树林区向海推进距离约 39.1 m,增加面积约 125.60 hm^2,有 4 块岛状红树林并入滨岸红树林中;新增 1 块岛状分布的红树林,平均半径约 5.9 m,总面积约 0.01 hm^2。红树林总面积增加 974.87 hm^2。

在全球平均海平面以中模式上升的情景下(图 7-9Cb),茅尾海东北岸段,滨岸红树林区向海推进距离约 41.5 m,增加面积约 247.10 hm^2,7 块岛状红树林并入滨岸红树林中;45 块岛状红树林面积扩大,平均外扩 23.3 m,增加面积约 85.16 hm^2;新增 23 块岛状分布的红树林,平均半径约 38.4 m,总面积约 95.37 hm^2。西北岸段,滨岸红树林区向海推进距离约 25.0 m,增加面积约 74.75 hm^2,4 块岛状红树林并入滨岸红树林中;28 块岛状红树林面积扩大,平均外扩 14.6 m,增加面积约 38.35 hm^2;新增 3 块岛状分布的红树林,平均半径约 10.9 m,总面积约 0.13 hm^2。西南岸段,滨岸红树林区向海推进距离约 47.9 m,增加面积约 131.5 hm^2,2 块岛状红树林并入滨岸红树林中;23 块岛状红树林面积扩大,平均外扩 39.7 m,增加面积约 58.49 hm^2;新增 4 块岛状分布的红树林,平均半径约 71.4 m,总面积约 3.32 hm^2。东南岸段,滨岸红树林区向海推进距离约 33.0 m,增加面积约 105.20 hm^2。4 块岛状红树林并入滨岸红树林中;新增 1 块岛状分布的红树林,平均半径约 38.5 m,总面积约 0.34 hm²。红树林总面积增加 839.71 hm²。

在全球平均海平面以高模式上升的情景下(图 7 - 9Cc),茅尾海东北岸段,滨岸红树林区向海推进距离平均约 34.3 m,增加面积约 204.20 hm²,7 块岛状红树林并入滨岸红树林中;45 块岛状红树林面积扩大,平均外扩 16.3 m,增加面积约 56.59 hm²;新增 22 块岛状分布的红树林,平均半径约 29.4 m,总面积约 5.04 hm²。西北岸段,滨岸红树林区向海推进距离约 5.8 m,增加面积约 18.46 hm²;31 块岛状红树林面积扩大,平均外扩6.2 m,增加面积约 16.02 hm²。西南岸段,滨岸红树林区向海推进距离约 37.3 m,增加面积约 100.60 hm²,1 块岛状红树林并入滨岸红树林中;24 块岛状红树林面积扩大,平均外扩 32.7 m,增加面积约 48.43 hm²;新增 4 块岛状分布的红树林,平均半径约 43.5 m,总面积约 2.71 hm²。东南岸段,滨岸红树林区向海推进距离约 22.8 m,增加面积约 71.37 hm²;2 块岛状红树林并入滨岸红树林中;2 块岛状红树林面积扩大,平均外扩 10.7 m,增加面积约 1.67 hm²;新增 1 块岛状分布的红树林,平均半径约 16.6 m,总面积约 0.03 hm²。红树林总面积增加 525.12 hm²。

在全球平均海平面以极端模式上升的情景下(图 7 - 9Cd),茅尾海东北岸段,滨岸红树林区向海推进距离平均约 5.7 m,增加面积约 29.36 hm²,2 块岛状红树林并入滨岸红树林中;50 块岛状红树林面积扩大,平均外扩 5.2 m,增加面积约 24.10 hm²;新增 13 块岛状分布的红树林,平均半径约 8.4 m,总面积约 0.22 hm²。西北岸段,滨岸红树林区向海边界向陆后退距离约 19.6 m,减少红树林面积约 66.11 hm²;25 个岛状红树林平均后退10.3 m,面积减少 26.20 hm²;7 块岛状分布的红树林消失,平均半径约 14.6 m,总面积约 0.43 hm²。西南岸段,滨岸红树林区向海推进距离约 22.9 m,增加面积约 61.30 hm²,1 块岛状红树林并入滨岸红树林中;24 块岛状红树林面积扩大,平均外扩 19.4 m,增加面积约 27.03 hm²;新增 4 块岛状分布的红树林,平均半径约 30.1 m,总面积约 1.02 hm²。东南岸段,滨岸红树林区向海推进距离约 7.8 m,增加面积约 24.07 hm²。3 块岛状红树林面积扩大,平均外扩 5.5 m,增加面积约 1.23 hm²。红树林总面积增加 75.59 hm²。

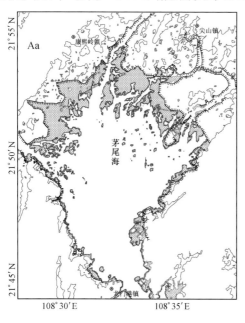
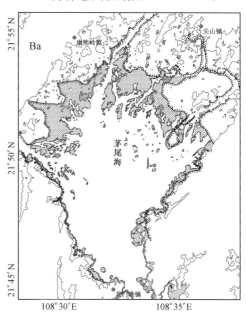

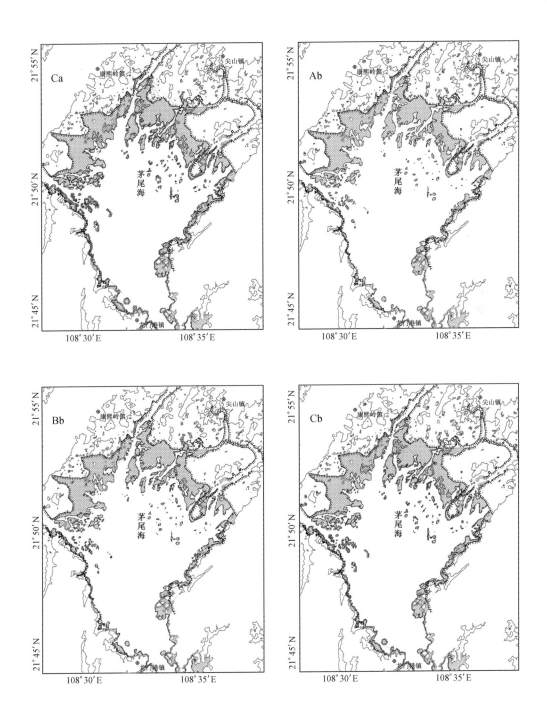

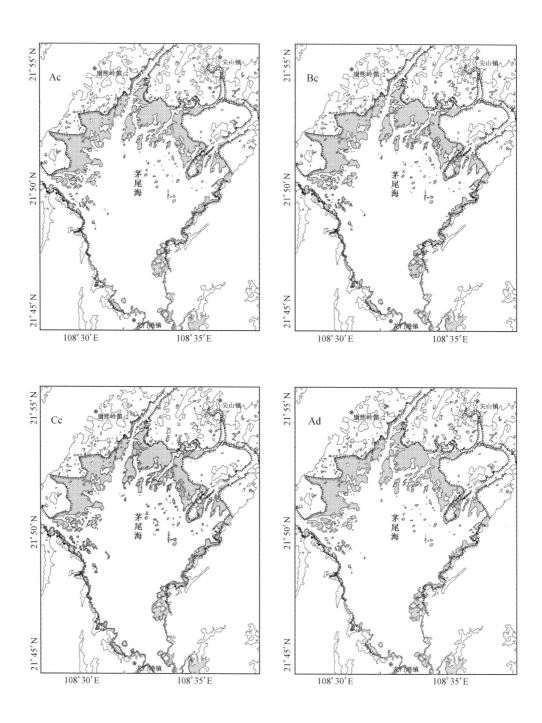

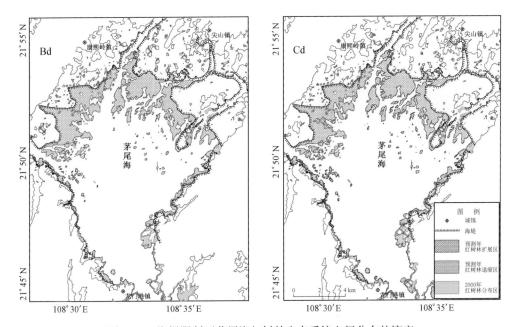

图 7-9 海堤限制下茅尾海红树林生态系统空间分布的演变

A、B、C 分别代表 2030 年、2050 年和 2100 年；a、b、c、d 分别代表全球平均海平面以低模式、中模式、高模式和极端模式上升的情景

　　对应于不同的全球平均海平面上升情景，从 2000 年到 2030 年、2050 年和 2100 年，对于红树林向海边界的移动产生的面积变化进行对比分析表明，在全球平均海平面以低、中、高、极端模式上升情景下，从 2000 年到 2030 年、2050 年和 2100 年，茅尾海红树林面积增加值依次增大（表 7-12，图 7-10）。

表 7-12　茅尾海红树林面积变化　　　　　　　　　（单位：hm²）

预 测 年	低模式	中模式	高模式	极端模式
2000～2030	236.5	187.59	120.42	27.88
2000～2050	401.13	340.08	225.17	42.28
2000～2100	974.87	839.71	525.12	75.59

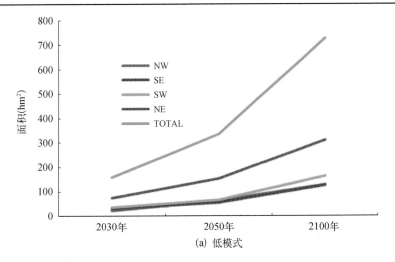

(a) 低模式

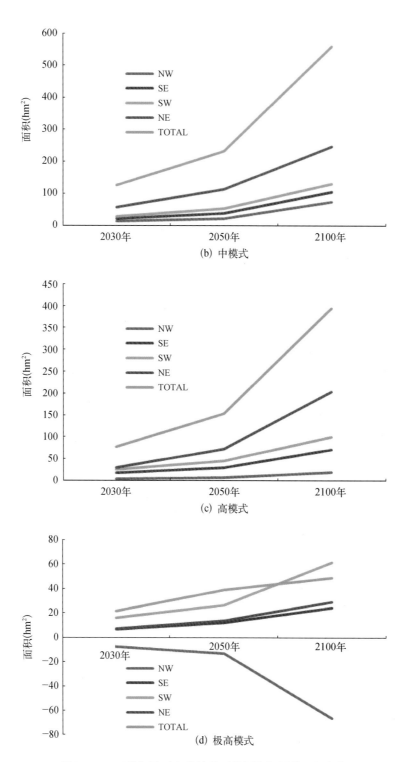

图 7-10   四种海平面上升情景下茅尾海红树林面积变化

NW、SE、SW 和 NE 分别代表茅尾海西北岸段、东南岸段、西南岸段和东北岸段向海边界的
移动产生的红树林面积变化值;TOTAL 代表红树林面积的总变化值

在全球平均海平面以低、中、高、极端模式上升的情景下，从2000年到2030年、2050年和2100年，茅尾海西南岸段、东北岸段、东南岸段红树林向海边界处的面积增加值依次增大；在全球平均海平面以低、中、高模式上升的情景下，从2000年到2030年、2050年和2100年，茅尾海西北岸段红树林向海边界处的面积增加值依次增大；在全球平均海平面以极端模式上升的情景下，从2000年到2030年、2050年和2100年，茅尾海西北岸段红树林向海边界处的面积减少值依次增大(图7-10)。

对同一预测年对应的低、中、高、极端模式全球平均海平面上升情景下的红树林面积变化的对比分析表明，无论是2030年、2050年或是2100年，均有红树林面积变化总量随着全球平均海平面从低—中—高—极端模式上升情景而下降的趋势(图7-11～图7-13)。

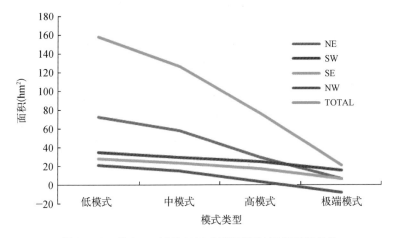

图7-11　从2000年到2030年茅尾海红树林面积变化

NW、SE、SW和NE分别代表茅尾海西北岸段、东南岸段、西南岸段和东北岸段向海边界的
移动产生的红树林面积变化值；TOTAL代表红树林面积的总变化值

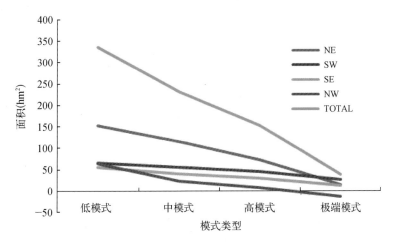

图7-12　从2000年到2050年茅尾海红树林面积变化

NW、SE、SW和NE分别代表茅尾海西北岸段、东南岸段、西南岸段和东北岸段向海边界的
移动产生的红树林面积变化值；TOTAL代表红树林面积的总变化值

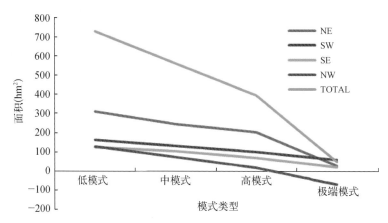

图 7 - 13　从 2000 年到 2100 年茅尾海红树林面积变化

NW、SE、SW 和 NE 分别代表茅尾海西北岸段、东南岸段、西南岸段和东北岸段向海边界的
移动产生的红树林面积变化值；TOTAL 代表红树林面积的总变化值

其中,红树林向陆边界处的面积增加值随着全球平均海平面从低—中—高—极端模式上升而增大,红树林向海边界处的面积增加值随着全球平均海平面从低—中—高—极端模式上升而减少。红树林面积总量随着全球平均海平面从低—中—高—极端模式的上升情景变化而减小受制于红树林向海边界处红树林面积的变化。

2) 无海堤限制下的向陆侧红树林景观演变

在英罗湾和茅尾海,广泛分布的海堤及堤内(向陆一侧)虾塘是在砍伐原有红树林基础上建设的,也就是说,当前的海堤和虾塘海所占空间本应是红树林分布区(称为恢复区)。因此,即便海平面没有上升,一旦清除海堤,当前红树林也会自然向恢复区扩展。在海平面上升背景下,清除海堤后,红树林的向陆扩展应该包括两部分：一是向恢复区的自然扩展,二是海平面上升驱动下的向陆扩展(称为向扩展区扩展)。

(1) 英罗湾红树林的向陆扩展趋势

根据基准年平均大潮高潮位线的位置,并参考海堤和虾塘分布面积,确定英罗湾红树林恢复区面积为 76.47 hm^2。在此基础上,根据预测年平均大潮高潮位线位置相对于基础年平均大潮高潮线位置的变化,分析英罗湾红树林的向陆推进趋势。

① 2030 年。

从 2000 年到 2030 年,在全球平均海平面以低模式上升的情景下(图 7 - 14Aa),红树林向陆边界向陆扩展的平均宽度为 1.0 m,增加面积为 0.32 hm^2；在全球平均海平面以中模式上升的情景下(图 7 - 14Ab),红树林向陆边界向陆扩展的平均宽度为 1.7 m,增加面积为 0.57 hm^2；在全球平均海平面以高模式上升的情景下(图 7 - 14Ac),红树林向陆边界向陆扩展的平均宽度为3.1 m,增加面积为 1.00 hm^2。在全球平均海平面以极端模式上升的情景下(图 7 - 14Ad),红树林向陆边界向陆扩展的平均宽度为 4.2 m,增加面积为1.54 hm^2。

② 2050 年。

从 2000 年到 2050 年,在全球平均海平面以低模式上升的情景下(图 7 - 14Ba),红树林向陆边界向陆扩展的平均宽度为 1.6 m,增加面积为 0.51 hm^2；在全球平均海平面以中模式上升的情景下(图 7 - 14Bb),红树林向陆边界向陆扩展的平均宽度为 3.3 m,增加面积为

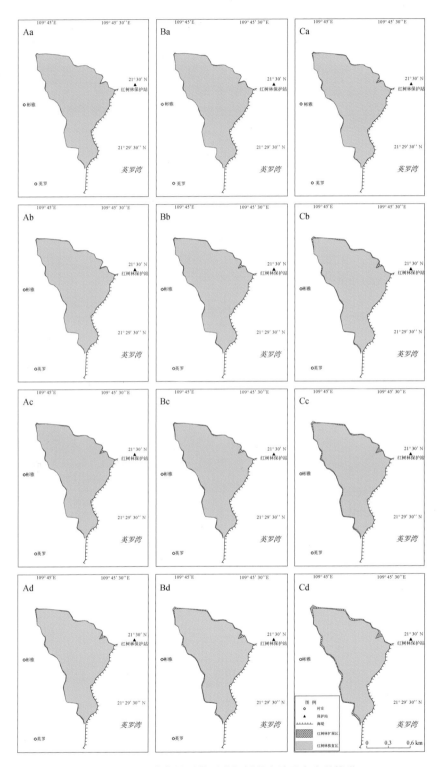

图 7-14 去除海堤后英罗湾红树林向陆地方向的推进

A、B、C 分别代表 2030 年、2050 年和 2100 年；a、b、c、d 分别代表为低模式、中模式、高模式和极端模式下平均海平面上升情景

1.07 hm^2;在全球平均海平面以高模式上升的情景下(图 7 - 14Bc),红树林向陆边界向陆扩展的平均扩展宽度为 4.8 m,增加面积为 1.55 hm^2;在全球平均海平面以极端模式上升的情景下(图 7 - 14Bd)红树林向陆边界向陆扩展的平均宽度为 7.3 m,增加面积为 2.38 hm^2。

③ 2100 年。

从 2000 年到 2100 年,在全球平均海平面以低模式上升的情景下(图 7 - 14Ca),红树林向陆边界向陆扩展的平均宽度为 3.4 m,增加面积为 1.12 hm^2;在全球平均海平面以中模式上升的情景下(图 7 - 14Cb),红树林向陆边界向陆扩展的平均宽度为 6.0 m,增加面积为 1.94 hm^2;在全球平均海平面以高模式上升的情景下(图 7 - 14Cc),红树林向陆边界向陆扩展的平均宽度为 8.7 m,增加面积为 2.84 hm^2;在全球平均海平面以极端模式上升的情景下(图 7 - 14Cd),红树林向陆边界向陆扩展的平均宽度为 13.4 m,增加面积为 4.39 hm^2。

统计结果表明,如果去除英罗湾的海堤,不仅可以为红树林自然向陆扩展提供 76.5 hm^2 的空间,而且,由于平均海平面上升的驱动,红树林向陆边界还要向陆地方向扩展。不同的全球平均海平面上升情景、不同预测年具有不同的扩展宽度和面积(表 7 - 13)。

表 7 - 13　英罗湾向陆侧红树林面积增加值　　　　　　　(单位：hm^2)

预 测 年	低模式	中模式	高模式	极端模式
2000~2030	0.32	0.57	1.00	1.54
2000~2050	0.51	1.07	1.55	2.38
2000~2100	1.12	1.94	2.84	4.39

按全球平均海平面上升情景从低—中—高—极端模式,红树林向陆边界向陆地方向扩展的宽度和面积依次增加;红树林扩展的宽度和增加的面积随着预测时间的增长而增大(图 7 - 15)。

(2) 茅尾海红树林的向陆扩展趋势

根据基准年平均大潮高潮位线的位置,并参考海堤和虾塘分布面积,确定的茅尾海东北岸段红树林恢复区面积达到 4 011 hm^2,西北岸段达到 1 588 hm^2,西南岸段达到 530 hm^2,东南岸段达 125 hm^2。恢复区总面积达到 6 254 hm^2。在此基础上,根据预测年平均大潮高潮位线位置相对于基础年平均大潮高潮线位置的变化,分析 2030 年、2050 年和 2100 年茅尾海红树林的向陆扩展趋势。

① 2030 年。

从 2000 年到 2030 年,在全球平均海平面以低模式上升的情景下(图 7 - 16Aa),茅尾海东北岸段红树林的向陆边界向陆方向推进距离平均约 0.8 m,增加面积约 6.85 hm^2;西北岸段红树林向陆推进距离约 2.4 m,增加面积约 11.97 hm^2;西南岸段红树林向陆推进距离约 0.5 m,增加面积约 2.66 hm^2;东南岸段红树林向陆推进距离约 0.4 m,增加面积约 1.34 hm^2。增加的总面积达到 22.82 hm^2。

在全球平均海平面以中模式上升的情景下(图 7 - 16Ab),茅尾海东北岸段的红树林向陆边界向陆方向推进距离平均约 4.0 m,增加面积约 34.78 hm^2;西北岸段红树林向陆推进距离约 6.8 m,增加面积约 33.69 hm^2。西南岸段红树林向陆推进距离约 1.1 m,增加面积约 6.64 hm^2;东南岸段红树林向陆推进距离约 1.1 m,增加面积约 3.29 hm^2。增加的总面积达到 78.4 hm^2。

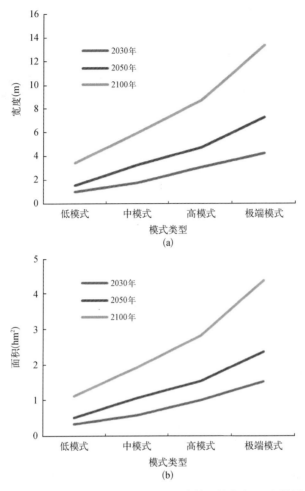

图 7-15　清除海堤后英罗湾红树林向陆边界向陆扩展的宽度(a)和扩展面积(b)变化

在全球平均海平面以高模式上升的情景下(图 7-16Ac),茅尾海东北岸段的红树林向陆边界向陆方向推进距离平均约 5.2 m,增加面积约 45.61 hm^2;西北岸段红树林向陆推进距离约 1.1 m,增加面积约 54.50 hm^2;西南岸段红树林向陆推进距离约 1.9 m,增加面积约 10.98 hm^2;东南岸段,红树林向陆推进距离约 3.9 m,增加面积约 11.99 hm^2。增加的总面积达到 123.08 hm^2。

在全球平均海平面以极端模式上升的情景下(图 7-16Ad),茅尾海东北岸段红树林的向陆边界向陆方向推进距离平均约 9.4 m,增加面积约 81.41 hm^2;西北岸段红树林向陆推进距离约 15.0 m,增加面积约 73.55 hm^2;西南岸段红树林向陆推进距离约 3.8 m,增加面积约 22.62 hm^2;东南岸段红树林向陆推进距离约 5.2 m,增加面积约 15.83 hm^2。增加的总面积达到 193.41 hm^2。

② 2050 年。

从 2000 年到 2050 年,在全球平均海平面以低模式上升的情景下(图 7-16Ba),茅尾海东北岸段的红树林向陆边界向陆方向推进距离平均约 2.0 m,增加面积约 17.22 hm^2;西北岸段红树林向陆推进距离约 5.8 m,增加面积约 28.78 hm^2;西南岸段红树林向陆推进距离约 0.8 m,增加面积约 4.54 hm²;东南岸段红树林向陆推进距离约 0.7 m,增加面积约 2.24 hm²。增加的总面积达到 52.78 hm²。

在全球平均海平面以中模式上升的情景下(图 7 - 16Bb),茅尾海东北岸段的红树林向陆边界向陆方向推进距离平均约 5.2 m,增加面积约 45.61 hm²;西北岸段红树林向陆推进距离约 11.2 m,增加面积约 54.50 hm²;西南岸段红树林向陆推进距离约 1.9 m,增加面积约 11.00 hm²;东南岸段,红树林向陆推进距离约 3.9 m,增加面积约 11.99 hm²。增加的总面积达到 123.1 hm²。

在全球平均海平面以高模式上升的情景下(图 7 - 16Bc),茅尾海东北岸段的红树林向陆边界向陆方向推进距离平均约 9.1 m,增加面积约 79.10 hm²;西北岸段红树林向陆推进距离约 14.7 m,增加面积约 72.15 hm²;西南岸段红树林向陆推进距离约 3.7 m,增加面积约 21.69 hm²;东南岸段红树林向陆推进距离约 5.0 m,增加面积约 15.37 hm²。增加的总面积达到 188.31 hm²。

在全球平均海平面以极端模式上升的情景下(图 7 - 16Bd),茅尾海东北岸段的红树林向陆边界向陆方向推进距离平均约 14.1 m,增加面积约 120.51 hm²;西北岸段红树林向陆推进距离约 20.8 m,增加面积约 103.94 hm²;西南岸段红树林向陆推进距离约 6.0 m,增加面积约 35.79 hm²;东南岸段红树林向陆推进距离约 8.2 m,增加面积约 25.25 hm²。增加的总面积达到 285.49 hm²。

③ 2100 年。

从 2000 年到 2100 年,在全球平均海平面以低模式上升情景下(图 7 - 16Ca),茅尾海东北岸段的红树林向陆边界向陆方向推进距离平均约 4.7 m,增加面积约 40.59 hm²;西北岸段红树林向陆推进距离约 10.3 m,增加面积约 50.12 hm²;西南岸段红树林向陆推进距离约 1.5 m,增加面积约 8.97 hm²;东南岸段红树林向陆推进距离约 3.6 m,增加面积约 10.94 hm²。增加的总面积达到 110.62 hm²。

在全球平均海平面以中模式上升情景下(图 7 - 16Cb),茅尾海东北岸段的红树林向陆边界向陆方向推进距离平均约 10.7 m,增加面积约 92.10 hm²;西北岸段红树林向陆推进距离约 16.4 m,增加面积约 79.70 hm²;西南岸段红树林向陆推进距离约 4.3 m,增加面积约 25.34 hm²;东南岸段红树林向陆推进距离约 5.5 m,增加面积约 16.77 hm²。增加的总面积达到 213.91 hm²。

在全球平均海平面以高模式上升情景下(图 7 - 16Cc),茅尾海东北岸段的红树林向陆边界向陆方向推进距离平均约 16.0 m,增加面积约 136.63 hm²;西北岸段红树林向陆推进距离约 7.8 m,增加面积约 276.13 hm²;西南岸段红树林向陆推进距离约 8.8 m,增加面积约 45.96 hm²;东南岸段红树林向陆推进距离约 9.2 m,增加面积约 27.27 hm²。增加的总面积达到 485.99 hm²。

在全球平均海平面以极端模式上升情景下(图 7 - 16Cd),茅尾海东北岸段的红树林向陆边界向陆方向推进距离平均约 31.6 m,增加面积约 273.61 hm²;西北岸段红树林向陆推进距离约 6.8 m,增加面积约 348.84 hm²;西南岸段红树林向陆推进距离约 12.3 m,增加面积约 72.42 hm²;东南岸段红树林向陆推进距离约 20.7 m,增加面积约 63.74 hm²。增加的总面积达到 758.61 hm²。

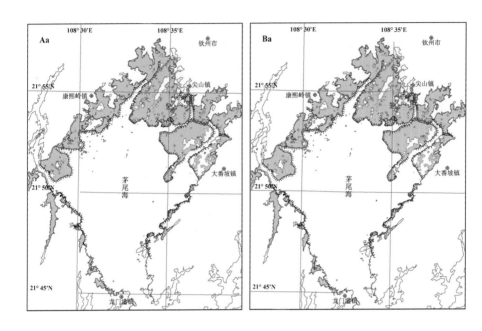

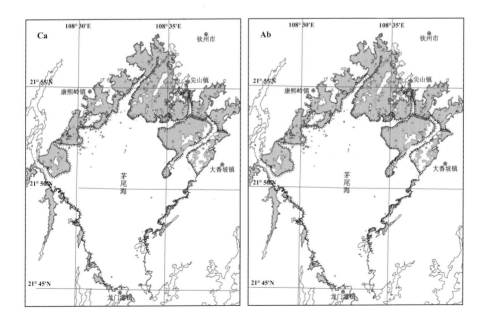

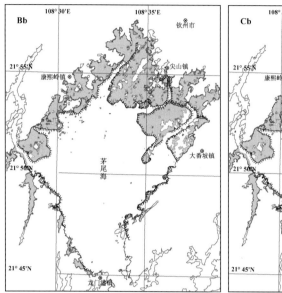

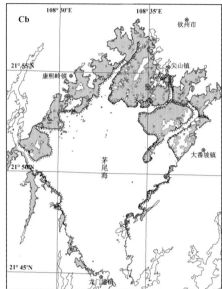

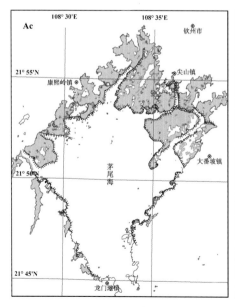

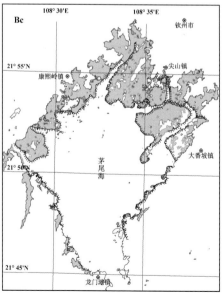

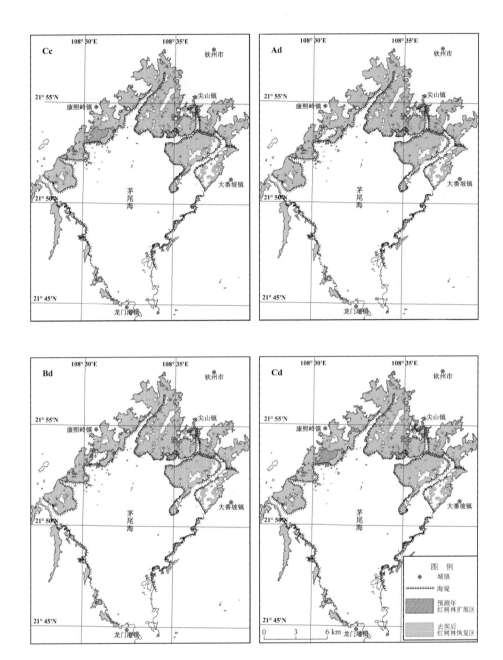

图 7-16 清除海堤后茅尾海红树林向陆地方向的扩展趋势

A、B、C 分别代表 2030 年、2050 年和 2100 年；a、b、c、d 分别代表全球平均海平面以低模式、
中模式、高模式和极端模式上升的情景

综上所述，如果茅尾海的海堤被清除，不仅在其东北岸段、西北岸段、西南岸段和东南岸段为红树林的自然恢复分别提供了 4 011 hm²、1 588 hm²、530 hm² 和 125 hm² 的扩展空间，而且由于全球平均海平面上升的驱动，红树林向陆边界还要向陆地方向扩展。不同预测年、不同平均海平面上升模式、不同岸段具有不同的扩展面积(表 7-14)。

表 7-14 茅尾海向陆侧红树林面积增加值 （单位：hm²）

预测年	低模式	中模式	高模式	极端模式
2000~2030	22.82	78.4	123.08	193.41
2000~2050	52.78	123.1	188.31	285.49
2000~2100	110.62	213.91	485.99	758.61

按全球平均海平面上升情景从低—中—高—极端模式,红树林向陆边界向陆地方向扩展的宽度和面积依次增加;红树林扩展的宽度和增加的面积随着预测时间的增长而增大;东北、西北岸段红树林增加的宽度和面积显著大于西南、东南岸段(图 7-17~图 7-19)。

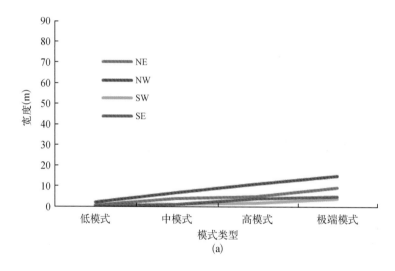

(a)

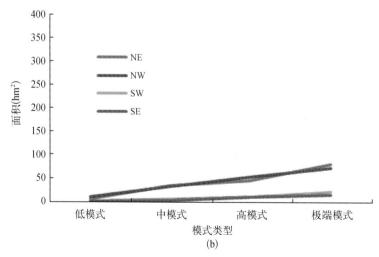

(b)

图 7-17 去堤后茅尾海 2030 年红树林向陆边界向陆扩展的宽度(a)和扩展面积(b)变化
NE、NW、SW 和 SE 分别代表茅尾海的东北岸段、西北岸段、西南岸段和东南岸段

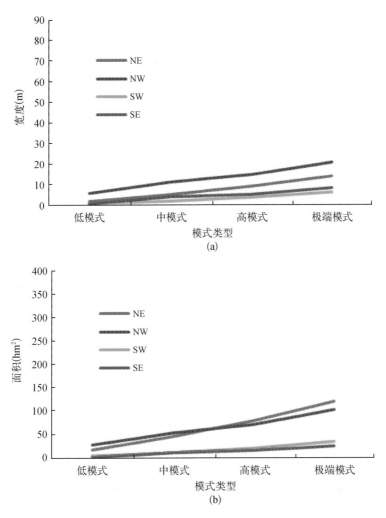

图 7-18　去堤后茅尾海 2050 年红树林向陆边界向陆扩展的宽度(a)和扩展面积(b)变化

NE、NW、SW 和 SE 分别代表茅尾海的东北岸段、西北岸段、西南岸段和东南岸段

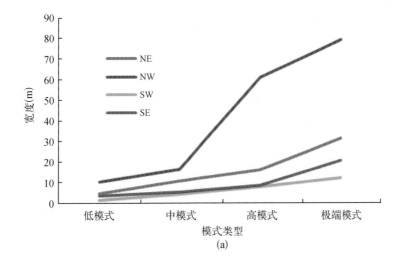

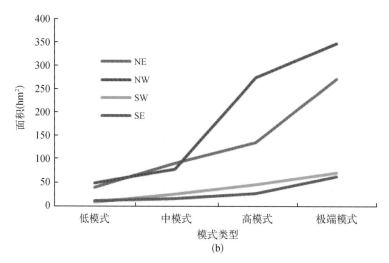

图 7-19 去堤后茅尾海 2100 年红树林向陆边界向陆扩展的宽度(a)和扩展面积(b)变化

NE、NW、SW 和 SE 分别代表茅尾海的东北岸段、西北岸段、西南岸段和东南岸段

7.4 典型红树林生态系统景观演变的原因分析

如前所述,从理论上讲,红树林景观演变受全球平均海平面上升、区域地壳升降、局域地形、潮滩沉积和海堤分布的联合制约。但是,对于某一具体红树林分布区,这些制约因素发挥的作用并不相同。本节根据英罗湾和茅尾海红树林演变趋势的预测结果,具体分析两区红树林景观演变差异性的原因。

7.4.1 全球平均海平面上升对红树林空间分布的影响

全球平均海平面上升能够抬升平均潮位和平均大潮高潮位,推动平均潮位线和平均大潮高潮位线向陆地方向移动,红树林随之向陆地方向移动,使得红树林生态系统景观格局发生改变。

由于在预测英罗湾和茅尾海红树林景观演变中,采用的绝对海平面上升数据均源自 IPCC 的全球平均海平面上升情景数据。因此,在同一全球平均海平面上升情景下,两区及其区内各段(茅尾海)红树林景观演变的差异与全球平均海平面上升情景无关。

7.4.2 地壳上升对红树林空间分布的影响

地壳上升不能改变平均潮位和平均大潮高潮位,而是通过抬高潮滩,推动平均潮位线和平均大潮高潮位线向海方向移动,进而可能导致红树林随之向海方向移动,引起红树林生态系统景观格局改变。

由于英罗湾地壳上升速率(2 mm/a)小于茅尾海地壳上升速率(2.3 mm/a),进而导致英罗湾的相对海平面上升幅度大于茅尾海的相对海平面上升幅度。因此,英罗湾红树林受到的相对海平面上升的向陆地方向扩展的驱动力更大。

7.4.3 潮滩沉积对红树林空间分布的影响

海平面上升对红树林迁移的影响根本体现在局域地表高程的升高对相对海平面上升的制衡作用,而局域地表高程的变化与沉积物累积速率密切相关。如果局域沉积物累积与相对海平面上升同步,也即沉积速率与相对海平面上升速率相当,那么红树林将不发生迁移;如果沉积速率低于相对海平面上升速率,红树林将向海迁移,反之,向陆迁移。

由于英罗湾红树林分布区平均沉积速率较小(1.9 mm/a),而茅尾海红树林区因河流泥沙的输入沉积速率较大(2.5~6.2 mm/a),因此,潮滩沉积对茅尾海红树林向海边界的向海方向的驱动远大于对英罗湾。这也是英罗湾红树林在全球绝对海平面以高、极端模式上升的情景下其向海边界向陆移动,进而引起红树林向海侧面积减少的主要原因。

同理,由于茅尾海西北岸段的潮滩沉积速率(2.5 mm/a)远小于其他岸段的潮滩沉积速率(4.1~6.2 mm/a),该段红树林向海边界处的潮滩沉积对相对海平面上升的制衡作用不及其他岸段,因而,在全球平均海平面以极端模式上升情景下,该段红树林向海一侧出现了后退和面积减小的现象。

7.4.4 潮滩地形对红树林空间分布的影响

潮滩地形对红树林空间分布的影响主要表现在两个方面:一个是对高程的影响,二是对坡度的影响。无论是高程,或是坡度,均为静态影响因素,被动地调控全球平均海平面上升、地壳上升和潮滩沉积对红树林空间分布产生的影响。

在平均潮位线和平均大潮高潮位线之间的区域,高程大于平均大潮高潮位线的位置没有红树林分布。英罗湾的平均潮位线和平均大潮高潮位线之间少有高地分布,因此红树林连片分布;而在茅尾海的平均潮位线与平均大潮高潮位线之间,高地众多,因此分布着很多无林区。

无论潮位线是向陆地方向移动,还是向海方向移动,坡度都会影响潮位线移动的速率:坡度小将增大潮位线的移动速率;坡度大将减小潮位线的移动速率。英罗湾平均潮位线处潮滩坡度为2.22%,平均大潮高潮位线处潮滩坡度为3.77%,因此,相同的海平面变化幅度下,平均潮位线的移动速率快于平均大潮高潮位线。在茅尾海,不仅不同岸段的平均潮位线处或平均大潮高潮位线处的潮滩坡度不同,而且在相同岸段的平均潮位线处和平均大潮高潮位线处的潮滩坡度也不同(表7-15),因而导致了不同岸段平均潮位线或平均大潮高潮位线的移动速率,以及同一岸段的平均潮位线和平均大潮高潮位线移动速率都不相同。例如,茅尾海西南岸段、东北岸段的平均潮位线处潮滩坡度小于平均大潮高潮位线处的潮滩坡度,平均潮位线的移动速率将大于平均大潮高潮位线的移动速率,而西北岸段、东南岸段平均潮位线处的潮滩坡度大于平均大潮高潮位线处的潮滩坡度,平均潮位线的移动速率将小于平均大潮高潮位线的移动速率。

表 7-15 茅尾海不同岸段的潮滩坡度

位　　置	西南岸段	西北岸段	东南岸段	东北岸段
平均潮位线处	0.67%	0.97%	2.3%	0.69%
平均大潮高潮位线处	2.85%	0.53%	1.82%	0.99%

总体来看,英罗湾平均潮位线处和平均大潮高潮位线处的潮滩坡度都分别大于茅尾海。因此,就潮滩坡度而言,英罗湾红树林空间分布的变动幅度小于茅尾海。

7.4.5　海堤对红树林空间分布的影响

海堤也是一种静态影响因素。只有在海堤始终位于平均潮位线与平均大潮高潮位线之间区域的情况下,其对红树林向堤内自然扩展和向陆方向迁移起到阻挡作用。在茅尾海,普遍存在堤围,其将完全阻挡红树林向陆边界向陆方向的移动;在英罗湾,海堤只是局部分布,因此其只是将部分阻挡红树林向陆边界向陆方向的移动。如果完全清除海堤,茅尾海除在 6 254 hm^2 的恢复区将发生红树林的自然扩展外,在恢复区外向陆一侧(扩展区)的红树林也将显著扩展。从 2030 年—2050 年—2100 年,茅尾海红树林的面积增加愈加显著(图 7-20~图 7-22)。而对于英罗湾而言,完全清除海堤后,红树林在恢复区的自然扩展有限,增加的红树林面积仅为 76.47 hm^2,但在扩展区,红树林面积显著增加(图 7-23~图 7-25)。

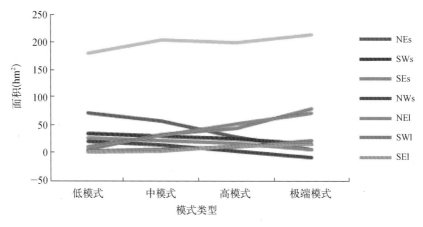

图 7-20　完全清除海堤后的 2030 年茅尾海红树林面积变化

NEs、SWs、SEs、NWs 分别表示向海侧面积变化;NEl、SWl、SEl 和 NWl 分别表示向陆侧面积变化;TOTAL 表示总的面积变化

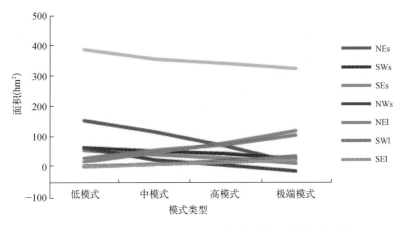

图 7-21 完全清除海堤后的 2050 年茅尾海红树林面积变化

NEs、SWs、SEs、NWs 分别表示向海侧面积变化；NEl、SWl、SEl 和 NWl 分别表示向陆侧面积变化；TOTAL 表示总的面积变化

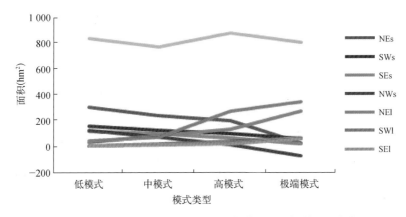

图 7-22 完全清除海堤后的 2100 年茅尾海红树林面积变化

NEs、SWs、SEs、NWs 分别表示向海侧面积变化；NEl、SWl、SEl 和 NWl 分别表示向陆侧面积变化；TOTAL 表示总的面积变化

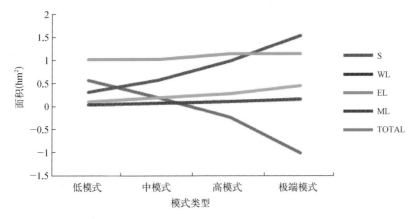

图 7-23 清除海堤后的 2030 年英罗湾红树林面积变化

S、WL、EL 和 ML 分别表示红树林向海侧、向陆侧西段、向陆侧东段和向陆侧中段红树林面积变化；TOTAL 表示红树林面积的总变化

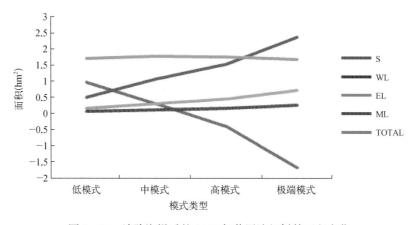

图 7 - 24　清除海堤后的 2050 年英罗湾红树林面积变化

S、WL、EL 和 ML 分别表示红树林向海侧、向陆侧西段、向陆侧东段和向陆侧中段红树林面积变化;TOTAL 表示红树林面积的总变化

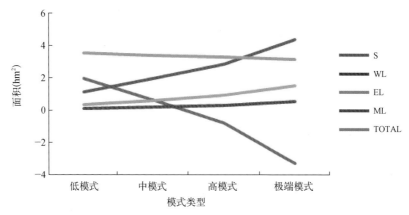

图 7 - 25　清除海堤后的 2100 年英罗湾红树林面积变化

S、WL、EL 和 ML 分别表示红树林向海侧、向陆侧西段、向陆侧东段和向陆侧中段红树林面积变化;TOTAL 表示红树林面积的总变化

7.5　红树林景观演变的潜在影响

7.5.1　对初级生产的影响

红树林是海洋重要的初级生产者,红树林地上生物量的平均值为 305.46 t/hm² (Zhila et al., 2014),净初级生产力平均值为 26 kg C/(d·hm²),输出量平均值为 6.9 kg C/(d·hm²)(Robertson et al., 1991)。全球平均海平面上升导致的红树林衰退,势必导致红树林生态系统生产有机碳、输出有机碳的能力降低,进而直接影响了红树林生态系统碳汇、促淤和对邻近生态系统的支撑功能。利用以上数据,并结合全球平均海平面以极端模式上升情景下的 2030 年、2050 年和 2100 年英罗湾和茅尾海西北岸段红树林向海边界处的

面积减少数值,对两区红树林的地上生物量、净初级生产能力和净初级生产力输出量的计算结果表明,到 2030 年、2050 年和 2100 年,英罗湾和茅尾海红树林生态系统的地上生物量、净初级生产能力和净初级生产力输出量都显著降低,并且随着预测年限的延长,降低幅度成倍增大(表 7 - 16 和表 7 - 17)。

表 7 - 16　英罗湾红树林面积减少引起的初级生产变化

预 测 年	面积减少(hm²)	地上生物量减少(t)	净初级生产力减少(kg C/d)	净初级生产力输出量减少(kg C/d)
2030	0.41	125.24	10.66	2.83
2050	0.68	207.71	17.68	4.69
2100	1.15	351.28	29.90	7.94

表 7 - 17　茅尾海西北岸段红树林面积减少引起的初级生产变化

预 测 年	面积减少(hm²)	地上生物量减少(t)	净初级生产力减少(kg C/d)	净初级生产力输出量减少(kg C/d)
2030	13.68	4 178.69	355.68	94.39
2050	27.16	8 296.29	706.16	187.40
2100	92.74	28 328.36	2 411.24	639.91

7.5.2　对固碳能力的影响

红树林的固碳功能体现在两大方面:一是红树林地上部分(红树林自身)的光合作用过程对无机碳的捕捉,二是红树林地下沉积物对有机碳的埋藏。历史资料表明,红树林地上部分的碳捕捉速率为 0.19~13.68 t/(a·hm²),平均为 6.38 t/(a·hm²);红树林地下碳埋藏速率为 0.20~2.84 t/(a·hm²),平均为 1.57 t/(a·hm²)(Ajonina et al.,2014)。红树林地下埋藏有机碳中不仅包含自身生产的有机碳,而且还包括陆源输入的有机碳,因此,红树林生态系统是海洋主要的"蓝碳"之一(Donato et al.,2011)。

红树林的衰退不仅将导致其生产有机碳能力的降低,而且会导致埋藏有机碳的释放。例如,每公顷的红树林消亡将释放 112~392 mg(平均为 252 mg)的碳(Donato et al.,2011)。

预测结果表明,在全球平均海平面以极端模式上升的情景下,2030 年、2050 年和2100 年,英罗湾和茅尾海西北岸段的红树林面积将持续减少。根据红树林地上部分、地下部分的平均固碳能力[分别为 6.38 t/(a·hm²)和 1.57 t/(a·hm²)],以及红树林消亡后沉积物的平均碳释放能力(252 mg C/hm²)和两个区域红树林减少的面积,计算出的两区碳捕捉量的减少值和碳释放量的增大值分别列于表 7 - 18 和表 7 - 19 中。

表 7 - 18　英罗湾红树林面积减少导致的固碳能力降低和碳释放预测值

预 测 年	面积减少量(hm²)	减少的碳捕捉量(t/a)			碳释放量(mg)
		地上部分	地下部分	总　和	
2030	0.41	2.61	0.64	3.25	103.32
2050	0.68	4.33	1.07	5.40	171.36
2100	1.15	7.31	1.81	9.12	289.80

表7-19 茅尾海西北岸段红树林面积减少导致的固碳能力降低和碳释放预测值

预测年	面积减少量(hm²)	减少碳捕捉量(t/a)			碳释放量(mg)
		地上部分	地下部分	总和	
2030	13.68	87.01	21.48	108.49	3 447.36
2050	27.16	172.74	42.64	215.38	6 844.32
2100	92.74	589.83	145.60	735.43	23 370.48

表7-18和表7-19表明,到2030年、2050年和2100年,英罗湾因红树林面积减少,其碳捕捉量将分别减少3.25 t/a、5.40 t/a和9.12 t/a,碳释放量将分别增加103.32 mg、171.36 mg和289.80 mg;而茅尾海红树林因面积减少,其碳捕捉量将分别减少108.49 t/a、215.38 t/a和735.43 t/a,碳释放量将分别增加3 447.36 mg、6 844.32 mg和23 370.48 mg。

7.5.3 对周边生态系统养分供应的影响

红树林是具有较高生产力的湿地生态系统。红树林生产的有机物质通过主动或被动传输影响着近海,乃至陆地(如河口)的生物地球化学循环。对于某些生态系统(如海草和珊瑚礁生态系统),红树林生态系统是重要的营养源(Hussain,2008)。

在红树林的初级生产过程中,红树林生态系统吸收利用溶解养分,进而降低水体中溶解养分的浓度;同时,一部分多余的养分以溶解有机物和颗粒有机物的形式从红树林生态系统中输出,进入海草床,并为珊瑚生物提供养分。另外,红树林输出的叶片和木质碎屑也是微生物、浮游动物、纤毛虫、线虫类和其他动物的食物来源。

在全球平均海平面以极端模式上升的情景下,到2030年、2050年和2100年,英罗湾和茅尾海因其红树林面积的减少,向周边其他生态系统供给养分和能量的能力将势必会下降。

7.5.4 对红树林生态系统中底栖大型无脊椎动物的影响

红树林栖息地是许多海洋生物,特别是大型底栖无脊椎动物繁衍生息的重要场所。最近的对广西典型红树林分布区的底栖生物的调查结果表明(孟宪伟和张创智,2014),英罗湾红树林区底栖大型无脊椎动物共有19种,平均密度为22 ind./m²[①],平均生物量为93.55 g/m²;底栖大型无脊椎动物以可口革囊星虫(*Phascolosoma esculenta*)、珠带拟蟹守螺(*Cerithidea cingulata*)、长足长方蟹(*Metaplax longipes*)、隆背张口蟹(*Chasmognathus convexus*)、褶痕相手蟹(*Sesarma plicata*)、黑口滨螺(*Littoriaria melanostoma*)和弧边招潮蟹(*Uca arcuata*)为主;这7种底栖大型无脊椎动物的密度达到17 ind./m²,生物量达到80.18 g/m²,分别占总量的78.41%和87.02%。茅尾海红树林区底栖大型无脊椎动物共26种,平均密度为24 ind./m²,平均生物量为87.22 g/m²;底栖大型无脊椎动物以扁平拟

---

① ind.的全称是individual,指生物个体数量。

闭口蟹（*Paracleistostoma depressum*）、长足长方蟹、褶痕相手蟹、红果滨螺（*Littorina coccinea*）、宁波泥蟹（*Ilyoplax ningpoensis*）、黑口滨螺（*Littoriaria melanostoma*）、小翼拟蟹守螺（*Cerithidea microptera*）、明秀大眼蟹（*Macrophthalmus definitus*）、红树蚬（*Geloina erosa*）、豆满月蛤（*Pillucina pisidium*）和弧边招潮蟹为主；这 11 种底栖大型无脊椎动物密度达到 20 ind./m^2，生物量达到 67.04 g/m^2，分别占总量的 82.63% 和 76.86%。

利用以上资料，并结合在全球平均海平面以高模式和极端模式上升情景下的 2030 年、2050 年和 2100 年英罗湾向海边界红树林面积减少数据，对该区红树林生态系统中底栖大型无脊椎动物个体数量和生物量的估算结果表明，在全球平均海平面以高模式和极端模式上升情景下，到 2030 年、2050 年和 2100 年，英罗湾因红树林面积减少所导致的底栖大型无脊椎动物个体数量和生物量显著下降，并且随着全球平均海平面上升从高模式到极端模式和预测年限的延长，底栖大型无脊椎动物个体数量和生物量的减少量显著增大（表 7-20 和表 7-21）。在全球平均海平面以极端模式上升的情景下，到 2030 年、2050 年和 2100 年，茅尾海因其西北岸段向海边界的红树林面积减少而导致的底栖大型无脊椎动物个体数量和生物量减少得更加明显，并且随着预测年限的延长，底栖大型无脊椎动物个体数量和生物量的减少量显著增大（表 7-22）。

表 7-20　英罗湾底栖大型无脊椎动物个体数量的减少量　　（单位：ind.）

海平面上升情景	2030 年	2050 年	2100 年
高模式	5.5×10^4	8.8×10^4	17.4×10^4
极端模式	22.4×10^4	37×10^4	72.4×10^4

表 7-21　英罗湾底栖大型无脊椎动物生物量的减少量　　（单位：kg）

海平面上升情景	2030 年	2050 年	2100 年
高模式	233.85	374.20	739.05
极端模式	954.21	1 571.64	3 077.80

表 7-22　极端海平面上升情景下茅尾海底栖大型无脊椎动物个体数量和生物量的减少量

预测年	2030 年	2050 年	2100 年
个体数（ind.）	3.9×10^6	6.5×10^6	22.2×10^6
生物量（kg）	1.4×10^4	2.4×10^4	8.1×10^4

7.5.5　对消浪与护岸能力的影响

在波浪通过红树林的过程中，水质点的运动轨迹被红树林的根和树干阻碍，红树林越密集，波能的减弱量越大。因此，与光滩相比，红树林区域的海浪减弱速率较大。红树林的消浪效能主要取决于其密度和波浪的高度，而与树龄的关系不大，只要林木达到一定高度便具有消浪能力,Othman(1994)的观察表明,5 年生的海榄就能有效地削减波浪。一般地,红树林的消浪速率(波高降低速率,r)与波高和距离有关(Yoshihiro et al.,2006),即

$$r = -\frac{\Delta H}{H} \times \frac{1}{\Delta x} \qquad (7-5)$$

式中,r 为波高降低速率;H 为有效波高;Δx 为波传播方向上的距离步长,ΔH 为在 Δx 内波高的降低值,$\Delta H/H$ 定义为红树林的波浪消减能力:

$$\frac{\Delta H}{H} = -r \times \Delta x \qquad (7-6)$$

在全球平均海平面以极端模式上升的情景下,在 2030 年、2050 年和 2100 年,由于英罗湾和茅尾海西北岸段的红树林向海边界均向陆方向移动,两个区域红树林消减波浪高度的能力将降低。利用前人对邻近的越南红河三角洲红树林对波高降低速率的研究结果(r 平均为 0.775%/m)(Horstman et al.,2014)和英罗湾、茅尾海红树林向海边界后退距离的预测结果,由式(7-6)便可计算出因红树林向海边界后退引起的两区红树林波能削减能力的降低程度(表 7-23 和表 7-24)。

表 7-23　英罗湾红树林向海边界后退引起的波能削减能力的降低

预测年	r(%/m)	红树林向海边界后退距离(m)	波能削减能力降低值(%)
2030	0.775	−2.99	2.32
2050	0.775	−4.94	3.83
2100	0.775	−9.68	7.50

表 7-24　茅尾海西北岸段红树林向海边界后退引起的波能削减能力的降低

预测年	r(%/m)	红树林向海边界后退距离(m)	波能削减能力降低值(%)
2030	0.775	−2.53	1.96
2050	0.775	−4.30	3.33
2100	0.775	−19.64	15.22

从表 7-23 和表 7-24 可以看出,到 2030 年、2050 年和 2100 年,英罗湾因红树林向海边界将分别向陆后退 2.99 m、4.94 m 和 9.68 m,其波能削减能力将分别降低 2.32%、3.83%、7.50%;而茅尾海西北岸段因红树林向海边界将分别向陆后退 2.53 m、4.30 m 和 19.64 m,其波能消减能力将分别降低 1.96%、3.33%、15.22%。并且,随着预测年限的延长,两区红树林的消浪能力减弱。

7.5.6　对拦截沉积物能力或促淤功能的影响

红树林的重要功能之一是拦截泥沙,进而促进沉积,营造自己的生境(Kathiresan,2003)。涨潮时,高度湍流使泥沙呈悬浮状态进入红树林;当达到最高潮时,湍流消失,沉积开始;退潮时,缓慢湍流及高密度植被(气生根、树干、树枝和树叶)阻止已沉积的泥沙再

被悬浮而导致沉积物免遭侵蚀（Furukawa and Wolanski，1996）。

在全球平均海平面以极端模式上升情景下，到 2030 年、2050 年和 2100 年，英罗湾和茅尾海西北岸段红树林向海边界处的面积将减少，而且由于红树林向海边界处正是高速率沉积区，因此，此处红树林面积的减少将大大降低其拦截泥沙的能力，进而减弱红树林的促淤功能。

7.5.7　对净化水质的能力的影响

红树林区土壤多以黏土质为主，并富含有机质。因此，微生物参与下的氧化-还原反应和黏土吸附作用使得红树林生态系统具有较强的净化废水的能力。实验研究表明（Tam，1995），红树林生态系统中的土壤对去除高强度废水中的总有机碳（TOC）、P 和重金属是有效的。在全球平均海平面以极端模式上升情景下，到 2030 年、2050 年和 2100 年，英罗湾和茅尾海西北岸段的红树林面积将显著减少，其相应的净化水质的能力也势必会下降。

7.5.8　对红树林生态系统的资源与产品供应能力的影响

红树林生态系统可为人类提供多种多样的资源，主要包括林业资源、渔业资源和药材资源。

红树林木材因含单宁而经久耐用，可用于房屋建造、家具制造、桥梁建设、铁路枕木和舟船制造；红树林枝杈因具有高热、耐烧而无烟的特性，是直接作为薪材或烧炭原料；红树花朵是重要的花蜜来源。此外，红树的嫩叶、根基、果实、种子、幼苗、肉质果和顶芽可用作蔬菜食用。

红树的叶、茎、果、根不仅可直接用作药材（例如，木榄属的叶子可用于降血压，海漆属的叶子可用于治疗麻风病和癫痫病，老鼠簕的根和茎可治疗风湿等），而且是提取类固醇、三萜、皂素、类黄酮、生物碱和单宁的重要原料。

红树林生态系统是水生动物的重要饵料产地，盛产鱼、虾、蟹和软体动物。与邻近的淡水、海水生态系统相比，红树林生态系统能够支持更多数量的鱼、虾。红树林还是许多具有商业价值的虾、蟹的重要繁殖区。此外，河口型红树林通常滋养着大量的软体动物和腹足动物。

当前，人们已经不同程度地认识到红树林的生态重要性，通过建立自然保护区，禁止破坏性掠夺红树林的各种资源。但是，在全球平均海平面以极端模式上升的情景下，到 2030 年、2050 年和 2100 年，英罗湾和茅尾海红树林面积的减少将势必导致红树林林业资源、渔业资源和药材资源这些潜在资源的减少。

7.6　应对策略与措施

区域红树林生态系统空间分布的演变是全球平均海平面上升、地壳升降运动、潮滩沉积、潮滩地形和海堤分布共同影响的结果。红树林景观的局部或整体衰退意味着红树林生态系统的局部或整体存在潜在风险。

如前述,在全球平均海平面以极端模式上升情景下,茅尾海西北岸段向海侧红树林到2030年、2050年和2100年将分别减少16.38 hm^2、27.16 hm^2和92.74 hm^2。对英罗湾而言,在全球平均海平面以高模式上升情景下,其向海侧红树林到2030年、2050年和2100年将分别减少0.25 hm^2、0.40 hm^2和0.79 hm^2;在极端模式下,将分别减少1.02 hm^2、1.68 hm^2和3.29 hm^2。两区红树林面积的减少将直接威胁红树林生态系统的功能。在未来全球平均海平面可能大幅度上升(极端模式平均海平面上升)的情况下,为了防范其可能给广西红树林生态系统带来的风险,应采取必要的措施。

7.6.1　潮滩促淤

1) 促进内生源有机物沉积

以往的研究结果表明,广西英罗湾和茅尾海红树林区的沉积物,特别是有机物主要由来自河流(茅岭江、钦江)输入的陆源物质和红树林生产的有机物组成(Xia et al.,2015)。但是,由于海平面上升的影响,以及日益加强的封山育林、植树造林、水土保持等措施,茅尾海和英罗湾河流入海泥沙通量可能会减少(郭绍兴,2003)。在这种情况下,增强红树林内生源有机物质的生产能力是必要途径之一,主要措施包括:

(1) 季节性调控灵山水库下泄水量,增加河流入海径流量,满足红树植物生长对淡水的需求。

入海河流径流量的减少引起物种多样性下降和红树林的退化。充足的淡水能够促进红树植物生长,提高红树林初级生产力,是保持红树林生态系统健康的必要条件,但是,茅尾海流域内的水利工程拦蓄了大量地表水资源。以钦江上游的灵山水库为例,总库容为$1.79×10^8 m^3$,集水面积为145 km^2,拦蓄钦江上游年径流量的16.1%,由此导致枯水期钦江中、下游的流量大量减少,比正常流量减少90%以上(欧柏清,1996)。因此,必须限制流域内地表径流的分流,特别是要季节性调控钦江上的灵山水库,增大枯水期下泄水量,以保障红树林正常生长所需的淡水,提高初级生产力。

(2) 提高流域植被覆盖度,增加河流入海径流中的有机质含量,满足茅尾海红树植物生长对养分的需求。

流域植被覆盖度决定河流径流输送到红树林生态系统有机物的数量。以钦江流域为例,当前,土地利用存在的问题是,非农业建设用地面积迅速扩大,忽视了土地的整治和保护。破坏植被造成植被覆盖度降低,土壤有机质含量下降,河水中有机质含量减少(欧柏清,1996)。茅尾海红树林得到的养分供应减少。因此,合理规划非农建设用地,提高流域植被覆盖度,增加土壤层有机质数量,是保障足够的养分通过入海河流供给红树林的必要措施。

2) 人工育滩

除增加红树林内生源有机物沉积外,也可以通过人工育滩的方式来补偿因海平面上升对红树林潮滩的侵蚀,并因此保证滩涂淤涨与海平面上升同步。例如,可以结合水道清淤,将清除的淤泥运至红树林向海边界附近,让其随潮水进入红树林潮滩再沉积(于东生和洪家明,2012)。人工育滩过程中应避免过度供应泥沙或短时间内倾倒大量泥沙。

当平均海平面以高模式或极端模式上升时,英罗湾红树林的向海边界将向陆地方向后退,需经人工育滩进行补偿,人工育滩宽度因平均海平面上升模式、预测年份不同而不同(表7-25)。

表7-25　英罗湾人工育滩的宽度　　　　　　　　　　(单位:m)

	2000~2030年	2000~2050年	2000~2100年
高模式	0.7	1.2	2.3
极端模式	3	4.9	9.7

当平均海平面以极端模式上升时,茅尾海西北岸红树林的向海边界将向陆地方向后退,需经人工育滩进行补偿。人工育滩宽度因预测年份不同而不同。从2000年到2030年,人工育滩宽度将达到2.5 m;从2000年到2050年,人工育滩宽度将达到4.3 m;从2000年到2100年,人工育滩宽度将达到19.6 m。

7.6.2　为红树林向陆侧向陆迁移预留足够的空间

海平面上升对红树林景观演变的直接表征是红树林陆侧边界向陆迁移。为保证红树林自然向陆迁徙,应该预留足够的空间,具体措施包括以下两方面。

1) 加强红树林陆侧边界区的管理

在红树林未来的扩展区,避免修建永久性建筑物,以及破坏地表土壤层的硬化地面设施,以保证当红树林发生向陆迁移时能够及时清除设施。

2) 清除海堤,为红树林提供更多生存空间

在海堤阻挡下,平均海平面上升会相对压缩红树林的生存空间。在照顾当地群众生活、生产的前提下,有选择地清除海堤,可为红树林的生存提供广阔空间。

沙井村附近零星分布有老鼠簕、木榄、红海榄等珍稀、濒危树种,应因地制宜地清除海堤,为珍稀、濒危红树林树种在恢复区的自然扩展和受海平面上升胁迫下的向陆扩展提供充足空间。

英罗湾解放堤内原是稻田种植区,现已经荒废。清除解放堤对当地群众的生活和生产不会造成大的影响,将为英罗湾红树林提供超过70 hm² 的恢复空间。这将有利于提高英罗湾红树林生态系统的物种多样性,提高英罗湾红树林生态系统的健康水平,从而进一步提高英罗湾红树林生态系统在山口红树林国家级自然保护区中的核心地位。

7.6.3　加强红树林生态系统的监测

通过长期的、系统的综合监测,及时、连续地获取红树林相关基线数据,包括潮位、潮滩地表高程、入海河流径流量与养分含量等,并通过遥感解译及时获取红树林景观的变化信息。在此基础上,分析红树林景观变化态势对海平面上升的响应程度,以便为应对海平面上升适时采取可行干预措施。

7.6.4　加强红树林灾害与气候变化的关系研究

近年的监测发现,影响广西红树林的灾害主要有两类:一是寒害。例如,2008 年初的持续低温曾造成广西 24％的天然红树林遭受寒害。二是病虫害。例如,1996～1997 年茅尾海红树林曾发生红树林病害,5 科 6 种红树植物受到病菌的侵染;2010 年 9 月,广西山口红树林发生了较严重虫害,受灾面积达 700 多亩[①]。但是,这类寒害和虫害的发生与气候变化的关系研究仍未得到重视,今后应加强这方面的研究。

7.6.5　建立红树林保护区网

如前述,在相同的全球平均海平面上升情景下,不同的红树林区(英罗湾与茅尾海)其景观演化趋势并不相同,而实际上,不同种属的红树植物对海平面上升的适应性也不一致。为了全面、系统评估海平面上升对红树林景观演变、群落结构的影响,需选择具有代表性的红树林区域建立保护区网,以对比评估人类活动和海平面上升对红树林景观影响的区域差异性,进而有针对性地采取防范措施。目前,广西只有英罗湾和北仑河口的红树林属于国家级红树林护区,茅尾海属于区级红树林自然保护区。应该提升茅尾海红树林保护区为国家级,并增加廉州湾(河口三角洲型)红树林国家级保护区,以保证不同生境类型、不同种群特征的红树林在统一管理级别下同步监管监测。

7.6.6　加强宣传教育

如前述,为了给海平面上升背景下的红树林向陆迁移预留空间,需清除海堤和堤内养殖池和农田。而这类行动会触及当地政府和个人的利益。因此,尚需进一步加强宣传教育,使当地政府和民众深入了解海平面上升对红树林的功能和价值的潜在威胁,以及由此带来的经济损失,以使其积极、主动配合实施应对海平面变化的措施。

总之,应对平均海平面上升对红树林的影响措施中,加强红树林生态系统的监测是基础措施,通过监测来确定优先干预方式。潮滩促淤和为红树林向陆迁移预留足够的空间是核心措施,分别从红树林向海侧和向陆侧为红树林扩展生存空间。建立红树林保护区网、加强红树林灾害与气候变化的关系研究和加强宣传教育是保障措施,采取这些措施,有助于改善红树林生态系统的健康水平,提高红树林生态系统的初级生产力,特别是加强宣传教育,有利于红树林生态系统保护措施的顺利实施。

---

① 1 亩＝0.067 hm²。

第八章 海南三亚珊瑚礁生态系统景观演变趋势与影响分析

大气中温室气体 CO_2 浓度的升高将导致海洋呈现两个趋势的变化：① 由于减少热量扩散而导致海水温度升高；② 海水酸化。这两个变化趋势会影响珊瑚的生长、发育和珊瑚礁石的溶解。IPCC 预测，相对于 1980～1999 年的平均值，2100 年海表水温度升高最高可以超过 6 ℃；CO_2 浓度从目前的 400 ppm，增长到 2100 年的 760 ppm，相应的海水 pH 从目前的 8.1 将降低到 7.6（IPCC，2013）。由于珊瑚最适宜的温度是 22～28 ℃，最适宜的 pH 是 8.1～8.3，低于或者高于此温度或 pH 的范围，珊瑚的生长、发育都会受到影响，生长速率将降低或者白化。三亚湾目前的 pH 范围在 8.1 以上，随着大气中 CO_2 浓度的升高，三亚湾海水的 pH 将进一步降低。在海水温度升高和海水酸化趋势存在的背景下，三亚湾珊瑚礁未来的命运如何？本章利用历史时期三亚湾海表水温度和 pH 的观测数据，在预测其变化趋势的基础上，预测 2030 年、2050 年和 2100 年三亚湾珊瑚礁景观演变及其潜在影响，并提出应对策略。

8.1 三亚湾区域概况

海南岛海岸是珊瑚礁分布较为丰富的区域之一，其中以海南岛最南端三亚湾（18°11′～18°18′N，109°20′～109°30′E）的珊瑚礁最为典型。三亚湾属于我国典型的热带开阔型浅水海湾，其面积约 120 km²。2006 年调查发现，三亚湾珊瑚礁优势种主要是丛生盔形珊瑚、橙黄滨珊瑚、秘密角蜂巢珊瑚、中华扁脑珊瑚、多孔鹿角珊瑚、梳状菊花珊瑚、同双星珊瑚、疣状杯形珊瑚、标准蜂巢珊瑚、繁锦蔷薇珊瑚等石块状珊瑚（练建生等，2010）。为了保护珊瑚礁，1990 年建立了包括三亚湾在内的国家级珊瑚礁自然保护区（图 8-1）。

8.1.1 气候与水文条件

三亚湾属于典型的热带开阔型浅水海湾，其面积约 120 km²。三亚湾地处北回归线以南的热带北缘，受海洋影响较大，属于海洋性季风气候，冬无严寒，夏无酷暑。年平均气温为 25.5 ℃；年降雨量为 1 279 mm；年平均水温为 26.14 ℃；海水盐度为 31～34；表层海水和底层海水的 pH 范围没有明显差别，分别为 8.01～8.23 和 8.01～8.14，平均值为

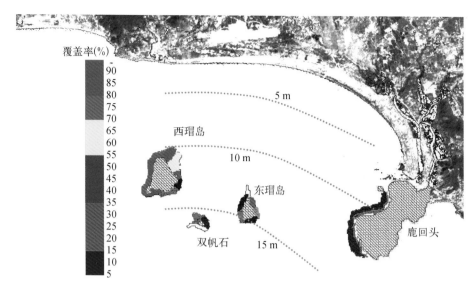

图 8-1　三亚湾珊瑚的分布

基于王道儒(2002)的现场调查

8.14。三亚湾的潮汐性质属不规则日期混合潮型,最高潮位为 2.2 m,平均潮位为 1.03 m,最大潮差为 2.26 m,平均潮差为 0.79 m;三亚湾海域潮流为正规日潮,属弱潮流海区,涨潮流向为 N、NW 向,最大涨潮流速为 28 cm/s;落潮流向为 S、SE 向,落潮流速为 43 cm/s(黄良民等,2007)。

8.1.2　珊瑚礁地貌

三亚珊瑚礁主要为岸礁,又称为边缘礁或裙礁。珊瑚礁沿着三亚湾和东瑁岛、西瑁岛岸边生长发育。

三亚珊瑚礁自浅海向陆,可分为 8 个生物地貌带,分别为:① 礁前斜坡活珊瑚带。该带内,珊瑚密集,竞相生长,以鹿角珊瑚为主,形成现代珊瑚林带;② 外礁坪带。该处于礁坪外缘和礁脊外侧,即碎浪带作用区,形成众多的沟槽割切,在礁坪外缘高度逐渐降低,与向海斜坡连接,外礁坪大潮低潮时礁坪面往往出露,发育有抗浪性较强的珊瑚种属;③ 礁缘砾石突起脊带。该带是中礁坪和外礁坪的分带标志,突起脊低潮时出露于水面约 0.2 m,且呈断续状分布,砾石成分以鹿角珊瑚为主,滨珊瑚、蜂巢珊瑚、石芝其次;④ 中礁坪带。该带紧靠礁砾石突起脊带,高度已有所降低,珊瑚礁个体也比外礁坪有所减小;⑤ 内礁坪带。该带濒临沙滩,但高度要比外礁坪低洼,固定的活体珊瑚已经消失,偶尔能见到被波浪打碎的活珊瑚体碎枝;⑥ 沙滩带。该带沿着海滩的部分已大多被人为破坏,很难见到真正意义上的海滩;⑦ 沙堤。沙堤同样人为破坏严重;⑧ 洼地。比较宽,和连岛沙坝加在一起长 1~2 km,宽 1.5~3 km(王国忠等,1979;赵希涛等,1983;Zhang, 2001;黄德银等,2004;张乔民等,2006;Zhao et al., 2012)。已有的调查发现,其中礁前斜坡活珊瑚带和外礁坪带珊瑚密集,以鹿角珊瑚为主,形成现代珊瑚林带。

8.1.3　三亚湾珊瑚分布状况

三亚湾的珊瑚礁主要分布在三亚鹿回头半岛沿岸,东、西瑁岛边缘水深5 m以内相对较多(图8-1)。近年来三亚湾人类活动的强度和频度呈现增加的趋势,三亚鹿回头半岛90%以上的陆地已经开发完毕,很多建筑(如游艇码头、宾馆栈桥、岛-陆之间的引桥)已经从海岸部分向海水中开发,导致珊瑚礁大面积破坏。目前三亚湾的珊瑚总体覆盖率已减少到20世纪60年代的10%左右(张桥民等,2006;赵美霞等,2010)。

1) 鹿回头珊瑚礁的分布

由于鹿回头的水环境特点是水质差、浑浊,加上三亚河的污水流经鹿回头的外缘,浮泥不断沉积,不利于珊瑚礁石的发育。目前鹿回头珊瑚的覆盖率小于30%,离岸越近,活珊瑚几乎绝迹,只有断枝碎片,在接近潮下带也只有零星分布。

2) 东、西瑁岛珊瑚礁的分布

东、西瑁洲造礁珊瑚的覆盖率分别是39%和67%。枝状珊瑚的覆盖率相对较小,块状扁脑珊瑚保存较为完整。

3) 双帆石珊瑚礁的分布

双帆石位于东、西瑁岛中间的南端,水流湍急。石珊瑚以粗壮分枝和块状居多,其中以滨珊瑚占70%,其他造礁石珊瑚约占6.8%,有些区域覆盖较多的长短粗细多样的短指软珊瑚,使造礁石珊瑚的生存空间受到一定的挤压。

在三亚湾的西岛和鹿回头海域,珊瑚覆盖率较高的分布带介于2 m以浅至潮间带之间。根据野外的观测结果,珊瑚体还是能够正常生长的。例如鼻形鹿角珊瑚(*Acoropora nasuta*)和杯形鹿角珊瑚(*Pocillopora damicornis*)生长较快,其中鹿回头比西岛的珊瑚体生长更快些。

8.1.4　入海河流

三亚河为三亚湾主要的入海河流,陆地径流流域面积为353 km²。三亚河多年平均年径流总量为1.7亿 m³,年平均输沙总量为24.2 t,输沙量较少,且主要堆积于中、下游河床,由河口进入三亚湾的泥沙较少(吴小根等,1998)。近年来,由于流域人为活动的加剧,生活污水的排放与日俱增,三亚河成为三亚湾海域主要的陆源污染源;同时河流携带泥沙量的变化也影响了珊瑚礁的正常生长。

8.2　温度和海水酸度对珊瑚影响的机理浅析

8.2.1　海水温度升高及对珊瑚的影响

在过去的100年中,全球的海表水温度上升1℃,预计到2050年,世界多处热带海域海表水温将达到 1998 年(强厄尔尼诺年)的温度,而到 2100 年,海表水温度将超过 1998 年的温度 3~5 ℃,因此,将对珊瑚的生存产生巨大影响。温度升高对珊瑚礁的影响取决于珊瑚个体生长的耐受温度和区域的适应性。

不同珊瑚对温度的耐受不同,也即不同种类的珊瑚适宜生长的温度上限不同。例如,大堡礁奥菲斯(Orpheus)岛的 3 种造礁石珊瑚的适宜温度上限存在较大差异:美丽鹿角珊瑚的温度上限是 31~32 ℃,高于该区的夏季平均海表水温度(29 ℃);而杯形鹿角珊瑚在该区的上限温度是 32~33 ℃,比夏季温度高出 3~4 ℃(Berkelmans and Willis, 1999)。此外,同种珊瑚生活在不同区域,对温度的耐受性也有差异。

8.2.2 海水酸化对珊瑚的影响

1) 海水酸化对造礁石珊瑚钙化率的影响

来自珊瑚骨骼记录的信息显示,中国南海海水碳酸盐体系与全球海洋酸化的趋势一致,受海洋酸化等影响,中国南海造礁石珊瑚钙化率近几十年来一直呈现出下降趋势(Shi et al., 2012)。海洋吸收过量的 CO_2,改变了海水的碳酸盐系统,降低了海水的 pH,从而造成碳酸盐矿物如方解石、文石、高镁方解石的饱和状态降低,这些碳酸盐矿物正是珊瑚等海洋钙化生物主要群落形成支撑骨骼结构的材料(Kleypas et al., 2005)。一系列证据表明,当碳酸钙的饱和状态降低时,碳酸盐的溶解率也会升高,碳酸根离子浓度的降低会显著地降低珊瑚制造碳酸钙骨骼的能力,这会打破珊瑚在造礁和礁体生物腐蚀之间保持的良性平衡。

Langdon (2002)计算出,如果以后 70 年里 CO_2 浓度增加到两倍,珊瑚礁的形成将下降 40%,碳酸盐的浓度将减半。如果 CO_2 浓度再增加一倍,则珊瑚礁的形成将下降到 75%,对珊瑚礁造成严重的威胁。而且,这一过程绝对是全球性的(Pennisi, 1998;王国忠,2004)。Langdon 等将一个珊瑚群体放在了中型实验生态系统内,在 pCO_2 为 400 μatm 和 660 μatm[①] 的状态下做了一到两个月的预适应,然后连续测量了 7 d 的净初级生产力和钙化作用。他们发现最初的净生产率没有明显的改变,但是钙化率下降了 85%(Langdon,2002)。2005 年 Langdon 和 Atkinson 把一组扁缩滨珊瑚(*Porites compressa*)和 *Montipora capitata* 放到了门外的两个不同 pCO_2 水平的水槽中,然后观察珊瑚共生体的净初级生产力和钙化作用。在高 pCO_2 水平下,他们发现净初级生产力增加了 22%~26%,但是钙化作用降低了 44%~80%(Langdon and Atkinson,2005)。Suzuki 等(1995)在日本西南部海域通过对野外珊瑚礁的观测发现,珊瑚礁在夜间有净溶解现象。

普遍存在的一个误区是,CO_2 浓度的增加会增强珊瑚共生体的光合作用,因此又会增强珊瑚的钙化。但是,虽然事实上 CO_2 浓度的增加会增加一些海生植物如海草的光合作用,但是共生藻是首先利用 HCO_3^- 来进行光合作用。在 CO_2 浓度增加一倍的条件下,HCO_3^- 的浓度只增加大约 14%,珊瑚的光合作用率显示了对于升高的 pCO_2 甚至没

---

① 1 atm=101 325 Pa。

有反应。而且光合作用的增强会使钙化作用增强这个观点还不明确。有限的研究表明，升高的 pCO_2 对于珊瑚的净光合作用率没有影响，或者说使其略有增加。不同种类的珊瑚在钙化机制上可能存在着一定的区别，但是总体上来说，造礁石珊瑚的钙化率降低了。

2) 海水酸化对珊瑚-虫黄藻共生体系的影响

虫黄藻是一种与珊瑚虫共生的单细胞植物，据估计，每立方毫米的珊瑚组织内大约有3万个虫黄藻，虫黄藻的体积比珊瑚虫还要小得多。珊瑚虫依赖体内共生的虫黄藻进行光合作用提供养料而生存。研究表明，虫黄藻的初级生产力的 87%～95% 传给珊瑚虫，这些光合作用产物占珊瑚能量来源的 90%（Trench，1979；黄玲英等，2011），正是由于共生藻的这种供给，珊瑚才能维持较高的钙化率（Hoegh-Guldberg，1999）。然而遇到环境的改变，如海水酸化、水温上升、海平面上升等，珊瑚虫就会驱逐其体内的共生藻类，这就会造成珊瑚白化，甚至死亡（张成龙等，2012）。目前，关于造礁石珊瑚钙化活动与光合作用之间的相互关系还存在较大的争议，在海洋酸化背景下，珊瑚-虫黄藻共生体将会受到怎样的影响还需要更多的实验研究。

8.3　温度和海水酸度升高背景下三亚湾珊瑚礁生态系统景观演变趋势

如果 IPCC 的预测是正确的，在这样全球变化的背景下，海南三亚湾也将受到严重的影响。本节将利用现有的三亚湾历史数据进行处理和外推，对 2020 年、2030 年、2050 年和 2100 年的三亚湾海表水温度和 pH 进行预测，为评估未来三亚湾海水中珊瑚的分布和生存状况提供基础数据。

8.3.1　三亚湾海表水温度变化的预测

如前述，在三亚湾，年平均海表水温度是 26.14 ℃，最低为 21.9 ℃，最高为 28.8 ℃。在夏季，7 月底到 8 月初的上升流使三亚湾的温度最低，保护珊瑚免受由于全球变暖而导致的海水温度的影响。然而这种保护有一定的限度，一旦突破这个限度，将会对珊瑚产生负面的影响。

在全球变暖的背景下，三亚湾的海表水温度在近几十年中上升了 0.2～0.4 ℃，这个升高的趋势将会在 2100 年达到 1.1～6.4 ℃（IPCC，2013）。如果海水温度达到了预测范围，超出了珊瑚的承受极限，珊瑚将出现白化、死亡并最终消失。

采用珊瑚骨骼中的 1906～1994 年 Sr/Ca 的温度，对未来三亚湾海表水温度进行预测（图 8-2）。通过线性回归和外推方法，获得的三亚湾的海表水温度在 2030 年、2050 年和 2010 年分别可以到 28.18 ℃、28.73 ℃ 和 30.11 ℃。由于这种线性外推是建立在将近 100 年的数据基础之上，因此具有较高的可信性。

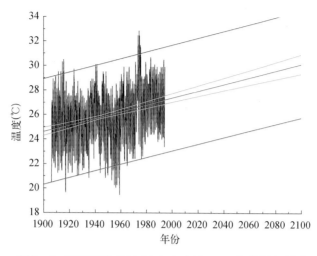

图 8-2 三亚湾的 2030 年、2050 年和 2100 年的温度预测

8.3.2 三亚湾海水 pH 的预测

大气中 CO_2 浓度的升高导致海水出现明显的酸化,从工业革命前的 8.21 变化到现在的 8.10。IPCC 预测,到 2100 年,大气中的 CO_2 浓度将达到 760 ppm。当相应的 CO_2 溶解于海水后,海水的 pH 将达到 7.6。随着海水中 H^+ 的升高,珊瑚礁石中的碳酸钙将逐渐溶解,并会导致珊瑚礁的坍塌。

从收集到的 2001~2010 年三亚湾的 pH 资料来看,对于三亚湾的 pH 变化范围,表层为 8.01~8.41,底层为 8.01~8.24,平均值为 8.14。从时间分布来看,2001 年之后,三亚湾水体中的 pH 呈现明显的下降趋势,从年平均的 8.3 以上下降到 8.07 左右,下降了大约 0.2,大于全球海水酸化速度(杨顶田等,2013)。对这 10 年的海水 pH 进行线性回归、外推可以得出(图 8-3),三亚湾的 pH 在 2030 年、2050 年和 2100 年可以分别达到 8.03、7.89 和 7.55。与当前海水 pH 相比(2001~2010 年期间的平均值:8.14),在 2030 年、

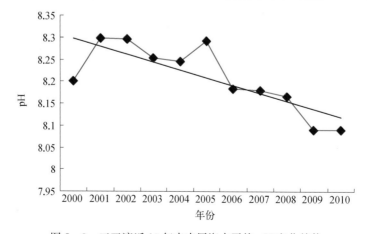

图 8-3 三亚湾近 10 年来表层海水平均 pH 变化趋势

2050年和2100年三亚湾的pH分别减小0.11、0.25、0.59。与IPCC预测的2100年全球海水的pH将会下降0.5相比,下降幅度大致相当。由于这种外推方法是建立在线性回归的基础上,可能与实际情况有一定的差别,但是与IPCC的预测结果相比,可能更能代表三亚湾未来pH变化的实际情况。

8.3.3 三亚湾珊瑚礁景观演变趋势的预测

1) 预测方案

珊瑚的未来分布范围取决于其现存量、生长量、补充量和死亡量,即

$$M_{cp} = M_{now} + M_{grow} + M_{sup} - M_{death} \tag{8-1}$$

式中,M_{cp}为珊瑚预测量;M_{now}为珊瑚的现存量;M_{grow}为珊瑚的生长量;M_{sup}为珊瑚的补充量;M_{death}为珊瑚的死亡量。而珊瑚的生长量、补充量和死亡量不仅是海水温度和酸度的函数,而且受到人类活动的强烈影响。

(1) 海水温度、酸度对珊瑚生长的影响预测

① 海水温度对珊瑚生长的影响预测。

温度对珊瑚生长的影响具有三个阶段模式(图8-4):第一阶段:温度没有达到对珊瑚的生长产生负面效应的程度(生长速率增大阶段);第二阶段:温度已经压制珊瑚的生长(生长速率下降阶段);第三阶段:温度导致珊瑚致死(停止生长阶段)。三个阶段的海表水温度上限分别为28℃(珊瑚最适宜的温度范围内)、32℃(珊瑚最大忍受温度)和超过32℃(珊瑚最大忍受温度)。

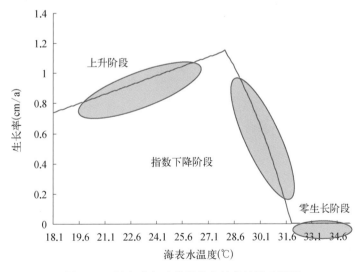

图8-4 温度升高对珊瑚的生长率的影响预测

(a) 第一阶段(生长速率增大阶段)。

如果从基准年(2010年)到预测年,海表水温度升高,但仍未达到28℃,那么采用聂宝符等(1996)根据海南南部研究结果给出的预测公式:

$$L = \text{SST}/(24.222 + 0.252) \qquad (8-2)$$

式中，L 为生长带宽（单位是 cm），SST 为海水表面温度。

（b）第二阶段（珊瑚生长受到压制）。

如果从基准年（2010 年）到预测年，海表水温度升高超过 28 ℃，但低于珊瑚最大忍受温度（32 ℃），那么采用如下预测公式：

$$L = -0.000\,3(\text{SST} - 28)^2 + 0.017\,4(\text{SST} - 28) + 1.667\,7 \qquad (8-3)$$

（c）第三阶段（停止生长而死亡）。即

$$L = 0 \qquad (8-4)$$

② 海水酸度变化对珊瑚生长的影响预测。

珊瑚生长宽度和钙化率之间存在一定的统计关系（Shi et al.，2012），即

$$L = (C - 0.164\,3)/1.287\,4 \qquad (8-5)$$

式中，L 为珊瑚生长带宽（单位是 cm）；C 为钙化率。而钙化率受海水酸化的影响。由于目前尚无珊瑚钙化与 pH 之间关系的研究报道，因此这里通过钙化率与海水碱度，以及海水总碱度与 pH 的统计关系，推导出珊瑚生长带宽（L）的关系。

Shi 等（2012）对在南沙美济礁的研究的结果表明，钙化率与总碱度之间存在如下关系：

$$C = -0.5 \cdot \rho \cdot \left(\frac{1\,000\ \text{L}}{1\ \text{m}^3}\right)\left(\frac{1\ \text{mmol}}{1\,000\ \mu\text{mol}}\right)\left(\frac{V_\text{f}}{A_\text{C}}\right) \cdot \Delta\text{TA}/\Delta t \qquad (8-6)$$

式中，C 为钙化率[mmol/(m²·h)]；ρ 为海水密度；V_f 为三亚湾海水体积（取平均120 km²，17 m 深，2.04 km³）；A_C 为三亚湾珊瑚的估算表面积（估算在 2 km²）；ΔTA 为总碱度的变化（mg/L），Δt 为两次测量 ΔTA 的时间差。由于三亚湾是开放水体，有外来海水的补充，因此，只计算当前 CO_2 情景下的海水碱度。从目前监测数据来看，三亚湾的碱度为 0.9~3 mg/L，并且与 pH 之间存在一定的线性关系（图 8-5）（$R = 0.34 > r_a$，$\alpha = 0.01$），即

$$\text{TA} = 0.992\,4\text{pH} - 5.347\,9 \qquad (8-7)$$

将式（8-5）、式（8-6）和式（8-7）联立，并经过校正得到珊瑚生长宽度与海水 pH 的关系：

$$L = \left\{\left\{-0.5 \cdot \left(\frac{V_\text{f}}{A_\text{C}}\right) \cdot [0.992\,4(\text{pH}_1 - \text{pH}_2) - 5.347\,9]\right.\right.$$
$$\left.\left./\Delta T - 0.1643\right\}/1.287\,4\right\} - 0.868\,728 \qquad (8-8)$$

当预测年海水 pH 在 8.0 以上时，认为水体的碳酸盐（CO_3^{2-}）是饱和的，对珊瑚的生长没有影响；当海水 pH 低于 8.0 时，珊瑚的钙化率受到影响（图 8-6），可以采用式（8-8）计算珊瑚的生长宽度。

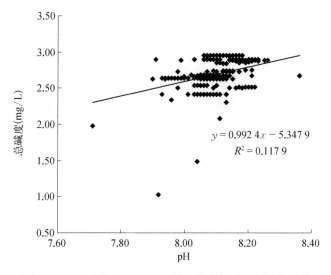

图 8-5 三亚湾 2007～2010 年总碱度与 pH 之间的关系

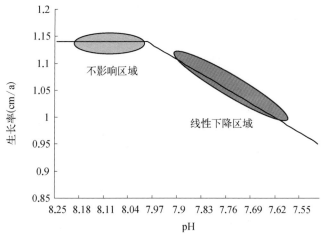

图 8-6 海水酸度对珊瑚生长率的影响

(2) 海水温度、酸度对珊瑚补充量的影响预测

珊瑚的补充量是另一个影响珊瑚恢复的重要因素。目前三亚湾的珊瑚补充量是 17 个/(m² · a),按每个当年可以达到 5 cm² 计算,相当于增加 0.75% 的珊瑚总量。珊瑚的补充量与珊瑚的卵母细胞发育、受精卵的扩散以及幼体的固着有关,因此凡是影响这些过程的温度和 pH 都会影响珊瑚的补充量。由于这一过程太过复杂,这里通过如下假设,合理简化温度和 pH 对珊瑚的补充量的影响:① 珊瑚的补充量与珊瑚的生长呈现正相关; ② 不考虑本生态系统外的珊瑚贡献;③ 不考虑珊瑚礁生态系统中不同珊瑚之间的差异,按统一整体计算。如前述,由于生长量也受到温度和 pH 的影响,因此补充量和生长量是协同变化的。

(3) 海水温度和 pH 对珊瑚死亡率的影响预测

珊瑚的死亡率是珊瑚存量的决定性因素之一,在三亚湾,珊瑚目前的死亡率是在

2.0%左右。预测海水温度和 pH 对珊瑚死亡率的影响基于如下主要假设条件：① 致死温度以上(海水平均温度高于 32 ℃)，珊瑚死亡率为 100%；② 压制珊瑚生长的温度和 pH 范围内，死亡率与生长率之间呈现负相关；③ 在珊瑚适宜的温度和 pH 范围内，死亡率保持在一定的水平。

2) 三亚湾东瑁岛、西瑁岛和双帆石 2030 年、2050 年和 2010 年珊瑚分布趋势预测

由于东、西瑁岛和双帆石设立了保护区，因此其变化主要是气候变化的影响。在对三亚海水温度(T)和 pH 预测的基础上，本节将对三亚东瑁岛、西瑁岛、双帆石的珊瑚在 2030 年($T=28.18$ ℃，pH$=8.03$)、2050 年($T=28.73$ ℃，pH$=7.89$)和 2100 年($T=30.11$ ℃，pH$=7.55$)的分布进行预测。如果海水温度增加到一定程度，敏感的珊瑚种类将会消失，珊瑚种类也降低到一定程度，导致珊瑚种类组成的急剧变化。

采用以上预测方案，对 2030 年、2050 年和 2100 年三亚湾东瑁岛、西瑁岛和双帆石珊瑚分布趋势的预测结果表明(图 8-7)，相比于 2010 年，2030 年，珊瑚的分布面积将缩小，但珊瑚种类与现在相差不大；到 2050 年，珊瑚分布面积缩小 30%，珊瑚种类主要是块状和平板型；2100 年，珊瑚面积将缩小 50%，珊瑚类型主要是以块状为主。

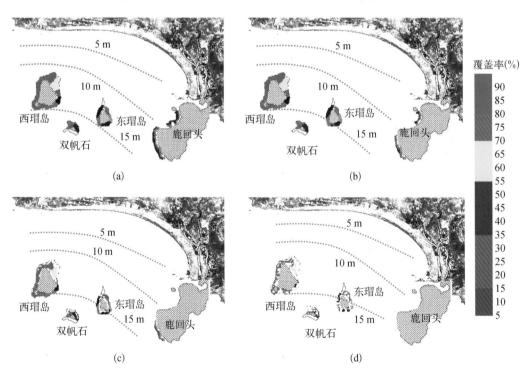

图 8-7　2030 年、2050 年以及 2100 年三亚湾鹿回头、西瑁岛、东瑁岛和双帆石珊瑚的分布预测
(a) 2010 年；(b) 2030 年；(c) 2050 年；(d) 2100 年

3) 三亚湾鹿回头珊瑚分布的预测

由于鹿回头属于连陆半岛，因此与离岸的东瑁岛、西瑁岛和双帆石相比，鹿回头珊瑚受近岸人类活动(如流域排污和码头建设等)的破坏性影响更为深刻。在三亚湾，特别是鹿回头，近年来近岸工程建设(如游艇码头和栈桥)不仅直接毁坏珊瑚礁，而且破坏了珊瑚

礁生态系统,导致珊瑚没有机会重新恢复(图 8-8,表 8-1)。例如,2010 年,在鹿回头中西部,由于建造游艇船坞,珊瑚大面积死亡;在鹿回头半岛的中部,一个长桥的建造又导致珊瑚的大面积消失。而且,在不远的未来将建成新的建筑设施(图 8-8),将导致鹿回头的大面积珊瑚进一步受到破坏。因此,对鹿回头珊瑚分布的预测除考虑了海水温度和海水酸度升高因素外,更多考虑了人类活动的破坏。

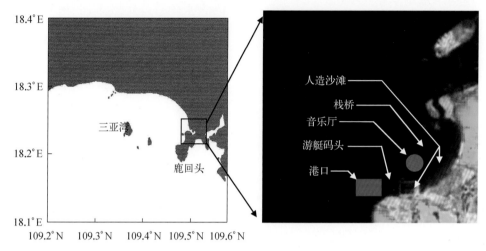

图 8-8 已经发生或未来发生的鹿回头半岛沿岸的土地利用变化

表 8-1 三亚湾已经发生或即将发生的典型人类活动

	1990 年之前	1990 年	2005 年	2008 年	2010 年	2013 年之后
珍珠养殖	√					
西瑁岛旅游开发		√				
人造潜水沙滩				√		
凤凰岛建设			√			
游艇码头				√		
栈桥建设					√	
人造沙滩					√	
深海所码头建设						√
海上音乐厅建设						√
潜水中心						√
更多的混凝土建设						√

从图 8-7 可以看出,2030 年,由于码头建设和相关的建筑建造,鹿回头中西部的珊瑚将消失殆尽;2050 年,由于更多的海岸建设和水质恶化,更多的珊瑚将消失,仅在鹿回头尖端的珊瑚还将有一定留存。2100 年,由于更多的海岸建设和水质恶化,几乎所有的三亚鹿回头珊瑚消失殆尽。

需要指出的是,与其他任何预测一样,三亚湾珊瑚礁未来景观演变趋势的预测也存在一定的不确定性,主要体现在以下几个方面:① 在 2030 年、2050 年和 2100 年的三亚湾海水温度和 pH 设定都是基于历史观测数据的变化趋势,而今后的变化是否延续这一趋势是难以确定的;② 在珊瑚对环境的适应性方面,目前的预测没有考虑到珊瑚的适应性,这也是预测存在不确定性的原因之一;③ 虽然一个区域的规划有一定的持续性,但人类活动的偶然性很强,因此,只考虑气候变化(海水温度和 pH 变化)是预测具有不确定性的最主要原因。

8.4 珊瑚礁景观演变的潜在影响

根据 IPCC 的预测,到 2100 年海表水温升高最高可以超过 6 ℃;CO_2 浓度从目前的 400 ppm,增长到 2100 年的 760 ppm,相应的海水 pH 从目前的 8.1 将降低到 7.6(IPCC,2013)。而且,随着人类对海洋资源需求的增加,海岸带的开发会越来越频繁。在三亚湾,未来海水温度升高、海水酸化以及人类活动增强导致的珊瑚景观范围的缩小可能产生如下后果。

1) 生态系统生物多样性的降低

在热带海洋中,珊瑚相当于沙漠中的绿洲。在如此寡营养的水体中,珊瑚生态系统能够建立一个高生产力、具有生物多样性的区域,维持着生物的生存和繁茂。珊瑚生态系统还是很多海洋生物产卵、育幼和栖息的场所。因此,在人类活动和气候变化的双重胁迫下,三亚湾珊瑚礁景观的急剧变化(珊瑚覆盖率大幅减少)势必给珊瑚礁生态系统及邻近海域的生物多样性带来严重威胁。对 1998~1999 年和 2004 年三亚湾海域浮游植物调查资料的统计进行对比发现,在短短 5 年的时间里,随着珊瑚覆盖率的降低,浮游植物的种、属都有所减少(黄良民等,2007;杨志浩等,2007);近年对三亚湾珊瑚礁分布区浮游生物的群落结构的研究表明(柯志新等,2011),随着珊瑚覆盖率的降低,浮游生物的生物多样性指数也降低。

2) 特有景观消失

珊瑚生态系统的景观是吸引旅游者的主要原因,随着珊瑚的消失,珊瑚景观也随之消失。旅游业是海南三亚等区域的支柱产业,造就了大量的就业机会,如果珊瑚景观消失,可能会有大量的人员改行或失业。

3) 海岸带侵蚀加重

珊瑚生态系统可以减缓海浪的冲击,是保护海岸的重要屏障。健康的珊瑚礁如同自然的防波堤,70%~90%的海浪冲击力量在遭遇珊瑚礁时会被吸收或减弱。珊瑚礁本身通过珊瑚虫分泌钙沉积,形成很强的生长和自我修补能力,代谢分解的珊瑚骨骼会被海浪分解成细沙,这些细沙丰富了海滩,也取代了已被海潮冲走的沙粒。如果珊瑚生态系统消失,海岸带的侵蚀将加重。

8.5 应对策略与措施

考虑到气候变化能够引发温度、酸度等多个因子的改变,以及珊瑚生态系统对气候变化的敏感性和区域性的差异,采用统一的策略应对不同海区珊瑚礁生态系统受气候变化的影响是行不通的。对三亚湾而言,需共同采取多种措施。

1) 减小三亚湾珊瑚生态系统中人类活动的强度和频度

在三亚湾,与气候变化相比,人类活动对珊瑚礁生态系统的影响更为严重。目前,人类活动的主要方式包括:旅游人数和海岸带开发建设等。为了确保三亚湾珊瑚礁生态系统的健康,应采取控制旅游人数,设置日、月、年最大旅游人数量,以及合理规划海岸带建设等措施。

2) 加强观测与预测模型研究

降低预测模型的不确定性是确保预测结果的可靠性、进而准确评估海水温度升高和海水酸化对珊瑚礁生态系统影响的关键。为此,需要开展三亚湾长时序的珊瑚礁生态系统综合检测,特别是要加强人类活动对珊瑚礁景观影响的观测,以获取可靠的预测模型关键参数(如人类活动参数、海水温度、海水 pH、珊瑚覆盖度、生长率和死亡率等)。

3) 驯化珊瑚对气候变化的适应性

研究认为,海水表层的珊瑚对高温的适应性更强,说明珊瑚对气候变化是可以适应的。因此,采用驯化的方法以提高珊瑚对气候变化的适应性不失为可行的途径。

4) 加强珊瑚的种源区域保护

在强化现有的珊瑚礁保护区功能,以有效保护三亚湾珊瑚的同时,应寻找三亚湾外围海域新的珊瑚保护的核心区(岛礁或暗礁),以使三亚珊瑚能够持续发展。

5) 强化政府管理和应对气候变化影响的调控职能

首先加强相关人才的培养力度,为珊瑚保护等实施提供后备人才;加强宣传,扩大人们对珊瑚的重视程度,吸引更多的志愿者参与到珊瑚的保护中来;制定各种保护管理办法和资源补偿管理办法,以减少珊瑚资源的破坏程度。

参 考 文 献

长江年鉴编纂委员会.长江年鉴(1992~2004).武汉:长江年鉴社,1992 - 2004.

陈慧敏,孙承兴,仵彦卿.2011.近23年来长江口及其邻近海域营养盐结构的变化趋势和影响因素分析.海洋环境科学,30(4):551 - 554.

陈吉余.1988.上海市海岸带和海涂资源综合调查报告.上海:上海科学技术出版社.

陈吉余.1996.上海市海岛资源综合调查报告.上海:上海科学技术出版社.

陈吉余,陈沈良.2002.中国河口海岸面临的挑战.海洋地质动态,18(1):1 - 5.

陈吉余,陈沈良.2003.长江口生态环境变化及对河口治理的意见.水利水电技术,1:19 - 25.

陈吉余,陈沈良.2006.加强滩涂湿地研究,促进上海持续发展.中国水利学会 2006 学术年会论文集(滩涂利用与生态保护),175 - 178.

陈燕萍,杨世伦,史本伟,等.2012.潮滩上波高的时空变化及其影响因素——以长江三角洲海岸为例.海洋科学进展,30(3):317 - 327.

陈玉军,廖宝文,黄勃等.2011.秋茄(*Kandelia obovata*)和无瓣海桑(*Sonneratia apetala*)红树人工林消波效应量化研究.海洋与湖沼,42(6):764 - 770.

陈中义.2005.长江口海三棱藨草的生态价值及利用与保护.河南科技大学学报(自然科学版),26(2):

64-67.

陈中义,李博,陈家宽.2004.米草属植物入侵的生态后果及管理对策.生物多样性,12(2):280-289.

陈中义,李博,陈家宽.2005.长江口崇明东滩土壤盐度和潮间带高程对外来种互花米草生长的影响.长江大学学报(自然科学版),2(2):6-9.

董鸿闻.1995.中国各高程基准及其关系.测绘标准化,2:13-23.

范航清.1995.广西海岸红树林现状及人为干扰//范航清,梁士楚.中国红树林研究与管理.北京:科学出版社.

府仁寿,虞志英,金镠.2003.长江水沙变化发展趋势.水利学报,11:21-29.

高尚武.1994.浮游动物//罗秉征,沈焕庭.三峡工程与河口生态环境.第五章第三节.北京:科学出版社.

高尚武,张河清.1992.长江口区浮游动物生态研究.海洋科学集刊,33:201-216.

葛振鸣,王天厚,施文彧,等.2006.长江口杭州湾鸻形目鸟类群落季节变化和生境选择.生态学报,26(1):40-47.

耿汉文,孔杰.2010.江苏省高程控制系统关系浅析.江苏水利,10:29-31.

龚士良,叶为民,陈洪胜,等.2008.上海市深基坑工程地面沉降评估理论与方法.中国地质灾害与防治学报,19(4):55-60.

广西壮族自治区海岸带和海涂资源综合调查领导小组.1986.广西壮族自治区海岸带和海涂资源综合调查报告(第一卷,综合报告).

郭福祥.1994.广西大地构造单元.桂林冶金地质学院学报,14(3):233-243.

郭海荣,焦文海,杨元喜,等.2004.1985国家高程基准的系统差.武汉大学学报(信息科学版),29(8):715-719.

郭绍光,梁扬武.2003.钦江流域水资源综合利用规划的新思路.广西水利水电,1:31-33.

国家海洋局.2011.2010年中国海平面公报.http://zsxq.zjol.com.cn.

侯森林.2009.鸻鹬类研究进展.安徽农业科学,37(32):15873-15874.

胡敦欣,韩舞鹰,章申.2001.长江、珠江口及其邻近海域陆海相互作用.北京:海洋出版社.

胡知渊.2009.生境干扰对滩涂湿地大型底栖动物群落结构的影响.金华:浙江师范大学硕士学位论文.

华东师范大学河口海岸国家重点实验室.2007.上海市滩涂资源可持续利用研究调查报告.上海市科委重大科技攻关项目(04DZ12049).

黄德银,施祺,余克服,等.2004.海南岛鹿回头珊瑚礁研究进展.海洋通报,23(2):56-64.

黄德银,施祺,张叶春.2003.三亚湾滨珊瑚中的重金属及环境意义.海洋环境科学,22(3):35-38.

黄鹄,戴志军,胡自宁,等.2005.广西海岸环境脆弱性研究.北京:海洋出版社.

黄辉.2010.三亚湾珊瑚礁分布与演变//气候变化与南海生态过程会议报告.

黄良民,张偲,王汉奎,等.2007.三亚湾生态环境与生物资源(珊瑚礁部分).北京:科学出版社.

黄玲英,余克服,施祺,等.2011.三亚造礁石珊瑚虫黄藻光合作用效率的日变化规律.热带海洋学报,30(2):46-50.

姜澎.2013.华东师大课题组:未来20年沪海平面将上升10—16厘米,http://www.gov.cn/gzdt/2013-05/05/content_2395973.htm[2015-06-30].

焦文海,魏子卿,马欣,等.2002.1985国家高程基准相对于大地水准面的垂直偏差.测绘学报,31(3):196-201.

金忠贤.2005.滩涂围垦速率与自然淤积规律的关系研究,《上海市滩涂开发利用与湿地生态保护协调发展的示范研究》专题之二,上海市科委科研计划项目科研报告(032312012).

柯志新,黄良民,谭烨辉,等.2011.三亚珊瑚礁分布海区浮游生物的群落结构.生物多样性,19(6):696-701.

李宝泉,李新正,王洪法,等.2007.长江口附近海域大型底栖动物群落特征.动物学报,53(1):76-82.

李保,付桂,杜亚南.2012.长江口近期来沙量变化及其对河势的影响分析.水运工程,(7):129-134.

李福荣.1988.1985年8月黄河口邻近海区海水pH的分布特征及影响因素.海洋湖沼通报,(04).

李林江,朱建荣.2015.长江口南汇边滩围垦工程对流场和盐水入侵的影响.华东师范大学学报(自然科学版),(4):77-86.

李茂田,程和琴.2001.近50年来长江入海溶解硅通量变化及其影响.中国环境科学,21(3):193-197.

李艳丽,肖春玲,王磊,等.2009.上海崇明东滩两种典型湿地土壤有机碳汇聚能力差异及成因.应用生态学报,20(6):1310-1316.

李贞,李珍,张卫国,等.2010.广西钦州湾海岸带孢粉组合和沉积环境演变.第四纪研究,30(3):598-608.

练健生,黄辉,黄良民,等.2010.三亚珊瑚礁及其生物多样性.北京:海洋出版社.

梁士楚,张炜银.2001.广西英罗港红树植物群落的非线性排序.广西植物,21(3):228-232.

刘录三,孟伟,田自强,等.2008.长江口及毗邻海域大型底栖动物的空间分布与历史演变.生态学报,28(7):3027-3034.

刘录三,郑丙辉,李宝泉,等.2012.长江口大型底栖动物群的演变过程及原因探讨.海洋学报(中文版),34(3):134-145.

刘新成,沈焕庭,黄清辉.2002.长江入河口区生源要素的浓度变化及通量估算.海洋与湖沼,33(5):332-340.

刘秀,蒋数,陈乃明,等.2009.钦州湾红树林资源现状及发展对策.广西林业科学,38(4):259-260.

刘扬扬,张行南,徐双全,等.2010.长江口滩涂地形冲淤分析研究.长江流域资源与环境,19(11):1314-1321.

刘钰,李秀珍,闫中正,等.2013.长江口九段沙盐沼湿地芦苇和互花米草生物量及碳储量.应用生态学报,24(8):2129-2134.

卢敬让,赖伟,堵南山.1990.应用底栖动物监测长江口南岸污染的研究.青岛海洋大学学报:自然科学版,20(2):32-44.

卢汝圻.1997.广东沿海地区现代地壳垂直运动研究.华南地震,17(1):26-34.

马志刚,李秀珍,何彦龙,等.2010.崇明东滩小尺度植被分异的环境因子分析.长江流域资源与环境,19(2):130-134.

梅雪英,张修峰.2007.崇明东滩湿地自然植被演替过程中储碳及固碳功能变化.应用生态学报,18:933-936.

孟宪伟,张创智.2014.广西近海海洋环境与资源基本现状.北京:海洋出版社.

莫永杰,李平日,方国祥,等.1996.海平面上升对广西沿海的影响与对策.北京:科学出版社.

纳乌莫夫·B,颜京松,黄明显,等.1960.海南岛珊瑚礁的主要类型.海洋与湖沼,3(3):1572-1576.

聂宝符,陈特固,梁美桃,等.1996.近百年来南海北部珊瑚生长率与海面温度变化的关系.中国科学,26(1):59-67.

欧柏清.1996.钦江流域土地开发与水环境保护建议.广西水利水电,2:37-40.

潘艳丽,唐丹玲.2009.卫星遥感珊瑚礁白化概述.生态学报,29(9):5076-5080.

裴恩乐,袁晓,汤臣栋,等.2012.上海地区水鸟群落结构和动态分布特征.生态学杂志31(10),2599-2605.

齐红艳,范德江,徐琳,等.2008.长江口及邻近海域表层沉积物pH.沉积学报,26(5):820-827.

钱树本,陈国蔚.1986.浮游植物生态.山东海洋学院学报,2:26-55.

全为民,韩金娣,平先隐,等.2008.长江口湿地沉积物中的氮、磷与重金属.海洋科学,32(6):89-93.

全为民,赵云龙,朱江兴,等.2008.上海市潮滩湿地大型底栖动物的空间分布格局.生态学报,28(10): 5179-5187.

任璘婧,李秀珍,杨世伦,等.2014.崇明东滩盐沼植被变化对滩涂湿地促淤消浪功能的影响.生态学报, 34(12): 3350-3358.

上海市科技咨询服务公司.2007.长江口港口航道、水土生态综合研究总报告.上海市科委城市建设攻关 定向研究科研项目(编号: 052112047).

沈浒英.2003.长江流域降水径流的年代际变化分析.湖泊科学,15: 90-96.

施祺,赵美霞,张乔民,等.2007.海南三亚鹿回头造礁石珊瑚生长变化与人类活动的影响.生态学报, 27(8): 3316-3323.

施文彧,葛振鸣,王天厚,等.2007.九段沙湿地植被群落演替与格局变化趋势.生态学杂志,26: 165-170.

施雅风,朱季文,谢志仁,等.2000.长江三角洲及毗连地区海平面上升影响预测与防治对策.中国科学, 30(3): 225-232.

石强,杨东方.2011.渤海夏季海水pH值年际时空变化.中国环境科学,V31(增刊): 58-68.

时翔,王汉奎,谭烨辉,等.2007.三亚湾浮游动物数量分布及群落特征的季节变化.海洋通报,4: 42-49.

史本伟,杨世伦,罗向欣,等.2010.淤泥质光滩-盐沼过渡带波浪衰减的观测研究——以长江口崇明东滩 为例.海洋学报,32(2): 174-178.

史本伟,杨世伦,罗向欣,等.2010.淤泥质光滩-盐沼过渡带波浪衰减的观测研究:以长江口崇明东滩为 例.海洋学报,32: 174-178.

宋国元,赵敏,曹同.2008.长江口冲积岛植物群落演替现状.植物研究,(1): 114-123.

孙亚伟,曹恋,秦玉涛,等.2007.长江口邻近海域大型底栖生物群落结构分析.海洋通报,26(2): 66-70.

童春富,章飞军,陆健健.2007.长江口海三棱藨草带生长季大型底栖动物群落变化特征.动物学研究, 28(6): 640-646.

汪清,刘敏,侯立军,等.2010.崇明东滩湿地CO_2、CH_4和N_2O排放的时空差异.地理研究,29(5): 935-946.

王道儒.2002.三亚国家珊瑚自然保护区建设管理及珊瑚生态保护十年回顾调查报告.

王东辉,张利权,管玉娟.2007.基于CA模型的上海九段沙互花米草和芦苇种群扩散动态.应用生态学 报,18: 2807-2813.

王国忠.2004.全球气候变化与珊瑚礁问题.海洋地质动态,20(1): 8-13.

王国忠,周福根,吕炳全,等.1979.海南岛鹿回头珊瑚岸礁的沉积相带.同济大学学报(海洋地质版),2: 70-86.

王辉.2010.南海初级生产对季风变化响应的数值模拟研究//气候变化与南海生态过程会议报告.

王卿.2011.互花米草在上海崇明东滩的入侵历史、分布现状和扩张趋势的预测.长江流域资源与环境, 20(6): 690-696.

王延明,方涛,李道季,等.2009.长江口及毗邻海域底栖生物丰度和生物量研究.海洋环境科学,28(4): 366-382.

温远光,刘世荣,元昌安.2002.广西英罗湾红树植物种群的分布.生态学报,22(7): 1105-1110.

吴小根,金波,卫健飞,等.1998.三亚湾近期淤积变化及其原因分析.海洋通报,17(5): 51-57.

席雪飞,贾建伟,王磊,等.2009.长江口九段沙湿地土壤有机碳及微生物陆向分布.农业环境科学学报, 28(12): 2574-2579.

肖伯震.2000.我国的高程基准面和水准原点.河南测绘,1: 28-29.

肖德荣,张利权,祝振昌,等.2011.上海崇明落难互花米草种子产量与活性对刈割的响应.生态环境学报,20(11):1681-1686.

谢志发,何文珊,刘文亮,等.2008.不同发育时间的互花米草盐沼对大型底栖动物群落的影响.生态学杂志,27(1):63-67.

徐兆礼,蒋玫.1999.长江口底栖动物生态研究.中国水产科学,6(5):59-62.

许继军,杨大文,雷志栋,等.2006.长江流域降水量和径流量长期变化趋势检验.人民长江,23:63-67.

闫芊,陆健健,何文珊.2007.崇明东滩湿地高等植被演替特征.应用生态学报,18:1097-1101.

杨顶田,单秀娟,刘素敏,等.2013.三亚湾近10年pH的时空变化特征及对珊瑚礁石影响分析.南方水产科学,9(1):1-7.

杨怀,陈仁利,王旭,等.2012.无瓣海桑-海桑红树林的防风效能.生态学杂志,31(8):1924-1929.

杨世伦,时钟,赵庆英.2001.长江口潮沼植物对动力沉积过程的影响.海洋学报,23(4):75-80.

杨志浩,董俊德,吴梅林,等.2007.三亚湾网采浮游植物群落结构特征分析.热带海洋学报,26(6):62-66.

叶属峰,纪焕红,曹恋,等.2004.河口大型工程对长江河口底栖动物种类组成及生物量的影响研究.海洋通报,23(4):32-37.

尹健强,张谷贤,谭烨辉,等.2004.三亚湾浮游动物的种类组成与数量分布.热带海洋学报,23(5):1-9.

应铭,李九发,万新宁,等.2005.长江大通站输沙量时间序列分析研究.长江流域资源与环境,14(1):83-87.

于登攀,邹仁林.1996.鹿回头库礁造礁石珊瑚物种多样性的研究.生态学报,16(5):469-475.

于登攀,邹仁林.1999.三亚鹿回头岸礁造礁石珊瑚群落结构的现状和动态//马克平.中国重点地区与类型生态系统多样性.杭州:浙江科技出版社:225-268.

于东生,洪家明.2012.广西钦州茅尾海清淤整治项目水动力影响研究//中国海洋工程学会.第十五届中国海洋(岸)工程学术讨论会论文集.北京:海洋出版社.

袁正新.1995.粤西及其邻区的区域构造对金(银)成矿作用的控制.北京:中国地质大学出版社.

翟振和,魏子卿,吴富梅,等.2011.利用EGM2008位模型计算中国高程基准与大地水准面间的垂直偏差.大地测量与地球动力学,31(4):116-118.

张斌,袁晓,裴恩乐,等.2011.长江口滩涂围垦后水鸟群落结构的变化——以南汇东滩为例.生态学报,31(16):4599-4608.

张斌,袁晓,裴恩乐,等.2011.长江口滩涂围垦后水鸟群落结构的变化——以南汇东滩为例.生态学报,31(16):4599-4608.

张成龙,黄晖,黄良民,等.2012.海洋酸化对珊瑚礁生态系统的影响研究进展.生态学报,32(5):1606-1615.

张东,杨明明,李俊祥,等.2006.崇明东滩互花米草的无性扩散能力.华东师范大学学报(自然科学版),(2):130-135.

张利权,雍学葵.1992.海三棱藨草种群的物候与分布格局研究.植物生态学与地植物学学报,16:43-51.

张莊,李云,张亚培,等.2010.长江口滩涂湿地受损现状及其生境修复策略.中国科技纵横,23:288-289.

张乔民.2007.热带生物海岸对全球变化的响应.第四纪研究,27(5):834-844.

张乔民,施祺,陈刚,等.2006.海南三亚鹿回头珊瑚岸礁监测与健康评估.科学通报,51(增2):71-77.

张乔民,施祺,余克服,等.2006.华南热带海岸生物地貌过程.第四纪研究,3:449-455.

张瑞,汪亚平,潘少明.2008.近50年来长江入河口区含沙量和输沙量的变化趋势.海洋通报,27(2):1-9.

张晓龙,李培英,刘月良.2006.黄河三角洲风暴潮灾害及其对滨海湿地的影响.自然灾害学报,15(2)：10-13.

张修峰,梅雪英,童春富,等.2006.长江口岛屿沙洲湿地陆向发育过程中表层沉积物氮营养盐的变化.生态学报,26：1116-1121.

张宇峰,武正华,王宁,等.2002.海南南岸港湾海水和沉积物重金属污染研究.南京大学学报,39(1)：81-90.

章飞燕.2009.长江口及邻近海域浮游植物群落变化的历史对比及其环境因子研究.上海：华东师范大学硕士学位论文.

赵美霞,余克服,张乔民,等.2009.近50a来三亚鹿回头石珊瑚物种多样性的演变特征及其环境意义.海洋环境科学,28(2)：125-130.

赵美霞,余克服,张乔民,等.2010.近50年来三亚鹿回头岸礁活珊瑚覆盖率的动态变化.海洋与湖沼,41(3)：440-447.

赵平,袁晓,唐思贤,等.2003.崇明东滩冬季水鸟的种类和生境偏好.动物学研究,24(5)：387-391.

赵希涛,张景文,李桂英.1983.海南岛南岸全新世珊瑚礁的发育.地质科学,2：149-159.

郑文教,林鹏.1990.盐度对秋茄幼苗的生长和水分代谢的效应.厦门大学学报(自然科学版),29(5)：575-579.

郑文教,林鹏.1992.盐度对红树植物海莲幼苗的生长和某些生理生态特性影响.应用生态学报,3(1)：9-14.

周洁.2012.海洋酸化对海南三亚珊瑚共生虫黄藻密度和光合效率影响的实验研究.北京：中国科学院研究生院硕士毕业论文.

周晓,葛振鸣,施文彧,等.2007.长江口新生湿地大型底栖动物群落时空变化格局.生态学杂志,26(3)：372-377.

周晓,王天厚,葛振鸣,等.2006.长江口九段沙湿地不同生境中大型底栖动物群落结构特征分析.生物多样性,14(2)：165-171.

周云轩,谢一民.2010.上海市湿地资源调查与监测评估体系研究.上海：上海科学技术出版社.

祝振昌,张利权,肖德荣.2011.上海崇明东滩互花米草种子产量及其萌发对温度的响应.生态学报,31：1574-1581.

邹仁林.1975.海南岛浅水造礁石珊瑚.北京：科学出版社.

邹仁林.1995.中国珊瑚礁的现状与保护对策//中国科学院生物多样性委员会等.生物多样性研究进展.北京：中国科学技术出版社.

邹仁林,陈友璋.1983.我国浅水造礁石珊瑚地理分布的初步研究//南海海洋科学集刊(4).北京：科学出版社.

邹仁林,马江虎,宋善文.1966.海南岛珊瑚礁垂直分带的初步研究.海洋与湖沼,8(2)：153-160.

Adame M F, Neil D, Wright S F, et al. 2010. Sedimentation within and among mangrove forests along a gradient of geomorphological settings. Estuarine, Coastal and Shelf Science, 86：21-30.

Ajonina G J G, Kairo G, Grimsditch T, et al. 2014. Carbon pools and multiple benefits of mangroves in Central Africa: assessment for REDD+：72.

Alongi D M. 2002. Present state and future of the world's mangrove forests. Environmental Conservation 29(3)：331-349.

Bhatt S, Shah D G, Desai N. 2009. The mangrove diversity of Purna Estuary, South Gujarat, India. Tropical Ecology, 50(2)：287-293.

Bunt J S, Boto K G, Boto G. 1979. A survey method for estimating potential levels of mangrove forest primary production. Marine Biology, 52: 123 - 128.

Carvalho d A P G, Ledru M P, Ricardi B F, et al. 2006. Late Holocene development of a mangrove ecosystem in southeastern Brazil (Itanhaem, state of Sao Paulo). Palaeogeograghy, Palaeoclimatology, Palaeoecology, 241: 608 - 621.

Chen Y Q, Zhen G X, Zhu Q Q. 1985. A preliminary study of the Zooplankton in the Changjiang estuary area. Donghai Marine Science, 3(3): 53 - 61.

Chen Y Q, Zhen G, X, Zhu Q Q. 1986. Study on component and quantitative distribution of pelagic crustaceans from the Changjiang River estuary//Essays on Crustacean. Beijing: Science Press.

Dahdouh-Guebas F, Koedam N. 2008. Long-term retrospection on mangrove development using transdisciplinary approaches: a review. Aquatic Botany, 89: 80 - 92.

Donato D C, Kauffman J B, Murdiyarso D, et al. 2011. Mangroves among the most carbon-rich forests in the tropics. Nature Geoscience, 4: 293 - 297.

Duke N C, Meynecke J O, Dittmann S. 2007. Letters: A world without mangroves? Mangroveactionproject Org.

Ellison J. 2000. How South Pacific mangroves may respond to predicted climate change and sea level rise//Gillespie A, Burns W. Climate Changes in South Pacific: Impacts and Responses in Australia, New Zealand, and Small Islands States. Dordrencht: Kluwer Academic Publishers.

Feely R A, Sabine C L, Byrne R H. 2008. Ocean acidification of the North Pacific Ocean. Agu Fall Meeting Abstracts, 16(1): 22 - 26.

Feller I C, Sitnik M. 1996. Mangrove ecology workshop Manual. Observatorioirsb Org.

Field C B, Jackson R B, Mooney H A. 1995. Stomatal responses to increased CO_2: implications from the plant to the global scale. Plant Cell and Environment, 18(10): 1214 - 1225.

Field C D. 1995. Impact of expected climate change on mangroves (Asia-Pacific Symposium on Mangrove Ecosystems). Hydrobiologia, 295: 75 - 81.

Furukawa K, Wolanski E. 1996. Sedimentation in mangrove forests. Mangroves and Salt Marshes, 1(1): 3 - 10.

Gilman E L, Ellison J, Duke N C, et al. 2008. Threats to mangrove from climate change and adaption options: A review. Aquatic Botany, 89: 237 - 250.

Gilman E, Ellison J, Coleman R. 2007. Assessment of mangrove response to projected relative sea-level rise and recent historical reconstruction of shoreline position. Environmental Monitoring and Assessment, 124: 105 - 130.

Giri C, Ochieng E, Tieszen L L, et al. 2011. Status and distribution of mangrove forests of the world using earth observation satellite data. Global Ecology and Biogeography, 20: 154 - 159.

Gonneea M E, Paytan A, Herrera S J A. 2004. Tracing organic matter sources and carbon burial in mangrove sediments over the past 160 years. Estuarine, Coastal and Shelf Science, 61: 211 - 227.

Guo P Y, Shen H T, Liu A C, et al. 2003. The species composition, community structure and diversity of zooplankton in Changjiang estuary. Acta Ecologic Sinica, 23(5): 892 - 900.

Hardt M J, Safina C. 2010. 海洋生物面临的酸化威胁. http://edba. ncl. edu. tw/sa/pdf. file/ch/c105/c105 p104. pdf.

Hoegh-Guldberg O. 1999. Climate change, coral bleaching and the future of the world's coral reefs. Marine and Freshwater Research, 50: 839 - 866.

Horstman E M, Dohmen-Janssen C M, Narra P M F, et al. 2014. Wave attenuation in mangroves: a quantitative approach to field observations. Coastal Engineering，94：47－62.

Huang H M，Zhang L Q，Guan Y J，et al. 2008. A cellular automata model for population expansion of Spartina alterniflora，at Jiuduansha Shoals，Shanghai，China. Estuarine，Coastal and Shelf Science，77(1)：47－55.

Hussain S A，Badola R. 2008. Valuing mangrove ecosystem services：linking nutrientretention function of mangrove forests to enhancedagroecosystem production. Wetlands Ecology and Management，16：441－450.

IPCC. 2008. Fourth assessment report：climate change intergovernmental panel on climate change (IPCC) 2007 (AR4). Working Papers.

IPCC. 2013. Climate change 2013：the physical science basis. http：//www. climatechange 2013. org/.

Jennerjahn T C，Ittekkot V. 2002. Relevance of mangroves for the production and deposition of organic matter along tropical continental margins. Naturwissenschaften，89：23－30.

Kathiresan K. 2003. How do mangrove forests induce sedimentation? Revista De Biologia Tropical，51(2)：355－360.

Ke X，Bian F. 2008. A Logistic-CA Model for the simulation and prediction of cultivated land change by using GIS and RS. International conference on earth observation data processing and analysis. International Society for Optics and Photonics.

Kleypas J A，Buddemeier R W，Eakin C M，et al. 2005. Comment on "coral reef calcification and climate change：the effect of ocean warming". Geophysical Research Letters，32：L08601.

Kleypas J A，Feely R A，Fabry V J，et al. 2006. Impacts of ocean Acidification on Coral Reefs and Other Marine Calcifiers：a guide for future research，report of a workshop held 18－20 April 2005，St. Petersburg，FL，sponsored by NSF，NOAA，and the U. S. Geological Survey，88 pp.

Krauss K W，Allen J A，Caboon D R. 2003. Differential rates of vertical accretion and elevation change among aerial root types in Micronesian mangrove forests. Estuarine，Coastal and Shelf Science，56：251－259.

Kuffner I B，Andersson A J，Jokiel P L，et al. 2008. Decreased abundance of crustose coralline algae due to ocean acidification. Nature Geoscience，1(2)：114－117.

Lai W，Lin W Y，Du L S. 1991. Ecological investigation on the zooplankton community of the Changjiang River estuary. Essays on the forth conference on the science of oceanology and limnlogy. Beijing：Science Press.

Langdon C. 2002. Review of experimental evidence for effects of CO_2 on calcification of reef builders. Proc. 9th Int. Coral Reef Sym，2：1091－1098.

Langdon C，Atkinson M J. 2005. Effect of elevated pCO_2 on photosynthesis and calcification of coral sand interactions with seasonal change in temperature/irradiance and nutrient enrichment. Journal of Geophysical Research Atmospheres，110，C09S07，doi：10. 1029/2004JC002576.

Lasalle M W，Landin M C，Sims J G. 1991. Evaluation of the flora and fauna of a *Spartina alterniflora* marsh established on dredged material in Winyah Bay，South Carolina. Wetlands，11(2)：191－208.

Leclercq N I C，Gattuso N P，Jaubert J E A N. 2000. CO_2 partial pressure controls the calcification rate of a coral community. Global Change Biology，6：329－334.

Li H，Yang S L. 2009. Trapping effect of tidal marsh vegetation on suspended sediment，Yangtze Delta. Journal of Coastal Research，25(4)：915－924.

Lovelock J E. 2005. At War with the Earth. Resurgence：6－7.

Ma Z, Gan X, Choi C, et al. 2007. Wintering bird communities in newly-formed wetland in the Yangtze River estuary. Ecological Research, 22(1): 115-124.

McIvor A L, Möller I, Spencer T, et al. 2012. Reduction of wind and swell waves by mangroves. Natural Coastal Protection Series: Report 1. Cambridge Coastal Research Unit Working Paper 40. Published by The Nature Conservancy and Wetlands International. 27 pages. ISSN 2050-7941. URL: http://www. naturalcoastalprotection. org/documents/reduction-of-wind-and-swell-waves-by-mangroves

Monacci N M, Meler-Grunhagen U, Finney B P, et al. 2009. Mangrove ecosystem changes during the Holocene at Spanish Lookout Cay, Belize. Palaeogeography, Palaeoclimatology, Palaeoecology, 280: 37-46.

Muzuka A N N, Shunula J P. 2006. Stable isotope compositions of organic carbon and nitrogen of two mangrove stands along the Tanzanian coastal zone. Estuarine, Coastal and Shelf Science, 66: 447-458.

Othman M A. 1994. Value of mangroves in coastal protection. Hydrobiologia, 285: 277-282.

Pachauri R K, Reisinger A. 2007. Contribution of Working Groups Ⅰ, Ⅱ and Ⅲ to the Fourth Assessment Report of the Intergovernmental Panel on Climate Change. IPCC, Geneva, Switzerland.

Patil V, Singh A, Naik N. 2012. Carbon sequestration in mangrove ecosystems. Journal of Environmental Research and Development, 7(1A): 576-583.

Pennisi E. 1998. New threat seen from carbon dioxide. Science, 279: 989.

Phinney J T, Hoegh-Guldberg O, Kleypas J. Coral Reefs and Climate Change: Science and Management. Washington D C: American Geophysical Union: 73-110.

Pinto M L. 1982. Distribution and zonation of mangrove in the northern part of the Negambo lagoon (Sri Lanka). Journal of the National Science of Sri Lanka, 10(2): 245-255.

Primavera J H. 1997. Socio-economic impacts of shrimp culture. Aquaculture Research, 28(10): 815-827.

Rao R G, Woitchik A F, Goeyens L, et al. 1994. Carbon, nitrogen contents and stable carbonisotope abundance in mangrove leaves from an East-African coastal lagoon (Kenya). Aquatic Botany, 7: 175-183.

Raven J A. 2005. Ocean acidification due to increasing atmospheric carbon dioxide. London: Royal Society.

Riegl B, Piller W E. 1999. Seasonal and local spatial patterns in the upper thermal limits of corals on the inshore Central Great Battier Reef. Coral Reefs, 18: 219-228.

Robertson A I, Daniel P A, Dixon P. 1991. Mangrove forest structure and productivity in the Fly River estuary, Papua New Guinea. Marine Biology, 111: 147-155.

Santana-Casiano J M, González-Dávila M, Rueda M J, et al. 2007. The interannual variability of oceanic CO_2 parameters in the northeast Atlantic subtropical gyre at the ESTOC site. Global Biogeochemical Cycles, 21(1): 3103-3107.

Scourse J, Marret F, Versteegh G J M, et al. 2005. High-resolution last deglaciation record from the Congo fan reveals significance of mangrove pollen and biomarkers as indicators of shelf transgression. Quternary Research, 64: 57-69.

Shi Q, Yu K F, Chen T R, et al. 2012, Two centuries-long records of skeletal calcification in massive Porites colonies from Meiji Reef in the southern South China Sea and its responses to atmospheric CO_2 and seawater temperature. Science China Earth Science, 55(1): 1-12.

Strong A E, Goreau T J, Hayes R. 1998. Ocean HotSpots and coral reef bleaching January-July 1998. Reef Encounters, 24: 20 - 22.

Suzuki A, Nakamori T, Kayanne H. 1995. The mechanism of production enhancement in coral reef carbonate systems: model and empirical results. Sedimentary Geology, 99(3/4): 259 - 280.

Tam N F Y, Wong Y S. 1995. Mangrove soils as sinks for wastewater-borne pollutants. Hydrobiologia, 295: 231 - 241.

Toscano M A, Strong A E, Guch I C. 1999. New analysis for HotSopts and coral reef bleaching. Reef Encounters, 26: 31.

Trench R K. 1979. The cell biology of plant-animal symbiosis. Annual Review of Plant Physiology, 30: 485 - 531.

Turley C, Blackford J, Widdicombe S. 2006, Reviewing the impact of increased atmospheric CO_2 on oceanic pH and the marine ecosystem. Proceedings of the "Avoiding Dangerous Climate Change" Symposium, 8: 65 - 70.

Twilley R R, Chen R I, Hargis T. 1992. Carbon sinks in mangroves and their implications to carbon budget of tropical coastal ecosystems. Water, Air, and Soil Pollution, 64: 265 - 288.

Valiela I, Bowen J L, Cole M L, et al. 2001. Following up on a Margalevian concept: interactions and exchanges among adjacent parcels of coastal landscapes. Scientia Marina, 65(3): 215 - 229.

Wang J, Chen Z, Wang D, et al. 2009. Evaluation of dissolved inorganic nitrogen eliminating capability of the sediment in the tidal wetland of the Yangtze Estuary. Journal of Geographical Sciences, 19(4): 447 - 460.

Wilkinson C, Linden O, Cesar H. 1999. Ecological and socioeconomic impacts of 1998 coral mortality in the Indian Ocean: an ENSO impact and a warning of future change? Ambio, 28(2): 188 - 196.

Wooller M J, Morgan R, Fowell S, et al. 2007. A multiproxy peat record of Holocene mangrove palaeoecology from Twin Cays, Belize. Holocene, 17(8): 1129 - 1139.

Wooller M, Smallwood B, Scharler U, et al. 2003. A taphonomic study of $\delta^{13}C$ and $\delta^{15}N$ values in Rhizophora mangle leaves for a multi-proxy approach to mangrove palaeoecology. Organic geochemistry, 34: 1259 - 1275.

Wooller M, Smallwood B, Scharler U, et al. 2003. Ataphonomic study of $\delta^{13}C$ and $\delta^{15}N$ values in Rhizophora mangle leaves for a multi-proxy approach to mangrove paleoecology. Organic Geochemistry, 34: 1259 - 1275.

Xia P, Meng X, Feng A, et al. , 2015. Mangrove development and its response to environmental change in Yingluo Bay (SW China) during the last 150 years: stable carbon isotopes and mangrove pollen. Organic Geochemistry, 85: 32 - 41.

Xue B, Yan C L, Lu H L, et al. 2009. Mangrove-derived organic carbon in sediment from Zhangjiang estuary (China) mangrove wetland. Journal of Coastal Research, 25(4): 949 - 956.

Yan Y E, Guo H Q, Gao Y, et al. 2010. Variations of net ecosystem CO_2 exchange in a tidal inundated wetland: coupling MODIS and tower-based fluxes. Journal of Geophysical Research-Atmospheres, 115: D15102.

Yang D T. 2008. Variation of Seagrass Distribution in Sanya Bay impacted by Land Use Change. SPIE 2008 7145 714529 (8 pp.). Geoinformatics 2008 and Joint Conference on GIS and Built Environment: Monitoring and Assessment of Natural Resources and Environments.

Yang S L, Shi B W, Bouma T J, et al. 2011. Wave attenuation at a salt marsh margin: a case study of an exposed coast on the Yangtze Estuary. Estuaries and Coasts, 35(1): 169 - 182.

Yang Y F, Huang X F. 2000. Advances in ecological studies on zooplankton. Journal of Lake Sciences, 12(1): 81 - 89.

Yoshihiro M, Michimasa M, Yoshichika I, et al. 2006. Wave reduction in a mangrove forest dominated by *Sonneratia* sp. Wetlands Ecology and Management, 14: 365 - 378.

Ysebaert T, Yang S L, Zhang L, et al. 2011. Wave attenuation by two contrasting ecosystem engineering salt marsh macrophytes in the intertidal pioneer zone. Wetlands, 31(6): 1043 - 1054.

Yu Z, Lou F. 2004. The evolvement characteristics of Nanhuizui foreland in the Changjiang Estuary, China. Acta Oceanologica Sinica, 26(3): 47 - 53.

Zhang J, Zhang Z F, Liu S M, et al. 1999. Human impacts on the large world rivers: would the Changjiang (Yangtze River) be an illustration? Global Biogeochemical Cycles, 13: 1099 - 1105.

Zhang Q M. 2001. On biogeomorphology of Luhuitou fringing reef of Sanya City, Hainan Island, China. Chinese Science Bulletin, 46 (Supp. 1): 97 - 102.

Zhang Q M. 2004. Coastal biogeomorphologic zonation of coral reefs and mangroves and tide level control. Journal of Coastal Research, 43(Special Issue): 202 - 211.

Zhao M X, Yu K F, Zhang Q M, et al. 2012. Long-term decline of a fringing coral reef in the northern south china sea. Journal of Coastal Research, 28(5): 1088 - 1099

Zhila H, Mahmood H, Rozainah M Z. 2014. Biodiversity and biomass of a natural and degraded mangrove forest of Peninsular Malaysia. Environmental Earth Sciences, 71: 4629 - 4635.

第四部分

典型河口水域渔业生态系统
演变趋势与影响分析

提　要

近年来,气候变化背景下河口渔业生态系统的演变过程和发展趋势成为渔业生态学家关注的热点之一。IPCC 第五次评估报告提出了新一代温室气体排放情景——"典型浓度路径"(representative concentration pathways, RCPs),用单位面积辐射强迫值来表征未来 100 年稳定大气温室气体的浓度。例如,情景 RCP8.5 即代表到 2100 年辐射强迫稳定在 8.5 W/m² 。本部分选取我国黄河口、长江口为研究区域,结合新一代气候变化情景,预估模拟了由气候变化引起的渔业资源密度分布变化及渔业生态系统健康演变趋势,以期为评估气候变化对河口生态系统的影响提供科学依据。

(1) 渔业资源密度分布演变。以河口渔业资源分布现状为基础,通过动态生物气候分室模型研究不同气候变化情景下河口渔业资源密度分布变化,具体如下:

在没有捕捞、污染等人类活动的影响下,黄河口及其邻近水域鱼类资源密度增量随着时间推移均呈递增趋势,其中,RCP8.5 情景下资源密度增量最大,资源密度增量重心的分布范围也最大,其次为 RCP6 情景,RCP2.6 情景下资源密度增量最小,资源密度增量重心的分布范围也最小。黄河口及其邻近海域鱼类资源密度增量重心主要分布在外侧水域,莱州湾底部及黄河口沿岸水域资源密度增量相对较低,并且资源密度重心向外侧水域扩展。

长江口及其邻近水域鱼类资源密度增量在 RCP2.6、RCP6 和 RCP8.5 三种情景下,除中上层鱼类资源密度增量外,其他资源密度增量在没有捕捞、污染等人类活动的影响下,随着时间推移均呈递增趋势,且递增程度和增量的重心分布范围也呈现出 RCP8.5>RCP6>RCP2.6。长江口及其邻近水域鱼类资源密度增量重心主要分布在长江口崇明岛沿岸水域,长江口外侧水域资源密度增量相对较低,并且有向南迁移的趋势。

长江口和黄河口水域鱼类资源密度增量及密度增量重心分布的差异可能与评估的鱼类种类组成有一定关系(鱼类暖温种、冷温种、暖水种等都有其最适的生存温度,并且随着温度的升高,其生命过程的反应也不尽相同),也可能与长江口和黄河口水域的生境不同有关。

(2) 渔业生态系统健康演变趋势。从渔业生态环境、渔业生物群落结构和渔业生态系统功能三个方面出发,构建了渔业生态系统健康评价指标体系,通过层次灰色综合评价模型对黄河口、长江口渔业生态系统健康水平进行了初步评价,具体如下:

在黄河口渔业生态系统健康评价指标体系中,渔业生物群落结构子系统占比重最高,渔业生态环境子系统占比重次之,渔业生态系统功能子系统占比重最小。渔业生态系统健康水平在 2015~2050 年的演变趋势为 RCP2.6 情景的健康水平最高,RCP6 次之,

RCP8.5 最低,这与不同情景所对应的温室气体排放程度相一致。健康评价值离散程度为 RCP8.5>RCP2.6>RCP6。进行单因素方差组间分析,三种情景下的渔业生态系统的健康水平无显著差异($F=2.638$,$P>0.05$);进行组内分析,RCP2.6 和 RCP8.5 情景下的渔业生态系统的健康水平存在显著差异($P=0.039$),其余情景下的渔业生态系统的健康水平无显著差异($P>0.05$)。健康水平随时间推移的变化规律为:RCP2.6 情景下,黄河口及其邻近水域渔业生态系统的健康水平呈现出"高—低—高"的变化趋势;RCP6 情景下,呈现出"低—高—低"的变化趋势,2030~2040 年的健康水平较高;RCP8.5 情景下,渔业生态系统的健康水平呈先升高后降低而后略有回升的趋势。若以 2050 年渔业生态系统的健康水平作为"最终状态",黄河口渔业生态系统在 RCP2.6 情景下的健康水平明显高于 RCP6 和 RCP8.5 情景,其健康评价值分别是 RCP6 和 RCP8.5 情景的 2.8 倍和 2.2 倍。

在长江口渔业生态系统健康评价指标体系中,渔业生态环境子系统占比重最高,渔业生物群落结构子系统占比重次之,渔业生态系统功能子系统占比重最小。渔业生态系统健康水平在 2015~2050 年的演变趋势为:RCP2.6 情景健康水平最高,RCP6 次之,RCP8.5 最低,这与黄河口相一致。健康评价值离散程度为 RCP2.6>RCP6>RCP8.5。进行单因素方差组间分析,三种情景下的渔业生态系统健康水平存在显著性差异($F=6.449$,$P=0.002$);进行组内分析,RCP2.6 和 RCP6 情景下的渔业生态系统健康水平存在显著差异($P=0.030$),RCP2.6 和 RCP8.5 情景下的渔业生态系统健康水平同样存在显著差异($P=0.006$),RCP6 和 RCP8.5 情景下的渔业生态系统健康水平不存在显著差异($P>0.05$)。健康水平随时间推移的变化规律为:RCP2.6 情景下,长江口及其邻近水域渔业生态系统健康水平呈现出"高—低—高"的变化趋势;RCP6 情景下,渔业生态系统健康水平呈现出"低—高—低"的变化趋势;RCP8.5 情景下,渔业生态系统健康水平波动性比 RCP2.6 和 RCP6 情景低,2035 年取得最大值,为 0.63,其余大部分年份的健康水平小于其他两个情景或者持平。2050 年,RCP2.6 情景下渔业生态系统的健康评价值为 0.61,明显高于 RCP6 和 RCP8.5 情景,分别是 RCP6 和 RCP8.5 情景下健康评价值的 1.9 倍和 1.8 倍。

引　言

　　气候变化已成为当前国际社会公认的全球性环境问题之一。气候变化对于海洋来说主要表现为海水温度升高、冰川融化、海平面上升及海洋酸化等。海洋生态环境在气候变化背景下也正在发生着巨大的变化,Belkin(2009)对全球海水表面温度(SST)的研究表明,全球 63 个大海洋生态系中 61 个的 SST 有升高的趋势,其中东海和黄海的 SST 分别增加了 1.22 ℃和 0.67 ℃(1982～2006 年)。

　　气候变化对海洋的影响是多方面的,改变着海洋生态系统的结构和功能。就渔业资源来说,气候变化可以影响以下几方面:① 鱼类的生长、发育、繁殖、死亡等生命过程。例如,Bakun(1990)的研究显示气候变化会引起某些地区沿岸上升流强度的增加,上升流的增强,初级生产力的增加,可能会导致水体缺氧,从而使鱼类的生长及繁殖受阻;Nissling等(1998)的研究表明气候变化通过改变波罗的海的盐度来影响大西洋鳕(*Gadus morhua*)种群的繁殖,在盐度小于 11 时,大西洋鳕精子活力较弱,受精卵由于密度大于周围水域而下沉,且受精卵在缺氧环境中不能存活;② 鱼类的多样性和资源量分布。例如,MacKenzie 和 Köster(2004)在波罗的海从大尺度的气候变量、波罗的海海冰覆盖面积及水温方面对鲱鱼补充量进行了预测;Dulvy 等(2008)研究证实北海冬季底层海水温度在过去的 25 年中升高了 1.6 ℃,导致其底层鱼类群落的栖息水深加深,其加深速率为每 10 年 3.6 m;另外,对不同气候变化情景下全球海洋生物多样性的变化的研究发现,许多极地海域、热带以及半封闭海区土著种面临可能灭绝的危险,但在北极和南大洋存在较高程度的种群入侵(Cheung et al.,2009),对全球 1 066 种经济鱼类最大可持续产量进行研究时发现,高纬度地区的渔获量可能增加 30%～70%,而热带地区降低幅度可达 40%,各个专属经济区也有相应的变化(Cheung et al.,2010);③ 栖息环境和饵料基础。例如,温度的升高可以引起初级生产力的增加,进而使鱼类的饵料基础增加;但对一些珊瑚礁鱼类,温度的升高直接导致其丰度降低,甚至有种群灭绝的可能,主要因为海水温度升高使得珊瑚白化现象严重,死亡率升高,进而改变了珊瑚礁鱼类的栖息环境(Grandcourt and Cesar,2003;Sheppard,2003)。

　　河口通达江海,内引外联,受陆地和海洋的双重影响,环境因子复杂多变,物理、化学和生物过程较为复杂,其生态系统结构和功能具有一定的独特性(Elbaz-Poulichet et al.,1984;罗秉征等,1992;Whitfield and Paterson,2003)。由于淡水、大量陆源物质的输入,加之信风、潮流、波流等水动力因素的影响,河口及其邻近海域的营养物质丰富,初级生产力较高(罗秉征等,1992;庄平等,2006;寻明华,2009),是渔业生物生长、繁殖和育幼的重要场所,也是众多洄游性种类的必经通道(罗秉征等,1992;周庆元,2002;陈国平和黄建维,2001)。同时,河口也是人类活动最频繁的海岸带之一,为人类提供生产生活所需的食物、水资源等生产资料(黄晋彪,2005),其作为海洋和陆地相互作用的交互区,受人类活动及气候变化的影响也最严重(焦念志,2001;李红梅和童国庆,2008)。目前,世界上大部分河口均经受到不同程度的干扰,生态系统的稳定性降低,生态系统服务功能遭到破坏(Lotze et al.,2006;Cardoso et al.,2008)。近年来,对于我国沿海区域经济和海洋经济的快速发展,河口地区发挥了重要作用,同时,不可避免地给河口水域环境造成了巨大的生态压力(黄少峰等,2011;宋红丽和刘兴土,2013;李延峰等,2015),而如何保障河口生态系统健康,实现其服务功能的可持续性成为亟须解决的关键问题。

气候变化正深刻影响着海洋生态系统的结构及功能,而这种影响需要我们进行关注和进一步研究,从科学的角度来认识气候变化所造成的影响,从而做出及时、正确的决策来应对。河口生态系统作为气候变化和人类活动的典型区域,其研究可作为我国沿海应对气候变化和人类活动决策的典型实例。

黄河口及其邻近水域有黄河、小清河和弥河等多条河流入海,基础饵料丰富,是渤海的传统渔场,也是黄、渤海众多渔业生物的产卵场、育幼场和索饵场,对黄、渤海渔业资源的补充具有重要意义(邓景耀和金显仕,2000;金显仕和邓景耀,2000)。近年来,大规模围填海、过度捕捞、海水养殖、陆源污染给黄河口及其邻近水域的生态环境带来了显著影响(中国海洋可持续发展的生态环境问题与政策研究课题组,2013)。我国学者对该水域的渔业生态学开展了广泛研究(邓景耀等,1988;张志南等,1990;Yang and Wang,1993;金显仕和邓景耀,1999;蔡学军和田家怡,2000;Chen et al.,2000;金显仕,2001;Jin et al.,2013),涉及渔业资源结构变化(邓景耀和金显仕,2000)、补充机制(焦玉木和李会新,1998;王爱勇等,2010)、优势种更替等(卞晓东等,2010;Shan et al.,2013)。

长江口是我国最大的河口,受长江冲淡水的控制,此外还受台湾暖流、苏北沿岸流和南、黄海混合水等水系的影响,水温状况复杂多变(陈渊泉,1995),海区水质肥沃,饵料丰富,孕育了丰富的生物资源,在我国渔业上具有重要作用(李建生和程家骅,2005;蒋枚等,2006)。我国学者对该水域的渔业生态学开展了广泛研究(徐兆礼等,1999;李建生等,2004;钟俊生等,2005;黎雨轩等,2010;单秀娟和金显仕,2011),涉及渔业资源数量分布与结构变化(刘勇等,2004;林龙山,2009)、群落结构(金显仕等,2009)、优势种及多样性(李建生等,2007;张涛等,2010;李显森等,2013)、人类活动对渔业资源的影响等(董方勇,1997);另外,叶属峰等(2007)通过理化指标、生态学指标和社会经济学三类指标对长江口生态系统进行了健康评价研究。近年来,由于人类活动和气候变化的加剧,长江口及其邻近水域的生态环境发生了很大变化,如水母大量繁殖(陈洪举和刘光兴,2010;单秀娟等,2011)、赤潮灾害频繁出现(王金辉,2002;刘录三等,2011)。

本章选取我国黄河口、长江口作为研究区域,以动态生物气候分室模型(dynamic bioclimate envelope model,DBEM)为基础探讨不同气候变化情景下河口渔业资源的演变趋势;同时,在综合文献材料的基础上,运用层次灰色综合评价模型构建了河口渔业生态系统健康评价体系,探讨渔业生态系统功能可持续性问题,以期为河口生态系统健康提供范例和科学依据。

第九章　气候变化情景下典型河口水域渔业资源演变趋势

9.1　气候变化情景与动态生物气候分室模型

9.1.1　气候变化情景

"典型浓度路径"(representative concentration pathways，RCPs)情景为 IPCC 第五次评估报告采用的新一代温室气体排放情景，可以更好地对气候公约中稳定大气温室气体浓度的目标进行反映。其中，representative 代表许多种可能性中的一种，concentration 强调以浓度作为目标，pathways 包括了某个量以及达到这个量的过程(王绍武等，2012)。新一代气候排放情景分别由 RCP2.6 情景、RCP4.5 情景、RCP6 情景和 RCP8.5 情景组成，具体如下：

RCP2.6 情景：从温室气体排放和辐射强迫两方面来看，都属于最低端的情景。在该情景下，辐射强迫到 2100 年下降至 2.6 W/m²，CO_2 当量浓度峰值约为 490 mL/m³，21 世纪后半叶能源应用为负排放，需要彻底改变能源结构，提倡应用生物质能和恢复森林。与 1986~2005 年相比，预计 2081~2100 年全球平均地表温度将升高 0.3~1.7 ℃。

RCP4.5 情景：辐射强迫稳定在 4.5 W/m²，2100 年以后 CO_2 当量浓度稳定在约 650 mL/m³。需要改变能源体系，多使用电能和低排放能源技术，发展地质储藏技术和碳捕获技术等途径来限制温室气体排放。与 1986~2005 年相比，预计 2081~2100 年全球平均地表温度将升高 1.1~2.6 ℃。

RCP6 情景：辐射强迫稳定在 6.0 W/m²，2100 年以后 CO_2 当量浓度稳定在约 850 mL/m³，温室气体排放峰值出现在 2060 年左右，其后能源改善强度提高，温室气体排放持续减小。与 1986~2005 年相比，预计 2081~2100 年全球平均地表温度将升高 1.4~3.1 ℃。

RCP8.5 情景：辐射强迫稳定在 8.5 W/m²，2100 年以后 CO_2 当量浓度稳定在约 1 370 mL/m³，为温室气体排放最高的情景。此情景模式假定人口最多、能源改善速度缓慢、技术创新速度不高、收入增长慢、缺少应对气候变化的政策，从而导致长时间的对能源的高需求以及温室气体的高排放量。与 1986~2005 年相比，预计 2081~2100 年全球平均地表温度将升高 2.6~4.8 ℃。

本章涉及的温度和盐度预测数据来自美国国家海洋大气管理局(NOAA)地球物理流体动力学实验室(The Geophysical Fluid Dynamics Laboratory，GFDL)的物理耦合模型(Coupled Physical Model，CM3)。CM3 是 GFDL 基于耦合模式比较计划第五阶段

(CMIP5)的新一代全球气候模式的预估研究和评估(http://www.gfdl.noaa.gov/coupled-physical-model-cm3)。分别提取其模式中不同情景下对黄河口和长江口海域的预测结果,作为相应海区的环境变量预测值。在实际分析中,RCP4.5 和 RCP6 温度变化差别并不大,故本章只分析 RCP2.6、RCP6 和 RCP8.5 三种温室气体排放情景。黄河口、长江口及其邻近海域温盐变化趋势分别如图 9-1~图 9-4 所示。

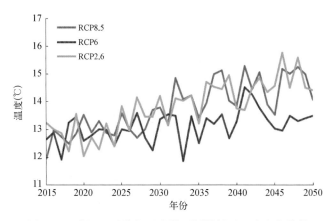

图 9-1 黄河口及其邻近水域不同情景下温度变化趋势

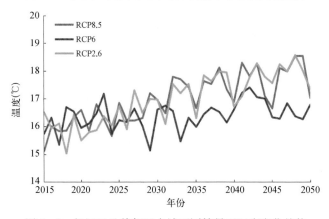

图 9-2 长江口及其邻近水域不同情景下温度变化趋势

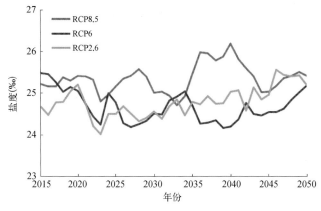

图 9-3 黄河口及其邻近水域不同情景下盐度变化趋势

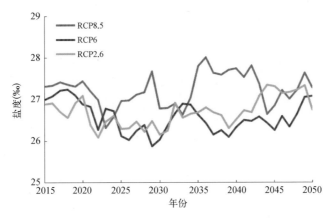

图 9-4　长江口及其邻近水域不同情景下盐度变化趋势

可以看到，黄河口、长江口及其邻近海域的温盐值存在一定的年间波动。我们分别选取 2041～2050 年和 2006～2015 年两个时间阶段来比较其海表温度的变化，黄河口及其邻近海域 RCP8.5 和 RCP2.6 情景下海表温度变化较大，RCP6 情景下变化较小，其年变率分别为 0.063 ℃/a、0.059 ℃/a 和 0.019 ℃/a；长江口及其邻近海域的变化情况与黄河口相似，RCP8.5、RCP2.6 和 RCP6 情景下海表温度的年变率分别为 0.057 ℃/a、0.056 ℃/a 和 0.022 ℃/a。盐度方面，黄河口、长江口及其邻近海域呈现出年际间波动，2015～2050 年 RCP2.6、RCP6 和 RCP8.5 情景下盐度的波动分别为 1.56/a、1.33/a 和 1.49/a（黄河口及其邻近海域）以及 1.26/a、1.37/a 和 1.69/a（长江口及其邻近海域）。

9.1.2　动态生物气候分室模型

生物气候分室模型（DBEM）已经被广泛用于预测陆地和海洋生物对于气候变化的响应（Berry et al.，2002；Peterson et al.，2002；Pearson and Dawson，2003；Keith et al.，2008；Cheung et al.，2009，2010）。对于一个物种来说，生物气候分室指的是适合其生存的物理和生物条件。生物气候分室模型的基础来源于生态学上的生态位理论。Hutchinson（1957）把基础生态位定义为物种能够存活和生长的环境条件，基础生态位定义了物种的生态属性，包括影响物种的各类环境因子，它指的是一个物种在没有竞争物种存在的条件下所占有的生态位。

基础生态位和实际生态位的区分在生物气候分室模型的应用中是很重要的内容。一些生物气候分室模型基于观测到的物种分布和环境变量之间的关系建立经验公式，然后来预测物种将来的分布情况（Peterson et al.，2001；Bakkenes et al.，2002）。这是基于实际生态位的概念，因为观测数据实际包含了非气候的因素，如生物的相互作用。另外，一些生态气候分室模型基于气候参数和物种的响应，试图寻找一个纯粹的物理关系，以解释物种的基础生态位（Prentice et al.，1992；Sykes et al.，1996）。因此，利用统计学的方法或者人工智能模型寻找物种现有分布和生物地理属性的关系，以此为基础，评估生物气候分室的变化就可以预测物种在不同情景下的分布。

本章所用的动态生物气候分室模型方法主要参考 Cheung 等（2008）的研究，并在其基础上做了适应性调整。

该模型中,海区按照经纬度分成 $0.25° \times 0.25°$ 的地理单元,每个地理单元对应着该地理单元相应的鱼类资源密度指数(resource density index, RDI)。RDI 的计算公式如下:

$$\text{RDI} = \frac{C}{a \cdot q} \qquad (9-1)$$

式中,C 为每个站位底拖网渔获量(kg/h),a 为底拖网扫海面积,q 为捕获系数,其具体值参考金显仕等(2006)的研究。

渔业上常用资源重心来描述资源空间位置的变动(牛明香等,2012)。研究区域内鱼类资源重心的计算公式如下:

$$X = \frac{\sum_{i}^{n}(C_i \cdot X_i)}{\sum_{i}^{n} C_i} \qquad (9-2)$$

式中,X 为鱼类资源重心的经纬度,C_i 为地理单元 i 的 RDI 值,n 为鱼类出现的地理单元的总个数。模型中定义了一个环境适合度函数,用来反映不同环境条件下环境变量对鱼类的影响,本文涉及的环境变量主要有海表温度和海表盐度。环境适合度函数公式如下:

$$P = P(T) \cdot P(S) \qquad (9-3)$$

模型中,我们假定环境容纳量与环境适合度是正相关的关系,这样随着不同地理单元环境适合度的变化,鱼类的环境容纳量也随之变化。当一个地理单元的环境变得更适合鱼类生存时,其环境容纳量也相应增加。

在预测鱼类未来分布时,模型用逻辑斯蒂生长模型来驱动鱼类资源密度,模型为

$$\frac{\text{d}A_i}{\text{d}t} = \sum_{j=1}^{N} G_i + I_{ji} + L_{ji} \qquad (9-4)$$

式中,A_i 为 $0.25° \times 0.25°$ 地理单元资源丰度,G 为群体的内秉增长,L_{ji}、I_{ji} 分别为幼鱼、成鱼从相邻地理单元 j 的净迁入量。群体的内秉增长由群体的增长率和环境容纳量共同决定:

$$G_i = r \cdot A_i \cdot [1 - (A_i/\text{KC}_i)] \qquad (9-5)$$

式中,r 为群体的内秉增长率,A_i 和 KC_i 分别是群体在地理单元 i 的资源丰度和环境容纳量。

在考虑成鱼的迁入和迁出问题时,应用欧拉空间生态系统模拟模型(Eulerian spatial ecosystem simulation model)中的 Ecospace 定理,研究区域第一次分为东-西和南-北两个方向,模型中我们假定鱼类沿着这两个方向运动,而且环境适合度越高的地理单元,越容易引起鱼类的迁入。

$$m_i = \frac{m_i(\text{base}) \cdot k}{k + D} \qquad (9-6)$$

式中,m_i 为 i 地理单元中鱼类的迁移速率,k 为一个用来代表迁出速率对环境适合度变化敏感性的尺度常数,模型中取值为 2。D 为相邻地理单元环境适合度的比值,定义如下:

$$D_{ij} = P_i / P_j \qquad (9-7)$$

式中,P_i 和 P_j 分别为相应地理单元的环境适合度。

同时,新迁入的鱼类种类还有可能回到原来迁出的地理单元,这取决于其迁入地理单元的资源丰度与环境容纳量的比值 KR。

$$KR_j = \frac{A_j}{KC_j} \qquad (9-8)$$

式中,A_j 为 j 地理单元的资源丰度,KC_j 为 j 单元的环境容纳量。

迁回原地理单元的鱼类资源量 RE 的计算如下:

$$RE_{ji} = \frac{m_i \cdot A_i \cdot k}{[k + (1 - KR_j)]} \qquad (9-9)$$

式中,m_i 为鱼类的迁移速率,A_i 为 i 地理单元的资源丰度,k 还是上文提到的尺度常数,KR_j 为 j 地理单元鱼类资源的丰满程度。

环境变量的变化导致环境适合度的改变,从而造成环境容纳量的改变,进而对鱼类的生长和洄游产生影响。

9.1.3 环境适合度函数的构建

1) 温度

鱼类是变温动物,海水温度直接影响鱼类的新陈代谢、性腺发育以及产卵期,同时温度通过改变溶解氧、盐度等理化环境,间接影响着鱼类的生长、发育和分布。鱼类均具有一个最适温度以及存活温度。同时,摄食理论表明动物往往趋向于选择那些使其生长率达到最大值的区域,而这与该区域的理化因素是密切相关的(Stephens and Krebs, 1986)。

模型分析中首先构建了鱼类温度的适合度函数 $P(T)$,$P(T)$ 定义为鱼类在不同海表温度下的出现频率。为了求得 $P(T)$,首先对 GFDL 的海表温度数据进行内插,使其与模型的分辨率相一致。然后通过对黄河口、长江口及其邻近水域过去 1~2 年调查航次的统计分析,得到鱼类的温度适合度函数。

判断适合度函数是否合理,需要满足两点条件:① 数据分布应为单峰分布;② 物种最适温度范围的变异系数要小于 50%。

如果适合度函数不是单峰分布,需要对其进行相邻单位的平滑处理。为了减小相对于原始数据的误差,平滑处理从相邻 2 个单位开始,直到获得单峰的函数分布为止。

以鳀鱼为例,图 9-5 为由原始数据得到的鱼类温度适合度函数,为双峰分布,对其进行平滑处理,得到图 9-6 的单峰分布图。

2) 盐度

盐度通过海水渗透压影响鱼类。鱼类按照耐受盐度变化的能力可以分为广盐性和狭盐性鱼类,广盐性鱼类能够耐受的盐度范围较大,而狭盐性鱼类往往只能接受轻微的盐度变化。不同鱼类对应着不同的盐度适宜范围。图 9-7 为以鳀鱼为例得到的盐度适合度函数。

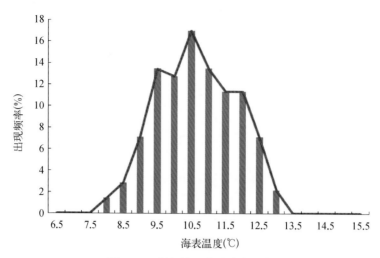

图 9-5　鳀鱼的温度适合度函数

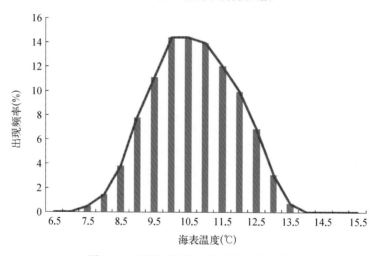

图 9-6　平滑后的鳀鱼温度适合度函数

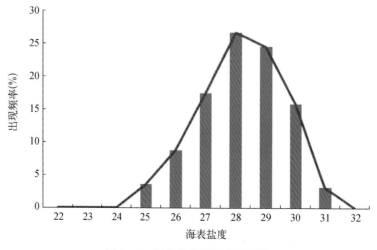

图 9-7　鳀鱼的盐度适合度函数

3) 环境适合度函数

鱼类的分布主要受到温度和盐度的影响。因此,在构建环境适合度函数时选取了这两个环境变量,计算公式如式(9-3)所示,其中,$P(T)$为鱼类在对应温度下的出现频率;$P(S)$为鱼类在相应盐度下的出现频率。

9.2　气候变化情景下典型河口
水域渔业资源演变趋势

9.2.1　黄河口及其邻近水域渔业资源演变趋势

1) 数据来源

黄河口及其邻近水域的调查范围为 38°30′N 以南,118°30′E~120°30′E 水域,调查站位(18 个)的设置按照 1982 年、1993 年和 1998 年 3 个时期在黄河口及其邻近水域(38°30′N 以南)的底拖网调查站位,以 10′×10′为原则分布在整个调查区域(图 9-8)。

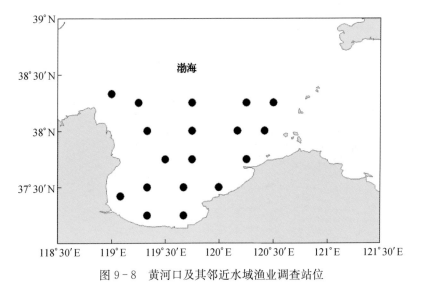

图 9-8　黄河口及其邻近水域渔业调查站位

数据取自 2011 年 5~11 月、2012 年 3~4 月、2006 年 5 月和 2008 年 5 月对黄河口及其邻近水域的渔业底拖网的调查,调查船为"鲁昌渔 4193"(350 kW)和"鲁烟渔 1185/86"(350 kW),平均拖速为 2.5 kn,每站拖网 1 h。网具参数:网口周长 30.6 m,网囊网目 20 mm,拖网时网口宽度约 8 m。每站现场用"Seabird219"型 CTD 采集距海底 5 m 内水层的温度、盐度等环境数据,深度数据取自渔船现场监测结果。实验室内对渔获物进行种类鉴定和生物学测定,记录每种渔业种类的质量和数量,最后标准化为单位面积的渔获量(kg/km²),分析中包含各航次中上层鱼类的优势种和底层鱼类的优势种。

2) 黄河口及其邻近水域小黄鱼资源密度预估

图 9-9 所示为 RCP2.6 情景下黄河口及其邻近海域小黄鱼资源密度增量预估。

2013 年,小黄鱼资源密度较高的水域主要分布在黄河口沿岸和莱州湾口外水域,调查区域外侧水域中小黄鱼的资源密度显著高于调查水域沿岸小黄鱼的密度,在莱州湾底部和东侧沿岸水域,小黄鱼资源密度最低。2020 年,RCP2.6 情景下黄河口及其邻近水域的温度降低,小黄鱼资源密度增量变化不大,其分布的聚集区与 2013 年的分布一致。2030 年,温度升高,小黄鱼资源密度增量也随之增加,高密度增量聚集区的分布范围与 2013 年、2020 年一致,但是低密度增量分布区纵贯整个莱州湾的中部和底部水域。2050 年,温度进一步升高,小黄鱼资源密度增量进一步增加,其资源密度增量显著高于 2020 年,高密度增量聚集区主要分布在黄河口沿岸水域及调查区域的北部,低密度增量聚集区主要在莱州湾的底部。另外,在气候变化背景下,小黄鱼资源密度增量的分布情况及高密度增量聚集区随着温度的变化有一定的改变,其迁移范围与温度变化有一定的关系,因调查范围的限制,此部分的结果不明显。

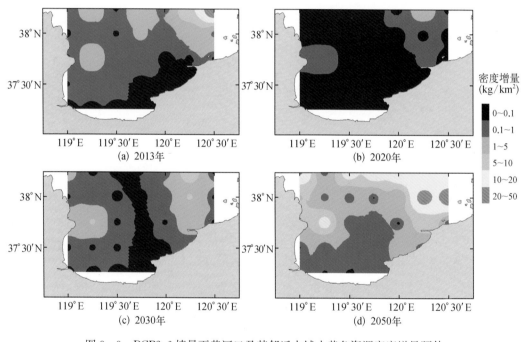

图 9-9 RCP2.6 情景下黄河口及其邻近水域小黄鱼资源密度增量预估

图 9-10 所示为 RCP6 情景下黄河口及其邻近海域小黄鱼资源密度增量预估。2020 年小黄鱼资源密度增量的分布趋势与 RCP2.6 情景下一致,但其资源密度增量略高于 RCP2.6 情景,这可能与 RCP6 情景下海水温度高于 RCP2.6 情景下的海水温度有关。2030 年,小黄鱼资源密度增量进一步升高,高密度增量聚集区主要分布在黄河口及调查区域外侧水域。2050 年,小黄鱼资源密度增量显著增加,其资源密度增量显著大于 2030 年的小黄鱼资源密度增量。

图 9-11 所示为 RCP8.5 情景下黄河口及其邻近海域小黄鱼资源密度增量预估。2020 年,小黄鱼资源密度增量的分布趋势与其他两个情景一致,但是其资源密度增量略高于 RCP2.6、RCP6 情景。2030 年,小黄鱼资源密度增量进一步升高,高密度增量聚集区

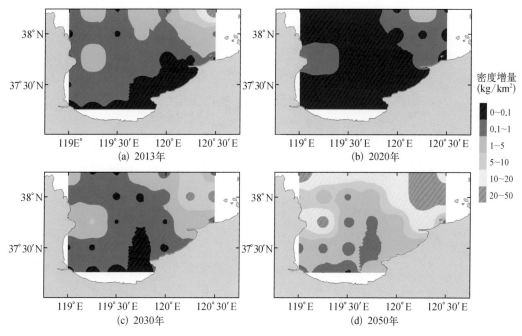

图 9-10　RCP6 情景下黄河口及其邻近水域小黄鱼资源密度增量预估

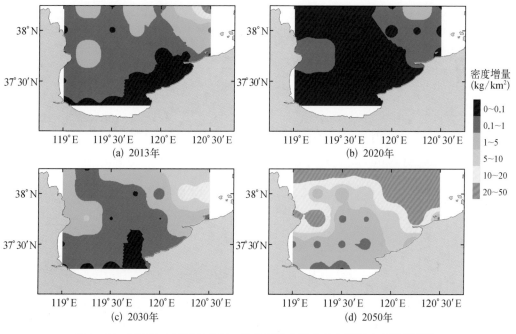

图 9-11　RCP8.5 情景下黄河口及其邻近水域小黄鱼资源密度增量预估

主要分布在黄河口及调查区域外侧水域。2050年,小黄鱼资源密度增量增加,其资源密度增量显著大于2030年小黄鱼资源密度增量。RCP8.5情景下的小黄鱼资源密度增量分布与RCP2.6、RCP6情景下的小黄鱼资源密度增量分布趋势基本一致,小黄鱼资源密度重心主要分布在调查区域外侧靠近黄海和渤海的交界处水域。在RCP8.5情景下,小黄鱼资源密度增量显著高于RCP2.6、RCP6情景下小黄鱼资源密度增量。在2025年以前,RCP2.6、RCP6、RCP8.5情景下海水的温度变化呈相同变化趋势,2025年以后,RCP6情景下的海水温度要低于RCP2.6、RCP8.5情景下的海水温度。

3) 黄河口及其邻近水域底层鱼类密度预估

图9-12为RCP2.6情景下黄河口及其邻近水域底层鱼类资源密度增量预估。2013年,底层鱼类资源密度在整个调查区域平均分布,调查区域外侧靠近渤海与黄海交界处资源密度较高,莱州湾底部及东部沿岸水域资源密度较低。2020年,整个调查区域底层鱼类资源密度增量较低,在黄河口及调查区域外侧靠近渤海和黄海交界处资源密度增量相对较高。2030年,底层鱼类资源密度增量有小幅度增加,高密度增量聚集区与2020年的分布趋势一致,低密度增量分布区纵贯整个调查区域。2050年,底层鱼类资源密度增量继续增加,与2013年的资源密度增量分布接近,但高密度增量聚集区进一步扩大,在整个黄河口沿岸及调查区域外侧,其资源密度增量均较高。

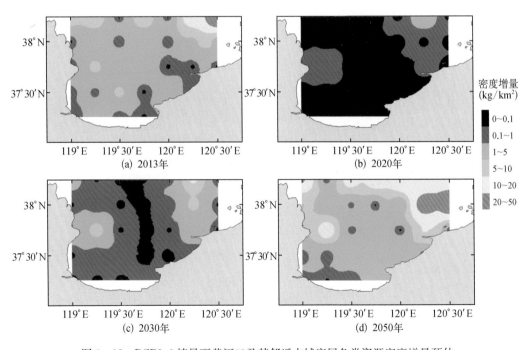

图9-12 RCP2.6情景下黄河口及其邻近水域底层鱼类资源密度增量预估

图9-13为RCP6情景下黄河口及其邻近水域底层鱼类资源密度增量预估。2020年,底层鱼类资源密度增量较低,相对高的资源密度增量聚集区与RCP2.6情景下的分布一致,范围稍有扩大,但是平均资源密度增量要高于RCP2.6情景。2030年,底层鱼类资源密度增量相对于2020年有所升高,但总体仍比较低,资源密度增量较高的水域主要分

布在调查区域外侧靠近渤海和黄海的交界处。2050年,底层鱼类资源密度增量进一步升高,黄河口沿岸从西到东逐渐升高。

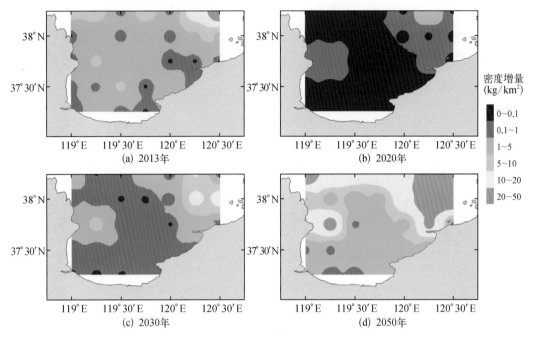

图9-13　RCP6情景下黄河口及其邻近水域底层鱼类资源密度增量预估

图9-14为RCP8.5情景下黄河口及其邻近水域底层鱼类资源密度增量预估。2020年,底层鱼类资源密度增量的重心与RCP2.6和RCP6情景下的分布一致,但是平均资源密度增量要高于RCP2.6和RCP6情景。2030年,底层鱼类资源密度增量相对于2020年有所升高,其资源密度增量分布与RCP2.6情景类似,但资源密度增量高于RCP2.6,资源密度增量较高的水域主要分布在黄河口沿岸及调查区域外侧靠近渤海和黄海的交界处。2050年,底层鱼类资源密度增量进一步升高,平均资源密度增量远大于RCP2.6和RCP6情景下的资源密度增量,从莱州湾底部水域到调查区域外侧呈逐渐升高的趋势,底层鱼类的资源密度增量重心与小黄鱼的资源密度增量中心一致,也主要分布在调查区域外侧渤海和黄海交界处水域。

4) 黄河口及其邻近水域中上层鱼类资源密度预估

图9-15为RCP2.6情景下黄河口及其邻近水域中上层鱼类资源密度增量预估。2013年,中上层鱼类资源密度在整个调查区域内比较平均,莱州湾东侧沿岸的资源密度相对较低,外侧水域较高。2020年,中上层鱼类资源密度增量较低,其资源密度增量与底层鱼类资源密度增量的分布一致,主要分布在黄河口沿岸和调查区域外侧水域。2030年,中上层鱼类资源密度增量相对于2020年有所升高,但整体资源密度增量仍较低,呈从黄河口沿岸到调查区域外侧逐渐升高的趋势,在调查区域的中部,有少量的低资源密度增量区呈斑点状分布。2050年,中上层鱼类资源密度增量进一步升高,与2030年具有相同的分布趋势,但其资源密度增量大于2030年。

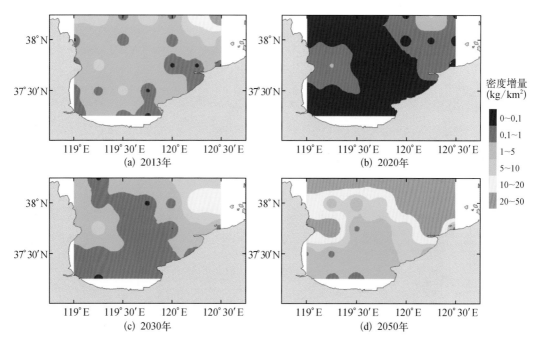

图 9-14 RCP8.5 情景下黄河口及其邻近水域底层鱼类资源密度增量预估

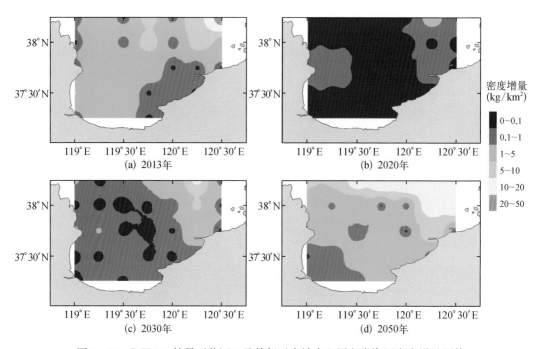

图 9-15 RCP2.6 情景下黄河口及其邻近水域中上层鱼类资源密度增量预估

图 9-16 为 RCP6 情景下黄河口及其邻近水域中上层鱼类资源密度增量预估。2020年,中上层鱼类资源密度增量较低,其资源密度增量重心与 RCP2.6 情景下的分布一致,主要分布在黄河口沿岸和调查区域外侧水域。2030 年,中上层鱼类资源密度增量相对于2020 年有所升高,但整体资源密度增量仍较低,呈从黄河口沿岸到调查区域外侧逐渐升高的趋势,在调查区域的中部,有少量的较高资源密度增量区呈斑点状分布。2050 年,中上层鱼类资源密度增量进一步升高,与 2030 年呈相同的分布趋势,但其资源密度增量大于 2030 年,并且调查区域中部分布有少量低资源密度增量区。

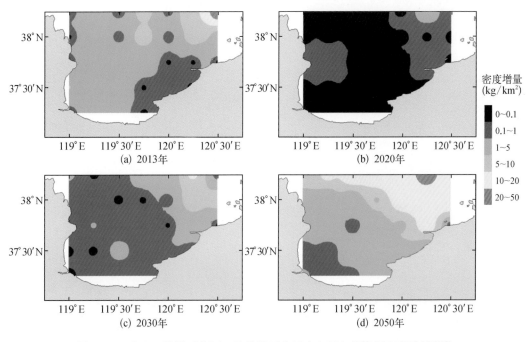

图 9-16　RCP6 情景下黄河口及其邻近水域中上层鱼类资源密度增量预估

图 9-17 为 RCP8.5 情景下黄河口及其邻近水域中上层鱼类资源密度增量预估。2020 年,中上层鱼类资源密度增量较低,其资源密度增量重心与 RCP2.6 和 RCP6 情景下的分布一致,主要分布在黄河口沿岸和调查区域外侧水域,但是其资源密度增量要高于RCP2.6 和 RCP6 情景,高资源密度增量区的分布范围也有所扩大。2030 年,中上层鱼类资源密度增量相对于 2020 年有所升高,但整体资源密度增量仍较低,呈从黄河口沿岸到调查区域外侧逐渐升高的趋势,在调查区域的中部,有少量的较高资源密度增量区呈斑点状分布。2050 年,中上层鱼类资源密度增量显著增加,平均资源密度增量远大于 RCP2.6和 RCP6 情景下的资源密度增量,与 2030 年呈相同分布趋势,但其资源密度增量大于2030 年,并且调查区域中部分布有少量低资源密度增量区。三种情景下,中上层鱼类的资源密度重心的分布一致,主要分布在调查区域外侧水域。

5) 黄河口及其邻近水域鱼类资源密度预估

图 9-18 为 RCP2.6 情景下黄河口及其邻近水域鱼类资源密度增量评估。2013 年,鱼类高资源密度区主要分布在调查区域中部和外侧渤海和黄海的交界处等远离沿岸水

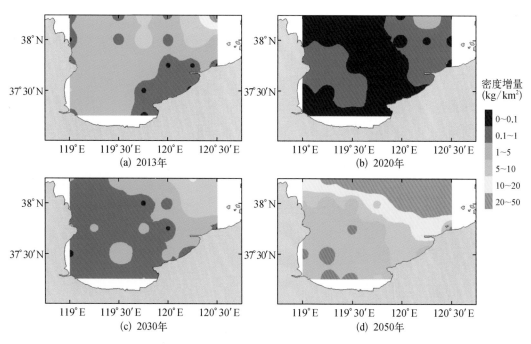

图 9-17 RCP8.5 情景下黄河口及其邻近水域中上层鱼类资源密度增量预估

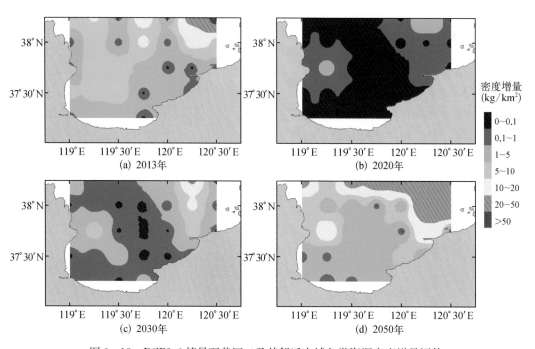

图 9-18 RCP2.6 情景下黄河口及其邻近水域鱼类资源密度增量评估

域,并且随着向外扩展,密度逐渐增大;在莱州湾底部沿岸和黄河口沿岸,其资源密度较低,并且在整个调查区域有低密度区呈斑块分布。2020 年,鱼类资源密度增量较低,其资源密度增量重心主要分布在黄河口沿岸和调查区域外侧水域,呈放射状。2030 年,鱼类资源密度增量相对于 2020 年有所升高,密度增量重心与 2020 年的分布趋势一致,调查区域中部资源密度增量较低,并且有少量的较低资源密度增量区呈斑点状分布。2050 年,鱼类资源密度增量显著增加,资源密度增量从莱州湾底部到调查区域外侧开阔水域呈增加趋势,沿岸水域资源密度增量相对较低,并且具有少量低资源密度增量区呈斑块分布。

图 9-19 为 RCP6 情景下黄河口及其邻近水域鱼类资源密度增量预估。2020 年,鱼类资源密度增量较低,其分布趋势与 RCP2.6 情景下类似,但高密度增量聚集区有所扩大。2030 年,鱼类资源密度增量相对于 2020 年有所升高,密度增量重心主要分布在调查区域外侧渤海与黄海交界处水域,莱州湾底部及调查区域中部资源密度增量较低,并且有少量的较低资源密度增量区呈斑点状分布。2050 年,鱼类资源密度增量显著增加,资源密度增量从莱州湾底部到调查区域外侧开阔水域呈增加趋势,沿岸水域的资源密度增量相对较低,并且具有少量低资源密度增量区呈斑块分布,资源密度增量重心在调查区域的外侧。

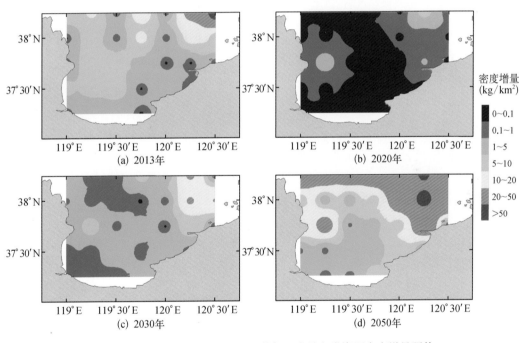

图 9-19 RCP6 情景下黄河口及其邻近水域鱼类资源密度增量预估

图 9-20 为 RCP8.5 情景下黄河口及其邻近水域鱼类资源密度增量预估。2020 年,鱼类资源密度增量较低,其分布趋势与 RCP2.6 和 RCP6 情景下类似,但资源密度增量重心有所扩大,并且资源密度增量也显著大于 RCP2.6 和 RCP6 情景下的资源密度增量。2030 年,鱼类资源密度增量相对于 2020 年有所升高,资源密度增量重心从莱州湾底部到调查区域外侧的开阔水域呈增加趋势,资源密度增量重心主要分布在调查区域外侧渤海与黄海交界处水域,莱州湾底部及调查区域中部的资源密度增量较低,并且有少量的较低资源密

度增量区呈斑点状分布。2050年,鱼类资源密度增量显著增加,资源密度增量的分布与2030年类似,莱州湾底部的资源密度增量相对较低,并且具有少量低资源密度增量区呈斑块分布,资源密度增量重心在调查区域的外侧,其资源密度增量大于50 kg/km²。三种情景下,鱼类资源密度增量的分布趋势类似,但RCP8.5情景下的鱼类资源密度增量要大于RCP2.6和RCP6情景下的鱼类资源密度,鱼类资源密度重心也主要分布在远离岸边的水域。

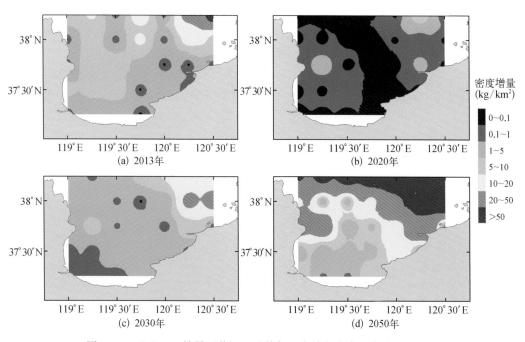

图9-20 RCP8.5情景下黄河口及其邻近水域鱼类资源密度增量预估

9.2.2 长江口及其邻近水域渔业资源演变趋势

1)数据来源

数据取自2012年6月、8月、11月、2013年1月、5月、8月和10月对长江口及其邻近海域的5个断面进行的渔业底拖网调查,调查区域为122°00′E~124°00′E,30°30′N~31°45′N(图9-21)。调查船为"沪捕渔47058"(184 kW),平均拖速为2 kn,每站拖网0.5 h左右。调查网具为单底拖网,网具参数:网口宽度2.0 m,网口周长5.4 m,网囊网目20 mm,网衣长度6.0 m。在实验室内对渔业生物进行种类鉴定和生物学测定,记录每种渔业种类的

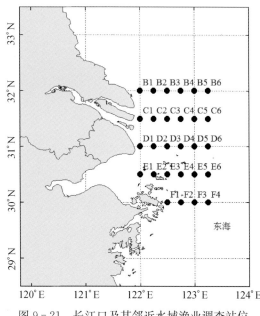

图9-21 长江口及其邻近水域渔业调查站位

质量和数量,数据标准化到1 h,以单位面积的渔获量(kg/km²)表示。本章分析中包含各航次中上层鱼类的优势种和底层鱼类的优势种。

2) 长江口及其邻近水域底层鱼类资源密度预估

图9-22为RCP2.6情景下长江口及其邻近水域底层鱼类资源密度增量预估。2013年,底层鱼类高资源密度区主要分布在调查区域的中部和南部,调查区域的北部资源密度较低,在整个调查区域内散落着较小面积的低密度区域。2020年,底层鱼类资源密度增量很小,在调查区域接近崇明岛及其外侧水域,资源密度增量相对较高。2030年,底层鱼类资源密度增量增加,调查区域的北部和外侧资源密度增量较低,资源密度增量重心主要分布在崇明岛外侧水域,并且由此为中心呈递减趋势。2050年,底层鱼类资源密度增量显著增加,长江口北部和外侧水域资源密度增量相对较低,崇明岛附近水域资源密度增量较高,并随着向外侧水域扩展呈递减趋势。

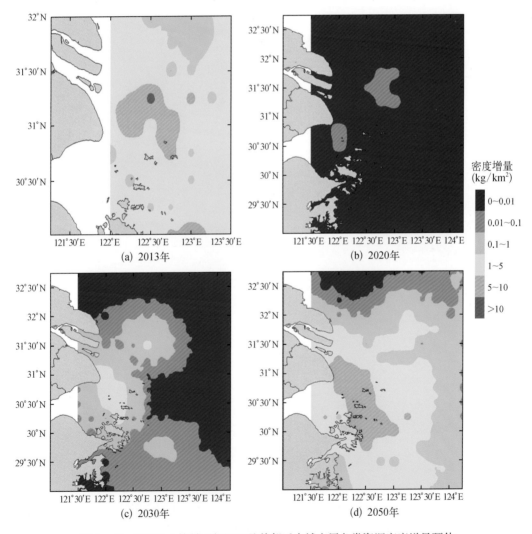

图9-22　RCP2.6情景下长江口及其邻近水域底层鱼类资源密度增量预估

　　图 9-23 为 RCP6 情景下长江口及其邻近水域底层鱼类资源密度增量预估。2020年，底层鱼类资源密度增量较低，在长江口沿岸水域，资源密度增量相对较高。2030年，底层鱼类资源密度增量增加，调查区域的北部和外侧资源密度增量较低，资源密度增量重心主要分布在崇明岛外侧水域，并且由此为中心呈递减趋势，与 RCP2.6 情景下的分布一致，但资源密度增量重心的分布范围扩大。2050年，底层鱼类资源密度增量显著增加，资源密度增量大于 RCP2.6 情景下的资源密度增量，长江口北部和外侧水域资源密度增量相对较低，崇明岛附近水域资源密度增量较高，并随着向外侧水域扩展呈递减趋势，在崇明岛外侧存在一个资源密度增量重心。

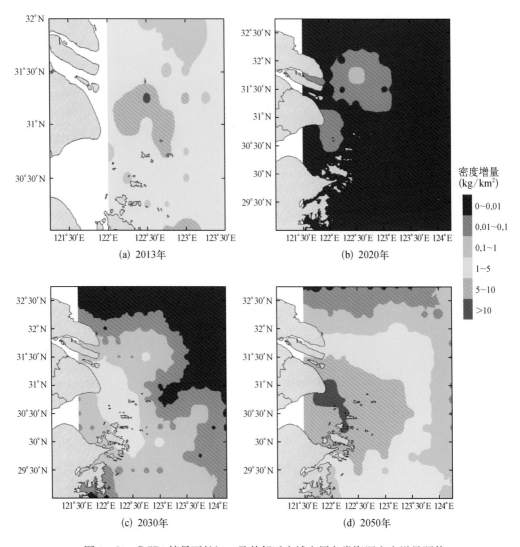

图 9-23　RCP6 情景下长江口及其邻近水域底层鱼类资源密度增量预估

　　图 9-24 为 RCP8.5 情景下长江口及其邻近水域底层鱼类资源密度增量预估。2020年，底层鱼类资源密度增量显著降低，资源密度增量重心与 RCP2.6 和 RCP6 情景下的分

布一致,但范围有所扩大。2030 年,底层鱼类资源密度增量增加,调查区域的北部和外侧资源密度增量较低,资源密度增量重心的主要分布在崇明岛外侧水域,并且由此为中心呈递减趋势,与 RCP2.6 和 RCP6 情景下的分布一致,但资源密度增量重心的分布范围扩大。2050 年,底层鱼类资源密度增量显著增加,资源密度增量与 RCP2.6 和 RCP6 情景下的资源密度增量分布趋势一致,但资源密度增量显著高于 RCP2.6 和 RCP6 情景下的资源密度增量,长江口北部和外侧水域资源密度增量相对较低,在崇明岛外侧存在一个高密度增量聚集区。总体来看,RCP2.6、RCP6 和 RCP8.5 三种情景下底层鱼类资源密度增量的变化趋势基本一致,随着时间延长,呈先降低后升高的趋势,在长江口崇明岛水域外侧底层鱼类的资源密度增量较高,并且三种情景下,RCP8.5 情景下底层鱼类资源密度增量变化较大,其次是 RCP6 情景,RCP2.6 情景下资源密度增量变化最小,底层鱼类资源密度增量重心主要分布在长江口崇明岛外侧水域。

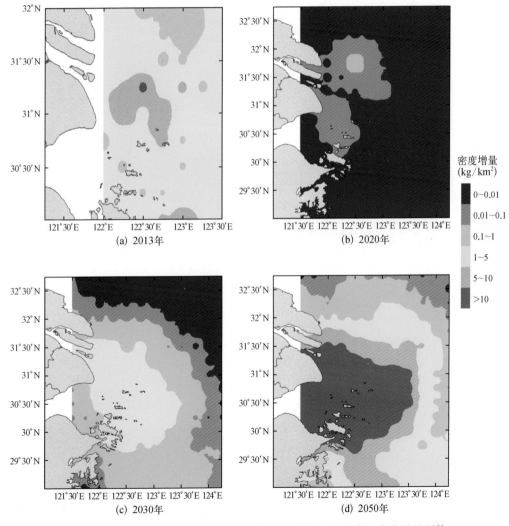

图 9-24　RCP8.5 情景下长江口及其邻近水域底层鱼类资源密度增量预估

3) 长江口及其邻近水域中上层鱼类资源密度预估

图 9-25 为 RCP2.6 情景下长江口及其邻近水域中上层鱼类资源密度增量预估。2013 年,中上层鱼类资源密度聚集区主要分布在长江口中部水域,在长江口北部和沿岸水域,资源密度较低。2020 年,中上层鱼类资源密度增量较低,资源密度增量重心主要分布在长江口崇明岛外侧水域。2030 年,资源密度增量升高,但主要分布在沿岸水域,长江口外侧水域资源密度增量较低,在崇明岛外侧水域存在中上层鱼类的资源密度增量重心。2050 年,资源密度增量进一步增大,资源密度增量重心进一步向沿岸集中,从沿岸向外侧水域,资源密度增量呈递减趋势,长江口南部水域的资源密度增量相对较低。

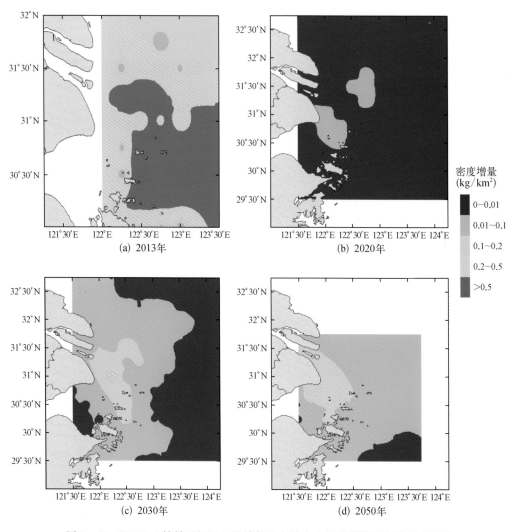

图 9-25　RCP2.6 情景下长江口及其邻近水域中上层鱼类资源密度增量预估

图 9-26 为 RCP6 情景下长江口及其邻近水域中上层鱼类资源密度增量预估。2020 年,中上层鱼类资源密度增量较低,资源密度增量重心与 RCP2.6 情景下的分布一致,主

要是在长江口沿岸水域。2030 年,资源密度增量升高,主要分布在崇明岛沿岸水域,长江口外侧水域资源密度增量较低,在崇明岛南部沿岸水域存在中上层鱼类的低资源密度增量聚集区。2050 年,资源密度增量进一步增大,主要分布在长江口北部海域,从北向南呈递减趋势,长江口南部水域资源密度增量最低,长江口北部水域资源密度增量为零。

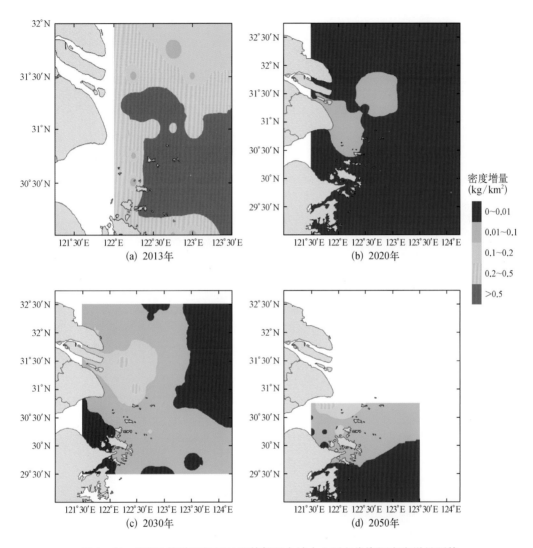

图 9 - 26　RCP6 情景下长江口及其邻近水域中上层鱼类资源密度增量预估

图 9 - 27 为 RCP8.5 情景下长江口及其邻近水域中上层鱼类资源密度增量预估。2020 年,中上层鱼类资源密度较低,资源密度聚集区与 RCP2.6 和 RCP6 情景分布一致,但范围有所扩大。2030 年,资源密度增量升高,从长江口北部水域到南部水域资源密度增量呈递增趋势,并且崇明岛以北的外侧水域资源密度增量较高,存在高资源密度增量重心。2050 年,资源密度增量较低,显著低于 2030 年水平,从北向南呈递减趋势,长江口南

部水域资源密度增量最低,并且长江口北部水域资源密度增量为零。三种情景下,中上层鱼类资源密度增量在2020年、2030年的分布趋势一致,但是在RCP8.5情景下,长江口北部水域的资源密度增量减小;在2050年,资源密度增量重心主要分布在长江口崇明岛外侧南部水域,但是资源密度增量呈递减趋势,RCP2.6>RCP6>RCP8.5,分布范围也有所减小。

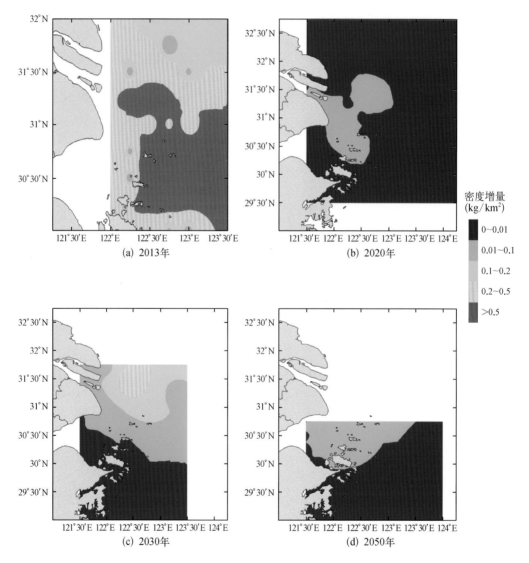

图9-27 RCP8.5情景下长江口及其邻近水域中上层鱼类资源密度增量预估

4) 长江口及其邻近水域鱼类资源密度预估

图9-28为RCP2.6情景下长江口及其邻近水域鱼类资源密度增量预估。2013年,鱼类资源密度聚集区主要分布在长江口中部水域,在长江口北部鱼类资源密度较低。2020年,鱼类资源密度增量较低,资源密度增量重心主要分布在长江口崇明岛外侧水域。

2030年,资源密度增量升高,资源密度增量重心主要分布在崇明岛附近的沿岸水域,长江口外侧和北部水域资源密度增量较低。2050年,资源密度增量进一步增大,资源密度增量重心的分布范围扩大,主要分布在长江口崇明岛的外侧水域,长江口的北部水域资源密度增量较低。

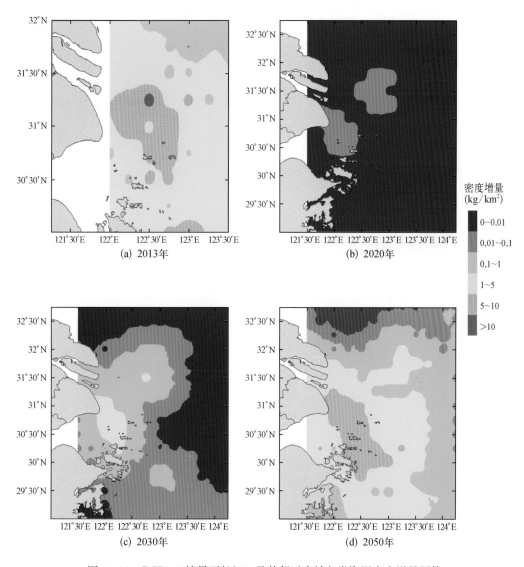

图9-28　RCP2.6情景下长江口及其邻近水域鱼类资源密度增量预估

图9-29为RCP6情景下长江口及其邻近水域鱼类资源密度增量预估。2020年,鱼类资源密度增量较低,资源密度增量重心与RCP2.6情景下的分布一致,但范围有所扩大。2030年,资源密度增量升高,资源密度增量重心的分布范围扩大,主要分布在崇明岛附近的沿岸水域,长江口外侧和北部水域资源密度增量较低。2050年,资源密度增量进一步增大,资源密度增量重心的分布范围进一步扩大,主要分布在长江口崇明岛的外侧水

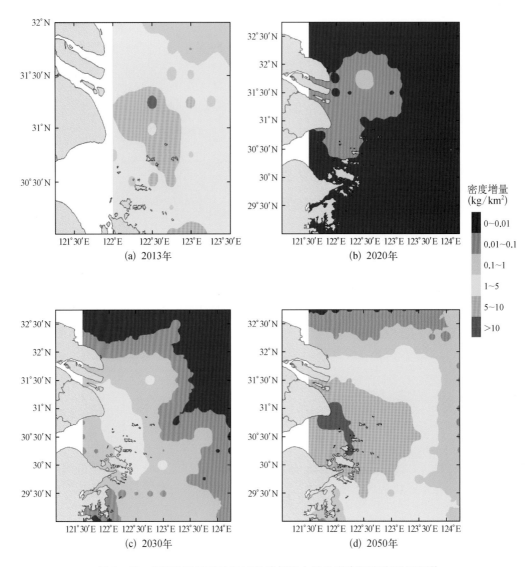

图 9-29　RCP6 情景下长江口及其邻近水域鱼类资源密度增量预估

域,长江口的北部水域资源密度增量较低。

图 9-30 为 RCP8.5 情景下长江口及其邻近水域鱼类资源密度增量预估。2020 年,鱼类资源密度增量较低,资源密度增量重心与 RCP2.6 和 RCP6 情景下的分布一致,但范围有所扩大。2030 年,资源密度增量升高,资源密度增量重心进一步扩大,主要分布在崇明岛附近的沿岸水域,长江口北部水域资源密度增量较低。2050 年,资源密度增量进一步增大,资源密度增量重心分布区进一步扩大,主要分布在长江口崇明岛的外侧水域。三个情景下,长江口及其邻近海域的鱼类资源密度增量呈逐渐增加的趋势,并且资源密度增量重心随着温度的升高进一步扩大,RCP8.5 情景下鱼类资源密度增量要大于 RCP6 和 RCP2.6 情景,并且鱼类资源密度重心具有南移趋势。

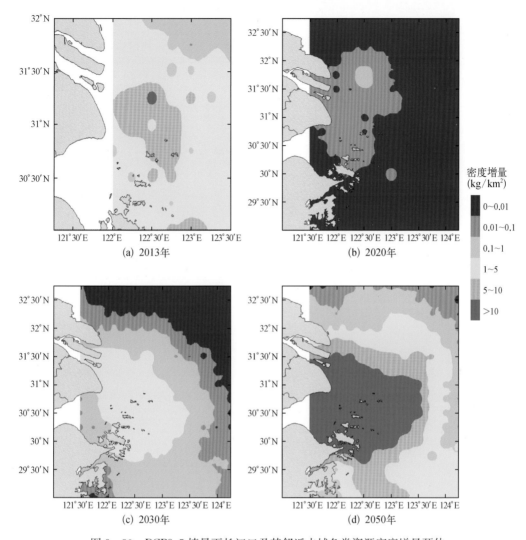

图 9 - 30 RCP8.5 情景下长江口及其邻近水域鱼类资源密度增量预估

9.2.3 模型评价

模型清晰地体现了气候变化对于黄河口和长江口及其邻近水域鱼类资源的直接影响和间接影响。直接影响,如随着水温的升高,莱州湾外侧水域和长江口崇明岛沿岸水域可能成为鱼类生长和繁殖的更适宜区域;间接影响,如气候变化引起环境变量的变化,影响基础生产力,进而引起鱼类分布范围的变化。

同时本模型也存在一些有待改进的地方,主要体现在以下几方面:

(1) 没有考虑种内和种间的相互作用。鱼类同一种群内及不同渔业种群之间通过食物竞争、生态位重叠等作用联系在一起,这些种内和种间关系对鱼类应对气候变化的影响有一定的协同作用。

(2) 没有考虑鱼类本身的生态适应性。鱼类对由气候变化引起的海水温度升高有一定的适应性,一是调节自身的适温范围;二是改变栖息水域的纬度和栖息水层的深度。

（3）模型的简化。模型中的鱼类被看作一个整体,没有反映种群的年龄结构;在对一些种群生长参数的设定上采取了线性的方法,而在实际中,种群生长参数受到的影响因素众多,很难保持线性。

（4）环境参数的有限性。本研究只选取了海表温度和海表盐度作为主要的环境变量进行模型的评估和模拟,而对于影响鱼类的环境要素来说远不止这两个。例如,溶解氧、营养盐以及 pH 等都对鱼类分布产生影响。

（5）有限地考虑了人类活动对河口水域的影响。河口水域受人类活动的影响显著。例如,三峡水库对长江口的入海径流和泥沙通量均会造成影响,从而引起长江口生态环境的改变,进而影响整个河口生态系统。虽然本模型所采用的新一代温室气体排放情景 RCPs 综合考虑到了社会经济和人类活动的影响,但对于具体的人类活动影响如三峡水库的调控等在模型中未具体体现。从模拟的结果来看,模型分辨率以及环境变量的精度有待进一步提高以获得更加翔实的模拟结果,但动态生物气候分室模型为定量评估气候变化对渔业资源的影响提供了一个强有力的工具。

第十章 气候变化情景下典型河口水域渔业生态系统健康演变趋势

10.1 渔业生态系统健康评价指标体系

10.1.1 渔业生态系统健康评价

1) 评价方法

随着气候的变化和人类活动的不断加剧,海洋生态系统的健康问题逐渐成为世界各国关注的重要议题,作为海洋生态系统生物主体的渔业资源,正发生着重大而深刻的变化,渔业生态系统的健康也成为渔业生态学家的关注热点。目前,国内外对于渔业生态系统健康评价的研究刚刚起步,多局限于定性描述,尚未形成统一的理论体系和评价方法(杨建强等,2003;李纯厚等,2013)。评价方法大致可以分为指示生物法、指标体系法、生态系统失调综合征诊断、生态风险评估、抵抗力和恢复力评估评价模型五种(孙龙启,2014),其中较常用的评价方法为指示生物法和指标体系法。指示生物法主要通过渔业生态系统关键种或特有种的数量、生理生态指标和生产力等描述渔业生态系统的健康状况。该方法的优点在于简单易行,同时这种方法也存在一定的缺陷。例如,指示物种的选择缺乏统一的筛选标准,所选择的指示物种较为单一,其敏感性和可靠性需要综合考虑(Hilty and Merenlender,2000;Vassallo et al.,2006;Muniz et al.,2011)。指标体系法主要通过对生态系统一系列指标的比对、计分与综合,从数学角度建立符合其特征和服务功能的指标体系,从而对渔业生态系统进行健康评价(Costanza and Norton,1992;张秋丰等,2008;刘春涛等,2009)。指标体系法利用指标对渔业生态系统的各个特征进行度量,通过指标的比较来反映渔业生态系统的复杂性,更好地表达生态系统的完整性。本章主要采用指标体系法分别对黄河口和长江口渔业生态系统进行健康评价。

目前,指标体系法可大致分为两类,一类是仅考虑生态系统本身特点的指标体系,第二类为考虑到人类活动影响的指标体系,这类指标体系通常由理化指标、生态学指数和社会类指标综合构成(杨建强等,2003)。考虑到未来人类活动的敏感性和不可预测性,本章分别从渔业生态环境、渔业生物群落结构和渔业生态系统功能三个方面出发,构建基于渔业生态系统的健康评价指标体系。

渔业生态环境子系统:主要包括溶解氧、pH、无机氮、活性磷酸盐等环境因子。

渔业生物群落结构子系统：主要包括浮游植物丰度、浮游动物丰度以及鱼类丰度。

渔业生态系统功能子系统包括生产力、转换效率、生态演替等指标，限于相应海域的研究数据，仅以叶绿素浓度反映。

2) 评价标准

各个指标的评价标准是进行渔业生态系统健康评价的基础，鉴于海洋的流动性、无边界性、立体性，目前国内外还没有形成一套公认的渔业生态系统健康评价标准。本章中，对于参考标准的确定，主要基于相关国家标准和文献研究成果，渔业生态环境的参考标准主要为国家海洋局发布的《近岸海洋生态健康评价指南》，渔业生物群落结构和渔业生态系统功能的参考标准为各评价因子的最值，评价结果为各年份渔业生态系统健康水平的相对优劣程度。

10.1.2 健康评价指标体系的构建

1) 指标的选择

本研究根据层次分析法原理，将渔业生态系统健康作为层次分析的目标层，将区域的评价因子和评价指标分别作为准则层和指标层，构建了包括渔业生态环境、渔业生物群落结构和渔业生态系统功能在内的3个子系统的递阶层次结构体系来反映渔业生态系统健康。综合考虑资料的科学性和可得性等原则，并参考相关文献(杨建强等，2003；叶属峰等，2007；孙磊，2008；孙敏，2012)，共选择8个评价指标(图10-1)。

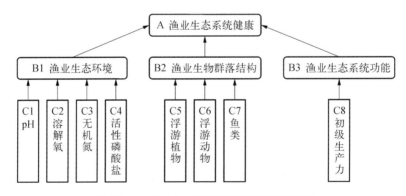

图 10-1 渔业生态系统健康评价层次结构

2) 权重的确定

指标权重的确定对评价结果有决定性的影响(Hanley et al.，1999)，在众多确定指标权重的方法中，大量的实践研究均表明，层次分析法是应用最广泛的方法之一，它能够对定性结果进行量化分析(李寇军等，2007)。本研究选用层次分析法作为确定指标权重的主要方法。在通过对各子系统的定性打分后，确定各子系统的权重，然后对权重的判断矩阵进行一致性检验。采用层次分析法进行一致性检验时，需要考虑一致性指标和一致性比例。

一致性指标：

$$CI = \frac{\lambda_{\max} - n}{n - 1} \tag{10-1}$$

式中，n 为判断矩阵的阶数。当完全一致时，$CI=0$；CI 值越大表明一致性越差。

一致性比例：

$$CR = \frac{CI}{RI} \tag{10-2}$$

式中，RI 为平均一致性指标，可以通过查表获得（表 10-1）。

表 10-1　平均随机一致性指标 RI 取值表

矩阵阶数 n	1	2	3	4	5	6	7	8	9
RI	0	0	0.58	0.9	1.12	1.24	1.32	1.41	1.45

当 $CR<0.1$ 时，即认为判断矩阵具有完全的一致性，否则就要调整判断矩阵的元素取值。

3) 综合评价模型

层次灰色综合评价模型是以灰色关联分析法为基础，结合层次分析法和几何拓展的最小二乘准则来建立的。首先将相应海域渔业生态系统健康评价的 n 个评价年份的 m 个评价指标按照不同属性指标的隶属函数进行数据的初值化处理，建立属性指标值矩阵 x。在最优参考向量 G 和最劣参考向量 B 的基础上计算灰色关联度，然后假设第 j 个对象向量 X_j 以 u_j 从属于最优参考向量 G，那么 X_j 即以 $1-u_j$ 从属于最劣参考向量 B。为了建立系统的综合评判模型，将经典最小二乘准则作合理拓展，提出目标函数

$$\min\left\{ F(\boldsymbol{u}) = \sum_{j=1}^{n} \left[(1-u_j)\gamma(\boldsymbol{X}_j, \boldsymbol{G}) \right]^2 + \left[u_j\gamma(\boldsymbol{X}_j, \boldsymbol{B}) \right]^2 \right\} \tag{10-3}$$

式中，$\boldsymbol{u}$ 为系统的最优解向量：$\boldsymbol{u} = (\boldsymbol{u}_1, \boldsymbol{u}_2, \boldsymbol{u}_3, \cdots, \boldsymbol{u}_n)$

由 $\dfrac{\partial F(\boldsymbol{u})}{\partial \boldsymbol{u}_j} = 0$ 得

$$u_j = \frac{1}{1 + \left[\dfrac{\gamma(\boldsymbol{X}_j, \boldsymbol{B})}{\gamma(\boldsymbol{X}_j, \boldsymbol{G})} \right]^2} \tag{10-4}$$

式中，$j = 1, 2, \cdots, n$。

式（10-4）即为层次灰色综合评价模型。利用该模型得到了第 j 个评价对象向量 $\boldsymbol{X}_j$ 从属于最优参考向量的程度，即反映该评价对象的优劣程度，从而根据 $\boldsymbol{u}_j$ 的大小对各个评价对象进行优次排序，达到评判目的。

在进行渔业生态系统健康评价时，各指标具有不同的属性类型，为了消除不同量纲对计算的影响，需要对灰关联属性指标值矩阵进行规格化处理，即指标的初值化。进行指标初始规格化处理之前，需要对评价指标类型进行区分，指标类型不同，初值化处理方法也

将不同,具体方法见文献(罗小明和杨惠鹄,1994)。根据模式评价指标对渔业生态系统健康评价的影响,本章选取的指标可分为三类,具体如下:

第一类为"效益型指标",该指标的取值越大,对渔业生态系统的健康越有利,如浮游植物丰度、浮游动物丰度、鱼类丰度、叶绿素浓度。

效益型指标权重确定:

$$x_{ij} = \frac{x'_{ij} - \min x'_{ij}}{\max x'_{ij} - \min x'_{ij}} \quad\quad (10-5)$$

式中,x'_{ij}代表第j个年份在第i个指标下的属性值。

第二类为"成本型指标",该指标的取值越小,对渔业生态系统的健康越有利,如无机氮和活性磷酸盐。

成本型指标权重确定:
$$x_{ij} = \frac{\max x'_{ij} - x'_{ij}}{\max x'_{ij} - \min x'_{ij}} \quad\quad (10-6)$$

第三类为"适当型指标",该类型指标有一定的最适范围,其取值过低或过高均会对渔业生态系统产生不利影响,如溶解氧和 pH。

适当型指标权重确定:

$$x_{ij} = 1 - \frac{|x'_{ij} - y_i|}{\max |x'_{ij} - y_i|} \quad\quad (10-7)$$

式中,x'_{ij}代表第j个年份在第i个指标下的属性值;y_i为第i个指标的最适值。

pH 最适值y均采用《近岸海洋生态健康评价指南》中提到的河口及海湾生态系统水环境评价指标中的Ⅰ类标准,为 8.15。

溶解氧计算公式如下(杨建强等,2003):

$$I_i(\text{DO}) = |\text{DO}_f - \text{DO}_j| / |\text{DO}_f - \text{DO}_s| \quad \text{DO}_j \geqslant \text{DO}_s \quad (10-8)$$

$$I_i(\text{DO}) = 10 - 9\text{DO}_j/\text{DO}_s \quad \text{DO}_j < \text{DO}_s \quad\quad (10-9)$$

$$\text{DO}_f = 468/(31.6 + t) \quad\quad (10-10)$$

式中,I_i为溶解氧评价的标准指数;DO_f为饱和溶解氧浓度;DO_s为溶解氧的评价标准值;DO 为溶解氧值;t为海水温度。

10.2 气候变化情景下典型河口水域渔业生态系统健康演变趋势

10.2.1 黄河口及其邻近水域渔业生态系统健康演变趋势

1) 数据来源

鱼类丰度数据来源于 10.2.1 节中运用动态生物气候分室模型对黄河口及其邻近水

域鱼类的预估值,其余变量数据来源于 GFDL 实验室提供的不同气候变化情景下的预测值(http://data1.gfdl.noaa.gov/),主要包括 pH、溶解氧、无机氮、活性磷酸盐、浮游植物、浮游动物、叶绿素浓度,是基于耦合模式比较计划第五阶段(CMIP5)的新一代全球气候模式的预估研究和评估。以 2015~2050 年间 36 个年份的资料作为评价指标及渔业生态系统健康评价的基础,构建灰色综合评价模型进行分析。

2) 权重的确定

由于渔业生态系统健康评价系统是一个以可再生资源为核心的资源型系统,其重要前提是保持资源环境子系统的可持续发展。经过对多名多年从事海洋渔业资源及渔业管理研究的专家进行咨询,运用层次分析法确定各子系统以及各系统内部各指标的权重,进行一致性检验。

AHP 法确定因子权重从上到下为目标层 A、准则层 B 和指标层 C。各层次具体判断矩阵的构造方法是:在进行区域渔业资源可持续利用等级的目标层(A)下,以 C 为指标层,构造 B 的判断矩阵;以 B 为指标层,构造 A 的判断矩阵。本研究中各矩阵的一致性指标(CI)值均小于 0.1,认为判断矩阵的一致性可以接受。最终利用层次分析法分别得到准则层和指标层的权重值如下:

准则层指标的相对重要性依次为:渔业生物群落结构(0.539)＞渔业生态环境(0.297 3)＞渔业生态系统功能(0.163 8)。

指标层指标的相对重要性依次为:鱼类丰度(0.198 2)＞浮游动物丰度(0.155 8)＞初级生产力(0.142 9)＞浮游植物丰度(0.141 5)＞活性磷酸盐(0.115 3)＞无机氮(0.109 5)＞溶解氧(0.068 4)＞pH(0.068 4)。

表 10-2　黄河口及其邻近水域渔业生态系统健康评价各指标权重

目标层	准则层	指标层	权重
	渔业生态环境 0.297 3	pH	0.068 4
		溶解氧	0.068 4
		无机氮	0.109 5
		活性磷酸盐	0.115 3
	渔业生物群落结构 0.539	浮游植物丰度	0.141 5
		浮游动物丰度	0.155 8
		鱼类丰度	0.198 2
渔业生态系统健康	渔业生态系统功能 0.163 8	初级生产力	0.142 9

3) 模型评价结果

层次灰色综合评价模型是利用评价对象与最优参考向量和最劣参考向量的关联程度来反映该评价对象的优劣程度,即综合评价值越大,说明该评价对象的渔业系统健康评价水平越高,反之亦然。利用层次灰色综合评价方法,对 2015~2050 年间 36 年黄河口及其邻近水域渔业生态系统的健康状况进行评价,所得结果见表 10-3。黄河口及其邻近水域渔业生态系统的健康水平在 2015~2050 年的均值以 RCP2.6 情景最高,健康评价值为

0.49,RCP6 情景次之,健康评价值为 0.48,RCP8.5 情景位于第三位,为 0.41,这与三种情景的温室气体排放程度刚好相反(RCP2.6、RCP6 和 RCP8.5,分别代表低、中和最高程度的温室气体排放情景);在健康水平的离散程度方面,RCP8.5 情景最高,波动性最大,为 0.40,RCP2.6 次之,为 0.38,RCP6 最低。

表 10-3　黄河口及其邻近水域渔业生态系统健康评价结果描述性统计量

气候变化情景	平均值	中　值	变异系数	最大值	最小值
RCP2.6	0.49	0.51	0.38	0.85	0.12
RCP6	0.48	0.45	0.34	0.83	0.24
RCP8.5	0.41	0.40	0.40	0.81	0.16

运用单因素方差分析(one-way ANOVA)检验不同气候变化情景下黄河口及其邻近水域渔业生态系统健康水平的差异显著性。结果显示:对于组间分析 3 种情景下的渔业生态系统健康水平不存在显著性差异($F=2.638$,$P>0.05$);组内分析表明,RCP2.6 和 RCP8.5 情景下的渔业生态系统健康水平存在显著差异($P=0.039$),其余情景下的渔业生态系统健康水平不存在显著差异($P>0.05$)。

以每 5 年作为一个时间单位,三个情景下黄河口及其邻近水域渔业生态系统的健康水平演变趋势如图 10-2 所示。RCP2.6 情景下,黄河口及其邻近水域渔业生态系统的健康水平呈现出"高—低—高"的变化趋势,指数值在 2020 年为 0.50,属于中上水平,从 2020 年开始呈下降趋势,2035 年达到最低值,仅为 2020 年的 1/4 左右,之后有所回升,2050 年达到最大值;RCP6 情景下渔业生态系统的健康水平呈现出"低—高—低"的变化趋势,2030~2040 年健康水平较高,其余年份较低,多在 0.4 以下;RCP8.5 情景下渔业生态系统的健康水平呈先升高后降低而后略有回升的趋势,2020~2030 年其健康水平逐渐升高,2030 年达到 0.55,2035 年和 2040 年迅速降低,渔业生态系统的健康水平只有 2030 年的 1/3 左右,2040~2050 年的健康水平出现小幅升高。

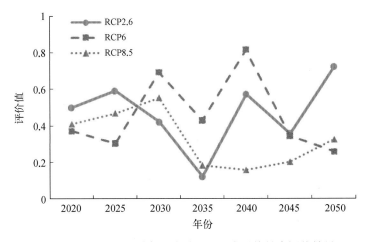

图 10-2　黄河口及其邻近水域渔业生态系统健康评价结果

10.2.2　长江口及其邻近水域渔业生态系统健康演变趋势

1）数据来源

本节数据来源同 9.2.2 节和 10.2.1 节，同样以 2015～2050 年间 36 个年份的资料作为评价指标及渔业生态系统健康评价的基础，构建灰色综合评价模型进行分析。

2）权重的确定

层次分析法的主要步骤包括：建立层次结构模型，构造判断矩阵，层次单排序，一致性检验以及层次总排序。本研究中各矩阵的一致性指标（CI）值均小于 0.1，认为判断矩阵的一致性可以接受。通过专家对选取的生态环境、生物群落和生态系统功能三大类 8 个指标进行判断，明确各层指标的相对重要性，利用层次分析法分别得到准则层和指标层的权重值如下：

准则层指标的相对重要性依次为：渔业生态环境（0.490 5）＞渔业生物群落结构（0.311 9）＞渔业生态系统功能（0.197 6）。

指标层指标的相对重要性依次为：活性磷酸盐（0.153 8）＞无机氮（0.150 8）＞初级生产力（0.137 6）＞浮游动物丰度（0.126 8）＞浮游植物丰度（0.126 8）＞鱼类丰度（0.120 5）＞溶解氧（0.091 8）＞pH（0.091 8）。

表 10-4　长江口及其邻近水域渔业生态系统健康评价各指标权重

目标层	准则层	指标层	权　重
		pH	0.091 8
		溶解氧	0.091 8
	渔业生态环境	无机氮	0.150 8
	0.490 5	活性磷酸盐	0.153 8
	渔业生物群落结构	浮游植物丰度	0.126 8
		浮游动物丰度	0.126 8
渔业生态系统健康	0.311 9	鱼类丰度	0.120 5
	渔业生态系统功能	初级生产力	0.137 6
	0.197 6		

3）模型评价结果

利用层次灰色综合评价方法，对 2015～2050 年间 36 年长江口及其邻近水域渔业生态系统的健康状况进行评价，所得结果见表 10-5。三种情景下长江口及其邻近水域渔业生态系统的健康水平在 2015～2050 年的均值以 RCP2.6 情景下最高，为 0.54，RCP6 和 RCP8.5 情景较为接近，分别为 0.45 和 0.44，这与三种情景的温室气体排放程度刚好相反（RCP2.6、RCP6 和 RCP8.5，分别代表低、中和最高程度的温室气体排放情景）；在健康水平的离散程度方面，RCP2.6 和 RCP6 情景下较高，分别为 0.30 和 0.29，RCP8.5 情景最低，为 0.24。

表 10-5　长江口及其邻近水域渔业生态系统健康评价结果描述性统计量

	平均值	中　值	变异系数	最大值	最小值
RCP2.6	0.54	0.57	0.30	0.81	0.25
RCP6	0.45	0.45	0.29	0.77	0.17
RCP8.5	0.44	0.45	0.24	0.68	0.20

运用单因素方差分析(one-way ANOVA)检验不同气候变化情景下长江口及其邻近水域渔业生态系统健康水平的差异显著性。结果显示：对于组间分析，三种情景下的渔业生态系统健康水平存在显著性差异($F=6.449$，$P=0.002$)；组内分析表明，RCP2.6 和 RCP6 情景下的渔业生态系统健康水平存在显著差异($P=0.030$)，RCP2.6 和 RCP8.5 情景下的渔业生态系统健康水平同样存在显著差异($P=0.006$)，RCP6 和 RCP8.5 情景下的渔业生态系统健康水平不存在显著差异($P>0.05$)。

以每 5 年作为一个时间单位，三个情景下长江口及其邻近水域渔业生态系统的健康水平演变趋势如图 10-3 所示。RCP2.6 情景下，长江口及其邻近水域渔业生态系统的健康水平呈现出"高—低—高"的变化趋势，指数在 2020 年为 0.66，生态系统处于较健康的状态，之后呈下降趋势，2035 年达到最低值，仅为 2020 年的 42.4%，之后有所回升，2050 年基本恢复到 2020 年时的健康水平；RCP6 情景下，渔业生态系统的健康水平呈现出"低—高—低"的变化趋势，以 2040 年的健康水平最高，为 0.77，其余年份多在 0.3～0.5 之间波动；RCP8.5 情景下，渔业生态系统健康水平的波动性较 RCP2.6 和 RCP6 情景低，2035 年取得最大值，为 0.63，其余年份的健康水平多小于其他两个情景或者持平。

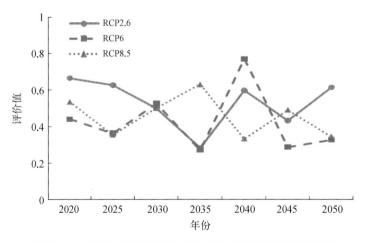

图 10-3　长江口及其邻近水域渔业生态系统健康评价结果

10.2.3　模型评价

渔业生态系统健康评价具有有效性和实用性的特点，然而需要注意的是，目前其研究仍处于形成发展阶段，本研究构建的指标体系也是基础性的。由于渔业生态系统的复杂性等特点,在进行健康评价时,在指标的选择、渔业生态系统功能的完整性和可持续性等方面都需要进一步探讨和完善。其次,模型的评价结果需要长时间序列实测数据验证,以保证评价体系的可行性与合理性。本研究选择的指标个数为 8 个,在保证指标体系覆盖的全面性方面,尚有待进一步提高,尤其是在使用层次分析法进行权重确定时,指标个数较少容易导致权重系数偏大,使得权重更加明显地分布在个别指标上。渔业生态系统有其自身的多样性和特殊性等特征,当使用评价体系进行渔业生态系统健康评价时,不能一概而论,需要结合每个生态系统的各自特点因地制宜地进行。

第十一章　气候变化情景下典型河口水域渔业生态系统可持续发展的应对策略

11.1　气候变化情景下典型河口水域渔业生态系统的响应分析

11.1.1　渔业资源的响应分析

目前,关于气候变化对渔业资源影响的研究多注重用实测的历史数据结合环境变量进行探讨,分析潜在的气候变化对渔业资源的影响规律,并试图弄清楚产生这种变化的原因。

海表温度在较长时间尺度上的冷暖交替不仅对鱼类生长、发育和繁殖等过程具有重要影响(McFarlane et al.,2000),也对其种群数量变动、洄游分布等有重要影响,不同适温类型渔业种类的渔获量随温度的变化而变化。在黄河口水域,Shan 等(2013)对鱼类群落结构的长期研究表明,渔获物优势种主要为暖水种和暖温种,且其资源量在暖水年或者暖水年之后的 1~2 年有增加的趋势;在黄海水域,随着水温的升高,冷水种鱼类的种类数和种群密度都在减少,太平洋鲱(*Clupea pallasii*)和大头鳕(*Gadus macrocephalus*)资源的衰退严重(刘瑞玉,2011);在闽南-台湾浅滩渔场水域,从 1992 年开始,暖温性鱼类比例下降 10%~20%,暖水性鱼类比例升高,但比水温变化在时间上滞后了 4 年(张学敏等,2005)。李忠炉等(2012)研究发现,黄海大头鳕在 21 世纪初与 1959 年相比,其分布南限向北移动了约 0.5 ℃,达到 35°N,这可能是冷温性鱼类对气候变化的响应;戴天元(2004)在台湾海峡渔业资源调查中发现了 13 种鱼类新记录,都属于暖水性鱼类;此外,北部湾也出现过热带暖水性鱼类苏门答腊金线鱼(*Nemipterus mesoprion*)(黄梓荣和王跃中,2009)。

气候变化可能引起渔业资源量的重新分布,高纬度地区的渔业资源量可能升高,而低纬度地区则可能下降(Brander,2007;Cheung et al.,2010);我国学者利用渔业史资料分析了黄、渤海鲱鱼数量的周期性变动与气候变化产生的海洋水文条件波动的相关性(李玉尚和陈亮,2007;李玉尚,2010),并且通过模型预测气候变化对我国沿海主要经济种类生物量和渔获量的影响,发现渔获量的年间变动与季风风速、海表水温、热带气旋影响指数等气候要素有关,对于不同的海域和不同的种类,其渔获量的变化趋势有所不同(刘允芬,2000;王跃中等,2011,2012,2013)。另外,一些学者对气候变化的研究聚焦于上升流区域,如 ENSO 事件对中下层鱼类的渔获量(何发祥等,2003)和带鱼中心产卵场(何发祥和陈清花,1995)的影响,同时,厄尔尼诺现象还影响着长江径流量与海洋环流,导致浙江近海鱼类繁殖环境的变化,造成鲐鲹鱼产卵场的时空错位(洪华生等,1997)。Klyashtorin(1998)发现大西洋和太平洋主要经济鱼类的产量和大气环流指数(atmospheric circulation index,ACI)具有较好的相关性,东北太平洋阿拉斯加鲑鱼的产量与气候转换存在较好的相关性,20 世纪 40 年代末,阿拉斯加鲑鱼的产量开始减少,直到 70 年代末,其产量开始升高(Hare and Francis,1995)。

另外,海平面上升使湿地面积大幅减少,不仅滩涂湿地自然景观遭受严重破坏,而且许多重要的鱼、虾、贝类资源的生息和繁衍场所丧失。气候变化引起海洋酸化,使得生物碳酸盐的形成与保存变得困难,那些以碳酸盐为骨骼的生物在种间竞争与群落演替中会失去优势,这种效应沿食物网传递,进而影响渔业资源结构,最终反馈于人类本身。贻贝(*Mytilus edulis*)和太平洋牡蛎(*Crassostrea gigas*)是重要的海岸生态系统建造者,在海水中的二氧化碳分压分别升高 25%、10% 的状况下,其钙化率呈线性下降的态势(Frédéric et al.,2007),海水的 pH 下降严重影响太平洋牡蛎的早期生长(Kurihara et al.,2007)。随着海水中二氧化碳浓度的升高,马粪海胆(*Hemicentrotus pulcherrimus*)和梅氏长海胆(*Echinometra mathaei*)的受精率将下降,长腕幼虫的数量下降及骨骼出现畸形(Kurihara et al.,2004)。海水中二氧化碳的分压升高会影响鱼类渗透压、呼吸、血液循环及神经系统的功能,导致组织及体液酸中毒(如高碳酸血症),从而影响其生理行为(Portner et al.,2004),进而对其生长速率和繁殖产生长期影响(Ishimatsu and Kita,1999)。室内实验表明,酸化对鱼类整个生活史(包括卵、幼苗、幼体、成体)均有负面影响(Ishimatsu et al.,2004)。海洋酸化影响贝类、贝类捕食者及珊瑚礁栖息地中的渔业种类和渔获量,从而阻碍人类社会的经济发展。以美国为例,2007 年美国渔业产值达 40 亿美元,其中软体动物贡献了 19%(7.48 亿美元),甲壳动物贡献了 30%,鳍鱼贡献了 50%。鱼类生产总值中有 24% 的鱼类直接以钙化生物为食(Cooley et al.,2009),预计至 2060年,海水的 pH 将下降至 7.9~8.0,软体动物钙化速率下降 10%~25%,相关渔业种类渔获量也将下降 6%~25%,国民收入每年将减少 0.75 亿~1.87 亿美元,整个行业将损失 17 亿~100 亿美元。显然,评估量化气候变化背景下海洋酸化对我国海洋渔业的负面影响是十分迫切的,但是,目前尚缺乏海洋酸化对海洋渔业影响的评估数据,相关的研究也并未开展。

本研究从实际渔业调查数据出发,结合不同的气候变化情景,尝试分析渔业资源的演变趋势,通过对黄河口和长江口及其邻近水域鱼类资源密度增量在 RCP2.6、RCP6 和RCP8.5 三种情景下模拟预测结果的分析,在 RCP8.5 情景下,长江口北部水域的资源密度增量减少,至 2050 年资源密度增量呈递减趋势(RCP2.6>RCP6>RCP8.5),分布范围也有所减小;其他资源密度增量在没有捕捞、污染等人类活动的影响下,随着时间推移均呈递增趋势,并且 RCP8.5 情景下资源密度增量最大,其资源密度增量重心的分布范围也最大,其次为 RCP6 情景,RCP2.6 情景下资源密度增量最小,资源密度增量重心的分布范围也最小。黄河口及其邻近海域鱼类资源密度增量重心主要分布在外侧水域,莱州湾底部及黄河口沿岸水域资源密度增量相对较低,并且随着时间的推移,资源密度增量重心有向外侧水域扩展的趋势;而长江口及其邻近水域鱼类资源密度增量重心主要分布在长江口崇明岛沿岸水域,长江口外侧水域资源密度增量相对较低,并且随着时间推移有向南迁移的趋势。这种变化可能与评估预测的鱼类种类组成有一定关系,不同的鱼类具有不同的生境需求和适温范围,随着温度的升高,其资源密度的分布随着其个体迁移而有所不同;另外,也可能与长江口和黄河口水域的生境差异及沿岸环境条件有关。

11.1.2 渔业生态系统的响应分析

通过对黄河口和长江口及其邻近水域渔业生态系统的健康水平在 RCP2.6、RCP6 和 RCP8.5 三种情景下的模拟预测,两个渔业生态系统健康评价的权重略有不同,黄河口及其邻近水域渔业生态系统中,渔业生物群落结构子系统所占比重最高,渔业生态环境子系统所占比重次之,而长江口及其邻近水域渔业生态系统中,渔业生态环境子系统所占比重最高,渔业生物群落结构子系统所占比例次之,渔业生态系统功能子系统权重在两个海区大致相同,这与前人对相应海区的研究一致(杨建强等,2003;叶属峰等,2007)。

黄河口和长江口及其邻近水域渔业生态系统的健康水平在 2015～2050 年的演变趋势既有相似性也有差异性。采用层次灰色综合评价的方法得到的健康评价值越高,说明健康状况相对越好,反之则越差。两个海域的渔业生态系统健康水平在不同情景下的演变趋势均是 RCP2.6 情景下最高,RCP6 次之,RCP8.5 最低,这与不同情景所对应的温室气体排放程度相一致,如 RCP8.5 情景对应的温室气体排放最高,气候变化形势最为严峻,对应的渔业生态系统的健康水平最低。在渔业生态系统健康水平稳定性方面,长江口及其邻近水域的离散程度要低于黄河口及其邻近水域,变异系数多在 0.3 以下,而后者多在 0.3 以上,造成这一可能结果的原因可能有以下两个:一是黄河口及其邻近水域位于渤海这一半封闭的内海,其水交换能力不如长江口及其邻近水域,渔业生态系统相对封闭,这可能会放大气候变化造成的影响,从而导致系统稳定性较差;二是由气候变化引起的渔业生态系统改变可能和纬度有关,黄河口及其邻近水域纬度较高,生物多样性较长江口及其邻近水域要低,由气候变化引起的变化可能更明显。例如,Cheung 等(2010)对全球 1066 种经济鱼类最大可持续产量的预测表明,高纬度地区的渔获量可能增加 30%～70%,而热带地区的降低幅度可达 40%。

在渔业生态系统健康水平不同情景间的差异性方面,长江口及其邻近水域的差异性比黄河口及其邻近水域更明显,除了组间分析存在显著性差异外,组内分析 RCP2.6 情景分别和 RCP6 以及 RCP8.5 情景存在显著差异,而黄河口及其邻近水域仅 RCP2.6 和 RCP8.5 情景下的渔业生态系统健康水平存在显著差异。

在渔业生态系统健康水平整体演变趋势方面,黄河口和长江口及其邻近水域在不同情景下的趋势大概相同。例如,RCP2.6 情景下,均呈现出"高—低—高"的变化趋势,而 RCP6 情景下,均呈现出"低—高—低"的变化趋势,RCP8.5 情景下的趋势在局部上略有差异。值得一提的是,若以 2050 年各海域渔业生态系统的健康水平作为"最终状态",RCP2.6 情景下的健康水平明显高于其他两个情景。例如,在黄河口及其邻近水域,2050 年 RCP2.6 情景下渔业生态系统的健康评价值为 0.72,分别是 RCP6 和 RCP8.5 情景下健康评价值的 2.8 倍和 2.2 倍;在长江口及其邻近水域,2050 年 RCP2.6 情景下渔业生态系统的健康评价值为 0.61,分别是 RCP6 和 RCP8.5 情景下健康评价值的 1.9 倍和 1.8 倍。

11.2　气候变化情景下典型河口水域渔业生态系统可持续发展的应对策略

无论是海平面上升、水温升高,还是海洋酸化,都将导致生境的改变、碎片化、丧失,引起生物多样性的降低,改变生态系统的结构和功能。因此,从典型河口水域渔业生态系统演变趋势的分析结果出发,分别从栖息地、污染、捕捞、渔业管理和生态灾害等影响未来典型河口水域渔业生态系统可持续发展的方面提出应对策略。

11.2.1　保护近海关键栖息地

关键栖息地是渔业生物生存的必需生境,往往具有较高的生产力及适宜的理化环境,能够满足渔业生物繁衍、育幼、索饵等活动,许多渔业生物的部分或全部生活史都在其中度过,对整个渔业资源的补充具有重要的支撑作用。针对渔业生物关键栖息地目前面临的问题,建议进一步加强以下几方面措施。

1) 围填海管理

(1) 在坚持回归海域的自然属性的基础上,结合地区相应的经济和社会发展需求,进行海洋功能区的规划,优化部署功能区的经济活动。

(2) 制定严格的围填海红线制度。建议对海区进行充分的生态评估,划定相应的生态敏感区、脆弱区和景观生态安全节点,将需要优先保护的区域作为围填海的红线,严禁各种围垦活动。

(3) 建立良好的生态补偿机制。在围填海规划中一定要划分出适宜的进行生态补偿的区域,注重实地补偿而非经济补偿。

2) 注重湿地的生态功能

(1) 注重湿地的"生产"和"生态"双重功能,禁止盲目开发和破坏湿地的行为,同时积极引导湿地开发模式由传统的粗放型向集约型转变。

(2) 加强湿地立法,抑制湿地面积减少。建立专门保护湿地的法律法规,打破对湿地单项资源如土地、生物等保护的"点"观念,将保护的重心转移到湿地及其生物多样性的整体保护上来。

(3) 建立全面的湿地评价体系。以湿地的功能为核心,建立湿地环境影响评价的指标体系,以全面评价湿地所具有的效益和功能,同时也为湿地资源的管理和开发利用提供合理的科学依据。

3) 海洋保护区建设

(1) 我国一直很重视海洋保护区的建设,海洋保护区的建设在保护生物多样性、提供教育研究原型和增加渔民的就业机会方面发挥了巨大的积极作用。但同时,保护区建成之后的监督和管理往往缺乏持续性,今后必须加强监管,建立专门的海洋保护区执法监管或作体系,充分利用现有的监管资源。

(2) 尽快形成海洋保护区"网络",建立统一的协调机制。建立小型的保护区并将其彼此串联起来形成网络,从而实现综合开发、利用和保护的目的。涉及海洋保护区的主管部门如农业部、环保部和国土资源部等共同参与,减少彼此之间的重叠交叉,加强沟通合作。

(3) 考虑到由捕捞及污染等因素引起的栖息地丧失或生境破坏,需要利用生物修复技术修复被破坏的渔业生物关键栖息地。

11.2.2 有效控制近海污染

随着沿海海区社会经济的高速发展,近海环境污染问题变得越来越突出,引起了政府和社会的广泛关注。陆源污染物的排放、规模不断扩大的海水养殖业、海洋运输业以及日益频发的溢油事故和海洋垃圾成为近海污染的重要原因。针对当前近海污染日趋严重的态势和目前管理中所存在的问题,提出如下建议:

(1) 控制陆源污染物的排放。陆源污染作为人类活动的另一个重要因素,对河口水域的生态压力巨大,尤其对海水水质的影响最大。控制陆源污染,要在紧抓工业污染物点源污染的基础上,加强对面源污染的控制和治理,减少陆源污染物向海洋的排放量,这将有利于减少对生态系统健康的威胁。

(2) 发展环境友好型海水养殖方式。提倡和推动生态养殖、集约化养殖、无公害养殖等环境友好型海水养殖方式,通过确定合适的养殖密度、优化养殖结构、合理进行饵料搭配等途径,减少养殖废水与污染物的排放,同时积极发展污染养殖水域的生物修复技术,并推广应用及示范,逐步控制海水养殖污染。

(3) 加强近海环境监测与风险评价工作。首先,完善环境监测体系,通过生物、物理、化学等环境监测手段及时掌握污染物浓度的时空分布和变化情况;其次,提高海上溢油监视监测和清除技术能力,建立相应污染事故的应急处理预案和风险分析,防患于未然,尽量减少海洋生态灾害(如大型溢油事故)所造成的损失;再次,制订相应的溢油污染生态损害评估和补偿标准。

(4) 充分利用生活垃圾。绝大多数海洋垃圾来源于城市的生活垃圾,首先,对还有利用价值的生活垃圾合理处理,变废为宝,尽量减少污染;其次,对于无法再利用的垃圾可以选择焚烧或者填埋的方法进行处理,从而减少向海洋的排放。

11.2.3 大力压缩捕捞强度

过度捕捞导致渔业种群退化、渔获物质量下降、捕捞成本升高等一系列问题。近年来我国近海的渔获物营养级呈降低趋势,渔获物小型化、低龄化等过度捕捞现象严重。建议从以下几个方面入手以应对日趋严重的过度捕捞问题:

(1) 进一步加大减船力度,实行渔船淘汰制度,强制淘汰超龄以及不适航的捕捞渔船,严格控制新船的建造,同时严格限制非渔民入渔。

(2) 调整作业生产方式,减少对幼鱼的损害。逐步扩大禁渔海区,限制底拖网、张网以及小网目刺网在捕捞过程中的使用,从而增加对渔获物的选择性,减少对海底地形的破坏,有效地保护幼鱼资源;同时积极改进和开发选择性渔具,减少对非目标鱼种的兼捕。

(3)鼓励海洋捕捞渔民从事水产品加工行业、休闲渔业以及其他非渔产业,政策上加大对海洋水产品深加工行业的扶植力度,加强新兴海洋生物产业的建设,引导渔业从业人员向第二、第三产业转移,降低捕捞压力。

(4)加大培训和宣传力度,提高渔民的资源养护意识。我国的渔业从业人员在一定程度上存在专业知识缺乏,受教育程度低的问题,通过各种形式的培训和宣传教育,提高其对渔业资源的认识,对鱼类洄游规律、生长繁殖以及生态系统的理解,使其自觉参与到海洋渔业资源的养护中来。

11.2.4　加强应对气候变化的科学研究

气候变化和人类活动作为当今渔业生态系统的两大主要影响因素,两者的共同作用导致了生态系统的显著变化。一方面人类活动以前所未有的速度极大地改变着生态系统的结构和功能;另一方面,气候变化在一定程度上"放大"了生态系统的这种变化,使其更为敏感。加强气候变化和人类活动对渔业生态系统影响的研究迫在眉睫。

(1)进一步加强生态环境监测。提高目前可监测的环境变量的分辨率和精确度,研发高质量的温、盐观测资料同化技术,开发适合河口的三维温、盐数值预报模型,开展河口长期温、盐变化的预测(张经等,2013);积极关注河口水域所涉及的其他生态环境要素,定期对海水水质、沉积物环境和滩涂湿地进行监测调查,以便及时掌握渔业生态系统的环境状况,当生态系统健康存在恶化趋势时进行有效遏制;加强河口环境的监测预警能力建设,建立河口海平面监测预测分析评估系统,做好河口海平面变化分析评估和影响评价,提高对气候变化的分析评估和预测的能力和水平。

(2)加强生态系统模型方面的研究:对河口的生物群落开展长期监测,加强对其生物多样性及生态功能的基础研究,对现有的河口生物资源进行价值评估,在此基础上建立更加定量化、分辨率更高的生态模型,并做好预测工作,以更好地应对气候变化和人类活动对渔业生态系统造成的潜在影响。生态系统模型的开发要注意充分考虑自然资源、基础建设和人类活动的作用,并包含社会及经济的脆弱性因素,积极与地理信息系统(GIS)结合,注重多个类型生态系统模型的开发及不同类型模型间的比较,积极地利用实测数据进行验证,做好模型的修正工作,建立良好的反馈机制。

(3)注重生态系统管理措施的效果评估。积极开展相应生态系统管理措施(如增殖放流、人工鱼礁和海洋牧场等)的效果评估,论证其对资源养护的贡献以及效果,提高生态系统管理水平。

11.2.5　提高渔业管理水平

长期高强度的捕捞压力栖息地的减少、日趋严重的近海环境污染等问题对近海渔业资源造成了持续的压力,渔业生物的繁殖和补充受到严重影响,面对众多的限制因素,如何更好地保护和利用近海渔业资源成为亟待解决的课题。提高渔业管理水平是解决这个问题的有效途径。

（1）进一步完善渔业管理法制体系。一方面在法制建设上要有法可依，有章可循；另一方面要不断优化管理体制，大力发展渔业合作组织，以降低政府的管理成本，解决长期存在于政府和渔民之间的博弈，使其成为我国渔业经济可持续发展的重要载体。

（2）加大执法力度，保证渔业法规的顺利执行。建立统一的海上执法队伍，加强执法，对非法捕捞等行为进行严厉打击；同时对港口、码头以及渔获销售地等进行检查，确保渔获物的品种、规格和质量等符合要求。

（3）在初步建立海洋渔业限额捕捞的法制框架下，逐步实施配额管理制度。建立完善的渔获统计报告制度，根据渔业种类和海区确定相应的总可捕量是进行限额捕捞管理的科学前提。首先对一些重要渔业种类进行限额捕捞试验，在此基础上不断总结和积累经验，逐步扩大限额捕捞管理的种类，建立科学的资源配额分配体系。

（4）做好近海渔业资源增殖放流工作。针对目前近海渔业资源普遍衰退的现状，资源的增殖放流工作显得越来越重要。制订合理的放流策略，选择合适的放流品种，同时注意增殖放流的生态风险，建立相应的生态风险评价体系使增殖放流达到生态、社会和经济共赢的局面。

参 考 文 献

卞晓东,张秀梅,高天翔,等.2010.2007年春、夏季黄河口海域鱼卵、仔稚鱼种类组成与数量分布.中国水产科学,17(4):815-827.
蔡学军,田家怡.2000.黄河三角洲潮间带动物多样性的研究.海洋湖沼通报,4:45-52.
陈国平,黄建维.2001.中国河口和海岸带的综合利用.水利水电技术,32(1):38-42.
陈洪举,刘光兴.2010.夏季长江口及邻近海域水母类生态特征研究.海洋科学,34(4):17-24.
陈渊泉.1995.长江口河口锋区及邻近水域渔业.中国水产科学,2(1):91-103.
戴天元.2004.福建海区渔业资源生态容量和海洋捕捞业管理研究.北京:科学出版社.
单秀娟,金显仕.2011.长江口近海春季鱼类群落结构的多样性研究.海洋与湖沼,42(1):32-40.
单秀娟,庄志猛,金显仕,等.2011.长江口及其邻近水域大型水母资源量动态变化对渔业资源结构的影响.应用生态学报,22(12):3321-3328.
邓景耀,金显仕.2000.莱州湾及黄河口水域渔业生物多样性及其保护研究.动物学研究,21(1):76-82.
邓景耀,孟田湘,任胜民,等.1988.渤海鱼类种类组成及数量分布.海洋水产研究,9(1):11-88.
丁智.2014.围填海对渤海湾海岸带景观格局演变的遥感研究.北京:中国科学院大学硕士学位论文.
董方勇.1997.南水北调东线工程对长江口渔业资源的影响.长江流域资源与环境,6(2):168-172.
国家海洋局.2005.HY/T087—2005.近岸海洋生态健康评价指南.北京:中国标准出版社.
何发祥,陈清花.1995.厄尔尼诺与浙江近海冬汛带鱼渔获得量关系.海洋湖沼通报,3:17-23.
何发祥,洪华生,陈刚.2003.ENSO现象与台湾海峡西部海区中下层鱼类渔获量关系.海洋湖沼通报,1:27-34.
洪华生,何发祥,杨圣云.1997.厄尔尼诺现象和浙江近海鲐鲹鱼渔获量变化关系——长江口ENSO渔场学问题之二.海洋湖沼通报,4:8-16.
黄晋彪.2005.长江河口区鱼卵和仔、稚鱼间数量关系的研究.水产科技情报,1:20-21.

黄少峰,刘玉,李策,等.2011.珠江口滩涂围垦对大型底栖动物群落的影响.应用与环境生物学报,17(4):499-503.

黄梓荣,王跃中.2009.北部湾出现苏门答腊金线鱼及其形态特征.台湾海峡,28(4):516-519.

蒋玫,沈新强,王云龙,等.2006.长江口及其邻近水域鱼卵、仔鱼的种项组成与分布特征.海洋学报,28(2):171-174.

焦念志.2001.海湾生态过程与持续发展.北京:科学出版社.

焦玉木,李会新.1998.黄河断流对河口海域鱼类多样性的影响.海洋湖沼通报,4:48-53.

金显仕.2001.渤海主要渔业生物资源变动的研究.中国水产科学,7(4):22-26.

金显仕,程济生,邱盛尧,等.2006.黄、渤海生物资源与栖息环境.北京:科学出版社.

金显仕,单秀娟,郭学武,等.2009.长江口及其邻近海域渔业生物的群落结构特征.生态学报,29(9):4761-4772.

金显仕,邓景耀.1999.莱州湾春季渔业资源及生物多样性的年间变化.海洋水产研究,20(1):6-12.

金显仕,邓景耀.2000.莱州湾渔业资源群落结构和生物多样性的变化.生物多样性,8(1):65-72.

黎雨轩,何文平,刘家寿,等.2010.长江口刀鲚耳石年轮确证和年龄与生长研究.水生生物学报,34(4):787-793.

李纯厚,林琳,徐姗楠,等.2013.海湾生态系统健康评价方法构建及在大亚湾的应用.生态学报,33(6):1798-1810.

李红梅,童国庆.2008.国外河口三角洲水生态环境治理.水利水电快报,29(2):27-29.

李建生,程家骅.2005.长江口渔场渔业生物资源动态分析.海洋渔业,27(1):33-37.

李建生,李圣法,丁峰元,等.2007.长江口近海鱼类多样性的年际变化.中国水产科学,14(4):637-643.

李建生,李圣法,任一平,等.2004.长江口渔场渔业生物群落结构的季节变化.中国水产科学,5:432-439.

李寇军,邱永松,王跃中.2007.自然环境变动对北部湾渔业资源的影响.南方水产科学,3(1):7-13.

李显森,于振海,孙珊,等.2013.长江口及其毗邻海域鱼类群落优势种的生态位宽度与重叠.应用生态学报,24(8):2353-2359.

李延峰,宋秀贤,吴在兴,等.2015.人类活动对海洋生态系统影响的空间量化评价——以莱州湾海域为例.海洋与湖沼,46(1):133-139.

李玉尚.2010.1600年之后黄海鲱的旺发及其生态影响.中国农史,2:10-21.

李玉尚,陈亮.2007.清代黄渤海鲱鱼资源数量的变动——兼论气候变迁与海洋渔业的关系.中国农史,1:24-32.

李忠炉,金显仕,张波,等.2012.黄海大头鳕(Gadusmacrocephalus)种群特征的年际变化.海洋与湖沼,43(5):924-931.

林龙山.2009.东海区龙头鱼数量分布及其环境特征.上海海洋大学学报,18(1):66-71.

刘春涛,刘秀洋,王璐.2009.辽河河口生态系统健康评价初步研究.海洋开发与管理,26(3):43-48.

刘录三,李子成,周娟,等.2011.长江口及其邻近海域赤潮时空分布研究.环境科学,32(9):2497-2504.

刘瑞玉.2011.中国海物种多样性研究进展.生物多样性,6:614-626.

刘勇,程家骅,李圣法.2004.东海区黄鲫数量分布特征的分析研究.海洋渔业,26(4):255-260.

刘允芬.2000.气候变化对我国沿海渔业生产影响的评价.中国农业气象,(4):2-6.

罗秉征,薛频,卢继武,等.1992.三峡工程对河口及邻近海域渔业影响的初步探讨.海洋科学集刊,33:341-352.

罗小明,杨惠鹄.1994.灰色综合评判模型.系统工程与电子技术,16(9):18-25.

牛明香,李显森,赵庚星.2012.黄海中南部越冬鳀鱼空间分布及其与水温年际变化的关系.应用生态学报,2:552-558.

宋红丽,刘兴土.2013.围填海活动对我国河口三角洲湿地的影响.湿地科学,11(2):297-304.

孙磊.2008.胶州湾海岸带生态系统健康评价与预测研究.青岛:中国海洋大学博士学位论文.

孙龙启.2014.广西近海生态系统健康评价.厦门:厦门大学硕士学位论文.

孙敏.2012.珠海近岸海域生态系统健康评价及胁迫因子分析.青岛:中国海洋大学博士学位论文.

王爱勇,万瑞景,金显仕.2010.渤海莱州湾春季鱼卵、仔稚鱼生物多样性的年代际变化.渔业科学进展,
31(1):19-24.

王金辉.2002.长江口邻近水域的赤潮生物.海洋环境科学,21(2):37-41.

王绍武,罗勇,赵宗慈,等.2012.新一代温室气体排放情景.气候变化研究进展,8(4):305-307.

王跃中,贾晓平,林昭进,等.2011.东海带鱼渔获量对捕捞压力和气候变动的响应.水产学报,12:1881-1889.

王跃中,孙典荣,贾晓平,等.2013.捕捞压力和气候变化对东海马面鲀渔获量的影响.南方水产科学,1:8-15.

王跃中,孙典荣,林昭进,等.2012.捕捞压力和气候因素对黄渤海带鱼渔获量变化的影响.中国水产科
学,6:1043-1050.

徐兆礼,蒋玫,白雪梅,等.1999.长江口底栖动物生态研究.中国水产科学,6(5):59-62.

寻明华.2009.兴凯湖主要经济鱼类年龄结构与物种多样性研究.哈尔滨:东北林业大学硕士学位论文.

杨建强,崔文林,张洪亮,等.2003.莱州湾西部海域海洋生态系统健康评价的结构功能指标法.海洋通
报,22(5):58-63.

叶属峰,刘星,丁德文,等.2007.长江河口海域生态系统健康评价指标体系及其初步评价.海洋学报,29:
128-136.

张经,王菊英,陈满春,等.2013.全球变化(含海平面上升、海洋酸化)对海洋生态环境的影响//中国海洋
可持续发展的生态环境问题与政策研究课题组.中国海洋可持续发展的生态环境问题与政策研究.北
京:中国环境科学出版社.

张秋丰,屠建波,胡延忠,等.2008.天津近岸海域生态环境健康评价.海洋通报,27(5):73-78.

张涛,庄平,章龙针,等.2010.长江口近岸鱼类种类组成及其多样性.应用与环境生物学报,16(6):
817-821.

张学敏,商少平,张彩云,等.2005.闽南——台湾浅滩渔场海表温度对鲐鲹鱼类群聚资源年际变动的影
响初探.海洋通报,24(4):91-96.

张志南,图立红,于子山.1990.黄河口及其邻近海域大型底栖动物的初步研究(一)生物量.青岛海洋大
学学报,20(1):37-45.

中国海洋可持续发展的生态环境问题与政策研究课题组.2013.中国海洋可持续发展的生态环境问题与
政策研究.北京:中国环境科学出版社.

钟俊生,郁蔚文,刘必林,等.2005.长江口沿岸碎波带仔稚鱼种类组成和季节性变化.上海水产大学学
报,14(4):375-382.

周庆元.2002.河口生态环境与疏浚.水运工程,10:13-15.

庄平,王幼槐,李圣法,等.2006.长江口鱼类.上海:上海科学技术出版社.

Bakkenes M, Alkemade J R M, Ihle F, et al. 2002. Assessing effects of forecasted climate change on the
diversity and distribution of European higher plants for 2050. Global Change Biology,8(4):390-407.

Bakun A. 1990. Global climate change and intensification of coastal ocean upwelling. Science, 247
(4939):198-201.

Belkin I M. 2009. Rapid warming of large marine ecosystems. Progress in Oceanography, 81(1-4):207-213.

Berry P M, Dawson T P, Harrison P A, et al. 2002. Modeling potential impacts of climate change on
the bioclimatic envelope of species in Britain and Ireland. Global Ecology and Biogeography, 11(6):
453-462.

Brander K M. 2007. Global fish production and climate change. Proceedings of the National Academy of Sciences of the United States of America, 104(50): 19709 - 19714.

Cardoso P G, Raffaelli D, Lillebø A I, et al. 2008. The impact of extreme flooding events and anthropogenic stressors on the macrobenthic communities' dynamics. Estuarine, Coastal and Shelf Science, 76(3): 553 - 565.

Chen D G, Shen W Q, Liu Q, et al. 2000. The geographical characteristics and fish species diversity in the Laizhou Bay and Yellow River estuary. Journal of Fishery Sciences of China, 7(3): 46 - 52.

Cheung W W L, Lam V W Y, Pauly D. 2008. Modeling present and climate-shifted distribution of marine fishes and invertebrates. Columbia: Fisheries Center, University of British Columbia.

Cheung W W L, Lam V W Y, Sarmiento J L, et al. 2010. Large-scale redistribution of maximum fisheries catch potential in the global ocean under climate change. Global Change Biology, 16(1): 24 - 35.

Cheung W W L, Lam V W Y, Sarmiento J L, et al. 2009. Projecting global marine biodiversity impacts under climate change scenarios. Fish and Fisheries, 10(3): 235 - 251.

Cooley S R, Doney S C. 2009. Anticipating ocean acidification's economic consequences for commercial fisheries. Environmental Research Letters, 4, 024007, doi: 10.1088/1748 - 9326/4/2/024007.

Costanza R, Norton B G. 1992. Ecosystem health: new goal for environmental management. Washington D C: Island Press: 23 - 41.

Dulvy N K, Rogers S I, Jennings S, et al. 2008. Climate change and deepening of the North Sea fish assemblage: a biotic indicator of warming seas. Journal of Applied Ecology, 45(4): 1029 - 1039.

Elbaz-Poulichet F, Holliger P, Huang W W, et al. 1984. Lead cycling in estuaries, illustrated by the Gironde estuary, France. Nature, 308: 409 - 414.

Frédéric G, Christophe Q, Jansen J M, et al. 2007. Impact of elevated CO_2 on shellfish calcification. Geophysical Research Letters, 34(7): 470 - 480.

Grandcourt E M, Cesar H S. 2003. The bio-economic impact of mass coral mortality on the coastal reef fisheries of the Seychelles. Fisheries Research, 60(2): 539 - 550.

Hanley N, Moffatt I, Faichney R, et al. 1999. Measuring sustainability: a time series of alternative indicators for Scotland. Ecological Economics, 28(1): 55 - 73.

Hare S R, Francis R C. 1995. Climate change and salmon production in the Northeast Pacific Ocean. Canadian Special Publication of Fisheries and Aquatic Sciences: 357 - 372.

Hilty J, Merenlender A. 2000. Faunal indicator taxa selection for monitoring ecosystem health. Biological Conservation, 92(2): 185 - 197.

IPCC. 2007. Climate change 2007: the physical science basis//Solomon S D. Contribution of Working Group I to the Fourth Assessment Report of the Intergovernmental Panel on Climate Change. 104.

Ishimatsu A, Kikkawa T, Hayashi M, et al. 2004. Effects of CO_2 on marine fish: larvae and adults. Journal of Oceanography, 60: 731 - 741.

Ishimatsu A, Kita J. 1999. Effects of environmental hypercapnia on fish. Japanese Journal of Ichthyology, 46: 1 - 13.

Jin X, Shan X, Li X, et al. 2013. Long-term changes in the fishery ecosystem structure of Laizhou Bay, China. Science China Earth Sciences, 56(3): 366 - 374.

Keith D A, Akcakaya H R, Thuiller W, et al. 2008. Predicting extinction risks under climate change: coupling stochastic population models with dynamic bioclimatic habitat models. Biology Letters, 4(5):

560 – 563.

Klyashtorin L B. 1998. Long-term climate change and main commercial fish production in the Atlantic and Pacific. Fisheries Research，37(1)：115 – 125.

Kurihara H，Kato S，Ishimatsu A. 2007. Effects of increased seawater pCO_2 on early development of the oyster *Crassostreagigas*. Aquatic Biology，1：91 – 98.

Kurihara H，Shimode S，Shirayama Y. 2004. Sublethal effects of elevated concentration of CO_2 on planktonic copepods and sea urchins. Journal of Oceanography，60：743 – 750.

Lotze H K，Lenihan H S，et al. 2006. Depletion, degradation, and recovery potential of estuaries and coastal seas. Science，312：1806 – 1809.

MacKenzie B R，Köster F W. 2004. Fish production and climate：sprat in the Baltic Sea. Ecology，85(3)：784 – 794.

McFarlane G A，King J R，Beamish R J. 2000. Have there been recent changes in climate? Ask the fish. Progress in Oceanography，47(2)：147 – 169.

Muniz P，Venturini N，Hutton M，et al. 2011. Ecosystem health of Montevideo coastal zone：a multi approach using some different benthic indicators to improve a ten-year-ago assessment. Journal of Sea Research，65(1)：38 – 50.

Nissling A，Larsson R，Vallin L，et al. 1998. Assessment of egg and larval viability in cod, *Gadus morhua*：methods and results from an experimental study. Fisheries Research，38(2)：169 – 186.

Pearson R G，Dawson T P. 2003. Predicting the impacts of climate change on the distribution of species：are bioclimate envelope models useful? Global Ecology and Biogeography，12(5)：361 – 371.

Peterson A T，Ortega-Huerta M A，Bartley J，et al. 2002. Future projections for Mexican faunas under global climate change scenarios. Nature，416(6881)：626 – 629.

Peterson A T，Sánchez-Cordero V，Soberón J，et al. 2001. Effects of global climate change on geographic distributions of Mexican Cracidae. Ecological Modeling，144(1)：21 – 30.

Portner H，Langenbuch M，Reipschlager A. 2004. Biological impacts of elevated ocean CO_2 concentrations：lessons from animal physiology and earth history. Journal of Oceanography，60：705 – 718.

Prentice I C，Cramer W，Harrison S P，et al. 1992. Special paper：a global biome model based on plant physiology and dominance, soil properties and climate. Journal of Biogeography，19(2)：117 – 134.

Shan X，Sun P，Jin X，et al. 2013. Long-term changes of fish assemblage structure in the Yellow River estuary ecosystem, China. Marine and Coastal Fisheries：Dynamics, Management, and Ecosystem Science，5：65 – 78.

Sheppard C. 2003. Predicted recurrences of mass coral mortality in the Indian Ocean. Nature，425(6955)：294 – 297.

Stephens D W，Krebs J R. 1986. Foraging Theory Princeton：Princeton University Press：1 – 100.

Sykes M T，Prentice I C，Cramer W. 1996. A bioclimatic model for the potential distributions of north European tree species under present and future climates. Journal of Biogeography，23(2)：203 – 233.

Vassallo P，Fabiano M，Vezzulli L，et al. 2006. Assessing the health of coastal marine ecosystems：a holistic approach based on sediment micro and meio-benthic measures. Ecological Indicators，6(3)：525 – 542.

Whitfield A K，Paterson A W. 2003. Distribution patterns of fishes in a freshwater deprived Eastern Cape estuary with particular emphasis on the geographical headwater region. Water SA，29(1)：61 – 67.

Yang J M，Wang C X. 1993. Primary fish survey in the Huanghe River estuary. Chinese Journal of Oceanology and Limnology，11(4)：368 – 374.

第五部分

典型海岸带脆弱性评估与应用示范

提　要

　　海岸带在我国经济战略布局中占有重要的地位,维持海岸带资源与环境的可持续发展是国家未来发展的重大战略需求。受气候变化和人类活动的双重胁迫,我国海岸带的脆弱性更加凸显。研究海岸带系统对气候变化的响应机制,评价气候变化对海岸带社会经济和生态的潜在影响,提出切实可行的应对策略,是保障海岸带系统安全的重要前提,符合国家的重大需求,同时也是国际前沿的科学问题。

　　典型海岸带脆弱性评估与应用示范以长江口滨海湿地、广西海岸带红树林生态系统和海南三亚珊瑚礁生态系统,以及我国最大沿海城市上海地区的社会经济系统为对象,采用"源-途径-受体-影响"(SPRC)概念模型和IPCC脆弱性定义,构建了气候变化影响下海岸带典型生态系统脆弱性的评价模式,分析了由气候变化所导致的海平面上升对长江口滨海湿地生态系统和广西海岸带红树林生态系统的主要影响。在此基础上,构建了以各气候变化情景下海平面上升速率、地面沉降速率、生境高程、日均淹水时间和沉积速率为指标的脆弱性评估体系。在GIS平台上量化各脆弱性指标,计算脆弱性指数并分级。建立了定量空间评价方法,实现了不同海平面上升情景和时间尺度下长江口滨海湿地和广西海岸带红树林生态系统脆弱性空间评价。研究结果为制订切实可行的应对策略和措施提供了科学依据。

　　以海南三亚珊瑚礁生态系统为对象,应用SPRC评价模式分析了气候变化情景下海水表层温度(SST)上升和大气CO_2浓度升高对珊瑚礁生态系统的影响。构建了基于SST、大气CO_2浓度、珊瑚白化指数、珊瑚死亡率和珊瑚生长率为指标的脆弱性评估体系。在珊瑚礁动态变化模型COMBO(coral mortality and bleaching output)的支持下,利用对各脆弱性指标间的综合计算,预测珊瑚礁覆盖度在未来的变化。根据覆盖度的变化率划分三亚珊瑚礁生态系统的脆弱性等级,建立了气候变化影响下珊瑚礁生态系统脆弱性的定量评价方法,实现了在不同气候变化情景和时间尺度下,海南三亚珊瑚礁生态系统脆弱性的定量空间评价。研究采用的SPRC评价模式和构建的脆弱性评估指标体系及脆弱性评估方法,可以定量评价气候变化影响下海南三亚珊瑚礁生态系统的脆弱性,为制订切实可行的应对策略提供科学依据。

　　以我国最大沿海城市上海市为研究对象,采用SPRC评价模式分析了气候变化影响下由海平面上升叠加风暴潮导致的洪涝灾害对上海市社会经济的影响。构建了基于海平面上升叠加风暴潮情景下导致的洪涝灾害的淹没深度、人口密度、人均GDP、土地单位面积GDP、洪涝致损率和财政收入为指标的脆弱性评估指标体系。在GIS平台上量化各脆弱性指标,计算脆弱性指数并分级,建立了评价海平面上升叠加风暴潮影响下上海市社会经济脆弱性的定量空间评价方法。综合海平面上升、风暴潮以及地面沉降情景,并假设是在该地区目前的防灾设施基础上,实现了不同时间尺度的上海市社会经济脆弱性评估。本研究采用的 SPRC 评价模型、构建的社会经济脆弱性评估指标体系和定量空间评价方法能客观定量评价海平面上升叠加风暴潮影响下上海市社会经济脆弱性,为制订切实可行的应对措施和保障海岸带系统安全提供了科学依据。

引　言

　　自 20 世纪 70 年代以来,全球变化逐渐成为人类关注和研究的热点。其中气候变化是全球变化研究中的核心问题和重要内容。政府间气候变化专门委员会(IPCC)的最新研究报告表明,近百年来全球气候系统正经历着以全球变暖为主要特征的显著变化(IPCC,2013)。研究表明,自工业革命以来人类向大气排放大量温室气体所产生的增温效应很可能是导致全球变暖的最主要原因。现有预测表明,即使温室气体保持在现有水平,未来百年内全球气候仍将继续变暖。气候变化所引起的海温升高、海平面上升和大面积冰川融化等现象将会对海岸带形成巨大影响。这些影响因素包括海平面上升、海水表层温度上升、海水酸化、海水入侵、海岸带侵蚀和风暴潮与洪涝灾害等。海岸带作为全球变化的关键地区,全球气候变化对其影响是多方面的,从不同的尺度上看,这些影响有着不同的体现。

　　我国是海洋大国,拥有 18 000 km 的大陆岸线和 14 000 km 的岛屿岸线,超过 70% 的大城市和 50% 的人口集中在东部及南部沿海地区。我国海岸带区域人口密集,经济发达,占陆域国土面积 13% 的沿海经济带承载着全国 42% 的人口,创造全国 60% 以上的国民生产总值。海岸带在我国经济战略布局中占有极为重要的地位,维持海岸带资源与环境的可持续发展是国家未来发展的重大战略需求。受气候变化和人类活动的双重胁迫,我国海岸带的脆弱性更加凸显。海水入侵、海岸侵蚀和生态系统服务功能下降等直接威胁着海岸防护、社会经济发展和生态安全。气候变化已成为海岸带可持续发展所面临的严峻挑战之一。因此,研究海岸带系统对气候变化的响应机制,评价气候变化对海岸带社会、经济和生态的潜在影响,提出切实可行的应对策略,是保障海岸带系统安全的重要前提。气候变化影响下海岸带脆弱性评估研究是国家的重大需求,同时也是国际前沿的科学问题。

　　根据研究目标和研究内容,以长江口滨海湿地、广西海岸带红树林生态系统和海南三亚珊瑚礁生态系统,以及我国最大沿海城市上海地区社会经济系统为对象,我们制订了以下研究技术路线:

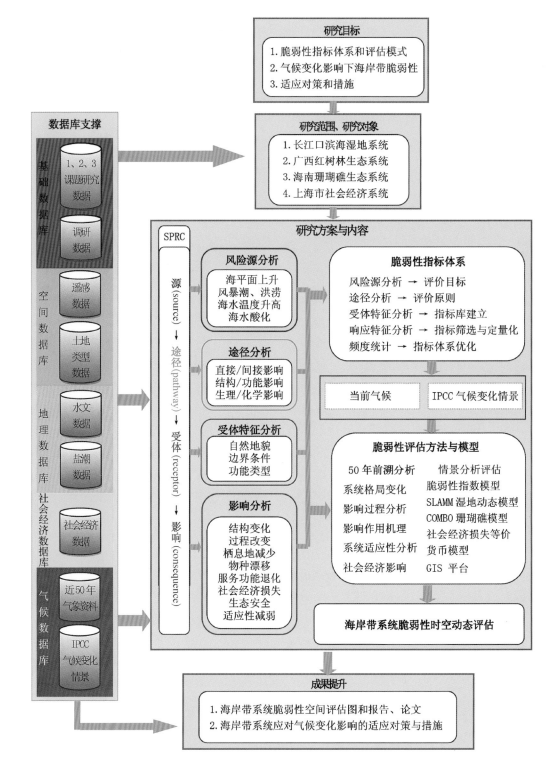

气候变化影响下海岸带系统脆弱性评估技术路线图

第十二章　海平面上升影响下长江口滨海湿地生态系统脆弱性评估

由气候变化引起的海温升高和大面积冰川融化等现象直接导致全球海平面上升。海平面上升可能导致风暴潮频发、海岸侵蚀加速、低海拔地区淹没面积增加,这将给沿海地区自然环境和社会经济发展带来重大影响。滨海湿地是介于陆地与海洋系统之间的生态过渡带,在调蓄洪水、促淤造陆、降解污染物、生物多样性保护以及为人类提供生产和生活资源方面发挥了重要作用(Delgado and Marin,2013)。滨海湿地对气候变暖所导致的海平面上升极为敏感,海平面上升将可能导致滨海湿地面积锐减、生境退化和生物多样性下降等(Nicholls,et al.,2007;Watson et al.,1996)。因此,研究滨海湿地对海平面上升的响应过程与机制,构建海平面上升影响下滨海湿地脆弱性评估体系和方法,客观定量评估滨海湿地生态系统脆弱性,制订切实可行的应对策略和措施,是保障海岸带生态系统安全的重要前提。

12.1　长江口滨海湿地生态系统

长江口是我国第一大河口,地处西太平洋西北边缘,东临东海,南接杭州湾,北濒古黄河冲积滩,地势较低。从动力条件看,长江口为中等强度的潮汐河口,口外为正规半日潮,口内为非正规半日潮。波浪以风浪为主,涌浪次之。该区属东亚季风气候,年均气温为15.2～15.8℃,年均水温为17.2～18℃,平均盐度为0.21～5(崔利芳等,2014)。

长江口滨海湿地可归类为近海及海岸湿地。长江口滨海湿地为低潮时水深6 m以内的海域及其沿岸海水浸湿地带,其中包含潮间带淤泥海滩、岩石性海岸和河口水域三部分。长江口滨海湿地主要包括崇明岛、长兴岛、横沙岛和九段沙周缘以及南汇、金山和奉贤边滩等(图12-1)。据调查统计,2008年长江口滨海湿地总面积为2 318.5 km²(崔利芳等,2014)。

长江口滨海湿地潮间带有规律地被潮水淹没,潮间带的中、高潮滩具有较长的暴露时间,适合盐沼植被生长。长江口滨海湿地属于典型的温带草本潮滩盐沼湿地,适应于长江口潮汐浅滩、水文、气象、沉积、地貌环境条件的基本特征。潮滩高程决定着水淹程度、风浪大小、滩面沉积物和地形冲淤强度,直接影响盐沼植物的生存条件。盐沼植被的分布主要受潮滩高程的影响,如图12-2所示,形成"光滩-海三棱藨草(*Scirpus mariqueter*)或藨草(*Scirpus triqueter*)群落-芦苇(*Phragmites australis*)群落"的梯度分布(张利权和雍学葵,1992)。光滩盐渍藻类带分布于中潮滩下缘和低潮滩,潮水淹没时间长,无高等植物

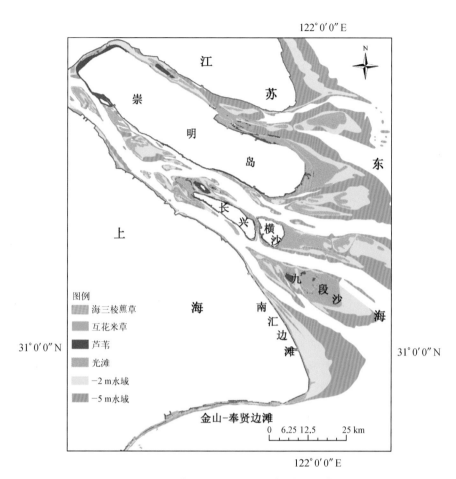

图 12-1 长江口滨海湿地的空间分布(崔利芳等,2014)

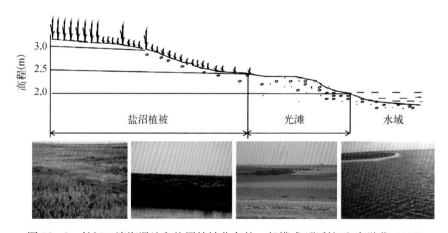

图 12-2 长江口滨海湿地和盐沼植被分布的一般模式(张利权和雍学葵,1992)

分布。海三棱藨草群落主要分布于吴淞高程 2 m 以上的中潮滩上部和高潮滩,海三棱藨草是该带的优势种和先锋植被。芦苇群落是长江口滨海湿地中的主要植被之一,分布在吴淞高程 2.9 m 以上的高潮滩。自 1995 年互花米草(*Spartina alterniflora*)被引入长江口地区后,逐渐在长江口滨海湿地定居,通过其极强的有性和无性繁殖快速扩散。目前互花米草群落以连续锋面状扩散模式形成了大面积的单优群落,其分布下限可达到海三棱藨草带,对本地原生植被芦苇和海三棱藨草群落形成了强烈的竞争态势(黄华梅,2009;崔利芳等,2014)。

12.2　海平面上升影响下长江口滨海湿地生态系统脆弱性评估模式

在海岸带脆弱性评估研究中,目前应用较多的是"压力-状态-响应"(pressure-state-response,PSR)模型(王宁等,2012)。PSR 模型具有比较明显的因果关系,根据指标产生的机理来构建评价指标体系。在 PSR 模型的基础上,欧盟 THESEUS 项目提出了"源-途径-受体-影响"(source-pathway-receptor-consequence,SPRC)模型,用以评价由气候变化所导致的海平面上升与风暴潮对海岸带社会经济和生态的影响(Narayan et al.,2012)。SPRC 模型通过途径将源、受体与结果有效整合,描述了潜在影响源、途径、受体与结果间的因果关系,体现了影响"源"与"受体"的相互作用及其过程,具有较强的空间逻辑关系。应用 SPRC 模型,识别气候变化对滨海湿地生态系统影响的主要途径、过程和结果,建立海平面上升对滨海湿地生态系统影响的评价模式,可为选取脆弱性指标和构建基于过程的海平面上升影响下滨海湿地生态系统脆弱性评估方法提供重要依据。本项研究从系统脆弱性的暴露度、敏感度和适应度三个方面,构建了海平面上升影响下长江口滨海湿地生态系统脆弱性评估的 SPRC 模式(图 12-3)。

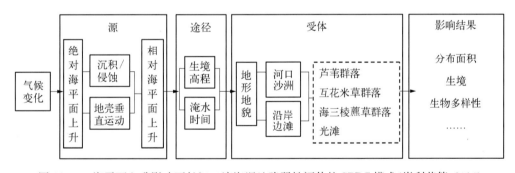

图 12-3　海平面上升影响下长江口滨海湿地脆弱性评估的 SPRC 模式(崔利芳等,2014)

滨海湿地分布于低潮时水深 6 m 以内的水体及其潮间带,其高程和沉积动力条件直接影响湿地生态系统的生存与分布,因此对海平面上升十分敏感(Glick et al.,2013)。海岸带地面沉降可以加速海平面上升对滨海湿地的影响,而海岸带地壳抬升则可缓解或抵消海平面上升影响(Kirwan & Temmerman,2009)。河流和外海带来沉积物在海岸带的冲淤动态也是影响滨海湿地高程的重要因素。本研究应用的 SPRC 评价模式中,气候变化所导致的绝对海平面上升与潮间带地面垂直运动和沉积/侵蚀过程的综合作用下的相对海平面上升是对滨海湿地生态系统可能产生影响的源(S)。相对海平面上升所导致的生境高程和淹水时间的改变是影响各类滨海湿地受体(R)的主要途径(P)。当相对海平面上升速率超出滨海湿地生态系统的耐受范围,将导致生态系统结构和功能改变,最终导致生境丧失(C,即表现为系统脆弱性)。如果海岸带修建了堤坝或已被围垦,湿地生态系统向陆迁移路径被切断,将导致滨海湿地大面积丧失(刘曦和沈芳,2010)。按长江口地形地貌特征,长江口滨海湿地可大致分为河口沙洲(R_1)和沿岸边滩(R_2)。在此基础上,根据生态系统类型,可将长江口滨海湿地评价受体划分为 8 类,其详细划分与分布见表 12-1 和图 12-1。

表 12-1   长江口滨海湿地评价受体(R)类型(崔利芳等,2014)

地 貌 特 征	受　体
河口沙洲(R_1)	芦苇群落(R_{11}) 互花米草群落(R_{12}) 海三棱藨草群落(R_{13}) 光滩(R_{14})
沿岸边滩(R_2)	芦苇群落(R_{21}) 互花米草群落(R_{22}) 海三棱藨草群落(R_{23}) 光滩(R_{24})

12.3   长江口滨海湿地生态系统脆弱性评估指标体系与方法

脆弱性一词最早被应用于地学中灾害风险研究领域,现已被广泛应用到土地利用/覆被变化、生态环境评价、气候变化等研究中(王宁等,2012)。IPCC 第三次评估报告中的脆弱性定义被广泛接受运用,其定义为:"系统容易受到气候变化(包括气候变化率和极端气候)造成的不良影响或者无法应对其不良影响的程度。脆弱性是系统遭受气候变化率特征、强度和速率,以及系统敏感性和适应性的函数"(IPCC,2001)。系统脆弱性(vulnerability)与系统的暴露度(exposure,E)、敏感度(sensitivity,S)和适应度(adaptation,A)之间的关系可表达为:$V = E + S - A$(Romieu et al.,2010)。

12.3.1   脆弱性评估指标体系

海岸带脆弱性评估中运用较多的是建立脆弱性评估指标体系,应用 CVI 指数(coastal vulnerability index)或 EVI 指数(environmental vulnerability index)评价海岸带的脆弱性(Gornitz,1991;Kaly et al.,1999)。例如,Dwarakish 等(2009)选取海岸类型、冲淤速率、坡度、海平面上升速率和平均波高作为印度西海岸带的脆弱性评估指标体系。Maria 等(2008)选取海平面上升速率、生境高程、淹水阈值、土地利用变化等指标,进行地中海东部海岸带生态系统的脆弱性评估。Pitchford 等(2012)选取气温和降水量指标来分析气候变化对大西洋中部滨海湿地生态系统的影响。综合国内外有关气候变化对海岸带生态系统影响的相关研究,常用的评价指标主要包括:暴露度指标(主要有海平面上升、风暴潮、气温等);敏感度指标(主要有初级生产力、生境淹水阈值、生物多样性、高程等);适应度指标(主要有生物适应能力、输沙量、沉积速率、减缓措施等)(表 12-2)。

表 12-2　气候变化影响下滨海湿地脆弱性评估指标库(崔利芳等,2014)

评价对象	项目层	指　标　层
滨海湿地生态系统	暴露度	年平均气温、全年降水量、年平均蒸发量、海平面上升速率、地面沉降速率、风暴潮发生频率等
	敏感度	高程、坡度、生物多样性、自然湿地变化率、植被初级生产力、生境淹水阈值、盐度阈值、温度阈值等
	适应度	生物适应能力、径流量、输沙量、沉积速率、减缓措施等

基于上述 IPCC 的脆弱性定义和 SPRC 评价模式分析,本研究从系统的暴露度、敏感度和适应度三方面构建了海平面上升影响下长江口滨海湿地脆弱性评估指标体系(表 12-3)。气候变化对滨海湿地生态系统的影响主要是在海平面上升、地壳垂直运动和沉积速率三者的相互作用下,滨海湿地生态系统能否适应生境高程和淹水时间的变化过程。选取的指标可以定量反映海平面上升对滨海湿地生态系统的影响以及过程和结果,并且应避免指标间的重复。同时,指标应具备可定量化和数据可获取性的特征,其数据具有时空异质性。

表 12-3　海平面上升影响下长江口滨海湿地脆弱性评估指标体系(崔利芳等,2014)

评价对象	项目层	指　标　层	数　据　来　源
滨海湿地生态系统	暴露度	海平面上升速率(cm/a) 地面沉降速率(cm/a)	IPCC(2007,2013)和国家海洋局公报 Wang Jun 等的研究和上海地质资料信息共享平台
	敏感度	生境高程(m)、日均淹水时间(h)	上海湿地资源调查与监测评价体系研究 张利权等和黄华梅等的研究
	适应度	沉积速率(cm/a)	长江口水文水资源勘测局

海平面上升:海平面上升将改变长江口滨海湿地的生境高程和淹水时间,直接影响滨海湿地生态系统的生存和分布。本研究中海平面上升情景采用国家海洋局公报中长江口沿海近 30 年平均上升速率(0.26 cm/a)和 IPCC 排放情景特别报告(SRES)中 A1F1 情景下的海平面上升速率(0.59 cm/a)。

地面沉降速率:地面沉降是影响区域相对海平面上升的重要因素,地面沉降可进一步加剧海平面上升的影响。长江口地区普遍存在地面沉降现象,根据长江口沿岸地面沉降速率,在 ArcGIS 平台上进行克里金插值计算,得出长江口滨海湿地区域的沉降速率图[图 12-4(a)]。除崇明东滩等小部分地区的地面沉降速率为 0.5~1 cm/a,其余大部分滨海湿地区域的地面沉降速率为 0~0.5 cm/a(龚世亮和杨世伦,2007)。

生境高程:长江口滨海湿地生态系统沿高程梯度呈带状分布格局,各类湿地生态系统具有一定的生境需求和分布范围(张利权和雍学葵,1992;黄华梅,2009)。海平面上升可能导致滨海湿地的实际高程发生变化,从而影响湿地生态系统的生境。根据长江口滨海湿地生态系统的调查数据,得出长江口滨海湿地的生境高程分布图(吴淞高程)[图 12 - 4(b)]。

沉积速率:河流和外海带来的沉积物在海岸带的冲淤动态是影响滨海湿地相对高程的重要因素。当沉积速率大于海平面上升速率时,可缓解或抵消海平面上升对滨海湿地相对高程的影响。若沉积速率小于海平面上升速率,则会加速海平面上升对滨海湿地生态系统的影响(Ibáñez et al., 2010)。长江每年携带大量泥沙在长江口淤积,根据长江口水文水资源勘测局提供的数据(1997~2010 年),得出长江口滨海湿地的平均沉积速率图[图 12 - 4(c)]。

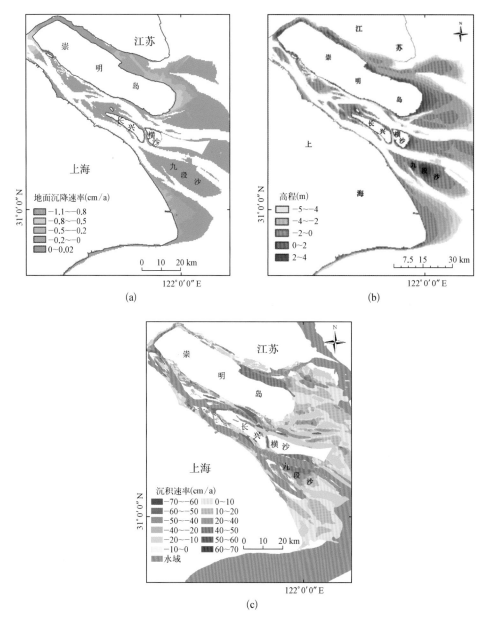

图 12 - 4 1980~2005 年长江口滨海湿地地面沉降速率(a)、
高程(b)和沉积速率(c)分布图(崔利芳等,2014)

　　日均淹水时间(T)：沿高程梯度呈带状分布的各类湿地生态系统对淹水胁迫具有一定的适应性和耐受范围(张利权和雍学葵,1992)。根据2012年国家海洋局刊发的潮汐表和长江口滨海湿地生态系统的高程分布(黄华梅,2009),计算不同湿地生态系统生境的日均淹水时间(全年日平均),得出滨海湿地中芦苇、互花米草和海三棱藨草群落以及光滩的日均淹水阈值分别为7 h、10 h、11 h和15 h(图12-5)。

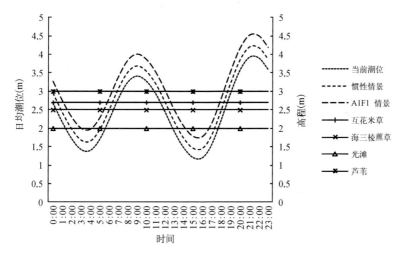

图12-5　不同海平面上升情景下日均潮位变化和各类长江口
滨海湿地生境的日均淹水时间(崔利芳等,2014)

12.3.2　脆弱性指数的计算与分级

　　不同海平面上升情景下,不同时间尺度长江口滨海湿地生态系统脆弱性指数(vulnerability index,VI)的计算如下:

$$VI \in rang(T_{sl} - T) \tag{12-1}$$

式中,$rang(T_{sl}-T)$为不同海平面上升情景下各类滨海湿地生境的日均淹水时间(T_{sl})与相应的滨海湿地生态系统日均淹水阈值(T)的差值。

　　根据各气候变化情景下长江口海平面上升速率和日均潮位表(图12-5),可推导出不同海平面上升情景下长江口各类滨海湿地生境的淹水时间(T_{sl}):

$$T_{sl} = intercept[f(tide, t), f(E, t)] \tag{12-2}$$

$$f(tide, t) = \frac{dR_{rsl}}{dt} \tag{12-3}$$

$$R_{rsl} = R_{sl} - R_{sub} - R_{sed} \tag{12-4}$$

式中,T_{sl}为不同海平面上升情景下日均潮位变化 $f(tide)$所对应的各类滨海湿地生境的日均淹水时间,即不同海平面上升情景下日均潮位变化在各类湿地生境高程 $f(E)$上的截距(图12-5);$f(tide)$为平均潮位在不同海平面上升情景下随时间(t)的变化;t为不同时间尺度(短期 2010～2030 年,中期 2010～2050 年和长期 2010～2100 年)的评价年数;R_{slr} 为相对海平面上升速率;R_{sl} 为绝对海平面上升速率;R_{sub} 为地面沉降速率;R_{sed} 为沉积速率。

光滩的日均淹水时间比海三棱藨草群落、互花米草群落和芦苇群落生境分别多 4 h、5 h 和 8 h(图 12-5),由此划分 VI 的等级。当 VI∈[≤0 h],即湿地生态系统生境的日均淹水时间在其淹水阈值范围之内,表明滨海湿地生态系统不脆弱;当 VI∈(0 h,4 h]时,属于轻度脆弱;当 VI∈(4 h,5 h]时,属于中度脆弱;当 VI∈[>5 h]时,属于高度脆弱。

12.4 海平面上升影响下长江口滨海湿地生态系统脆弱性空间评估

空间量化评价指标是实现脆弱性空间评价的基础(崔利芳等,2014)。在 ArcGIS 平台上以长江口滨海湿地生态系统评价受体作为数据载体和基本评价单元。选取的生境高程、地面沉降速率和沉积速率评价指标都具有空间地理特征。整合脆弱性指标数据与评价单元,实现空间评价单元的单属性图层赋值与储存。建立空间数据与属性数据相互关联的脆弱性指标数据库,实现海平面上升速率、生境高程、地面沉降速率和沉积速率指标的地理空间量化。根据 VI 的计算方法,在 GIS 平台上进行指标图层的空间叠加计算,生成多指标属性的综合图层,得出每个评价单元的脆弱性指数。按脆弱性指数等级划分,输出不同海平面上升情景下和不同时间尺度的滨海湿地生态系统脆弱性等级的空间分布图,进行海平面上升影响下长江口滨海湿地生态系统脆弱性评估。

12.4.1 当前海平面上升速率情景下长江口滨海湿地的脆弱性评估

在当前海平面上升速率情景下,长江口滨海湿地在近期、中期和长期的脆弱性等级面积百分比见表 12-4。至 2030 年,长江口滨海湿地处于轻度脆弱和中度脆弱的面积比例分别为 6.6% 和 0.1%。至 2050 年,轻度脆弱和中度脆弱的面积比例分别增至 9.8% 和 0.2%。至 2100 年,轻度脆弱的面积比例达到 8.1%,中度脆弱的面积比例增至 0.8%,同时处于高度脆弱的滨海湿地开始出现,占总面积的 2.3%(表 12-4)。

表 12-4 当前海平面上升速率情景和 A1F1 情景下长江口滨海
湿地脆弱性等级面积百分比(Cui et al. , 2015)

气候变化情景	时间尺度	脆 弱 性 等 级			
		无	低	中	高
当前海平面	2010～2030	93.3%	6.6%	0.1%	0
上升速率情景	2010～2050	90.0%	9.8%	0.2%	0
	2010～2100	88.8%	8.1%	0.8%	2.3%
A1F1	2010～2030	90.9%	9.0%	0.1%	0
	2010～2050	89.2%	9.5%	1.0%	0.3%
	2010～2100	87.3%	3.0%	2.8%	6.9%

　　在当前海平面上升速率情景下，至2030年、2050年和2100年，长江口滨海湿地脆弱性的空间分布如图12-6所示。至2030年，处于轻度脆弱的滨海湿地主要位于崇明岛南岸和东南沿岸。至2050年，轻度脆弱的滨海湿地主要位于崇明岛南岸和东南沿岸，以及九段沙南岸。至2100年，除上述区域外，金山边滩部分滨海湿地也处于轻度脆弱，高度脆弱的滨海湿地主要位于崇明岛东南沿岸。上述区域的地面沉降速率相对较大，而且沉积速率较小，甚至为负值，从而改变湿地生境的实际高程。这导致在海平面上升影响下，滨海湿地生境的淹水时间延长，超出其耐受范围，从而影响滨海湿地生态系统的结构和功能。

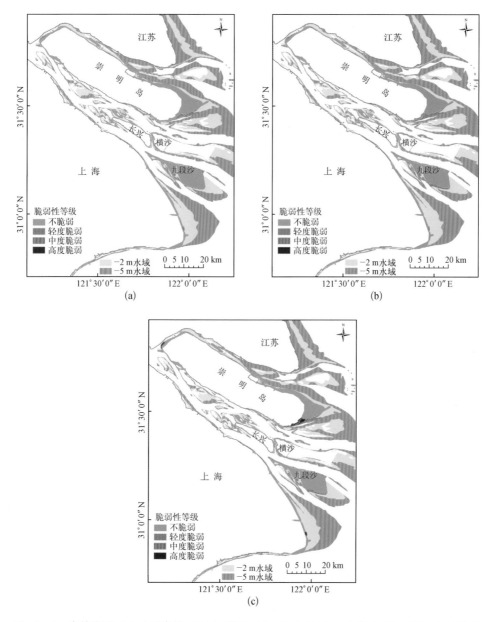

图12-6　当前海平面上升速率情景下，近期（2010～2030年）(a)、中期（2010～2050年）(b)和
　　　　长期（2010～2100年）(c)长江口滨海湿地脆弱性空间分布（Cui et al.，2015）

12.4.2 A1F1海平面上升情景下长江口滨海湿地的脆弱性评估

在 A1F1 海平面上升情景下,长江口滨海湿地在近期、中期和长期的脆弱性等级百分比见表 12-4。至 2030 年,处于轻度脆弱和中度脆弱的滨海湿地分别占总面积的 9.0% 和 0.1%。至 2050 年,轻度脆弱和中度脆弱的滨海湿地面积比例分别增至 9.5% 和 1.0%,此外,0.3% 的滨海湿地处于高度脆弱。至 2100 年,处于轻度脆弱的滨海湿地面积比例下降至 3.0%,然而中度脆弱和高度脆弱的面积比例明显增加,分别增至 2.8% 和 6.9%(表 12-4)。

在 A1F1 海平面上升情景下,至 2030 年、2050 年和 2100 年,长江口滨海湿地脆弱性的空间分布如图 12-7 所示。至 2030 年,轻度脆弱的滨海湿地主要位于崇明岛南岸和东

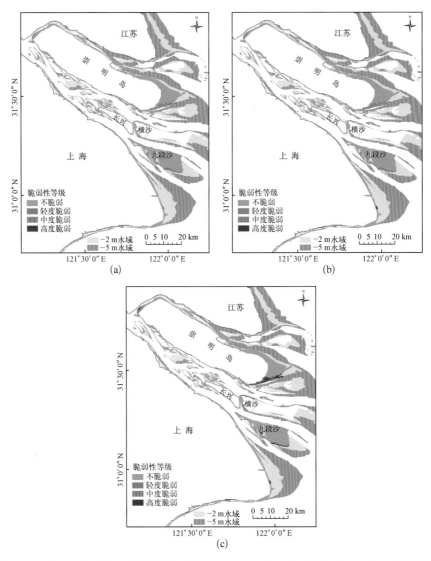

图 12-7　A1F1 海平面上升情景下,近期(2010~2030 年)(a)、中期(2010~2050 年)(b)和长期(2010~2100 年)(c)长江口滨海湿地脆弱性空间分布(Cui et al.,2015)

南沿岸,以及九段沙南岸。至2050年,除上述区域以外,金山边滩部分滨海湿地在海平面上升影响下也将处于轻度脆弱。至2100年,横沙岛西岸部分滨海湿地也将处于轻度脆弱,高度脆弱的滨海湿地主要位于崇明岛南岸和东南沿岸、金山边滩以及九段沙南岸。由此可见,滨海湿地的脆弱区主要分布于地面沉降较明显且沉积速率较小的地带[图12-4(a)和(c)]。

12.5　应用SLAMM模型评价海平面上升对长江口滨海湿地影响

海平面影响湿地模型(the sea level affecting marshes model,SLAMM)发展于20世纪80年代中期,主要基于GIS技术应用于全球海平面上升对海岸带系统的影响。该模型使用决策树,结合几何学和定性关系实现土地类型转换的表达。SLAMM模型主要模拟水淹、淤积、冲刷、盐度和土壤透水等6个过程及其在海平面上升情景下对滨海湿地的影响。该模型模拟过程中结合了大空间尺度和空间高分辨率数据,可以使预测结果更精确(Craft et al.,2008)。SLAMM模型已被先后用于研究气候变化所导致的海平面上升对路易斯安那州、佛罗里达州、佐治亚州、加利福尼亚州和南卡罗来纳州等地海岸带生态系统的影响(Wang et al.,2014)。

长江口同时具备河口自然属性(包括地形特征、植被类型组成、沉积环境等)和与之相关的人类活动特征(如三峡水利工程对下游的效应)。因此,长江口也是研究海平面上升对滨海湿地影响的理想研究区域。当前,崇明东滩滨海湿地处在海平面上升和入海泥沙减少的双重胁迫之下。应用SLAMM模型,模拟在海平面上升情景下崇明东滩滨海湿地对海平面上升和入海泥沙减少双重威胁的长期响应,其主要响应包括湿地本身和海岸线动态。

SLAMM模型内构建了一组代表各湿地类型的编码系统,崇明东滩湿地植被类型及其代码见表12-5。所用的参数包括高程、地面沉降速率、坡度、生境类型(图12-8)以及不同海平面上升情景和垂向侵蚀/淤积速率。

表12-5　崇明东滩滨海湿地植被类型与SLAMM模型内部土地利用类型对照表

滨海湿地生境类型	SLAMM分类系统(编码)
海三棱藨草群落	有规律水淹盐沼(8)
芦苇群落	不规律水淹盐沼(23)
互花米草群落	潮间盐沼(20)
光滩	光滩(11)
浅水区域	开放水域(19)

海平面上升情景:采用长江口沿海近30年平均上升速率的海平面上升情景(PSLR)和IPCC排放情景特别报告(SRES)中A1F1情景下的海平面上升速率(HSLR)。

沉积速率:当前沉积速率(CSR)和沉积速率减半情景(1/2CSR)。由于长江中上游一

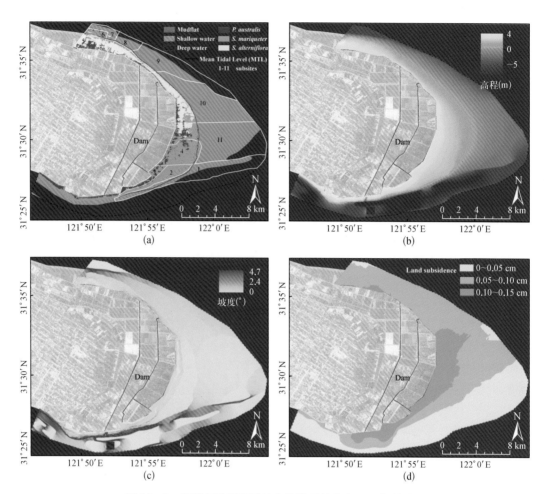

图 12 - 8　崇明东滩滨海湿地生境类型的分布(a)、高程(b)、
坡度(c)和地面沉降(d)(Wang et al., 2014)

系列水利工程的建设,入海泥沙大量减少(Yang et al., 2011),滨海湿地沉积速率相应下降。在此情景下,设定滨海湿地垂向沉积速率减少为当前沉积速率的二分之一,垂向侵蚀速率增加至当前侵蚀速率的一半。崇明东滩滨海湿地每个子区域在两种情景下相应的沉积速率见表 12 - 6。

表 12 - 6　崇明东滩滨海湿地每个子区域淤积或侵蚀参数

子 区 域	平均淤积(+)或侵蚀(-)速率(mm/a)	
	当前沉积速率	减半沉积速率
子区域 1	-3.8	-5.7
子区域 2	-5	-7.5
子区域 3	-7.5	-11.25
子区域 4	8	4
子区域 5	69	34.5
子区域 6	54	27

续　表

子 区 域	平均淤积(＋)或侵蚀(一)速率(mm/a)	
	当前沉积速率	减半沉积速率
子区域 7	38	19
子区域 8	23	11.5
子区域 9	12	6
子区域 10	4	2
子区域 11	12	6

应用 SLAMM 模型,评价在以下四种情景下海平面上升和沉积速率下降对崇明东滩滨海湿地的影响,即① 当前海平面上升速率(PSLR)＋当前沉积速率(CSR);② 较快海平面上升速率（HSLR）＋当前沉积速率(CSR);③ 当前海平面上升速率(PSLR)＋沉积速率减半(1/2CSR);④ 较快海平面上升速率(HSLR)＋沉积速率减半(1/2CSR)。应用 SLAMM 模型,模拟在近期(2008～2025 年)、中期(2008～2050 年)和长期(2008～2100 年)海平面上升和入海泥沙减少对崇明东滩滨海湿地的影响。

12.5.1　短时间尺度(2008～2025 年)下海平面上升对崇明东滩滨海湿地的影响

至 2025 年,崇明东滩湿地在四种模拟情景下的分布如图 12-9 所示,其面积变化百分比如图 12-10 所示。模拟结果表明,分布在中高潮滩的芦苇群落的面积减少 0.01%,基本不受影响。但在 PSLR＋CSR[图 12-9(a)],HSLR＋CSR[图 12-9(b)],PSLR＋1/2CSR[图 12-9(c)]和 HSLR＋1/2CSR[图 12-9(d)]情景下,互花米草群落的面积减少 15.1%～19.2%。互花米草群落演变为海三棱藨草群落,进一步演变为光滩。分布在低潮滩的海三棱藨草群落在 PSLR＋CSR、HSLR＋CSR、PSLR＋1/2CSR 和 HSLR＋1/2CSR 情景下,其面积减少 0.3%～6.6%,同时,光滩面积分别增加 5.2%、1.5%、21.9%和16.9%(图 12-10)。

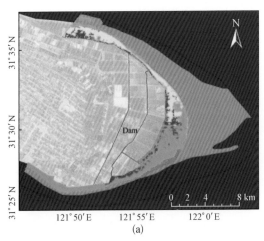

(a)

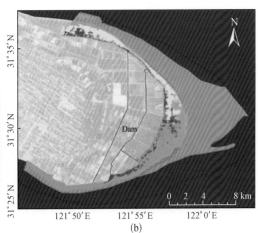

(b)

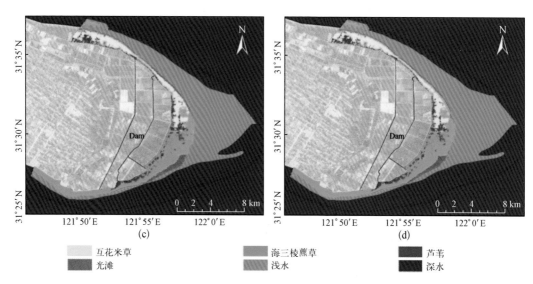

图 12-9　至 2025 年，在(a) PSLR＋CSR、(b) HSLR＋CSR、(c) PSLR＋
1/2CSR 和(d) HSLR＋1/2CSR 四种情景下，崇明东滩滨海
湿地分布图(Wang et al.，2014)

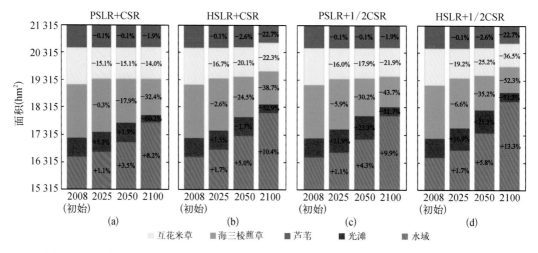

图 12-10　在(a) PSLR＋CSR、(b) HSLR＋CSR、(c) PSLR＋1/2CSR 和(d) HSLR＋
1/2CSR四种情景下，崇明东滩滨海湿地近期(2008～2025 年)、中期(2008～
2050 年)和长期(2008～2100 年)的面积变化(Wang et al.，2014)

　　短时间尺度预测结果表明，高海平面上升速率(HSLR)和沉积速率减半(1/2CSR)情景对低潮滩滨海湿地有相当大的影响。受影响的区域主要分布在崇明东滩湿地南部，主要是由于南部区域沉降速率快、沉积速率低或存在侵蚀。

12.5.2　中时间尺度(2008～2050 年)下海平面上升对崇明东滩滨海湿地的影响

　　至 2050 年，崇明东滩滨海湿地在四种模拟情景下的分布如图 12-11 所示，其面积变化百分比如图 12 - 10 所示。随着海平面进一步上升,分布于高潮滩的芦苇群落的面积开始减少,在 HSLR 情景下减少 2.6%,高于 PSLR 情景的 0.03%。在 PSLR＋CSR、HSLR＋CSR、PSLR＋1/2CSR 和 HSLR＋1/2CSR 情景下,互花米草群落的面积分别减少 15.1%、20.1%、17.9%和 25.2%,而海三棱藨草的群落面积分别减少 17.9%、24.5%、30.2%和 35.2%(图 12 - 10)。

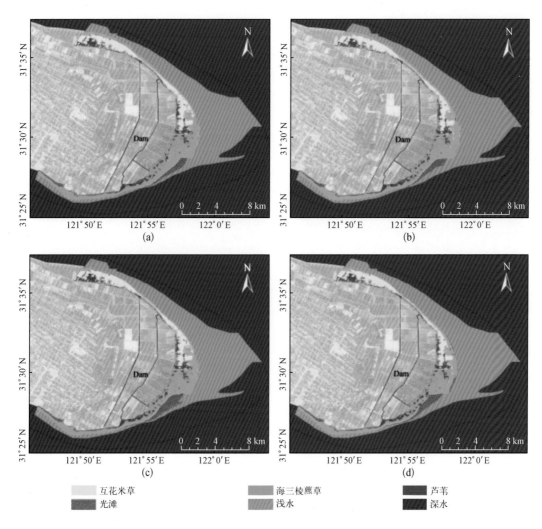

图 12 - 11　至 2050 年,在(a) PSLR＋CSR、(b) HSLR＋CSR、(c) PSLR＋
1/2CSR 和(d) HSLR＋1/2CSR 四种情景下,崇明东滩滨海
湿地分布图(引自 Wang et al.,2014)

中时间尺度预测结果表明,高海平面上升速率(HSLR)和沉积速率减半(1/2CSR)情景对中潮滩和低潮滩的滨海湿地有很大影响。随着海平面上升,海三棱藨草群落演变为光滩。除了崇明东滩湿地南部区域外,其中部和北部区域也开始受其影响。

12.5.3 长时间尺度(2008～2100年)下海平面上升对崇明东滩滨海湿地的影响

　　至2100年,崇明东滩滨海湿地在四种模拟情景下的分布如图12-12所示,其面积变化百分比如图12-10所示。随着海平面进一步上升,分布于高潮滩的芦苇群落在HSLR情景下减少22.7%,高于PSLR情景的1.9%。在PSLR+CSR、HSLR+CSR、PSLR+1/2CSR和HSLR+1/2CSR情景下,互花米草群落的面积分别减少14%、22.3%、21.9%和36.5%,海三棱藨草群落的面积分别减少32.4%、38.7%、43.7%和52.3%,而光滩面积增加51.3%～60.2%(图12-10)。

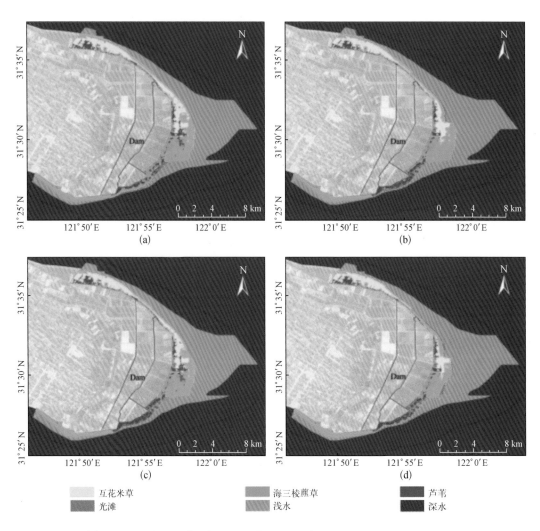

图12-12　至2100年,在(a) PSLR+CSR、(b) HSLR+CSR、(c) PSLR+1/2CSR和(d) HSLR+1/2CSR四种情景下,崇明东滩滨海湿地分布变化(引自 Wang et al., 2014)

长时间尺度预测结果表明,高海平面上升速率(HSLR)和沉积速率减半(1/2CSR)情景不仅对中潮滩和低潮滩的滨海湿地有相当大的影响,而且也影响高潮滩。影响区域包括了崇明东滩滨海湿地的所有区域,其盐沼植被面积大量减少,部分区域甚至全部消失。

12.6　应对海平面上升对长江口滨海湿地影响的对策与措施

在不同海平面上升情景(近30年长江口沿海平均海平面上升速率和IPCC排放情景特别报告中的A1F1情景)和时间尺度(2030年、2050年和2100年)下,长江口滨海湿地生态系统的定量空间评价结果以及SLAMM模型的模拟结果表明,不断加速上升的海平面将对滨海湿地产生显著影响,尤其是在发生地面沉降和侵蚀的区域(Cui et al.，2015;Zhang et al.，2015)。依据脆弱性评估结果,结合长江口滨海湿地的特点,提出相应的应对海平面上升对长江口滨海湿地影响的适应对策与减缓措施。

12.6.1　泥沙沉积的科学管理

河流携带大量泥沙在河口处沉积并逐渐淤涨,是滨海湿地适应与减缓海平面上升对其影响的重要因素。海平面上升对滨海湿地的影响主要取决于沉积速率是否能抵消海平面上升速率。若沉积速率大于或等于海平面上升速率,将会减缓海平面上升对滨海湿地的影响。若沉积速率小于海平面上升速率,海平面上升将改变滨海湿地生境(主要是高程),进而改变滨海湿地的日均淹水时间,影响盐沼植被的生存和分布。如果相对海平面上升速率超出滨海湿地生态系统的耐受范围,将改变湿地生境的结构和功能,最终导致生境丧失。长江每年携带大量泥沙在长江口处沉积,但近几十年由于自然因素和人类活动的影响,如长江流域大量水库的修建、引水调水、河流采砂,长江的年输沙量从20世纪80年代开始不断下降。1990~1999年和2000~2009年的年均输沙量(3.43×10^8 t和1.92×10^8 t),分别比1950~1959年期间的年均输沙量(4.72×10^8 t)下降了1.29×10^8 t和2.8×10^8 t。尤其是2003年三峡水库蓄水之后,其输沙量明显下降,2011年仅为0.72×10^8 t,不足20世纪50、60年代平均水平的1/7(Yang et al.，2011)。崇明东滩、横沙东滩、九段沙和南汇东滩四大滩涂在1958~1977年、1977~1996年和1996~2004年三个时段的淤涨速率分别为19.1 km²/a、5.1 km²/a和4.9 km²/a,呈明显的下降趋势,同一时期大通站的平均输沙率分别为4.74×10^8 t/a、3.99×10^8 t/a和2.87×10^8 t/a(杨世伦等,2009)。由此可知,在泥沙量逐渐减少和海平面不断加速上升的背景下,长江口滨海湿地面临淤涨速率减缓甚至侵蚀的威胁。因此采取工程措施改变近岸泥沙的运移格局,促进泥沙沉积和滨海湿地的淤涨,是减缓海平面上升对滨海湿地影响的有效措施之一。

丁坝是我国海岸防护采用较多的一种保护滨海湿地的工程,其是一种与岸线垂直或高角度相交的线形实体结构工程,能够拦流截沙、消耗海浪正面冲刷的能量,可有效促进滨海湿地淤涨并防治海岸侵蚀。目前长江口的崇明、长兴和横沙三岛已建有数百条丁坝来保滩促淤、防治海岸侵蚀。南汇嘴潮滩在 1994～2003 年期间实施了大规模的低滩筑堤促淤工程,先后从 0～−2 m 水深线向东修建促淤堤坝。工程实施期间,促淤坝田的淤积速率显著增加,淤积区年淤积厚度一般为 0.3～0.8 m,最大淤积区年淤积厚度在 1 m 以上,在此期间共促淤 150 km² 的滩涂湿地(李九发等,2011)。通过筑堤促淤工程,有效增加了泥沙的沉积量,促进滨海湿地快速淤涨发育,有利于减缓甚至抵消海平面上升对滨海湿地的影响。

12.6.2　控制地面沉降

上海是我国发生地面沉降最早、受影响最大的城市,随着社会经济的快速发展,地下水开采规模不断扩大,尤其是受大规模城市建设的影响,地面沉降的影响范围迅速扩大,沉降速率呈明显增大趋势。上海近 80 年的地面沉降变化显示,1921～1965 年期间的地面沉降速率逐渐加快,地面平均下沉 1.76 m,沉降速率为 39 mm/a,为沉降发展时期,期间 1921～1948 年上海地区年平均沉降量为 22.8 mm,最大年沉降量为 42 mm。之后随着工业生产的快速发展,地下水开采量日益增加,地面沉降速率也相应增大,且沉降影响范围逐渐从市区向郊区扩展。1957～1961 年期间地面沉降最为显著,为严重沉降阶段,年平均沉降量增至 98.6 mm,最大年沉降量为 287 mm,4 年平均累计沉降量为 493 mm,最大累计沉降量为 1 149 mm。1966 至今上海地面沉降得到有效控制,沉降速率为 6.2 mm/a,为沉降控制时期(龚士良,2006;龚士良和杨世伦,2008)。

长江口滨海湿地是上海市重要的后备土地资源,随着海岸带经济的发展,海岸工程也随之迅速发展,这容易引发滩地地面沉降问题,而且由于长江口地区的浅部地层形成较晚,自身的自然固结过程尚未完成,极易在堆积压实等作用下发生压缩,因此将进一步加重长江口湿地的地面沉降(龚士良,2002;龚士良和杨世伦,2007)。1980～1995 年期间崇明东滩沉降速率为 5～6.7 mm/a,累计地面沉降量为 75～100 mm,西部地区沉降速率为 3～5 mm/a,累计地面沉降量为 45～75 mm。1995～2005 年期间崇明团结沙海岸等东部地区的沉降速率大于 50 mm/a,累计沉降量超过 500 mm(龚士良和杨世伦,2007)。1980～1995 年南汇海岸带平均沉降速率为 4.6 mm/a,累计地面沉降量为 69 mm,1995～2001 年沉降速率明显增加,达到 11.8 mm/a。

因此,需要加强地面沉降的研究,严格控制地下水开采,大力控制大型工程的过度建设。同时对于滩涂湿地资源的开发利用过程中,充分考虑新近沉积土的地面沉降效应,并采取相应的防治对策和措施,有效减少长江口滨海湿地的地面沉降量,从而减缓海平面上升对滨海湿地生态系统的影响。

12.6.3　扩展新生湿地的生态工程

作为海陆系统之间缓冲带的滨海湿地,其盐沼植被具有显著的缓流消浪作用,有利于泥沙的沉降,促进滩涂快速淤涨发育。同时滩涂植物本身的枯枝落叶也直接参与沉积,实验证明有植物生长的滩地的淤积速率是附近裸滩的 2～3 倍(林鹏,1993)。相关研究显示,崇明东滩中部断面高潮滩、中潮滩和低潮滩近几十年的平均沉积速率分别为 4.3～4.9 cm/a,1.1～1.3 cm/a 和 0.9～1.0 cm/a,植被覆盖率较高的高潮滩的淤涨速率比植被覆盖率低的中、低潮滩大(赵常青,2006;姜亦飞等,2012)。长江口从 20 世纪 70 年代开始在不同高程浅滩种植芦苇等植被,利用自然植被的消浪缓流作用来促进泥沙沉积,从而加速滩地的快速淤涨。20 世纪 70 年代末南汇东滩在高潮位浅滩种植芦苇,实测数据表明 3 m 高程的芦苇带年淤积厚度可达 0.33 m,崇明东北边滩的芦苇带年淤积厚度达 0.2～0.3 m。九段沙在 90 年代末实施了"种青促淤"生态工程,首次在下沙种植了 0.05 km² 的互花米草,在中沙种植了 0.5 km² 的互花米草和 0.4 km² 的芦苇,2008 年互花米草、芦苇和海三棱藨草群落的面积已分别达 17.1 km²、9.2 km² 和 9.7 km²。"种青促淤"生态工程进一步加快了九段沙滩涂不断向海淤涨和滩涂高程的增加。实测数据显示,九段沙种青促淤期间年淤积厚度可达 0.3 m(李九发等,2007;黄华梅,2009)。因此加强保护盐沼植被并科学实施扩展新生湿地的生态工程,可加速滩地的淤高和向海淤涨,增加滨海湿地面积和高程,从而达到减缓海平面上升对滨海湿地影响的作用。

疏浚泥为一种资源,国外已在 40 多年前开展了应用疏浚泥扩展滨海湿地的生态工程。其生态工程主要包括修复受损滨海湿地、保护沉降或受侵蚀的滨海湿地和建造人工生态岛等(黄华梅等,2012)。长江口深水航道治理工程开始于 1998 年,期间每年生产大量的疏浚泥,2010 年 3 月随着长江口 12.5 m 深水航道的贯通,之后每年疏浚维护量约 6 100 万 m³(季岚等,2011;唐臣等,2013)。随着上海市经济的快速发展,大量农用地被占为建设用地。为保障耕地资源总量的动态平衡,上海市提出利用长江口疏浚土在横沙进行吹填成陆的设想并且已经实施。2003～2015 年,先后完成了横沙东滩一、二、四、六期促淤工程和三期圈围工程以及五期工程(横沙大道),共建造新生滩地 112 km²,2010 年 1 100 万 m³ 的长江口深水航道疏浚泥用于横沙东滩三期围内吹填,占总吹填量的约 45%,2011～2015 年计划 100% 利用长江口深水航道疏浚泥,完成 7 000 万 m³ 的吹填量(唐臣等,2013)。因此,可利用长江口深水航道疏浚泥进行吹填工程,通过人工吹泥上滩,加速滩地向海淤涨,扩大滨海湿地面积。此外,也可将疏浚泥吹填到光滩或浅滩,使其高程达到目标高程之后,种植长江口先锋物种和优势物种(海三棱藨草和芦苇),从而进一步促进滨海湿地的淤涨。这些扩展新生湿地的生态工程能够有效地减缓或抵消海平面上升对长江口滨海湿地的影响,维持滨海湿地生态系统的服务功能。

12.6.4　控制滨海湿地围垦

上海市 62% 的土地是近 2 000 年来长江携带大量泥沙堆积而成。尤其是近 50 年来,随着社会经济的快速发展和人口的迅速增长,上海市土地资源紧缺。然而为保证城市的基本建设和工农业的发展,需要大量的土地资源,长江口滨海湿地可作为上海市重要的后备土地资源。从 20 世纪 50 年代以来,随着滨海湿地面积不断扩大,上海市在长江口区陆续实施了多项大规模的滨海湿地围垦工程,至 2010 年已围垦的滨海湿地面积达 1 040 km²。其中崇明滩涂湿地围垦面积最大,1949～1985 年,崇明岛围垦 52 次,规模较大的有 9 次,围得土地面积 434 km²;1986~1995 年期间,陆续围垦 16 处滩地,共围得土地面积 104 km²;1996~2010 年,先后围垦滩地 14 处,围得土地面积 130 km²(龚瑞萍和崔慈,2012)。

20 世纪 90 年代长江口滨海湿地的围垦主要发生于高潮滩,但 2000 年之后,围垦工程的实施主要发生于中、低潮滩(孙永光,2011)。快速的经济发展促使滨海湿地的围垦强度逐渐增加,高强度的围垦工程不仅使滨海湿地面积迅速减少,而且也改变了滨海湿地生态系统的结构和功能。例如,崇明东滩 92 和 98 大堤建成之前,团结沙至捕鱼港一带的芦苇群落分布宽度可达 1 000~1 500 m。但大堤建成之后,团结沙外围的芦苇几乎全部被围垦,芦苇群落面积大幅减少。大堤建成前后,崇明东滩芦苇群落面积从 1990 年的 67.6 km² 减少至 1998 年的 9.7 km²,仅零星分布在大堤以外的滩涂上。之后两年芦苇群落的面积虽然有所增加,但增速非常缓慢,2000 年芦苇群落面积仅为 10.3 km²。随着 01 大堤的建成和崇明东滩南部团结沙的围垦,芦苇群落面积再次下降(黄华梅,2009)。南汇嘴潮滩是上海圈围土地面积最大的河口边滩,其位于长江河口最大浑浊带,水体含沙量较高。同时由于工程促淤和生物促淤作用,其潮滩淤涨发育较快。南汇边滩的盐沼植被主要是芦苇、互花米草和海三棱藨草群落。1990~2003 年期间,盐沼植被面积从 16.5 km² 增加至 52.3 km²,包括 20.7 km² 的互花米草群落、10.0 km² 的海三棱藨草和 21.6 km² 的芦苇群落。但随着促淤堤的加高,至 2008 年南汇边滩已全部被围垦,实地调查发现,仅分布着宽度为 0~30 m 不等的互花米草带(黄华梅,2009)。长江口海岸带基本都修建了堤坝,滨海湿地生态系统向陆迁移的路径被切断。在长江输沙量呈不断下降趋势和滨海湿地淤涨速率变缓以及海平面上升背景下,大规模围垦将进一步加剧海平面上升对长江口滨海湿地生态系统的威胁,导致生境大面积丧失。因此,遵循长江口河口演变规律,合理控制滨海湿地围垦,是应对和减缓气候变化所导致的海平面上升对滨海湿地影响的重要措施之一。

第十三章　海平面上升影响下广西海岸带红树林生态系统脆弱性评估

　　红树林是生长在热带、亚热带沿海潮间带的生态系统,具有重要的生态功能,为人类提供社会、经济和生态服务,对海岸带的安全具有保护作用(林鹏,1997;Ellison,2012)。海岸带红树是陆地向海洋过渡的特殊生态系统,对气候变化所引起的海平面上升极为敏感(Ellison,2012)。面对海平面上升对海岸带红树林生态系统的威胁,国际上许多受海平面上升影响较大的国家如太平洋一些岛国以及东南亚国家开展了许多气候变化对红树林生态系统影响的研究。已有的研究包括开展定点监测实验,评价红树林生态系统现状;构建指标体系,评价气候变化影响下红树林生态系统脆弱性;运用相关模型预测气候变化对未来红树林生态系统的影响(李莎莎,2014)。目前国内有关气候变化对红树林生态系统影响的研究较少,相关研究主要集中于红树林生态系统健康评价,着重于表述脆弱性的来源和特点,缺少基于过程的气候变化对红树林生态系统影响的脆弱性评估体系和定量评价方法。构建基于过程的气候变化对红树林生态系统影响的脆弱性评估体系和定量评价方法,客观定量评价气候变化对红树林生态系统的影响,是气候变化影响下保障红树林生态系统安全的重要前提,同时也是国际前沿科学问题。

13.1　广西海岸带红树林生态系统

　　广西沿海地区位于北回归线以南,南瀕北部湾,北纬 $21°24'20''\sim22°01'20''$,东经 $107°56'30''\sim109°40'00''$(图 13-1)。该地区属南亚热带气候区,温暖多雨,年均气温为 $22\sim23\,℃$,最冷月平均气温为 $13.4\sim15.2\,℃$,极端最低温度为 $-1.8\,℃$。广西海岸带除铁山港和龙门港为不正规全日潮外,其余为正规全日潮,最大潮差位于铁山港,为 $6.25\,m$,多年平均潮差为 $2\sim2.5\,m$,是我国红树林分布区中潮差最大的海区(孟宪伟和张创智,2013)。

　　广西海岸带红树林东起合浦山口,西至东兴北仑河口,在整个海岸带都有分布,其中英罗港、铁山港、廉州湾、钦州湾、防城港湾和珍珠港红树林分布较集中(图 13-1)。根据 2007 年的调查结果,广西海岸带红树林总面积为 $9\,197.4\,hm^2$,其中分布面积最多的为钦州湾,为 $2\,554.2\,hm^2$,约占总面积的 28%。按地级市辖由东至西分别为北海、钦州和防城港,红树林分布面积分别为 $3\,411.3\,hm^2$、$3\,419.7\,hm^2$ 和 $2\,366.4\,hm^2$(孟宪伟和张创智,2013)。

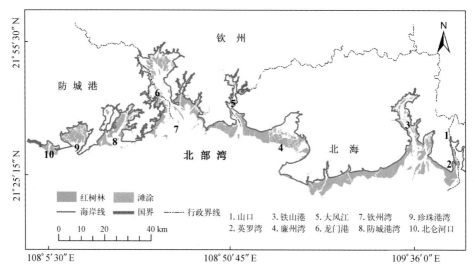

图 13-1　广西海岸带红树林的空间分布(李莎莎,2014)

广西红树林的种类共计8科10属10种,主要构成群系有白骨壤(*Avicennia marina*)、桐花树(*Aegiceras corniculatum*)、秋茄(*Kandelia obovata*)、红海榄(*Rhizophora stylosa*)、木榄(*Bruguiera gymnorrhiza*)和无瓣海桑(*Sonneratia apetala*)(Li et al.,2015),不同红树林群系在潮间带呈带状分布,从低潮带至潮上带逐渐向陆生植物群落演化,白骨壤和桐花树分布在海岸最外缘,到中潮带主要是秋茄和红海榄,逐渐过渡至高潮带为木榄等演替后期种类。

13.2　海平面上升影响下广西海岸带红树林生态系统脆弱性评估模式

SPRC模型以因果关系为基础,体现影响"源"与"受体"的相互作用及其过程,具有较强的空间逻辑关系。选取SPRC模型,识别气候变化所导致的海平面上升对红树林生态系统影响的主要途径、过程和结果,建立海平面上升对红树林生态系统影响的评价模式,为选取脆弱性指标和构建基于过程的海平面上升影响下红树林生态系统脆弱性评估方法提供重要依据。采用SPRC模型,识别海平面上升对红树林生态系统影响的主要途径、过程和结果,构建了海平面上升影响下广西红树林生态系统脆弱性评估模式(图13-2),为选取脆弱

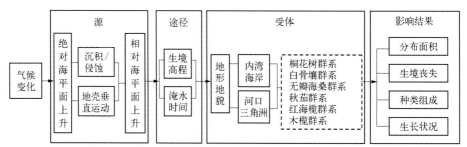

图 13-2　海平面上升影响下广西海岸带红树林生态系统脆弱性评估的 SPRC 模式(李莎莎,2014)

性指标和构建基于过程的海平面上升影响下红树林生态系统脆弱性评估方法提供重要依据。

13.2.1 影响源和途径分析

全球气候变化导致海平面上升是气候变化的重要特征。近几十年来,中国海平面呈上升的趋势,平均上升速率为 2.9 mm/a,至 2013 年,中国沿海海平面将较常年(1975～1986 年的平均海平面)高 95 mm(国家海洋局,2014)。根据国家海洋局发布的中国海平面公报统计,自 2001 年以来,广西沿海的海平面总体处于历史高位,2001～2010 年的平均海平面比 1991～2000 年的平均海平面高约 22 mm,比 1981～1990 年的平均海平面高约 48 mm(国家海洋局,2011)。2012 年广西沿海的海平面比常年高 108 mm,其上升速率约为 2.9 mm/a(国家海洋局,2013)。预计未来 30 年,广西沿海海平面将上升 60～120 mm(国家海洋局,2014)。

红树林生态系统位于海陆交界的潮间带,潮汐水位决定其沿高程分布。不同种类的红树植物需要特定的潮汐浸淹和暴露时间,因此在潮间带呈现出与海岸带平行的带状分布。海平面上升将改变潮间带红树林生境的高程和沉积动力条件,直接影响海岸带红树林的生长、生存和分布。

海岸带地壳垂直运动将直接影响相对海平面变化,进而影响海岸带红树林生态系统。地面沉降或抬升是影响相对海平面上升速率的重要因素。海岸带由于地面沉降作用,可以加速海平面上升对红树林生态系统的影响,而海岸带地面抬升则可缓解或抵消海平面上升的影响。广西沿海地处中国东南部大陆边缘活动带的西南端,位于亚欧板块、太平洋板块和印度板块的交汇处。自全新世以来至现代,印度洋板块向亚欧板块强烈挤压,青藏高原崛起拉动云贵高原的抬升,对广西地壳有一定牵引作用,导致广西地壳呈上升趋势(邓永光,2000;王雪和罗新正,2013)。由于广西海岸带地壳构造垂直运动,海岸带滩面普遍呈抬升趋势,减缓了海平面上升对海岸带红树林的影响。

沉积物在海岸带的冲淤动态是影响潮间带红树林生境高程的重要因素(McLeod and Salm,2006)。当沉积速率大于或等于海平面上升速率时,地表高程上升或维持不变,可缓解或抵消海平面上升的影响,而侵蚀岸滩导致地表高程下降,则加速海平面上升对红树林生态系统的影响。红树林生态系统内部物质累积是沉积物累积的另一重要来源。红树林林地表层凋落残体,如枝、叶、花、果实等,以及其他海生生物残体,经微生物分解、腐食动物消化等作用促进地表有机物累积。

因此,在本研究应用的 SPRC 评价模式中,气候变化所导致的绝对海平面上升与潮间带地面垂直运动和沉积/侵蚀过程综合作用下的相对海平面上升是对红树林生态系统可能产生影响的源(S)。相对海平面上升所导致的生境高程和淹水时间的改变是影响各类红树林受体(R)的主要途径(P)。

13.2.2 受体和影响分析

海岸带地理地貌环境对海岸带红树林生态系统的生长和分布具有重要影响。广西海岸带按地形地貌特征,大致可分为前缘浪击平直海岸、内湾海岸和河口三角洲(莫永杰,

1987;林鹏,1997)。廉州湾的南流江口及钦州湾的钦江口为典型的河口三角洲海岸,受风浪的影响较小,并且有淡水补充,潮滩盐度相对较低,输沙量较大,为红树林生长提供较适宜的生境。铁山港、大风江口、茅岭江口及防城河口为典型的内湾海岸(溺谷海岸),海岸线曲折蜿蜒,海水可深入离海滨数十公里的谷地中,受风浪干扰小而易于沉积物淤积,是红树林的适宜生境。北海市与合浦县营盘一带的海岸属台地型海岸,海岸线较平直,受波浪冲击较大,海岸侵蚀较强,沉积物难以堆积,因此红树林适宜生境较少(图 13-1)。

不同红树林群系对高程和盐度的适应能力不同,从而形成从低潮带至潮上带的带状分布。广西海岸带主要红树林群系包括桐花树、白骨壤、秋茄、红海榄、木榄和无瓣海桑 6 类。基于 2007 年广西海岸带红树林分布矢量图(孟宪伟和张创智,2013),根据海岸带地貌特征和主要红树林群系类型,广西海岸带红树林生态系统评价受体(R)可分为 14 类,其详细划分与分布见表 13-1 和图 13-3。

表 13-1 广西海岸带红树林生态系统评价受体分类(李莎莎,2014)

地 貌 特 征	受　　　　体
A 前缘浪击 平直海岸	A1 桐花树群系 A2 白骨壤群系 A3 秋茄群系 A4 红海榄群系
B 内湾海岸	B1 桐花树群系 B2 白骨壤群系 B3 秋茄群系 B4 红海榄群系 B5 木榄群系
C 河口三角洲	C1 桐花树群系 C2 白骨壤群系 C3 秋茄群系 C4 红海榄群系 C5 无瓣海桑群系

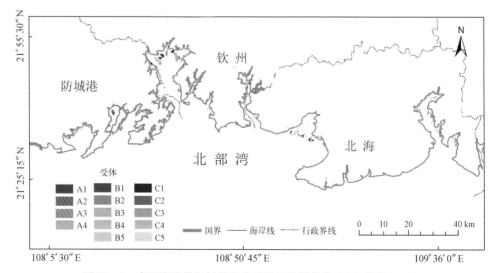

图 13-3 广西海岸带红树林生态系统评价受体分布(李莎莎,2014)

　　海平面上升与海岸带地壳垂直运动所导致的相对海平面变化和沉积动力条件的相互作用,将可能改变潮间带红树林生境(主要是高程),对红树林生态系统产生影响(C)。当红树林栖息地地表高程抬升率与相对海平面变化相当或大于相对海平面上升率时,红树林处于稳定状态或向海扩张。当相对海平面上升率高于红树林地表高程抬升率时,红树林生境的水动力作用加强,坡度越大,受海浪侵蚀的作用越强,海浪将带走红树林根系周围的有机质,导致红树林系统内部及外来物质的沉积作用降低,使生境受到侵蚀,地表高程下降、淹水时间延长。一旦相对海平面上升超出红树林生态系统的耐受范围,会有窒息现象出现,将影响红树林的生长,造成红树林的死亡,使群落结构发生改变,最终导致生境丧失。

13.3　广西海岸带红树林生态系统脆弱性评估指标体系与脆弱性指数

　　脆弱性指标是脆弱性评估中的常用方法,也是定量评价系统脆弱性的关键。气候变化对生态系统有多方面影响,生态系统脆弱性是系统状况的综合表现,因此,能够表征系统状况的特征量(指标)较多,但目前为止,对于如何选取指标来衡量生态系统脆弱性没有统一标准。通常根据生态系统对气候变化的响应特征、研究目的、对象,从脆弱性成因、系统状态变化和系统适应性等方面选取评价指标体系,并且力求选择的指标能涵盖系统的主要信息。海岸带脆弱性评估中运用较多的是 Gornitz(1991)提出的 CVI 指数(coastal vulnerability index)和南太平洋应用地学委员会(SOPAC)确定的 EVI 指数(environmental vulnerability index)(Kaly et al., 1999)。综合国内外有关气候变化影响下红树林生态系统脆弱性评估的相关研究,常用的评价指标主要包括:① 暴露度指标:气候变化的影响因子,如海平面上升、气温升高、风暴潮等;② 敏感性指标:红树林生态系统对影响的响应,如生境变化、生长繁殖、生物多样性、分布面积等;③ 适应性指标:红树林生态系统对影响的适应,如沉积速率、群落结构、社会管理能力等。

13.3.1　脆弱性评估指标体系

　　基于 IPCC 脆弱性的定义和 SPRC 评价模式分析,从系统的暴露度、敏感度和适应度三个方面,构建了海平面上升影响下红树林生态系统脆弱性评估指标体系(表 13-2)。气候变化对红树林生态系统的影响主要是海平面上升、地壳垂直运动和沉积速率三者相互作用下,红树林生态系统能否适应潮间带高程和淹水时间的变化过程。选取的指标能定量反映海平面上升对红树林生态系统的影响过程和结果,并且应避免指标间的重复。同时,选取的指标应具备可定量化和数据可获取性的特征,其数据具有时空异质性。

　　海平面上升速率:红树林生态系统位于海陆交界的潮间带,其分布与潮间带高程和潮汐水位密切相关。根据国家海洋局发布的中国海平面公报统计,近 40 年广西海平面呈

表 13-2　海平面上升影响下广西红树林生态系统脆弱性评估指标体系(李莎莎,2014)

评价对象	项目层	指标层	单　位	数　据　来　源
广西海岸带红树林生态系统	暴露度	海平面上升	cm/a	IPCC(2007,2013);国家海洋局,2012
		地面沉降/抬升	cm/a	傅命佐,2013;孟宪伟和张创智,2013
	敏感度	生境高程	cm	傅命佐,2013;孟宪伟和张创智,2013
		日均淹水时间	h	2012 年国家海洋局刊发的潮汐表;孟宪伟和张创智,2013;刘亮,2010;何斌源,2009
		潮滩坡度	%	傅命佐,2013;孟宪伟和张创智,2013
	适应度	沉积速率	cm/a	孟宪伟和张创智,2013;李贞,2010

明显上升趋势,其上升速率约为 0.29 cm/a(国家海洋局,2012)。IPCC 排放情景特别报告(SRES)中指出 A1F1 情景下的海平面上升速率为 0.26~0.59 cm/a(IPCC,2007),本研究中海平面上升速率分别采纳了上述两种情景。

地面沉降/抬升速率:地面沉降/抬升是影响区域相对海平面上升的重要因素。广西海岸带地壳构造垂直抬升速率为 0.05~0.3 cm/a,其中抬升速率最大的区域为铁山港海岸。广西海岸带地壳构造垂直运动呈抬升趋势,其变化速率如图 13-4 所示。

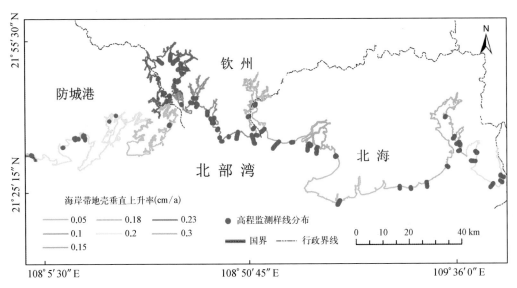

图 13-4　广西海岸带地壳垂直抬升速率与高程测量样线分布(李莎莎,2014)

生境高程:广西海岸带红树林生态系统沿潮间带的高程梯度呈带状分布,各类红树林群系具有一定的生境需求和分布范围(刘亮,2010)。海平面上升可能导致潮间带实际高程发生变化,从而影响红树林生态系统的生境。根据广西海岸带滩涂地形地貌调查中设置的高程测量样线(图 13-4)(傅命佐,2013;孟宪伟和张创智,2013),应用 ArcGIS 地理统计分析模块中的克里金法进行高程空间插值,获取广西海岸潮间带的数值高程图(黄海基面,国家 85 高程系)。

潮滩坡度:海岸带地形地貌是影响红树林生长发育的重要条件之一,红树林一般适宜生长在坡度平缓、风浪较小、水动力较稳定的海岸。潮滩坡度是影响潮间带沉积物累积的因素。平缓滩坡的水动力较稳定,利于沉积物淤积,而陡峭滩坡受潮汐侵蚀的影响大,不利于沉积物淤积。在上述生境数值高程图的基础上,利用 ArcGIS 软件中的地理统计分析模块,将高程数据转换为坡度,得出广西海岸带红树林分布区的潮滩坡度分布图(图 13-5),广西海岸带的坡度大部分小于 1%。

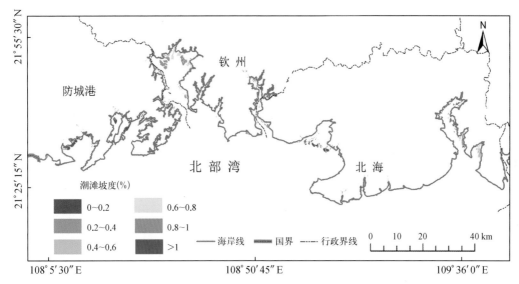

图 13-5　广西海岸带红树林生境潮滩坡度(李莎莎,2014)

日均淹水时间(T):各类红树林群系对高程与生境的适应能力不同,对淹水胁迫具有一定的适应性和耐受范围,因此沿高程梯度形成不同红树林群系的淹水时间梯度(McLeod and Salm,2006;Ellison,2012),是控制红树林分布的一个重要因素。根据 2012 年国家海洋局刊发的潮汐表与红树林群系的高程分布(何斌源,2009;刘亮,2010;孟宪伟和张创智,2013),计算出各类红树林群系生境日均淹水时间(全年日平均),得出白骨壤、桐花树、无瓣海桑、秋茄、红海榄和木榄红树林群系的日均淹水时间(T)分别为:8.7 h、7.3 h、7 h、6.9 h、6.4 h 和 5.8 h(图 13-6)。

沉积速率:河流和外海带来的沉积物在海岸带的冲淤动态,以及红树林生态系统内部沉积物的累积作用是影响红树林生境相对海平面上升速率的重要因素,也是决定红树林生态系统能否适应海平面上升的关键。广西海岸带地区主要的常年入海河流有南流江、大风江、钦江、茅岭江、防城江、北仑河 6 条,多年平均输沙量共计 238.4 万 t(孟宪伟和张创智,2013),是广西海岸带红树林潮滩沉积物的重要来源。当沉积速率大于或等于海平面上升速率时,可缓解或抵消海平面上升的影响,而侵蚀岸滩则会加速海平面上升对红树林生态系统的影响。根据广西海岸带滩涂地形地貌调查样线的柱状岩芯沉积物数据(孟宪伟和张创智,2013)以及广西海岸带沉积环境演变的柱状岩芯沉积物数据(李贞,2010),共计 16 个柱状岩芯沉积物采样点数据,得出广西红树林分布区的平均沉积速率(图 13-7)。广西海岸带铁山港与北海的沉积速率相对较低,小于 0.2 cm/a。这些沉积速率数据已经过红树林沉积物压实矫正,消除了由红树林泥炭物质的自压紧、有机物分解

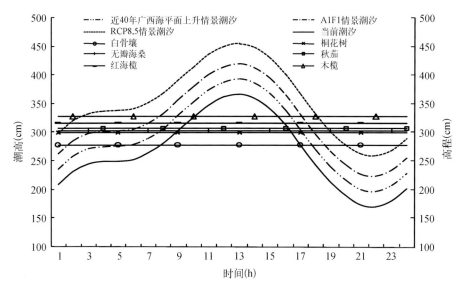

图 13-6 不同海平面上升情景下日均潮位变化和各类红树林群系的日均淹水时间(李莎莎,2014)

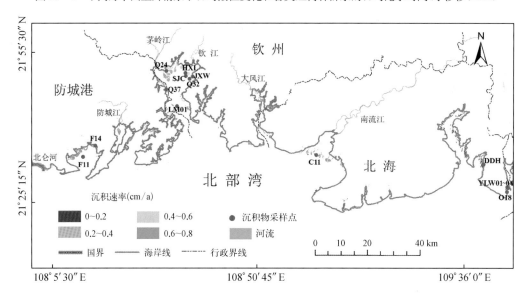

图 13-7 广西海岸带红树林潮滩沉积速率与柱状沉积物采样点分布(李莎莎,2014)

或脱水等过程导致的浅部下沉(shallow subsidence)对红树林潮滩沉积速率的影响。

13.3.2 脆弱性指数的计算与分级

基于上述 SPRC 模型和脆弱性指标,计算广西红树林生态系统的脆弱性指数 (vulnerability index,VI),评价海平面上升影响下广西红树林生态系统的脆弱性。各类红树林群系生境的高程决定日均淹水时间。海平面上升、地面垂直运动率和沉积速率三者的相互作用影响相对海平面上升。而相对海平面上升将导致红树林生境的高程降低,进而增加红树林生境的日均淹水时间。当相对海平面上升超过红树林生态系统的耐受范围时,将改变红树林的群落结构、功能,甚至导致生境的丧失。因此,根据不同海平面上升情景下红树林生境日均淹水时间的变化,计算广西红树林生态系统的脆弱性指数:

$$VI \in rang(T_{sl} - T) \times K \qquad (13-1)$$

式中,$rang(T_{sl} - T)$为不同海平面上升情景下各类红树林群系生境的日均淹水时间T_{sl}与相应的红树林群系生境日均淹水时间T的差值,K为潮滩坡度影响常数。广西红树林分布区的潮滩坡度多在1%以下。研究表明,当潮滩坡度大于5%时,海岸带侵蚀会显著增加(Kinnell,2000)。据此,当海岸带潮滩坡度小于5%时,赋予影响常数K值为1(无影响),而大于5%时,K值为1.5(显著影响)。

根据不同气候变化情景下广西海平面上升速率、日均潮位变化和红树林高程,可推导出不同海平面上升情景下广西海岸带各类红树林群系生境的日均淹水时间T_{sl},其计算公式如下:

$$T_{sl} = intercept[f(tide, t), f(E)] \qquad (13-2)$$

$$f(tide, t) = \frac{dR_{slr}}{dt} \qquad (13-3)$$

$$R_{slr} = R_{sl} - R_{sub} - R_{sed} \qquad (13-4)$$

式中,T_{sl}为不同海平面上升情景下日均潮位变化所对应的各类红树林群系生境的日均淹水时间,即不同海平面上升情景下日均潮位变化$f(tide, t)$在各红树林群系生境的高程$f(E)$上的截距(图13-6),$f(tide, t)$为平均潮位在不同海平面上升情景下随时间(t)的变化,t为不同时间尺度(短期2010~2030年,中期2010~2050年和长期2010~2100年)的评价年数,R_{slr}为相对海平面上升速率;R_{sl}为绝对海平面上升速率,R_{sub}为地面沉降/抬升速率,R_{sed}为沉积速率。

根据各类红树林群系生境的日均淹水时间T(图13-6),低潮带红树林生境(白骨壤和桐花树群系)日均淹水时间为8h,中潮带红树林生境(无瓣海桑、秋茄和红海榄群系)日均淹水时间为6.8h,高潮带红树林生境(木榄群系)日均淹水时间为5.8h。高潮带生境的日均淹水时间比中潮带和低潮带生境分别少1h和2.2h,由此划分脆弱性指数VI的等级(表13-3)。当VI∈[≤0 h],各潮间带红树林栖息地的淹水时间在耐受范围内,红树林生态系统为不脆弱;VI∈(0 h,1 h]为低脆弱,高、中潮间带红树林分别演变为中、低潮间带红树林,而低潮间带红树林演变为光滩;VI∈(1 h,2.2 h]为中脆弱,高潮间带红树林演变为低潮间带红树林,中潮间带红树林演变为低潮间带红树林或光滩,而低潮间带红树林演变为光滩或被淹没;VI∈[>2.2 h]为高脆弱,高潮间带红树林演变为光滩或被淹没,而中、低潮间带红树林演变为光滩。

表13-3 广西海岸带红树林生态系统脆弱性指数VI分级(李莎莎,2014)

$T_{sl}-T$(h)	VI	VI脆弱性等级
≤0	0	不脆弱
(0, 1]	1	低脆弱
(1, 2.2]	2	中脆弱
>2.2	3	高脆弱

13.4　海平面上升影响下广西海岸带红树林生态系统脆弱性空间评估

　　根据脆弱性指标地理空间量化和脆弱性指数 VI 计算方法,在 GIS 平台上进行各指标单属性图层的空间叠加与计算,生成多指标属性的综合图层,得出每个评价单元的脆弱性指数。按脆弱性指数等级划分,输出不同海平面上升情景和时间尺度(短期 2010～2030 年,中期 2010～2050 年和长期 2010～2100 年)下的广西海岸带红树林生态系统脆弱性评估的空间分布图。

13.4.1　短时间尺度(2010～2030 年)下红树林生态系统脆弱性空间评估

　　至 2030 年,在当前海平面上升速率(0.29 cm/a,近 40 年广西海平面年均上升速率)情景下,广西海岸带红树林的脆弱性等级为不脆弱[图 13-8(a)]。在 IPCC 发布的 A1F1 海平面上升(0.59 cm/a)情景下,广西海岸带红树林中 25.8% 处于低脆弱等级(VI 等级 1)(表 13-4),主要分布在英罗湾、丹兜海、铁山港和北海[图 13-8(b)]。

表 13-4　短时间尺度(2010～2030 年)下在当前海平面上升速率、IPCC 的 A1F1 情景下广西
海岸带红树林生态系统脆弱性等级(0～3)面积百分比(%)(李莎莎,2014)

脆弱性等级	短时间尺度(2010～2030 年)	
	当前海平面上升速率情景	A1F1 情景
0 不脆弱	100	74.2
1 低脆弱	0	25.8
2 中脆弱	0	0
3 高脆弱	0	0

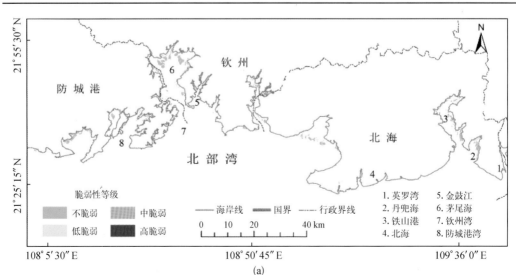

(a)

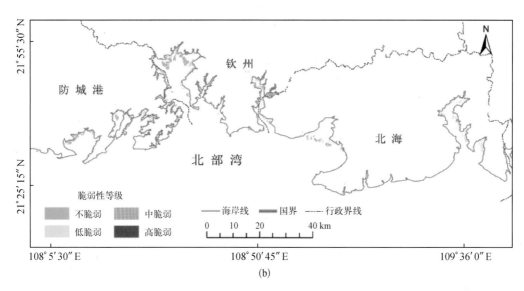

(b)

图 13 - 8　短时间尺度(2010~2030 年)下在当前海平面上升速率(a)、IPCC 的 A1F1(b)
情景下广西海岸带红树林生态系统脆弱性空间评估(李莎莎,2014)

13.4.2　中时间尺度(2010~2050 年)下红树林生态系统脆弱性空间评估

至 2050 年,在当前海平面上升速率(0.29 cm/a)情景下,广西海岸带红树林的脆弱性
等级仍为不脆弱[图 13 - 9(a)]。在 IPCC 的 A1F1 海平面上升(0.59 cm/a)情景下,广西
海岸带红树林中 37.3% 处于低脆弱等级(VI 等级 1)(表 13 - 5)。随着海平面进一步上
升,低脆弱等级的红树林分布不仅出现在英罗湾、丹兜海、铁山港和北海,也包括茅尾海西
北岸段[图 13 - 9(b)]。

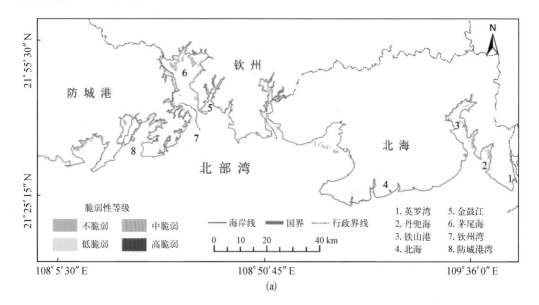

(a)

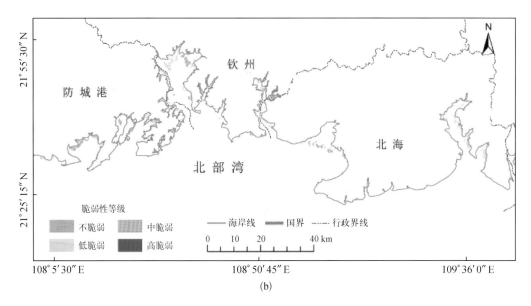

(b)

图 13-9 中时间尺度(2010～2050 年)下在当前海平面上升速率(a)、IPCC 的 A1F1(b)
情景下广西海岸带红树林生态系统脆弱性空间评估(李莎莎,2014)

表 13-5 中时间尺度(2010～2050 年)下在当前海平面上升速率、IPCC 的 A1F1 情景下
广西海岸带红树林生态系统脆弱性等级(0～3)面积百分比(李莎莎,2014)

脆弱性等级	中时间尺度(2010～2050 年)	
	当前海平面上升速率情景	A1F1 情景
0 不脆弱	100	62.7
1 低脆弱	0	37.3
2 中脆弱	0	0
3 高脆弱	0	0

13.4.3 长时间尺度(2010～2100 年)下红树林生态系统脆弱性空间评估

至 2100 年,在当前海平面上升速率(0.29 cm/a)情景下,广西海岸带红树林中
5.4%的红树林为低脆弱等级(表 13-6),其主要分布在北海[图 13-10(a)]。在 IPCC
的 A1F1 海平面上升(0.59 cm/a)情景下,海平面上升速率增加,广西海岸带红树林中
23.9%处于低脆弱等级(VI 等级 1),而处于中脆弱等级的红树林(VI 等级 2)达到了
13.4%(表 13-6)。与中时间尺度的 2050 年比较,丹兜海和北海的海岸带红树林成为
中脆弱等级,而英罗湾、铁山港和茅尾海西北岸段的红树林仍为低脆弱性等级[图 13-
10(b)]。

表 13‐6　长时间尺度(2010～2100 年)下在当前海平面上升速率、IPCC 的 A1F1 情景下
广西海岸带红树林生态系统脆弱性等级(0～3)面积百分比(李莎莎,2014)

脆弱性等级	长时间尺度(2010～2100 年)	
	当前海平面上升速率情景	A1F1 情景
0 不脆弱	94.6	62.7
1 低脆弱	5.4	23.9
2 中脆弱	0	13.4
3 高脆弱	0	0

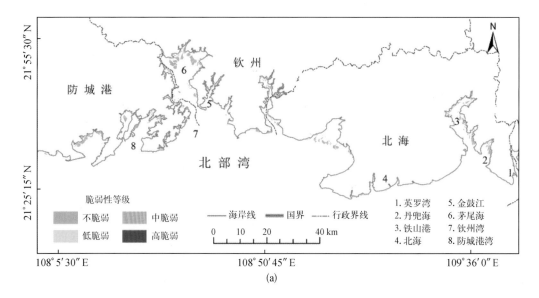

(a)

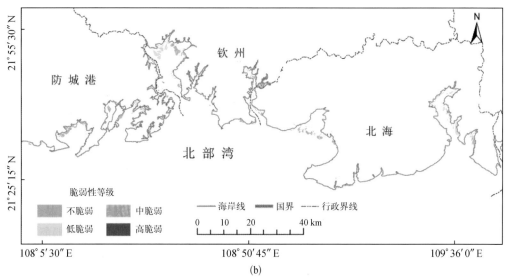

(b)

图 13‐10　长时间尺度(2010～2100 年)下在当前海平面上升速率(a)、IPCC A1F1(b)
情景下广西海岸带红树林生态系统脆弱性空间评估(李莎莎,2014)

13.5 应对海平面上升对广西海岸带
红树林影响的对策与措施

全球气候变化导致海平面上升已是不争的事实。红树林生态系统位于海陆交界的潮间带，对海平面变化极为敏感（Ellison，2014）。广西海岸带红树林生态系统脆弱性评估结果表明，海平面上升将导致海岸带红树林分布面积减少、栖息地丧失等负面影响，在沉积速率较低的区域的影响尤为显著，如丹兜海、铁山港、北海等海岸带。红树林生态系统为适应海平面上升，可向高程较高的陆地迁移，这种现象被称为"海岸带挤压（coastal squeeze）"（Schleunper，2008）。然而随着广西海岸带社会经济的发展，为保障海岸带的社会经济安全，沿岸大多筑有堤坝、丁坝等水利工程（孟宪伟和张创智，2013），切断了红树林向陆迁移的路线。由气候变化所导致的海平面上升将极大地威胁海岸带红树林生态系统的生存和分布，如果没有适当的应对策略和减缓措施，海岸带红树林面积减少、栖息地丧失、生态功能丧失等将不可避免。依据脆弱性评估结果，结合海岸带和红树林生态系统的特点，为保障海平面上升影响下广西海岸带红树林生态系统的安全，提出以下切实可行的减缓海平面上升影响的应对策略和措施（Li et al.，2015）。

13.5.1 泥沙科学管理

海岸带潮间带泥沙沉积是影响红树林生境高程、决定红树林生态系统能否适应海平面上升的重要因素（Ellison，2014）。广西海岸带红树林生态系统脆弱性评估结果表明，沉积速率相对较低区域的红树林生境受海平面上升的影响尤为显著。广西海岸带地区主要的常年入海河流有南流江、大风江、钦江、茅岭江、防城江、北仑河 6 条，多年平均输沙量共计 238.4×10^4 t（孟宪伟和张创智，2013），是广西海岸带红树林潮滩沉积物的重要来源。潮汐中携带的泥沙等物质流经红树林生境，红树林植被通过茂密的枝、叶、茎和根等可减缓潮汐流速，促进颗粒物质沉积。研究表明，不同密度红树林的淤积速率是光滩的 3～13 倍（林鹏，1997）。红树林根系对泥沙淤积发挥了重要作用，但红树林根系的形态导致泥沙的沉积速率不同。白骨壤和桐花树等低潮间带红树林群系，其气生根密度大，在涨落潮时根系与海水的接触面积大，可增加地表摩擦力，促进泥沙淤积的能力相对较强。秋茄、红海榄等中潮间带红树林群系，根系多为板状根或支柱根，且根系不发达，而高潮间带的木榄群系为膝状根，膝状根与海水的接触面积较支柱根小，促淤能力较弱。当红树林生境的泥沙沉积速率大于或等于海平面上升速率时，可缓解或抵消海平面上升的影响，而侵蚀岸滩则会加速海平面上升对红树林生态系统的影响。

随着近几十年广西沿岸水库、堤坝等水利工程的不断兴建，流经水库、堤坝等河流的入海泥沙被拦截。据中国河流泥沙公报报道，广西境内西江流域各主要水文监测站 2011 年的输沙量比多年平均输沙量（1954～2010 年）减少 59%～99%。广西最大的入海河流南流江流域大中型水库较多，1980～2000 年多年平均径流量比 1956～1979 年多年平均输沙量减少了约 20.7%（徐国琼和欧芳兰，2007）。此外，海堤、丁坝等水利工程切断了红树林潮滩的自然海岸地貌，限制了陆地生态系统和海洋生态系统之间的物质、能量和信息交换，进而影响红树林的生长和生态系统的自我维持力，降低了红树林生态系统应对海平面上升的能力。

加强海岸带红树林生境泥沙管理，促进泥沙沉积，是减缓海平面上升影响的关键，其具体措施包括：

（1）保持红树林生态系统健康。健康的红树林其林木枝繁叶茂、根系发达，能促进红树林生境的泥沙淤积。因此，应维护红树林生态系统健康生长，修复退化的红树林，维持红树林林分和根系的密度，提高其生境的泥沙沉积率。

（2）工程方法。合理设计海岸带工程，避免工程设施拦截入海河流泥沙。科学设置促淤工程，减少海浪侵蚀，促进红树林生境的泥沙淤积，尤其是沉积速率相对较低的丹兜海、铁山港、北海等海岸带。可修建分段式防浪堤，促进红树林生境的泥沙淤积，减少海岸带侵蚀，为红树林提供适宜生长的海岸潮滩。

（3）控制泥沙采集。海岸工程用土时常挖取堤前红树林潮滩泥沙。泥沙采集可能严重破坏堤前红树林的生境，降低潮滩高程，增加海平面上升对红树林生态系统的影响。因此，需严格控制在红树林潮间带或泥沙来源处采挖泥沙，防止对红树林生境的破坏和对输沙量的影响。

13.5.2　控制海岸带红树林围垦

红树林生长的海岸地貌一般具有经过适当屏蔽的软相海岸，具有风浪小、坡度平缓和底质软细等特点。红树林的生物富集作用使其潮滩中养分有机质的含量高于无红树林生长的光滩。海岸带红树林生境有利的物理、地理环境使其常成为被围垦对象。大规模围垦红树林，不仅可获取有机质含量丰富的土地，以便于农业发展，而且红树林生境一般风浪较小，围垦时也便于海堤修建。此外，红树林潮滩具有滩阔水浅、潮汐定期淹没、风浪小等优越的地理条件，很适合水产养殖。随着广西沿岸社会经济的快速发展，红树林生境被大量围垦，用于养殖塘、农田、盐田和码头港口等建设。据推算，广西历史上红树林面积约 23 904 hm²，但到 1955 年减少至 9 351.2 hm²（关道明，2012）。1955～1977 年，在"向大海要粮食"的口号的号召下，人们盲目开展围海造田，毁坏了 1 063 hm² 红树林。1986～1988 年是红树林面积下降幅度最大的时段，1988 年红树林面积较 1955 年下降了 50.04%（图 13-11），此阶段大规模毁林、围塘养殖是造成红树林大面积围垦的主要原因，20 世纪 90 年代初，广西沿海的养殖塘面积达 2 557 hm²，其中大部分来自围垦海岸带红树林（孟宪伟和张创智，2013）。2001～2004 年，该时期的城市扩展、海岸工业交通建设、区域建设发展等使得红树林再一次遭受破坏。广西防城港的扩建工程围海达 10 km² 以上，其中一期工程围垦红树林将近 100 hm²。按规划，二期工程将围垦吹沙近 340 hm² 的红树林。通过不同年份红树林面积变化的初步价计，20 世纪 50 年代至 2007 年，广西沿海被围垦的红树林面积达约 6 000 hm²（孟宪伟和张创智，2013）。

大规模围垦不仅使海岸带红树林面积大量减少，也改变了红树林群落的组成及林分

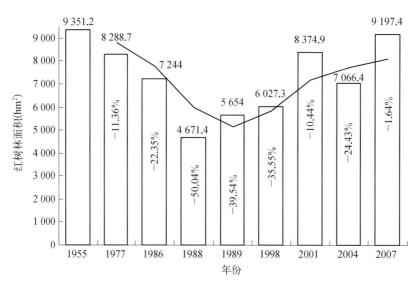

图 13-11　广西海岸带各时期红树林面积变化与百分比(以 1955 年为基准)(李莎莎,2014)

结构,导致红树林群落由复杂到简单、由乔木向灌木方向演替,而且红树林的生产力显著下降,生物效能降低,生态服务功能得不到应有的发挥。广西现有红树林平均高度低于 2 m 的林分面积占 78.1%,高度低于 4 m 的占 98.8%,平均高度很少超过 3 m。实际上广西的红树林几乎全为灌木林或灌丛林,红树林生态系统的健康状态下降。广西沿海滩涂经济动物的自然产量已下降 60%~90%,近海鱼苗资源明显下降。此外,人为破坏红树林生态系统大大增加了沿岸被侵蚀的危险,直接威胁海岸带的社会经济安全。大规模围垦海岸带红树林不仅使广西海岸带红树林植被面积锐减,更重要的是其生态系统功能、结构被破坏,海岸带安全受到更大威胁。

1990 年以来,随着人们对红树林生态系统价值、功能的认识和环境保护意识的提高,广西地区政府和海洋、林业主管部门加强了红树林的保护与生态恢复工作,使得红树林面积逐步得到恢复。特别是进入 21 世纪以来,进一步加强了红树林恢复造林工作。至 2007 年,广西海岸带红树林面积已经基本恢复到了 20 世纪 50 年代的水平。因此,应合理开发利用资源,严格控制红树林围垦面积,确保围垦面积少于自然增长面积,保持社会经济发展与红树林生态系统保护间的动态平衡。围垦后在获得土地资源的同时,应建立红树林生态补偿机制,以确保红树林生态功能的正常发挥。另外当地政府应该加强红树林保护法律的实施,以法律手段保护红树林资源,维护红树林生态系统功能的完整,促进红树林资源可持续利用。

13.5.3　海岸带红树林湿地恢复与重建

自 20 世纪 50 年代以来,广西政府开展了大面积海岸带红树林湿地恢复与重建工程。2001~2007 年期间,红树林种植面积达 2 652 hm²,其规模与过去几十年相当。至 2007 年,广西历年营建的红树林保存面积为 1 785.6 hm²,占现有面积的 19.4%(图 13-12)(孟宪伟和张创智,2013)。白骨壤和桐花树是广西红树林造林中最成功的种类,占人工红

树林总面积的41％(孟宪伟和张创智,2013)。广西山口国家级红树林生态自然保护区与
广西北仑河口国家级自然保护区,合浦儒艮国家级自然保护区和茅尾海红树林自治区级
自然保护区,受保护的红树林约占广西红树林总面积的50％。保护区的建立有效地保护
了广西海岸带红树林资源。红树林湿地恢复的关键是宜林地的选择(林鹏,2003)。据广
西红树林资源调查结果显示,广西红树林宜林地面积为9 274 hm²,其中有明确规划发展
红树林的规划造林地为525 hm²,占5.7％,其他尚未规划利用宜林地为8 749 hm²(李春
干,2003),发展红树林林地的潜力较大。广西政府应加快宜林地的规划,实现红树林湿地
的重建与恢复,增加海岸带红树林面积。

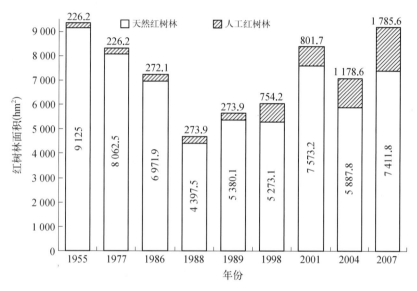

图13-12 广西海岸带天然红树林与人工红树林面积(李莎莎,2014)

红树林湿地的恢复和重建,为保护海平面上升影响下海岸带安全发挥了重要作用。
红树植物的支柱根、呼吸根、板根、表明根等形成稳固的支持系统,红树林通过消浪、缓流、
促淤等功效为海岸带形成一道密实的天然屏障,发挥良好的护浪护堤作用,具有巨大的防
灾减灾、保护海岸带安全的功效。研究表明,当1.9 m和2.1 m的波浪经过红树林20 m
后波能减小50％~70％,波浪在红树林内的流速降低,利于泥沙沉积。红树林发达的根
系减缓潮汐流速,促进颗粒物质沉积,加速滩地淤高并向海延伸,使滩涂面积不断扩大、抬
升,达到巩固堤岸的作用。

沉积物及土壤是红树林生存的物质基础。广西海岸带岸线曲折,港湾众多,港口资源
的开发潜力较大。随着社会经济的发展,广西沿海推进了港口的工程建设。北海、钦州和
防城港是广西对外贸易的三大港口,铁山港是待开发的大港口。铁山港$5×10^4$ t级航道
疏浚一期工程的航道全长为15.07 km,疏浚量达$6.06×10^6$ m³,二期工程为$10×10^4$ t级
航道。随着广西沿岸航道工程的发展,每年疏浚工程吹填沙数百万吨。广西沿海可利用
疏浚泥加快滩涂泥沙淤积,快速营造红树林栖息地,重建红树林生态系统,维护红树林的
存活率和健康水平,促进红树林栖息地泥沙淤积,减缓海岸带侵蚀和海平面上升对海岸带
红树林生态系统的影响。

第十四章　气候变化影响下海南三亚珊瑚礁生态系统脆弱性评估

政府间气候变化专门委员会(IPCC)最新报告表明,近百年来全球气候系统正经历着以全球变暖为主要特征的显著变化,研究表明工业革命以来人类向大气排放大量温室气体所产生的增温效应很可能是导致全球变暖的最主要原因(王宁等,2012)。根据 IPCC 的第四次报告,大气中主要的温室气体 CO_2 的浓度、CH_4 的浓度和 N_2O 的浓度在 $1750\sim2005$ 年间都显著升高。现有预测表明,即使温室气体浓度保持在现有水平,未来百年内全球气候仍将继续变暖(IPCC,2007)。气候变化影响下大气 CO_2 浓度升高、海温上升、海洋酸化、海平面上升、风暴潮等现象将会对海岸带生态系统产生显著的影响。

珊瑚礁作为重要的海岸带生态系统,是地球上生物多样性最高的生态系统之一,在资源提供、旅游、海岸带防护等方面为人类提供了重要的社会、经济和生态服务功能(赵美霞等,2006;Hoegh-Guldberg,2011)。但珊瑚礁生态系统对大气 CO_2 浓度上升和全球变暖所导致的海洋表层温度(SST)升高和海洋酸化表现得非常敏感(Hoegh-Guldberg et al.,2007)。近年来,全球珊瑚礁生态系统处于急剧退化中,2004 年全球处于健康状态的珊瑚礁仅约 30%(Wilkinson,2004)。例如,澳大利亚大堡礁活珊瑚的覆盖度由 1960 年的40%~50%下降到 2004 年的 20%,加勒比海活珊瑚覆盖度由 1977 年的 50%下降到 2001年的 10%,南海北部三亚鹿回头活珊瑚覆盖度由 1960 年的 85%下降到 2006 年的 12.8%(陈天然等,2009)。全球气候变暖导致的珊瑚礁白化和海洋酸化,以及人类活动加剧等是导致全球珊瑚礁严重退化的主要原因。近些年来关注气候变化对珊瑚礁生态系统的影响已经成为国内外研究的热点。国外研究主要包括 SST 上升、大气 CO_2 浓度升高、极端气候事件等对珊瑚礁生命过程和结构的影响,如珊瑚白化死亡、生长率和钙化率降低、结构损坏等(Cantin et al.,2010;Guillemot et al.,2010),脆弱性动态作为其中一个重要的研究方向,也受到了越来越多的关注,如 Fabricius 等(2007)对大堡礁不同区域珊瑚礁的脆弱性程度进行了划分,McLeod 等(2010)利用珊瑚礁对未来热应力的脆弱性差异界定了珊瑚礁大三角区海洋保护区建立的重点区域及制订管理措施等。自 20 世纪 90 年代以来,国内也开展了许多气候变化对珊瑚礁生态系统影响的研究,主要包括 SST 上升、海洋酸化、沉积物与富营养化等的影响(施祺等,2012;Yu,2012;Yu et al.,2012;张成龙等,2012;杨顶田等,2013),但关于珊瑚礁生态系统脆弱性的研究较少,且多为定性的描述(黄晖等,2008;杜建国等,2012)。无论从国际还是国内的研究方向来看,深入研究气候变化影响下海洋环境变化对珊瑚礁生态系统影响的机理和过程,构建基于过程的珊瑚礁生态系统脆弱性评估体系,定量评价珊瑚礁生态系统的脆弱性动态,是当前和今后气候变化影响下珊瑚礁生态系统脆弱性研究的重要方向。

14.1　海南三亚珊瑚礁生态系统

海南三亚珊瑚礁生态系统位于三亚珊瑚礁国家级自然保护区内，是 1990 年 9 月经国务院批准建立的国家级海洋类型自然保护区之一。该珊瑚礁国家级自然保护区位于海南省三亚市南部近岸及海岛四周海域，东经 109°20′50″～109°40′30″，北纬 18°10′30″～18°15′30″的范围内(图 14-1)。海南三亚湾属于我国典型的热带开阔型浅水海湾，为海洋性季风气候。保护区以鹿回头半岛和著名的大、小东海沿岸海域(包括小洲岛)为主，西瀕东、西瑁岛四周海域。榆林海洋水文观测站和三亚气象观测站的监测数据表明，研究区域多年平均气温为 25.7 ℃，多年平均 SST 为 26.9 ℃，年降雨量为 1 279 mm，海水盐度为 31～34，潮汐性质属不规则全日潮型(黄德银等，2004；施祺等，2007)。

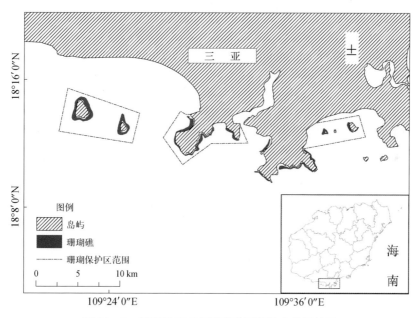

图 14-1　海南省三亚市珊瑚礁国家级自然保护区

2004 年 8 月在海南岛东、南部进行的珊瑚礁调查显示，造礁石珊瑚共有 12 科 32 属 77 种，其中三亚鹿回头地区种类分布最为丰富，共 60 种，主要优势种类为多孔鹿角珊瑚 (*Acropora millepora*)、精巧扁脑珊瑚(*Platygyra daedalea*)、澄黄滨珊瑚(*Porites lutea*) 等(吴钟解等，2011)。2005～2006 年间的鹿回头珊瑚礁调查共记录造礁石珊瑚有 13 科 24 属 69 种，珊瑚礁平台与平台外缘的水下斜坡分别以滨珊瑚属(*Porites*)和鹿角珊瑚属 (*Acropora*)为最大优势种。与 2004 年相比珊瑚的多样性有所下降，而与 1960 年、1978 年、1983 年、1990 年的历史资料相比较，三亚岸段珊瑚的总体多样性呈现下降的趋势，活珊瑚的覆盖率发生了明显下降，珊瑚礁生态系统整体呈衰退的趋势(赵美霞等，2009，2010)。

14.2 气候变化影响下珊瑚礁生态
系统脆弱性评估模式

SPRC 模型以因果关系为基础,体现影响"源"与"受体"的相互作用及其过程,具有较强的空间逻辑关系。选取 SPRC 模型,识别气候变化(大气 CO_2 浓度上升和全球变暖)所导致的海洋表层温度(SST)升高和海洋酸化对海南三亚珊瑚礁生态系统影响的主要途径、过程和结果。建立了气候变化影响下海南三亚珊瑚礁生态系统的脆弱性评估模式(图 14-2),为选取脆弱性指标和构建基于过程的气候变化影响下珊瑚礁生态系统脆弱性评估方法提供重要依据。

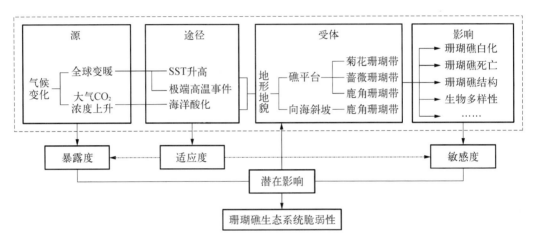

图 14-2 气候变化影响下海南三亚珊瑚礁生态系统脆弱性评估 SPRC 模式

本研究应用的 SPRC 评价模式中,气候变化导致的大气 CO_2 浓度上升和全球变暖是对海南三亚珊瑚礁生态系统可能产生影响的源(S)。大气 CO_2 浓度上升和全球变暖所导致的海洋表层温度(SST)升高和海洋酸化是影响不同珊瑚礁生态系统受体(R)的主要途径(P)。SST 升高和海洋酸化可对珊瑚礁生态系统造成很大影响和危害(C),包括对珊瑚和钙化藻类等的造礁生物功能和存活的直接危害(Hoegh-Guldberg et al.,2007;李淑和余克服,2007),导致珊瑚礁生态系统健康状态下降、白化死亡、群落结构破坏、生境丧失、生物多样性损失等(Baker et al.,2008)。SST 升高通过两个主要过程作用于珊瑚礁,短期剧烈的 SST 变化会造成珊瑚礁的白化与死亡,导致活珊瑚损失、生境丧失、覆盖度下降等(Douglas,2003)。长期的 SST 升高会扰乱珊瑚的生长与生殖物候期(McClanahan et al.,2009)。大气 CO_2 浓度上升破坏了海水中二氧化碳-碳酸盐的循环过程,使海水发生酸化现象:

$$CO_{2(atoms)} \longleftrightarrow CO_{2(aq)} + H_2O \longleftrightarrow H_2CO_3 \longleftrightarrow H^+ + HCO_3^- \longleftrightarrow 2H^+ + CO_3^{2-}$$

海水酸化对珊瑚礁生态系统的影响途径主要包括:减弱珊瑚等生物的生长率、钙化率及个体的迁移与补充等(Doney et al.,2009;Webster et al.,2012),加剧化学侵蚀和影响系统的结构及物种多样性(Kleypas and Yates，2009)，加重生物侵蚀作用(Wisshak et al.，2012)。相关研究显示，1980年以来海南岛周围海域的SST上升速率为0.17～0.18℃/10 a(郑兆勇等，2011)。三亚湾海水的年平均pH自2001年以来从8.3下降到了8.07左右(杨顶田等，2013)。

SPRC模型中的"受体"(R)为脆弱性评估中的承载单元，根据海南三亚珊瑚礁生态系统的地貌特征，可以将其分为：珊瑚礁平台与平台外缘的水下斜坡(黄德银，2004；宋朝景，2007)。珊瑚礁平台平坦而宽，退潮时不同程度地暴露于空气中。向海斜坡的坡度小，一般不露出水面，仅有少数珊瑚在大潮低潮时稍露出水面。根据邹仁林等的调查结果，礁平台主要分布的是菊花珊瑚带、蔷薇珊瑚带和鹿角珊瑚带，向海斜坡主要分布的是鹿角珊瑚带。据此对海南三亚珊瑚礁生态系统进行受体单元的分类(表14-1)。

表14-1　海南三亚珊瑚礁生态系统脆弱性评估的受体类型

地 貌 特 征	受 体 类 型
礁平台(R_1)	菊花珊瑚带(R_{11}) 蔷薇珊瑚带(R_{12}) 鹿角珊瑚带(R_{13})
向海斜坡(R_2)	鹿角珊瑚带(R_{21})

14.3　珊瑚礁生态系统脆弱性评估
指标体系与脆弱性指数

COMBO(coral mortality and bleaching output)模型是美国国家环境保护局(U. S. Environmental Protection Agency，USEPA)资助下建立的珊瑚礁动态预测模型。该模型主要关注气候变化情景下，大气CO_2浓度与SST升高对珊瑚礁生态系统的影响。模型中包含两个交互模块，其中长期变化模块关注SST与大气CO_2浓度上升对珊瑚的影响，而偶发事件模块关注极端温度事件下珊瑚礁经历的白化死亡现象(Buddemeier et al.，2011)。可以应用COMBO模型定量评价气候变化情景下海南三亚珊瑚礁生态系统的脆弱性。

14.3.1　脆弱性评估指标体系

脆弱性指标的选取与量化是脆弱性评估研究中的一个重要环节。指标选取既要考虑其能全面反映研究对象或问题的特征，又要考虑到所选指标数据的可获得性及指标间是否存在着信息上的重叠。基于上述SPRC模型分析和IPCC脆弱性定义(图14-2)，结合脆弱性评估中所应用的珊瑚礁动态预测模型COMBO的参数要求，选取了大气CO_2浓度、SST、珊瑚白化指数、珊瑚死亡率和珊瑚生长率作为气候变化影响下海南三亚珊瑚礁生态系统脆弱性评估的指标(表14-2)。

表 14 - 2 海南三亚珊瑚礁生态系统脆弱性评估指标体系

评价目标	分 类 层	脆 弱 性 指 标	单 位
珊瑚礁生态系统	暴露度指标	海洋表层温度(SST)	℃
		大气 CO_2 浓度	ppm
	敏感度指标	珊瑚白化指数	℃/周
		珊瑚死亡率	%
	适应度指标	珊瑚生长率	mm/a

SST：珊瑚的白化主要是由 SST 升高破坏了珊瑚与其体内虫黄藻的共生关系而发生的，严重的白化现象常造成珊瑚的死亡。近年来，全球珊瑚礁因 SST 升高而发生白化现象的范围与频率都在不断地增加(汤超莲等，2010)。气候变化所导致的 SST 升高是影响珊瑚礁生态系统的重要因子。研究中 SST 在未来的变化情景可以通过 COMBO 模型获取(Buddemeier et al.，2008，2011)。

$$future SST_{month} = SST_{default\ value} + I_{month\ increment} \tag{14-1}$$

式中，$future SST_{month}$ 为未来某一月份的 SST 值；$SST_{default\ value}$ 为 SST 的起始值，通常为模拟起始月前一年 SST 的平均值；$I_{month\ increment}$ 为根据研究区 SST 历史监测数据与 CO_2 排放情景得出的月 SST 的变化量。

大气 CO_2 浓度：大气 CO_2 浓度升高会导致海水酸化(pH 降低)，进而导致海水中碳酸钙类矿物质的饱和度下降(Smith and Price，2011)。珊瑚的钙化率与海水中文石碳酸盐的饱和度(Ω_{arag})之间存在着正相关的关系。因此一般用 Ω_{arag} 的变化来表明大气 CO_2 浓度升高对珊瑚的影响。一般情况下，当 Ω_{arag} 值达到 3.3 时就会造成珊瑚礁的碳酸钙物质积累量为 0 或负值(Hoegh-Guldberg et al.，2007)。研究中将选取 IPCC 报告中清洁和高效能源利用(B1)、各能源均衡利用(A1B)、化石能源利用(A1F1)3 个情景，模拟对海南三亚珊瑚礁生态系统未来动态的影响。大气中 CO_2 浓度与海水 Ω_{arag} 的关系如图 14 - 3 所示。

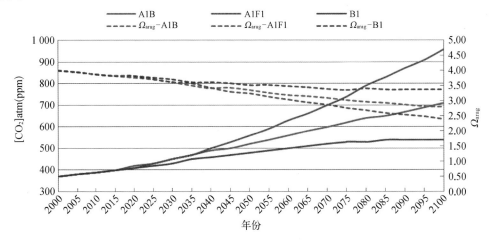

图 14 - 3 COMBO 模型中的二氧化碳排放情景与 Ω_{arag} 变化

珊瑚白化指数：SST 大于夏季平均最高温度 1 ℃，持续数天或数星期就会导致珊瑚白化的发生(潘艳丽和唐丹玲，2009)。NOAA/NESDIS(national environmental satellite，data，and information service)的周热度(degree heating weeks，DHW)指数被广泛作为表征珊瑚白化程度的 SST 阈值指标，可以预警珊瑚礁的白化(Liu et al.，2003；郑兆勇等，2011)。DHW 为 1 表示温度超过最大月平均温度 1 ℃的时间为一星期。一般 DHW 达到 4 时，珊瑚开始产生白化现象，到 8 时大部分珊瑚种类的白化加剧并出现死亡(潘艳丽和唐丹玲，2009)。通常以最热 3 个月的温度积累量来确定 DHW。

$$DHW_{calculator} = 13.1 \times (TT - SST_{mean\ 3\text{-}month\ max}) \qquad (14-2)$$

式中，TT(threshold temperature)为珊瑚白化发生的温度阈值；$SST_{mean\ 3\text{-}month\ max}$ 为最热 3 个月的平均 SST。

珊瑚死亡率：珊瑚的生长与死亡是珊瑚生活过程中的两个环节。受环境因子的影响，生长通常指已有珊瑚个体的生长和新珊瑚个体的繁殖，死亡则指珊瑚个体的部分或完全死亡。珊瑚生长与死亡的动态变化是造成珊瑚礁群落变化的重要原因。在环境条件稳定的情况下，珊瑚的生长与死亡过程之间是一个动态平衡的过程。但环境条件发生异常时，常造成珊瑚发生异常死亡现象，使整体的稳态发生偏移。COMBO 模型中，当 DHW 累积触发一定的温度阈值时，将会导致珊瑚礁发生模型中给定的死亡率：

$$M_{event} = MF \qquad (14-3)$$

式中，M_{event} 为 SST 影响下珊瑚礁的死亡事件；MF 为在不同的 SST 异常值下珊瑚礁的死亡率。

珊瑚生长率：珊瑚有着独特的生物学和生态学特性，其骨骼生长呈明显的条带状分布，具有以年为周期的变化特征(施祺和张叶春，2002)。在有关珊瑚生长率与环境因素之间关系的研究中，发现较重要的环境控制因素有 SST、碳酸盐浓度、光照等，其中又以 SST 和碳酸盐浓度的影响为最大。珊瑚年生长率的变化是反应气候变化对其影响的重要指标。

$$G_i = Cov_{i-1} \times \{[G_{eqni} \times G_{monthi} \times G_{sati} - (M_{bi} + M_{tempi})]\} \qquad (14-4)$$

式中，G_i 为珊瑚礁在某月的净生长率；Cov_{i-1} 为珊瑚礁在前一月的覆盖度；G_{eqni} 为 SST 出现异常时的珊瑚礁生长率；G_{monthi} 为正常年份下或系统在稳态时珊瑚礁的月生长率；G_{sati} 为碳酸盐浓度变化下珊瑚礁的生长率；M_{bi} 为正常年份下或系统在稳态时珊瑚礁的月死亡率；M_{tempi} 为 SST 异常时珊瑚礁的死亡率。

14.3.2　脆弱性指数的计算与分级

根据研究区的实际情况，在模型中输入相关脆弱性指标数据(大气 CO_2 浓度数据来自 IPCC 报告，研究中采用默认值)。通过两个模块在 B1 和 A1F1 两种不同 CO_2 排放情景下的交互运算，获得海南三亚珊瑚礁生态系统到 2100 年的活珊瑚覆盖率变化表格数据及折线图。根据模型的预测结果，可以得出海南三亚珊瑚礁在短期（2030 年）、中期（2050 年）和长期（2100 年）的动态变化。COMBO 模型中珊瑚礁生态系统活珊瑚覆盖率的计算公式为

$$\text{Cov}_i = (\text{Cov}_{i-1} + G_i) \times (1 - M_{eventi}) \tag{14-5}$$

式中，Cov_i 为某月的活珊瑚覆盖度；M_{eventi} 为极端气候事件发生时造成的珊瑚礁死亡率。

　　一些研究指出（Edinger and Risk，2000），对于亚洲东南部海域的珊瑚礁，当覆盖度大于 75％时，可以认为系统处于非常良好的状况。当珊瑚礁覆盖度为 50％～75％时，系统处于健康的状态。当珊瑚礁覆盖度为 25％～50％时，系统处于较一般的状况，而在覆盖度小于 25％时，系统处于较差的状态。但在实际情况中，由于地形地貌或其他原因，一些地域的珊瑚礁生态系统在健康平衡状态下，其覆盖度也可能会比较低。因此，不能单纯根据覆盖度的值来判断珊瑚礁生态系统的状况。参照东南亚海域珊瑚礁在不同覆盖度时的健康状况，本项研究以文献资料中最早关于三亚海区活珊瑚覆盖度的调查值 85％（20 世纪 60 年代）为基准值 R（张乔民等，2006），利用 COMBO 模型得出的未来三亚活珊瑚覆盖度值 Cov_i 与基准值 R 的比值来划分海南三亚珊瑚礁生态系统脆弱性 VI 的状况（表 14-3）：

$$\text{VI} \in \text{rang}(\text{Cov}_i/R) \tag{14-6}$$

当 VI∈[0，0.5)时，珊瑚礁生态系统属于高脆弱性；当 VI∈[0.5，0.75)时，珊瑚礁生态系统属于中脆弱性；当 VI∈[0.75，1)时，珊瑚礁生态系统属于低脆弱性；当 VI∈[1，1.18)时，珊瑚礁生态系统属于无脆弱性或状况良好。

表 14-3　海南三亚珊瑚礁生态系统脆弱性指数 VI 分级

脆弱性等级	3 高	2 中	1 低	0 无
	[0，0.5)	[0.5，0.75)	[0.75，1)	[1，1.18)

14.4　气候变化影响下海南三亚珊瑚礁生态系统脆弱性空间评估

　　评价系统的空间数字化是实现相关脆弱性空间评价的必要基础。在 ArcGIS10.0 平台支持下，以海南三亚珊瑚礁生态系统脆弱性评估受体作为数据载体和基本评价单元。通过各评价指标在 COMBO 模型中的综合运算，得出在 IPCC 报告的 B1 和 A1F1 排放情景下评价系统中各类型受体覆盖度的未来动态变化。综合指标运算数据与评价单元受体，实现空间评价单元的属性数据与图形数据的存储，建立空间数据与属性数据关联的覆盖度 Cov_i 数据库。根据脆弱性指数 VI 的计算方法，在 ArcGIS10.0 平台上进行覆盖度 Cov_i 数据与基准值 R 的比值计算，生成气候变化下海南三亚珊瑚礁生态系统脆弱性定量

评价的综合图层,得出各类评价受体的脆弱性指数。按脆弱性指数等级划分,输出 B1 和 A1F1 两个排放情景和不同时间尺度(短期 2030 年、中期 2050 年和长期 2100 年)下海南三亚珊瑚礁生态系统脆弱性的定量空间评价图。

14.4.1　B1 情景下的海南三亚珊瑚礁生态系统脆弱性评估

在 IPCC 报告中的 B1 情景下,至 2030 年,海南三亚珊瑚礁生态系统中 47.6% 和 3.8% 的珊瑚礁生态系统分别处于低脆弱和中脆弱等级。至 2050 年,其低脆弱和中脆弱的珊瑚礁面积分别增至 70.5% 和 14.1%(表 14 - 4)。至 2100 年,其低脆弱的珊瑚礁面积比例为 14.3%,而中脆弱的面积比例大幅增至 63.2%,高脆弱的面积比例则达到 22.5%(表 14 - 4)。处于低脆弱的珊瑚礁生态系统主要位于东、西瑁岛[图 14 - 4(a)],而处于中脆弱的珊瑚礁生态系统主要位于鹿回头和榆林湾沿岸[图 14 - 4(b)和 14 - 4(c)]。

表 14 - 4　在 IPCC 的 B1 和 A1F1 情景下,至 2030 年、2050 年和 2100 年
海南三亚珊瑚礁生态系统脆弱性等级面积百分比 （单位：%）

气候变化情景	时间尺度	脆 弱 性 等 级			
		不脆弱	低脆弱	中脆弱	高脆弱
B1	2010~2030	48.6	47.6	3.8	0
	2010~2050	15.4	70.5	14.1	0
	2010~2100	0	14.3	63.2	22.5
A1F1	2010~2030	32.7	57.3	10.0	0
	2010~2050	0	63.1	28.1	8.8
	2010~2100	0	0	60.6	39.4

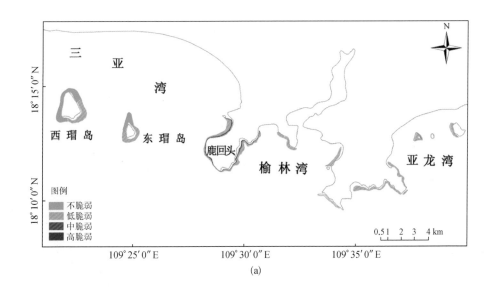

(a)

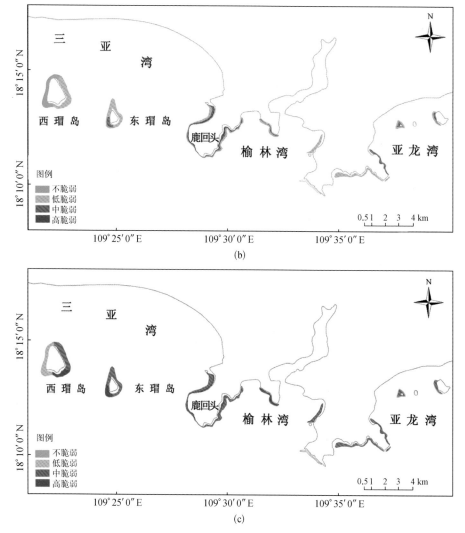

图 14-4 在 IPCC 的 B1 情景下,至 2030 年(a)、2050 年(b)和 2100 年(c)
海南三亚珊瑚礁生态系统脆弱性的空间分布

14.4.2 A1F1 情景下的海南三亚珊瑚礁生态系统脆弱性评估

在 IPCC 的 A1F1 情景下,至 2030 年,海南三亚珊瑚礁生态系统中 57.3% 和 10.0% 的珊瑚礁生态系统分别处于低脆弱和中脆弱等级。至 2050 年,其低脆弱和中脆弱的珊瑚礁面积分别增至 63.1% 和 28.1%。此外,8.8% 的珊瑚礁生态系统处于高脆弱等级(表 14-4)。至 2100 年,海南三亚珊瑚礁生态系统都处于中脆弱和高脆弱等级,其面积比例分别增至 60.6% 和 39.4%(表 14-4)。至 2030 年和 2050 年,处于低脆弱的珊瑚礁生态系统主要位于东瑁岛和西瑁岛沿岸,中脆弱的珊瑚礁生态系统主要位于鹿回头和榆林湾沿岸[图 14-5(a)和(b)]。至 2100 年,处于中脆弱的珊瑚礁生态系统主要位于东、西瑁岛沿岸,而处于高脆弱的珊瑚礁生态系统主要位于鹿回头和榆林湾沿岸[图 14-5(c)]。

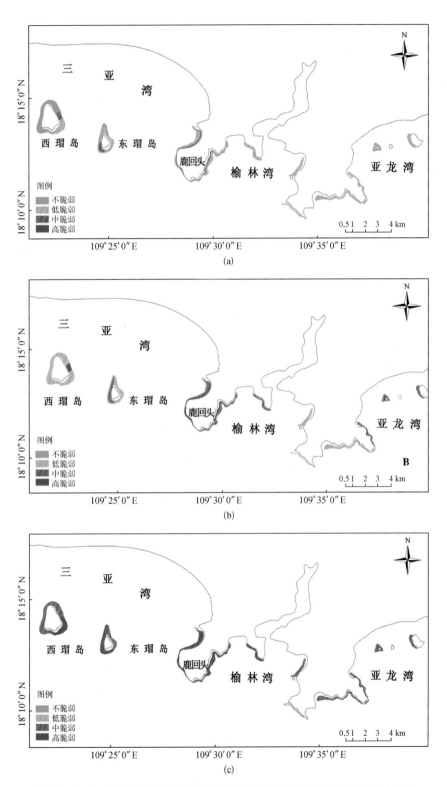

图 14-5　在 IPCC 的 A1F1 情景下，至 2030 年(a)、2050 年(b)和 2100 年(c)
海南三亚珊瑚礁生态系统脆弱性的空间分布

14.5　应对气候变化对海南三亚珊瑚礁生态系统影响的对策与措施

开展气候变化影响下珊瑚礁生态系统脆弱性评估,其目标在于理解珊瑚礁生态系统的脆弱性以及预测其未来动态,并在此基础上为制订应对策略和减缓措施提供科学依据。研究应用 SPRC 模型分析了气候变化对珊瑚礁生态系统的影响过程,构建了珊瑚礁生态系统的脆弱性评估指标体系。在 COMBO 模型的支持下,实现了对海南三亚珊瑚礁生态系统脆弱性的定量空间评价。定量空间评价的结果表明,全球气候变化所导致的大气 CO_2 浓度增加和 SST 升高,珊瑚礁的白化死亡率明显增加,覆盖率显著下降,进而影响珊瑚礁生态系统的生存和分布。制订气候变化影响下保障海南三亚珊瑚礁生态系统安全的应对策略和减缓措施,已是刻不容缓。

14.5.1　减少温室气体排放

气候变化对珊瑚礁的影响主要是海洋表层温度的升高所导致的大面积珊瑚礁白化死亡,以及大气 CO_2 浓度的增加所引起的海水酸化,海水酸化威胁珊瑚礁生物群落的造礁能力。因此,应减少温室气体的排放,降低海洋表层温度的上升幅度,从而达到有效减缓气候变化对海南三亚珊瑚礁生态系统的影响。

14.5.2　加强珊瑚礁生态系统的环境管控

海南三亚海岸带地区正处于社会经济的高速发展时期,大规模海岸带城市、港口和旅游开发建设加剧了气候变化对海南三亚珊瑚礁生态系统的影响。要依据已经制订出的《海南省珊瑚礁保护规定》,加强海洋环境执法监察,由环保、海洋、工商、旅游、渔业等有关部门组成联合执法队伍。对涉及珊瑚礁等敏感生态区域的项目还要根据海南有关地方法规施行专项审核制度,使海洋环境保护贯穿于项目开发建设的全过程。严厉打击破坏珊瑚礁的行为,禁止采挖珊瑚礁作为建筑材料,控制通向珊瑚礁区域的通路和航行以及在礁区捕鱼、旅游等活动。

第十五章　海平面上升叠加风暴潮影响下上海市社会经济脆弱性评估

　　海岸带区域是世界各地人口聚集、国民经济和社会发展高度集中的区域,海岸带区域人口高达12亿之多,人口密度是全球人口平均密度的三倍(Small and Nicholls,2003)。随着海平面的上升,沿海地区的脆弱性日趋增强,这将给海岸带地区社会经济的发展带来重大影响(Nicholls and Cazenave,2010)。海岸带作为全球变化的关键地区,全球气候变化对其影响是多方面的,从不同的尺度上看,这些影响有着不同的体现。海平面上升可提高风暴潮的增水,加速海岸侵蚀,加剧海岸带地区洪涝灾害(Sahin and Mohamed,2014)。在海平面升高的情景下,风暴潮造成的洪涝灾害更为严重,从而对沿海地区的社会经济发展产生重大影响(Hallegatte et al.,2011;Yan et al.,2015)。

　　我国是海洋大国,拥有18 000 km的大陆岸线和14 000 km的岛屿岸线,超过70%的大城市和50%的人口集中在东部及南部沿海地区。我国海岸带区域人口密集,经济发达,占陆域国土面积13%的沿海经济带,承载着全国42%的人口,创造全国60%以上的国民生产总值。海岸带在我国经济战略布局中占有极为重要的地位,受气候变化和人类活动的双重胁迫,我国海岸带的脆弱性更加凸显。海平面上升、风暴潮、海水入侵、海岸侵蚀和生态系统服务功能下降等直接威胁着海岸防护、社会经济发展和生态安全。气候变化已成为海岸带可持续发展所面临的严峻挑战之一(王宁等,2012)。

　　地处长江三角洲前沿地区的上海,位于我国海岸带中部,扼居我国第一大河、世界第三大河长江的入海口门,构成了典型的河口城市及河口海岸地区。这里既是我国经济最发达的精粹之地和最大的经济中心城市,同时也是人地关系最为复杂、生态系统最为脆弱、对全球气候变化的影响最为敏感和社会经济的波及效应、放大效应最为突出的城市化地区。近30年来,长江口外海平面有加速上升的态势,1960年以来达到平均上升2.0 mm/a。中国是风暴潮灾害发生次数多、损失严重的国家(赵庆良等,2007)。在海平面持续上升和地面沉降的背景下,上海面临着频繁登陆的台风及其引发的风暴潮灾害的威胁(Wang et al.,2012)。

　　研究海岸带系统对气候变化的响应机制,评价气候变化对海岸带社会经济的潜在影响,提出切实可行的应对策略,是保障海岸带系统安全的重要前提。对气候变化影响下海岸带脆弱性评估的研究是国家的重大需求,同时也是国际前沿科学问题。本研究选择位于长江口的上海市作为研究对象,应用"源-途径-受体-影响"(SPRC)评价模式分析海平面上升叠加风暴潮导致的洪涝灾害对上海市社会经济的影响过程和结果。构建基于过程的社会经济脆弱性评估指标体系和评价方法,定量评价海平面上升叠加风暴潮影响下上海市社会经济脆弱性(Yan et al.，2015)，以期为海岸带地区应对气候变化影响以及制订减缓和应对措施提供科学依据。

15.1 上海地区自然地理条件

上海位于北纬 $30°23'\sim31°37'$，东经 $120°50'\sim121°45'$，地处长江三角洲前缘，东濒东海，南临杭州湾，西接江苏、浙江两省，北界长江入海口，处于我国南北海岸线的中部，交通便利、腹地广阔、位置优越，是一个良好的江海港口，如图 15-1 所示。2014 年，上海全市面积为 6 340.5 km^2，占全国总面积的 0.06%，南北长约 120 km，东西宽约 100 km。其中陆地面积为 6 219 km^2，水面面积为 122 km^2。境内辖有崇明岛，面积为 1 041 km^2，是我国的第三大岛。上海市处于广阔的长江三角洲平原，海拔低，除西南部有少数丘陵山脉外，其余位置全部为坦荡低平的平原，是长江三角洲冲积平原的一部分，平均海拔高度为 4 m 左右，总趋势为西高东低，原始坡降约万分之一。上海市的海陆交互作用明显，水系发育，水网密布，长江与黄浦江在此汇流入海。

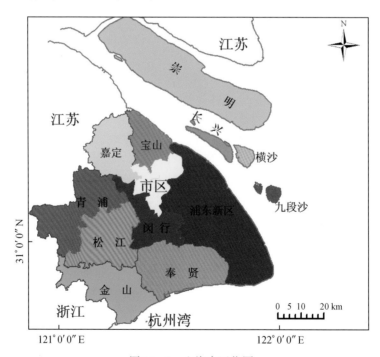

图 15-1 上海市区位图

15.2 上海市社会经济概况

上海是中国的经济、交通、科技、工业、金融、会展和航运中心之一。作为远东最大的都市之一,上海有"中国的商业橱窗"之称,其2014年国民生产总值(GDP)居中国城市第一,亚洲第二。上海地处我国南北海岸线的中点,是世界第三大港和我国水陆交通运输的枢纽,上海港货物吞吐量和集装箱吞吐量均居世界第一,是一个良好的滨江滨海国际性港口。上海是中国大陆首个自贸区"中国(上海)自由贸易试验区"所在地。面对充满机遇而又富有挑战的21世纪,上海确定了新的中长期发展目标:到2020年,把上海基本建成国际经济、金融、贸易、航运中心之一和社会主义现代化国际大都市。

15.2.1　上海市社会发展概况

至2013年底,上海常住人口为2 415.15万人,其中外来人口为990.01万人。上海户籍人口为1 432.34万人,比上年增加5.41万人,非农业人口为1 289.58万人。全市户籍数为527.52万户,人口自然增长率为-0.54‰。年内全市迁出6.06万人,迁入12.12万人,机械增长6.06万人,机械增长率为4.24‰。全市户籍人口密度为2 259人/km²,常住人口密度为3 809人/km²,见表15-1。从表中可以看出市中心区域如黄浦、徐汇区、静安区、普陀区、闸北区、虹口区和杨浦区人口密度较大,超过了2万人/km²,而远郊区县如崇明县、金山区则低于1 500人/km²(上海市统计局,2014)。

表 15-1　2013 年上海市各区、县土地面积、常住人口及人口密度

地　区	土地面积 (km²)	年末常住人口 (万人)	外来人口 (万人)	人口密度 (人/km²)
全　市	6 340.50	2 415.15	990.01	3 809
浦东新区	1 210.41	540.90	233.06	4 469
黄浦区	20.46	69.16	18.83	33 803
徐汇区	54.76	112.51	30.15	20 547
长宁区	38.30	70.54	17.62	18 418
静安区	7.62	24.99	6.03	32 795
普陀区	54.83	129.56	35.04	23 629
闸北区	29.26	84.73	21.01	28 958
虹口区	23.48	83.96	18.43	35 757
杨浦区	60.73	132.43	27.01	21 806
闵行区	370.75	253.22	128.30	6 830
宝山区	270.99	200.91	84.72	7 414
嘉定区	464.20	155.65	90.64	3 353
金山区	586.05	78.03	25.43	1 331
松江区	605.64	173.66	107.65	2 867
青浦区	670.14	119.76	71.56	1 787
奉贤区	687.39	115.42	59.62	1 679
崇明县	1 185.49	69.72	14.91	588

1978~2013年上海市人口变化趋势如图15-2所示,从图中可以看出,上海市常住人口数目从1978年至2013年不断增加,尤其2000年以后常住人口数目增加速率较快,到

2013 年常住人口数目超过了 2 400 万。户籍人口数从 1978 年至 2013 年增长较为缓慢，尤其是 2000 年以来，户籍人口数相对稳定，在 1 400 万左右(上海市统计局，2014)。

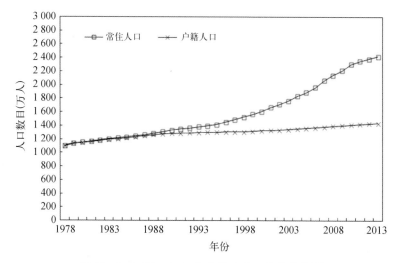

图 15 - 2　1978～2013 年上海市人口变化趋势图

15.2.2　上海市经济发展状况

2013 年，全年实现上海市国民生产总值(GDP)21 602.12 亿元，按可比价格计算，比上年增长 7.7%，占全国生产总值的 3.8%。近五年上海市生产总值及其增长速度如图 15 - 3 所示。从图中可以看出，近五年来上海市生产总值处于不断增加趋势，增长速度呈现先升后降的趋势，均在 7.5% 以上(上海市统计局，2014)。

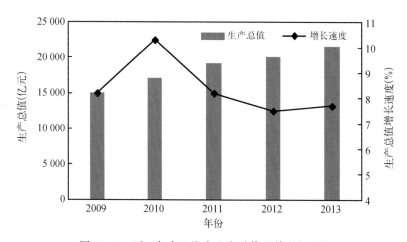

图 15 - 3　近五年来上海市生产总值及其增长速度

在上海市生产总值中，第一产业增加值为 129.28 亿元，下降 2.9%；第二产业增加值为 8 027.77 亿元，增长 6.1%；第三产业增加值为 13 445.07 亿元，增长 8.8%。三大产业主要年份所占上海市生产总值百分比变化折线图如图 15 - 4 所示，从图中可以看出，第一产业所占百分比逐年减少,在2013年降低到0.59%以下;第二产业所占百分比也呈减小的趋势,2013年降低到37.16%,第三产业呈现逐年递增的趋势,2013年所占比例达到了62.25%。

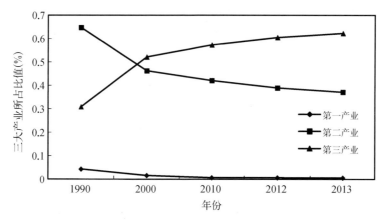

图15-4　三大产业主要年份占上海市国民生产总值百分比

15.3　海平面上升叠加风暴潮导致的洪涝灾害情景模拟

上海地势低平,平均高程为3~4 m,广泛分布着以灰色淤泥质黏性土为主的海相地层,沉积层具有高含水量、高孔隙比、低强度和高压缩性等特点,工程地质特性不良,为典型的软土地基地区。上海市人类经济与工程活动相对集中与频繁,以及地下水的开采,都使得土层固结变形而导致地面沉降。对于因地下水开采而产生的地面沉降,在20世纪50年代末期,沉降速率达到最大,年均沉降超过110 mm。目前,上海地区地面沉降继续保持逐步趋缓的整体态势。2007年,除局部地区沉降量仍较大外,平均地面沉降量为6.8 mm。

近30年来,长江口外海平面有加速上升的态势,1960年以来达到平均上升2.0 mm/a。国家海洋局发出的中国海平面公报中指出,长江口沿海近30年平均海平面上升速率为2.6 mm/a(国家海洋局,2013)。在海平面持续上升和地面沉降的背景下,上海面临着频繁登陆的台风及其引发的风暴潮灾害的威胁(Wang et al.,2012)。海平面上升叠加风暴潮导致潮汐水位快速上涨,漫过堤坝,造成洪涝灾害。不同区域由于受地面沉降、高程因素的影响,导致洪涝灾害的差异,造成不同程度的社会经济损失。上海汛期常受热带风暴、强热带风暴和台风的影响,沿江沿海经常发生由它们引起的风暴潮灾害,平均每年2次,多的年份可达6~7次。若台风影响期间,恰逢农历初三、十八前后大汛,有可能出现严重的风暴潮灾害,对海塘、堤坝和内河防汛墙等工程造成严重破坏,并导致大量房屋被毁,造成人员伤亡。这些严重影响着社会的稳定和经济的发展。例如,1997年的9711号台风风暴潮造成7人死亡、29人受伤,直接经济损失达63.49亿元;2002年0205号台风风暴潮造成6人死亡、45人受伤,直接经济损失达70亿元;2005年0509号台风风暴潮造成 7 人受伤,直接经济损失达 135.8 亿元。近年来我国因风暴潮灾而造成的损失呈逐年上升的趋势,每年都在百亿元左右(赵庆良等,2007)。

15.3.1　应用 MIKE21 模型模拟海平面上升叠加风暴潮导致的洪涝灾害

本项研究应用 MIKE21 二维水动力模型,模拟了海平面上升叠加风暴潮背景下,上海地区在未来 2030 年、2050 年和 2100 年的洪涝灾害情景(Wang et al.,2012)。MIKE21 软件中的水动力学模块(hydrodynamics,HD 模块)是其核心的基础模块,可以模拟因各种作用力产生的水位和水流变化及分层的二维自由表面流。由于其包括了广泛的水力现象,该模块为泥沙传输和环境模拟提供了水动力学的计算基础。HD 模块模拟湖泊、河口和海岸地区的水位变化和由于各种力的作用而产生的水流变化。当用户为模型提供了地形、底部糙率、风场和水动力学边界条件等输入数据后,模型可以计算出每个网格的水位和水流变化。在分别模拟和分析了海平面上升、地面沉降和风暴潮影响和结果的基础上,应用 DEM 模拟了至 2030 年、2050 年和 2100 年这三种现象综合影响所导致的上海市洪涝灾害风险情景。

应用 MIKE21 模型,模拟海平面上升叠加风暴潮导致上海地区洪涝灾害的主要数据包括海平面上升速率、地面沉降速率、风暴潮强度、高程数据、面积和海拔、潮汐水平边界等,具体介绍如下。

1) 海平面上升速率

海平面上升高度采用上海多个验潮站海平面的历史数据,利用统计模型(Li et al.,1998)推算出 1997~2030 年、1997~2050 年和 1997~2100 年长江口海平面上升分别为:86.6 mm、185.6 mm 和 433.1 mm,见表 15-2。

表 15-2　上海市 10 个潮位站 2030 年、2050 年、2100 年海平面上升高度(单位:mm)

	黄浦公园	外高桥	吴淞口	长兴	横沙	中浚	北槽	芦潮港	大戢山	滩浒岛	平均
1997~2030 年	86	82.5	92.5	92.5	92.5	92.5	92.5	89.5	92.5	53	86.6
1997~2050 年	176	182.5	192.5	192.5	192.5	192.5	192.5	189.5	192.5	153	185.6
1997~2100 年	401	432.5	442.5	442.5	442.5	442.5	442.5	439.5	442.5	403	433.1

2) 地面沉降速率

上海市地面沉降速率主要与自然状况、人类活动有关。前者包括新构造运动和土壤的自然沉降(Xue et al.,2005),后者主要包括过度采集地下水和过多建造高层建筑。基于长期监控和全球位置测定系统,长江口及邻近区域平均新构造下沉速率是 1.5 mm/a (Ye,1996)。人为沉降速率研究在上海有很长的历史,从 1920 年到 1960 年由于地下水的过多利用导致地面沉降。1921 年至 1965 年中心城区平均沉降速率为 1.76 m,最大沉降 2.63 m。从 1966 年到 1985 年沉降速率有所缓解,地面沉降速率为 0.9 mm/a。从 1986 年至 1997 年,由于城市化发展快速,沉降速率高达 10.2 mm/a。从 2001 年至 2007 年,沉降速率开始变得减慢。综合考虑自然和人类活动导致的地面沉降,采用长期监控数据计算得到 1980～2005 年上海市的地面沉降速率,如图 15-5 所示。由图可以看出,上海市区、嘉定区、宝山区、浦东新区、南汇区、金山区的部分区域地面沉降速率较快,平均沉降速率在 10 mm/a 以上,最大沉降速率达到了 24.12 mm/a。相比而言,奉贤区、青浦区和崇明县大部分区域地面沉降速率较慢或没有沉降。

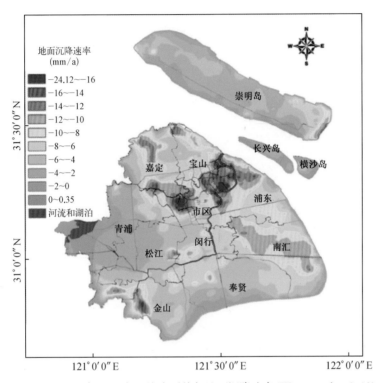

图 15-5　1980～2005 年上海市平均年地面沉降速率(Wang et al.,2012)

3) 风暴潮强度

参考自 1949 年以来对上海地区造成最大损失的风暴潮,即 1997 年"9711 号台风"。9711 台风被国际气象界命名为"温妮"(WINNIE)。该台风中心于 8 月 18 日 2 点到达上海东南大约 650 km 的海面上,就是在北纬 26.0°,东经 124.9°,中心气压为 96 kPa。近中心最大风力大于 12 级,且以每小时 20 km 的速度朝西北方向移动,并于当晚 21 点 30 分在浙江温岭地区登陆。登陆时近中心最大风力仍在 12 级以上,风速为 40 m/s。登陆后继续北上,影响到上海、江苏、山东、辽宁等省份(陈杰,2006)。

9711 强台风在登陆前后,给所经地区带来了破坏性的影响。8 月 18 日这天上海市狂风呼啸、大雨瓢泼、水位猛涨。当天是农历的七月十六,也正是朔望大潮期间。台风给上海的潮位造成了很大的影响,各水文站都记录下了这一历史新高的水位记录。9711 台风对横沙水文站造成的最高潮位出现在 8 月 18 日夜间 23:05,潮位达到 5.83 m,比 8114 台风时该站高潮位还高出 12 cm,相对长期预报潮位的增水值为 128 cm。吴淞水文站的最高潮位出现在 8 月 18 日夜间 23:35,潮位为 5.99 m,比 8114 台风时该站高潮位高出 25 cm,其增水值为 145 cm。市区黄浦公园水文站的最高潮位出现在 8 月 19 日子时零点二十分,潮位达到 5.20 m,其增水值为 149 cm,比 8114 台风时该站高潮位足足高出

50 cm。9711 台风引发的风暴潮刷新了上海地区高潮位的记录。据统计,9711 号台风造成浙江、福建、上海、安徽、江苏、河北、辽宁、古林、黑龙江等省市农作物受灾面积达 31 103 万亩,受灾人口达 4 377 万人,死亡 212 人,倒场房屋 1 499 万间,直接经济损失达 250 亿元(马岚等,1998)。

4) 高程数据

高程 DEM 数据利用 2005 年上海地表高程实测数据,运用 GIS 空间差值得到上海 DEM 图层(图 15 - 6)。从图中可以看出,上海市 DEM 高度基本为 2~5 m,金山、崇明岛沿海区域 DEM 稍高一些,达到 5 m 以上(Wang et al.,2012)。

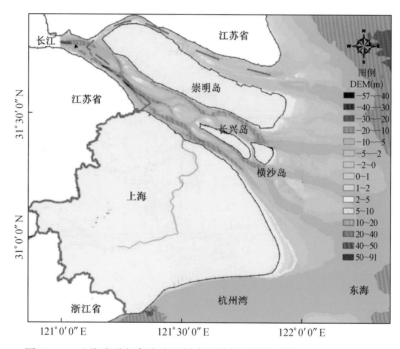

图 15 - 6   上海市及相邻海岸区域高程数据(DEM)(Wang et al.,2012)

5) 其他参数

应用 MIKE21 FM 网格预测上海市及其东部沿海风暴潮,其最大的网格面积是 0.6 km²,最小的角度是 26°,最大的网络节点是 90 000。潮汐水平边界使用的潮汐数据来自 10 个潮位站,时间从 1997 年 8 月 18 日 00:00:00 至 1997 年 8 月 20 日 00:00:00,共 48 h,间隔 1 h,建立研究区域连续的潮汐变化图(Wang et al.,2012)。MIKE21 模型的其他参数见表 15 - 3。

表 15 - 3   MIKE21 模型的具体参数(Wang et al.,2012)

参　　数	数　　值
模型选择	水动力模型
海测图	研究区域网络地形(2005 年、2030 年、2050 年、2100 年)90 000 节点
模拟时段	1997 年 8 月 18 日 00:00:00 至 1997 年 8 月 20 日 00:00:00

参　数	数　值
时间间隔	30 s
时间间隔数目	5 760
增减水	干燥：深度为 0.005 m;淹没：深度为 0.05 m;湿润：深度为 0.01 m
初始水面高度	2.98 m
风摩擦力	当风速是 7 m/s 时,摩擦力是 1.255×10^{-3};当风速是 25 m/s 时,摩擦力是 2.425×10^{-3}
涡黏性	Smagorinsky 公式,常数：0.28
河床摩擦力系数	32
结果文件	HD. desu 和 HD. dfs0

15.3.2　海平面上升叠加风暴潮导致洪涝灾害的模拟情景

　　MIKE21 模型模拟过程基于一定的假设条件,主要包括：① 海平面上升情景,至 2030 年、2050 年和 2100 年,长江口海平面上升分别为：86.6 mm、185.6 mm 和 433.1 mm;② 风暴潮强度选用 9711 风暴潮,模拟台风持续 48 h;③ 地面沉降速率为 1.5 mm/a;④ 地面高度 DEM 以 2005 年为基本年;⑤ 海堤、水坝、防洪堤保持 2010 年现状;⑥ 不考虑上海市排水系统;⑦ 不考虑由风暴潮引起的暴雨(Wang et al.，2012)。

　　应用 MIKE21 二维水动力模型,分别模拟了在海平面上升、地面沉降和风暴潮相互作用下,上海地区在未来 2030 年、2050 年和 2100 年的洪涝灾害情景(Wang et al.，2012)。

　　1) 2030 年海平面上升叠加风暴潮导致的洪涝灾害情景

　　至 2030 年,海平面上升 86.6 mm,海平面上升叠加类似 9711 风暴潮对上海市大部分区域未造成洪涝灾害(图 15-7)。其主要原因是 95.7% 的海堤尚未遭受破坏,起到了保护作用。只有 1.5% 的区域遭受洪涝灾害,主要集中在长兴岛、横沙岛的部分沿海区域以及奉贤区和南汇区的部分沿海区域。其淹没深度大多小于 1 m,在长兴岛部分区域的淹没深度大于 1.5 m。其主要原因是长兴岛南侧、横沙岛西南侧以及奉贤和南汇交界处的海堤遭受了破坏。

　　2) 2050 年海平面上升叠加风暴潮导致的洪涝灾害情景

　　至 2050 年,海平面上升 185.6 mm,海平面上升叠加类似 9711 风暴潮导致上海市 11.73% 的海堤遭受了破坏。上海市 37% 的区域遭受洪涝灾害(图 15-8),其中 33.6% 的区域的淹没深度小于 1 m。遭受洪涝灾害区域包括杭州湾北侧的松江区、奉贤区,长兴岛和横沙岛的北侧,吴淞口和浦东新区交界区域,以及黄浦江的北岸。其主要原因是金山区、奉贤区出现海水漫堤现象。

　　3) 2100 年海平面上升叠加风暴潮导致的洪涝灾害情景

　　至 2100 年,海平面上升 433.1 mm,海平面上升叠加类似 9711 风暴潮导致上海市 50% 的区域遭受洪涝灾害(图 15-9)。除了青浦、嘉定、松江、闵行、南汇和金山区,上海市大部分区域,包括中心城区洪涝灾害严重。其主要原因是上海市 54% 的海堤遭受了破坏,各地区海水漫堤现象严重。

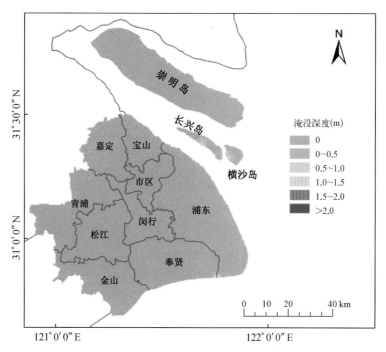

图 15-7　2030年海平面上升叠加风暴潮导致的上海市洪涝灾害模拟情景（Wang et al.，2012）

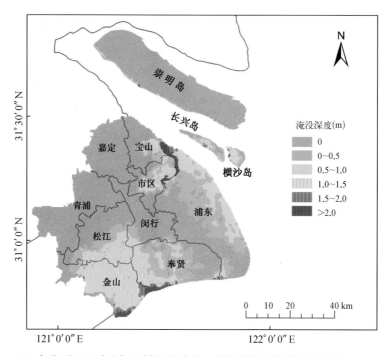

图 15-8　2050年海平面上升叠加风暴潮导致的上海市洪涝灾害模拟情景（Wang et al.，2012）

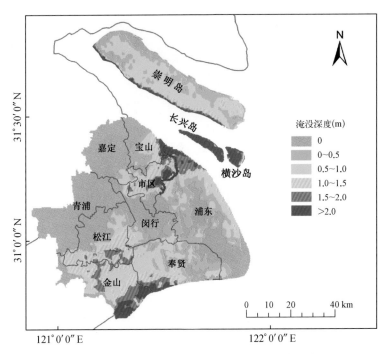

图 15-9　2100 年海平面上升叠加风暴潮导致的上海市洪涝灾害模拟情景(Wang et al.，2012)

15.4　海平面上升叠加风暴潮影响下上海市社会经济脆弱性评估模式

目前针对气候变化影响下的海岸带脆弱性评估,应用较多的是 PSR 模型(pressure-state-response framework)(OECD，1993)。PSR 框架模型具有比较明显的因果关系,从指标产生的机理方面着手构建评价指标体系。从系统论角度来看,气候变化影响下海岸带系统的动态符合 PSR 模式。外在因素(气候变化)对系统产生压力,构成压力输入,使系统发生状态变化(正面或负面影响),变化结果通过某种形式反应,表现为系统的脆弱性或(不)适应性。因此,构建气候变化影响下海岸带社会经济脆弱性评估指标体系,常采用 PSR 模型。基于 PSR 模型,气候变化影响下海岸带社会经济脆弱性评估中常用的评价指标类型主要有:① 压力表征指标,是气候变化的影响因子,如海平面上升、温度升高、风暴潮极端天气等;② 状态表征指标,是海岸带社会经济系统受气候变化影响后可能出现的"症状"指标,如人口损失、房屋淹没、农作物破坏、财产损失等;③ 响应表征指标,是海岸带系统对气候变化影响的响应,如系统的适应度、人类采取的预防、减缓和适应气候变化不利影响的应对措施等。澳大利亚的气候变化风险和脆弱性以及适应性响应指标体系就是按照 PSR 模型来构建的(King，2001)。美国地质勘探局(United States Geological Survey)在对美国海岸带脆弱性评估的研究中,考虑了包括潮差、波高、坡度、海岸侵蚀速率、地貌环境和相对海平面上升速率等海岸带脆弱性指标(Coastal Vulnerability Index)

(Thieler and Hammar-Klose，2000)。欧洲环境署(European Environment Agency)在进行欧洲大陆应对气候变化的脆弱性和适应性评价时，是从旅游业、人类健康、能源等要素来反映社会经济系统的脆弱性(EEA，2005)。

15.4.1　SPRC 模式在气候变化影响下社会经济脆弱性评估中的应用

在 PSR 模型的基础上，欧盟 THESEUS 项目提出了"源-途径-受体-影响"(source-pathway-receptor-consequence，SPRC) 模型，用以研究评价气候变化所导致的海平面上升叠加风暴潮对海岸带社会经济的影响(Narayan et al.，2012)。SPRC 模型是以因果关系为基础的线性概念模型，通过分析海平面上升叠加风暴潮(源)所导致的洪涝灾害(途径)，评价风险源对社会经济单元(受体)所造成的社会经济损失(影响)。该评价模型可体现影响"源"与"受体"之间的相互作用及其过程，具有较强的空间逻辑关系(图 15-10)。

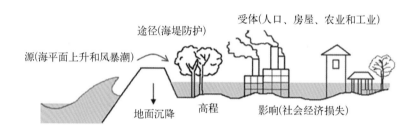

图 15-10　SPRC 概念模式在海平面上升叠加风暴潮影响下
社会经济脆弱性评估中的应用(Yan et al.，2015)

15.4.2　海平面上升叠加风暴潮影响下上海市社会经济脆弱性评估的SPRC 模型

本项研究应用 SPRC 模型，构建了气候变化所导致的海平面上升叠加风暴潮影响下上海市社会经济脆弱性评估模型(图 15-11)。

上海市位于长江口，毗邻大海，地势低洼。气候变化所导致的海平面上升叠加风暴潮造成的洪涝灾害会对区域的社会经济造成重大损失(王宁等，2012)。在该评价模式中，海平面上升叠加风暴潮是对上海市社会经济系统可能产生影响的源(S)。研究区域的高程、地面沉降以及海堤防护设施是影响海平面上升叠加风暴潮所导致的洪涝灾害程度的重要途径(P)。海平面上升叠加风暴潮所导致的洪涝灾害可能对研究区域内各类社会经济单元受体(R)造成社会经济影响(C)(人员伤亡、经济损失、设施破坏等)。受体是遭受洪涝灾害的对象，包括人口、住宅、财产、工厂、农作物等。不同土地利用类型受洪涝灾害的影响不同，根据土地利用类型，受体分可为 6 种类型，分别是农林用地、城镇用地、工业用地、水域用地、道路用地和未利用土地。各类社会经济评价受体单元的分布和面积见图 15-12 和表 15-4。

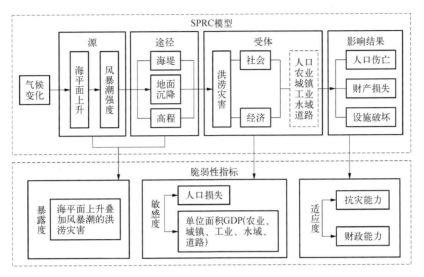

图 15-11　海平面上升叠加风暴潮影响下上海市社会经济
脆弱性评估的 SPRC 模型(Yan et al.，2015)

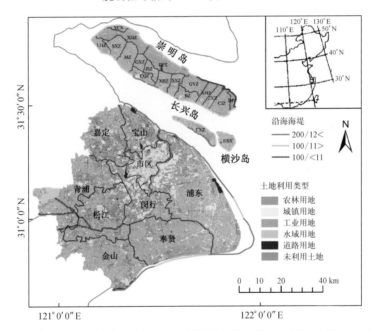

图 15-12　上海市土地利用类型及各类社会经济评价受体单元(2007 年)(Yan et al.，2015)

表 15-4　上海市社会经济脆弱性评估的受体单元(Yan et al.，2015)

土 地 利 用 类 型	评价受体	面积(hm²)
农业住户、种植业、林业	农林用地	360 916.7
各类城镇住房、商场、宾馆、公共设施	城镇用地	110 646.2
各类工厂、仓库	工业用地	67 103.5
池塘、河流、沟渠	水域用地	51 459.9
公路、街道	道路用地	26 755.1
未开发土地、未规划土地	未利用土地	18 992.0

15.5　社会经济脆弱性评估指标体系与脆弱性指数

脆弱性一词最早被应用于地学中灾害风险研究领域,现已被广泛应用到土地利用/覆被变化、生态环境评价、气候变化等研究中(王宁等,2012)。IPCC第三次评价报告指出,脆弱性的定义被广泛接受运用,脆弱性为气候变化对自然的或社会的系统损伤或危害的程度,是系统内的气候变率特征、幅度和变化速率及其敏感性和适应能力的函数(IPCC,2001)。因此,系统脆弱性(V)包括系统的暴露度(exposure,E)、敏感度(sensitivity,S)和适应度(adaptation,A)三项主要变量(Romieu et al.,2010)。基于IPCC对脆弱性的定义,许多研究将脆弱性的公式表达如下(Dongmei and Bin,2009;Yusuf and Francisco,2009;Eriyagama et al.,2010;Webersik et al.,2010):

$$V = f(E,\ S,\ A) \tag{15-1}$$

式中,V为系统的脆弱性;E为暴露度;S为敏感度;A为适应度。此公式中没有将时间考虑进去,因此式(15-1)假设脆弱性评估是一个静态的过程,只是对未来特定年份和特定海平面上升高度情境下的评价(DCCEE 2009;Wu et al.,2009;Wang et al.,2010)。然而脆弱性评估是动态的过程,而且三项主要变量随着时间和空间的变化会相互影响,导致脆弱性也发生变化。考虑到时空动态变化,脆弱性计算公式如下所示(Sahin and Mohamed,2014):

$$V(t,\ s) = f\{E(t,\ s),\ S(t,\ s),\ A(t,\ s)\} \tag{15-2}$$

式中,t为时间维度;s为空间维度$(x,\ y,\ z)$;$V(t,\ s)$为在特定系统、区域、时间和空间四个维度下的脆弱性指数。暴露度主要与地理地形有关,敏感度和适应度主要与区域当前的状况有关,如人口密度、经济状况、海堤高度等。系统的暴露度和敏感度越大,其脆弱性就越大;适应度则相反,系统的适应度越大,系统的脆弱性越小。

15.5.1　社会经济脆弱性评估指标体系

基于上述章节的SPRC评价模式分析和IPCC脆弱性定义,本研究从系统的暴露度、敏感度和适应度三个方面,构建了海平面上升叠加风暴潮影响下上海市社会经济脆弱性评估指标体系(表15-5)(Yan et al.,2015)。气候变化对上海市社会经济的影响主要是海平面上升叠加风暴潮导致的洪涝灾害可能造成的社会经济损失。选取的指标能定量反映海平面上升叠加风暴潮导致的洪涝灾害对上海市社会经济的影响过程和结果,并且应避免指标间的重复。同时,指标应具备可定量化和数据可获取性的特征,其数据具有时空异质性以及可以货币等价模型评价社会经济损失。

表 15－5　海平面上升叠加风暴潮影响下上海市社会经济脆弱性评估指标体系

评价对象	项目层	指 标 层	单 位	数 据 来 源
上海市社会经济体系	暴露度	洪涝灾害的淹没深度(h_i)	m	Wang et al.，2012
	敏感度	人口密度(m_n)	人/hm²	上海市统计局，2011
		人均 GDP(g)	万元/人	上海市统计局，2011
		单位土地面积 GDP(f_n)	万元/hm²	上海市统计局，2011
	适应度	洪涝灾害致损率(q_n)	％	谢翠娜，2010
		财政收入(K)	万元	上海市统计局，2011

洪涝灾害的淹没深度(h_i)：海平面上升叠加风暴潮导致潮汐水位快速上涨，漫过堤坝，造成洪涝灾害。不同区域受地面沉降、高程因素影响，导致淹没深度的差异，造成不同程度的社会经济损失。根据上述 15.3 节有关海平面上升叠加风暴潮对上海市洪涝灾害风险情景的模拟结果，得到上海市 2030 年、2050 年和 2100 年海平面上升叠加风暴潮导致洪涝灾害的淹没深度情景(图 15－7、图 15－8 和图 15－9)。

人口密度(m_n)：海平面上升叠加风暴潮造成的洪涝灾害影响与区域人口密度密切相关。区域人口密度越大，其潜在受损人口越多，支付洪涝灾害的社会经济损失成本越高。根据 2010 年上海市统计年鉴，统计上海市 18 个区县人口数目与区县面积，得到不同区县人口密度(表 15－6，图 15－13)。上海市平均人口密度是 36 人/hm²，各区县人口密度差异较大，人口密度较大的区域是市中心区，包括黄浦区、卢湾区、静安区、普陀区、闸北区、虹口区、杨浦区，人口密度都在 200 人/hm² 以上。而市郊区县人口密度较小，崇明县人口密度最小为 5 人/hm²，金山区、青浦区和奉贤区人口密度不超过 20 人/hm²(上海市统计局，2011)。人口密度大的区域在海平面上升叠加风暴潮淹没情景下受损的人口数量多，敏感度大。

表 15－6　2010 年上海市人口密度统计表

区 县	面积(hm²)	人口数目(人)	人口密度(人/hm²)
浦东新区	121 041	5 047 300	41
黄浦区	1 241	429 700	346
卢湾区	805	248 700	308
徐汇区	5 476	1 085 200	198
长宁区	3 830	690 600	180
静安区	762	246 700	323
普陀区	5 483	1 288 800	235
闸北区	2 926	830 400	28
虹口区	2 340	852 300	364
杨浦区	6 061	1 313 000	216
闵行区	37 075	2 431 200	65
宝山区	29 371	1 905 600	64
嘉定区	46 356	1 472 000	31
金山区	58 605	732 500	12
松江区	60 467	1 583 400	26
青浦区	66 977	1 081 900	16
奉贤区	70 468	1 084 100	15
崇明县	141 100	703 400	5

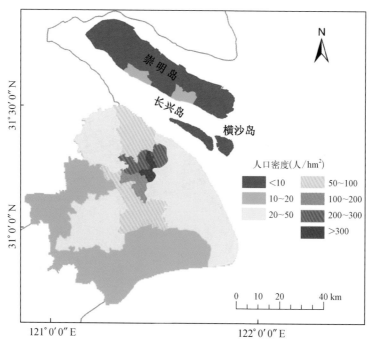

图 15-13 2010 年上海市区县人口密度分布图(Yan et al.，2015)

人均 GDP(g)：人均 GDP 较高区域,其财产价值受海平面上升叠加风暴潮造成的洪涝灾害影响的程度较大,其生命货币价格较高。根据 2010 年上海市统计年鉴,统计上海市 18 个区县 GDP 与人口数量比值,得到不同区县人均 GDP(表 15-7,图 15-14)。2010 年上海市全市人均 GDP 达 6.11 万元。上海市各区县区域经济发展不平衡导致人均 GDP 差异较大,其中黄浦区人均 GDP 最高达到了 18.32 万元/人,崇明县人均 GDP 最低,只有 2.76 万元/人。人均 GDP 差异会导致海平面上升叠加风暴潮造成的洪涝灾害的影响有所不同。

表 15-7 2010 年上海市各区县人均 GDP 统计表

区　县	区县 GDP(万元)	人口数目(人)	人均 GDP(万元/人)
浦东新区	40 013 900	5 047 300	7.93
黄浦区	7 872 000	429 700	18.32
卢湾区	1 224 600	248 700	4.92
徐汇区	9 109 200	1 085 200	8.39
长宁区	3 099 300	690 600	4.49
静安区	1 738 500	246 700	7.05
普陀区	5 663 900	1 288 800	4.39
闸北区	4 446 500	830 400	5.35
虹口区	4 978 300	852 300	5.84
杨浦区	8 946 900	1 313 000	6.81
闵行区	13 643 700	2 431 200	5.61
宝山区	6 367 600	1 905 600	3.34
嘉定区	8 068 100	1 472 000	5.48
金山区	3 633 200	732 500	4.96

续 表

区　　县	区县 GDP(万元)	人口数目(人)	人均 GDP(万元/人)
松江区	9 004 800	1 583 400	5.69
青浦区	5 897 100	1 081 900	5.45
奉贤区	4 935 200	1 084 100	4.55
崇明县	1 944 300	703 400	2.76

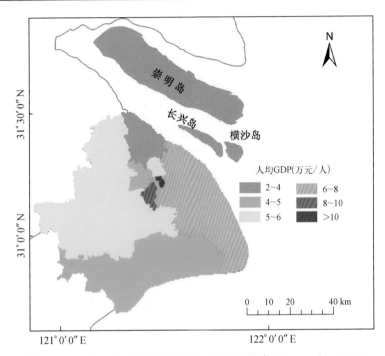

图 15-14　2010 年上海市各区县人均 GDP 分布(Yan et al.，2015)

单位土地面积 GDP(f_n)：不同土地利用类型，其创造的经济价值差异显著。单位土地面积 GDP 高的区域，海平面上升叠加风暴潮导致的洪涝灾害造成的经济损失可能较大。根据 2010 年上海市统计年鉴，统计上海市 18 个区县不同土地利用类型的 GDP 和相应面积，得到上海市不同土地利用类型的单位面积 GDP(图 15-15)。从图中可以看出，对于不同土地利用类型，单位面积 GDP 差异较大，农林用地单位面积 GDP 在 100 万元/hm² 以下，而市中心区域单位面积 GDP 较大，最高可达 1 亿元/hm²。同一土地利用类型在不同区域的单位面积 GDP 也有很大差异。

洪涝灾害致损率(q_n)：居住建筑及内部财产的脆弱性可依不同水深的损失或损失率来表示，而宏观上不同土地利用类型的脆弱性多采用不同水深的致损率来表示。若要计算具体损失，则需要价计该土地利用类型的成本价值与致损率之间的关系。洪涝灾害淹没深度和致损率之间的关系较复杂，随着淹没深度的增加，损失率随之增加。当前很多文献通过历史数据，构建淹没深度与不同土地利用类型损失之间的函数(Van der Sande et al.，2003；Genovese，2006)。洪涝灾害致损率表达土地利用类型与洪涝灾害致灾程度间的关系，反映不同土地利用类型受洪涝灾害影响的损失程度。洪涝致损率的差异，导致不

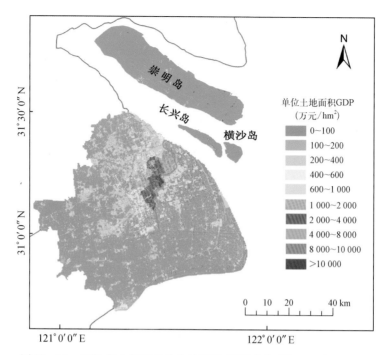

图 15‐15   2010 年上海市单位土地面积 GDP 分布(Yan et al.，2015)

同土地利用类型遭受同等洪涝灾害的损失率不同。

区域不同,洪涝灾害致损率各不相同,参考国内外常用的参数统计模型以及洪涝灾害淹没深度与损失率之间的等级关系(谢翠娜,2010;Jongman et al.，2012;Wang et al.，2013),根据上海地区社会经济情况、历史洪涝灾害等资料,通过损失评价模型计算各类土地利用类型遭受不同淹没深度时的洪涝灾害致损率,建立了土地利用类型与洪涝灾害致损率的关系(表 15‐8)。

表 15‐8   不同土地利用类型的洪涝灾害致损率(%)(Yan et al.，2015)

淹没深度(m) 土地类型	0	0~0.5	0.6~1.0	1.1~1.5	1.6~2.0	>2.0
城镇用地	0	3	6	9	12	16
农林用地	0	15	25	50	80	100
工业用地	0	6	10	13	15	18
道路用地	0	5	7	8	9	10
水域用地	0	0	2	3	5	7
未利用土地	0	5	8	10	12	15

财政收入(K):各地区洪涝灾害的防灾减灾综合能力与财政收入相关,财政收入不同,其应对洪涝灾害的适应度不同(Li and Li，2011;Lummen and Yamada，2014)。财政收入高的地区其防范洪涝灾害、减缓灾害影响、进行灾后重建等综合减灾抗灾能力较强。根据 2010 年上海市统计年鉴,统计上海市 18 个区县的财政收入(表 15‐9)。上海市不同区县的财政收入差异较大,其中浦东新区的财政收入最高,而崇明县的财政收入最低。

表 15‑9　2010 年上海市各区县财政收入(Yan et al., 2015)

区　县	财政收入(亿元)	区　县	财政收入(亿元)
浦东新区	379.99	杨浦区	44.05
黄浦区	55.85	闵行区	62.7
卢湾区	46.62	宝山区	110.35
徐汇区	78.56	嘉定区	67.98
长宁区	62.95	金山区	23.95
静安区	56.33	松江区	67.3
普陀区	44.26	青浦区	48.68
闸北区	36.26	奉贤区	31.96
虹口区	42.05	崇明县	23.41

15.5.2　社会经济脆弱性指数计算公式

在海平面上升叠加风暴潮导致的洪涝灾害情景下,研究区域内各评价受体的社会经济脆弱性指数(vulnerability index,VI)计算如下(Yan et al.,2015):

$$VI \in Rang(S_{loss} + E_{loss}) \times K \qquad (15-3)$$

式中,$S_{loss} + E_{loss}$ 表示洪涝灾害导致的社会经济损失的总货币价值;S_{loss} 为人员损失的生命总价值;E_{loss} 为区域经济损失的总价值;K 值为减灾抗灾能力影响系数。根据财政收入与减灾抗灾能力的相关性(Li and Li,2011;胡俊峰等,2014),将上海市区县财政收入划分为不同等级。区县财政收入占全市财政收入的 5% 以下,赋予其影响系数 K 值为 1.5;占 5%~10% 时,其 K 值为 1.2;占 10% 以上时,其 K 值为 1。影响系数 K 值较大,其减灾抗灾能力较弱。

S_{loss} 的计算公式如下:

$$S_{loss} = m_n d_n p \qquad (15-4)$$

式中,m_n 为人口密度(图 15‑13);d_n 为洪涝灾害导致的人员损失率,表示淹没深度(h_i)与人员损失率之间的函数关系(Boyd et al.,2005),其计算公式如下:

$$d_n = \frac{0.34}{1 + \exp(20.37 - 6.18h_i)} \qquad (15-5)$$

式(15‑4)中的 p 表示人的生命价值,根据生活质量指数(LQI)定量计算人员的生命价值,其计算公式如下(Nathwani et al.,1997;Rackwitz,2006;尚志海和刘希林,2010):

$$p = \frac{ge(1-w)}{4w} \qquad (15-6)$$

式中,g 为人均 GDP(图 15‑14);e 为人均工作时间,取值为 30 年;w 为空闲时间和工作时间的比例,取值为 0.2。

E_{loss}的计算公式如下：

$$E_{\text{loss}} = f_n q_n \qquad\qquad (15-7)$$

式中，f_n为单位面积GDP(图15-15)；q_n为洪涝灾害情景下的致损率(表15-8)；n为土地利用类型，其中1是农林用地，2是城镇用地，3是工业用地，4是水域用地，5是道路用地，6是未利用土地。

社会经济损失的货币价值作为脆弱性指标的分级依据，将损失价值与上一年的GDP的比值作为分类的方式(冯志泽，1996)，将上海市社会经济脆弱性指数(VI)分为4个等级，当VI∈[≤0×10^4元/hm^2]，表示不脆弱；当VI∈[1，50×10^4元/hm^2]，表示低脆弱；当VI∈[50，100×10^4元/hm^2]，表示中脆弱；当VI∈[>100×10^4元/hm^2]，表示高脆弱。

15.6 海平面上升叠加风暴潮影响下上海市社会经济脆弱性空间评估

空间量化评价指标是实现脆弱性评估的基础。在ArcGIS平台上，以上海市社会经济评价受体为数据载体和基本评价单元。整合脆弱性指标数据与评价单元，实现空间评价单元的单属性图层赋值与储存。建立空间数据与属性数据相互关联的脆弱性指标数据库，实现海平面上升叠加风暴潮导致洪涝灾害情景下的淹没深度、人口密度、人均GDP、单位土地面积GDP、洪涝灾害致损率和财政收入系数的地理空间量化。根据脆弱性指数VI的计算方法，在GIS平台上进行指标图层的空间叠加与计算，生成多指标属性的综合图层，得出每个评价单元的脆弱性指数。按脆弱性指数等级划分，输出不同海平面上升叠加风暴潮导致洪涝灾害情景和时间尺度(短期2030年、中期2050年和长期2100年)下的上海市社会经济脆弱性评估的空间分布图(Yan et al.，2015)。

15.6.1 短时间尺度(2010~2030年)下上海市社会经济脆弱性评估

至2030年，海平面上升86.6 mm的情景下，综合海平面上升、叠加强度类似9711风暴潮以及地面沉降情景，上海地区沿岸目前的海堤防护设施(在不溃坝的前提下)基本上可以防御海平面上升叠加风暴潮导致的洪涝灾害(Wang et al.，2012)。海平面上升叠加风暴潮导致的洪涝灾害面积为上海地区总面积的1.5%，其淹没深度在1 m以下(图15-7)。海平面上升叠加风暴潮影响下上海市社会经济不脆弱区域为99.3%，而低脆弱、中脆弱和高脆弱区域分别占0.5%、0.1%和0.1%。表现为脆弱的区域主要集中在奉贤区海湾镇和浦东新区芦潮港镇的交界区域、崇明县的长兴岛南岸区域和横沙岛西南部分区域(图15-16)。奉贤区海湾镇和浦东新区芦潮港镇交界地区的海堤标准是100年一遇和11级台风的防御标准，在海平面上升叠加风暴潮情景下出现溃堤现象，其淹没深度为0.5~1 m。该区域土地利用类型以农林用地和水域用地为主，单位面积GDP

在100万元/hm²以下,人均GDP为4万~8万元/人,人口密度为10~50人/hm²,导致该区域脆弱性指数表现为低和中脆弱。小部分区域的单位面积GDP和人口密度较高、淹没深度接近1m,其脆弱性指数可达到高脆弱。长兴岛南岸区域的土地利用类型有城镇用地、工业用地和农林用地,沿岸的海堤标准是200年一遇和12级台风的防御标准。在海平面上升叠加风暴潮情景下未出现溃堤现象,其淹没深度大部分在0.5m以下。虽然该区域的城镇用地和工业用地的单位面积GDP和人口密度较高,由于海堤防御标准较高,其脆弱性指数表现为低脆弱。横沙岛西南部分区域的土地利用类型主要是农林用地,沿岸的海堤标准是100年一遇和11级台风的防御标准。在海平面上升叠加风暴潮情景下出现溃堤现象,其淹没深度为0.5~1m。该区域单位面积GDP在100万元/hm²以下,人均GDP为2万~4万元/人,人口密度小于10人/hm²,因而也表现为低脆弱性。

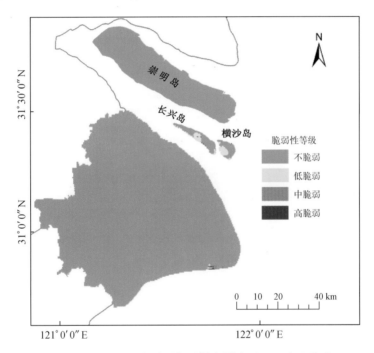

图15-16　海平面上升叠加风暴潮影响下2030年上海市
社会经济脆弱性空间评估(Yan et al.，2015)

15.6.2　中时间尺度(2010~2050年)下上海市社会经济脆弱性评估

至2050年,海平面上升185.6mm的情景下,综合海平面上升、叠加强度类似9711风暴潮以及地面沉降情景,上海市的金山区、奉贤区、长兴岛、横沙岛海堤以及松江区、浦东新区和宝山区的防洪堤出现漫堤现象(Wang et al.，2012)。海平面上升叠加风暴潮导致的洪涝灾害面积达上海地区总面积的37%(图15-8)。海平面上升叠加风暴潮影响下,上海市社会经济不脆弱区域所占面积减少到62.8%,而低脆弱、中脆弱和高脆弱区域分别增至5.3%、8.0%和23.9%。表现为高脆弱的区域主要集中在金山区、奉贤区、浦东新区、宝山区和中心城区(图 15-17)。高脆弱区域都位于海堤附近,沿岸的海堤标准大多是 200 年一遇和 12 级台风的防御标准。而奉贤区和浦东新区部分海堤标准是 100 年一遇和 11 级台风的防御标准,其淹没深度大多为 0.5~1.0 m,部分区域淹没深度甚至高达 2 m。金山区和奉贤区的土地利用类型以农林用地为主,人口密度为 10~20 人/hm²,人均 GDP 为 4 万~5 万元/人,单位面积 GDP 为 100 万~200 万元/hm²。海平面上升叠加风暴潮影响下造成的社会经济损失超过 $100×10^4$ 元/hm²,因而表现为高脆弱。浦东新区和中心城区的部分区域,其淹没深度在 1.0 m 以下,但该区域人口密度超过 50 人/hm²,人均 GDP 超过 6 万元/人,单位面积 GDP 超过 1 亿元/hm²,因而也表现为高脆弱。而在相同的淹没深度,崇明岛、横沙岛和长兴岛部分区域的单位面积 GDP 在 100 万元/hm² 以下,人均 GDP 为 2 万~4 万元/人,人口密度小于 10 人/hm²,因而表现为低或中脆弱。

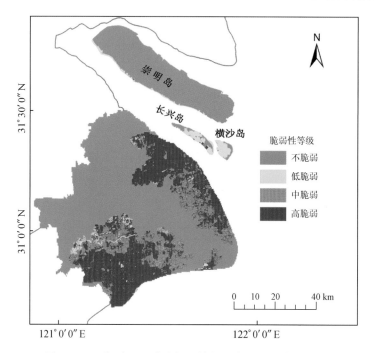

图 15-17　海平面上升叠加风暴潮影响下 2050 年上海市
社会经济脆弱性空间评估(Yan et al.，2015)

15.6.3　长时间尺度(2010~2100 年)下上海市社会经济脆弱性评估

至 2100 年,海平面上升 433.1 mm 的情景下,综合海平面上升、叠加强度类似 9711 风暴潮以及地面沉降情景,上海地区沿岸超过 50% 的海堤和防洪堤将遭受破坏(Wang et al.，2012)。海平面上升叠加风暴潮导致的洪涝灾害面积达上海地区总面积的近 50% (图 15-9)。海平面上升叠加风暴潮影响下,上海市社会经济不脆弱区域所占面积进一步减少到 50.1%,而低脆弱、中脆弱和高脆弱区域分别增至 12.9%、6.3% 和 30.7%。突出表现为高脆弱区域的面积增加,其中松江区、中心城区和长兴岛的高脆弱区域面积增加明显(图15-18)。这些地区高脆弱区域面积增加的主要原因一方面是淹没面积及淹没深度增加,另一方面是区域人口密度、人均 GDP 和单位面积 GDP 高,因而表现为高脆弱。而崇明岛大多区域虽然其淹没面积和深度也有所增加,但由于该地区人口密度、人均 GDP 和单位面积 GDP 相对较小,因而表现为中或低脆弱。但其中部分人口密度大、人均 GDP 高的区域如南门镇和堡镇等城镇区域,也表现为高脆弱。

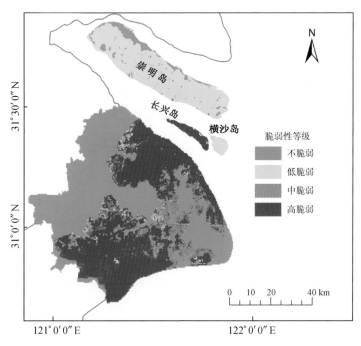

图15-18　海平面上升叠加风暴潮影响下2100年上海市
社会经济脆弱性空间评估(Yan et al.,2015)

15.7　海平面上升叠加风暴潮导致的
洪涝灾害的应对策略与措施

地处长江三角洲前沿地区的上海,既是我国社会经济最发达之地和最大的经济中心城市,同时也是人地关系最为复杂、生态系统最为脆弱、对全球气候变化的影响最为敏感和社会经济的波及效应、放大效应最为突出的城市化地区。全球气候变化尤其是海平面上升和风暴潮等对海岸带社会经济有着重要的影响(Nicholls and Cazenave,2010;Sahin and Mohamed,2014)。本研究以我国最大沿海城市上海市为研究对象,采用 SPRC 评价模式分析了气候变化影响下海平面上升叠加风暴潮导致的洪涝灾害对上海市社会经济的影响,构建了基于海平面上升叠加风暴潮情景下导致的洪涝灾害的脆弱性评估指标体系。综合海平面上升、风暴潮以及地面沉降情景,实现了不同时间尺度的上海市社会经济脆弱性的定量空间评价。研究结果为制订切实可行的应对策略和相应的减缓措施,保障海岸带系统安全提供了科学依据(Yan et al.，2015)。

15.7.1 加强顶层设计，将气候变化因素纳入城市总体发展规划

城市产业规划、生态文明建设、能源发展战略、城市规划等各种发展策略的制订要考虑到气候变化的影响因素。一般的政策常常没有综合考虑城市综合规划的框架，很多行动措施似乎是临时根据短期可预见行动的可行性选择的，而不是按照明确的选择标准确定优先实施的行动，以达到有效实施。上海市应将气候变化目标以及对气候变化长期风险的认识全面整合到城市发展的规划中，从而使气候变化行动的有效性得到改善(徐明和马超德，2009)。

1) 将气候变化因素纳入城市发展规划，建立适应型城市

城市发展规划是城市发展的指南，适应气候变化就要在城市规划中充分考虑气候因素，在产业布局、人口、建筑等各个方面把气候风险管理纳入其中。风险管理的具体领域包括：城市生命线安全保障、城市防灾减灾能力建设、城市水源安全保障、城市公共服务以及生态宜居城市建设。其中，城市生命线安全保障具体包括保障气候变化情景下能源电力、交通、通信、供排水等城市生命线的安全及风险抗衡能力，确保城市运行安全；城市防灾减灾能力建设要求提高预报预警和应急能力，减小极端天气/气候灾害的影响及社会经济损失；城市水源安全保障应保障合理利用水资源、保护水资源和水环境，合理开发利用地下水，确保水源安全、供水安全、水环境安全、防洪安全；城市公共服务应确保气候风险下的公共卫生防护能力，减小因为气候和环境变化引发的疫病流行、健康损失，保障国民健康生活，增进社会公平，确保城市脆弱群体的健康与安全；生态宜居城市建设应减小城市热岛效应、改善城市生态，增进人居环境的舒适性。

2) 协同考虑城市发展的多重目标，提高城市宜居水平

气候变化的协同管理是气候政策和城市发展政策的一个新领域。在进行城市管理时要整合减排、适应、减灾、生态保护、社会参与等多个发展目标，以适应多目标下的风险决策过程。以城市绿地规划为例，廊道型、集中型、分散型等不同类型的绿地在生态服务、防灾避灾和减缓热岛效应等方面的效果各有不同，可根据不同城市功能区的特点及需求合理规划设计。城市中心区应采取适应与减缓并重，重要郊县小城镇功能拓展区以建立低碳型小城镇为主，在设计规划时预先考虑适应和低碳发展的需求等。在协同管理手段上，可以有多种不同的选择。例如，生态建设与减排和适应的协同，可通过建设城市湿地、城市森林、水源涵养林，在城市建成区推广交通和建筑立体绿化，既能缓解城市热岛效应，又能应对城市水灾。在交通领域，可提升城市交通管理能力。例如，提高公路、铁路、航空等不同运输方式的接驳能力，减少能耗和交通阻塞，将适应理念和手段纳入绿色低碳生态社区建设；积极发展碳汇林、风电、垃圾发电等清洁发展机制项目；在水资源领域，可通过增加城市水道、城市水系自然改造、雨洪利用、中水回用、阶梯水价机制等多种措施促进资源可持续利用及防灾减灾。

15.7.2 完善异常气象灾害应急能力，减少城市与区域灾害损失

通过改造基础设施，建立完善应对气候变化不利后果的应急体系，共同增强防灾减

灾、农业生产、水资源保障、公共卫生服务等领域的能力是适应气候变化的重要内容。长三角河口地区沿海城市,独特的河流入海口地理位置决定了城市存在着巨大的气候脆弱敏感性,温度、降水以及极端事件会加大道路、桥梁、通水道等基础设施的压力,洪水、干旱和海平面上升侵蚀了城市土地和海岸,其他一些意想不到的后果影响废水、垃圾处理系统以及固体废弃物设施,更严重的是,气候变化还间接导致了许多生命的丧失,引起很多如风暴潮灾害等公共安全事件。因此,应遵循以人为本、预防为主的原则,积极落实应对气候变化带来灾害的各项措施。政府应切实履行社会管理和公共服务的职能,最大限度减少灾害事件带来的人员伤亡和人民财产损失;同时把应对突发事件的处置工作落实到日常管理之中,加强基础设施建设,完善监测网络,搞好预案演练,提高防范意识,有效控制危机。

1）建立和完善城市气象灾害预警系统

建立并完善气象灾害综合监测系统,优化监测网布局,提高对灾害性天气的预测预报水平(李鑫,2006;谭丽荣,2012)。可选择建设一些有针对性的监测网,如热岛监测、高速公路监测、天气监测网等。加强气象灾害对经济社会发展和城市安全影响的评价与预警,提高台风风暴潮、洪涝、高温、热浪及重大海洋灾害的监测及预警水平。建立自动化程度高的灾害性天气预警服务系统,对城市大风、暴雨、冰雹、大雾、沙尘暴、降雪、高温热浪等突发性灾害天气进行预警,不断提高预报的精度和时效,做到实时监测、精确预报、及时预警、广泛发布。例如,建立灾害性天气预警标准和预警信息发布平台,建立电视专用频道、公共场所气象灾害发布预警塔等,使公众在短时间内接收到预警信息。

2）建立和完善突发气象灾害应急处置系统

根据突发公共事件总体应急预案,建立地区内气象灾害防御联动预案,健全重大气象灾害多部门跨省市的应急联动机制,增强地区内台风、风暴潮、局部强对流天气等灾害性、关键性、转折性重大天气、气候的跨省市行政区域的应急指挥平台(谭丽荣,2012)。例如,建立和完善对过境风暴潮台风灾害的省市联动的应急体系,重点加强对城市生命系统、交通运输系统及海岸重要设施的安全保障。

3）规范应急体制建设,强化应急演练

一方面,在应急管理体制上,应坚持依法规范原则,依据有关法律、行政法规,加强应急管理,使应对防治突发事件的工作规范化、制度化、法制化。坚持统一领导原则,在政府的统一领导下,建立健全分类管理、分级负责、条块结合、属地管理、专业处置为主的应急管理体制,实行行政领导责任制。另一方面,通过培养灾害应急响应的队伍,制订演练计划,加强应急演练,着重提高救灾、检疫、医疗等部门的综合快速处置能力。同时重心向下,加大对城市基层应急管理工作的投入,完善基层应急处置专门队伍和装备条件,保证应急队伍和装备条件在短时间内迅速到位,提高基层应急能力建设。

4）强化防灾减灾的基础设施建设

提高城市和重大工程设施的防护标准,提高码头的设计标高(高莹和张鸿翔,2011;马志刚等,2011)。调整排水口底高,改善城市排水系统。根据前文中所述上海地区在气候变化情景下受到风暴潮灾害空间脆弱性评估的结果,上海市金山区、奉贤区、浦东新区、崇明县的长兴岛是社会经济方面综合脆弱度较高的区域,一方面,应该因地制宜,加强海岸防护工程的投入,通过陡墙式海堤、护岸工程、保滩工程、丁坝与顺坝、护坦和护坎的建设,阻挡由风暴潮带来的风浪侵袭造成的土地淹没。另一方面,加强人口分布规划和经济产业、市政设施的规划。经济上脆弱度较高的地区芦潮港镇、长兴岛等是上海临港产业分布区,应当提高港口码头、造船设施的安全建设标准。例如,在港口码头提高装卸机械、照明系统、辅助建筑的设计标准,提高其承受风暴潮的强度。另外一部分经济脆弱性较高的区域位于市中心、浦东新区部分区域、金山区等。作为经济产业集聚的区域,在应对风暴潮的措施上,以预防减小灾害损失的适应性策略为主,自下而上借鉴纽约、巴黎、东京等国际大都市治理城市内涝的经验,以多渠道疏水为主,降低经济脆弱度。这些具体措施包括鼓励居民使用存放雨的桶存水,以缓解暴雨对城市下水系统的压力(纽约);将城市低洼区建成广场、停车场和步行区,平时供民众正常使用,当暴雨来临时,将其当作需水分流的"水广场"使用(鹿特丹)。通过水箱就近收集雨水,建设渗水坑、渗水步道、屋顶绿化将地表水保留在源头的方式,建立可持续的排水系统来消化激增的雨量(英国)。

5) 控制区域沉降速率

上海市尤其是市中心区域处于地面沉降速率较快的区域,地面沉降会加剧海平面上升叠加风暴潮对区域的淹没。结果表明,在社会经济脆弱性评估中,地面沉降对淹没深度有着重要的影响。地面沉降在上海有着很长的历史,主要原因是地下水的过度利用、高层建筑的增加。地面沉降速率可以通过减少地下水的利用和倒灌地下水来减缓。减小地面沉降速率对降低海平面上升叠加风暴潮对上海市社会经济脆弱性有着重要的作用(高莹和张鸿翔,2011;马志刚等,2011)。

6) 加强应对异常气象灾害的联合科学研究

建立上海及长三角河口海岸地区重大气象灾害以及社会经济等综合基础数据库;加强气候灾害事件发生频率、程度的时空演变与城市社会经济生态复合系统脆弱性演变的动态模拟分析;通过灾害链分析理论检测人类活动-极端天气气候灾害-自然和社会系统脆弱性演变之间的作用机理等。通过加强对气候变化的灾害研究,了解灾害发展趋势,为应对灾害做好长期的准备。

15.7.3 加快产业结构调整,提升产业领域减缓气候变化的技术水平

技术进步和科技创新作为气候变化适应行动的一个支柱,从本质上推动气候变化的适应。减缓气候变化的技术最终落实到产业领域的节能减排上(王原,2010)。产业结构的调整优化、工业结构升级转型、加快服务业的发展以及提高技术自主创新能力是生产领域减缓气候变化的三个主要抓手。

1) 产业结构的调整优化

应该以国家发改委 2011 年 6 月发布的《产业结构调整指导目录(2011)》为指导,通过产业结构的升级实现经济生产领域的节能减排。一是在制造业落实可持续发展要求,通过支持鼓励制造业门类中清洁生产工艺、节能减排、循环利用等方面的内容,同时在转型发展产业梯度转移的过程中淘汰和限制落后产品和工艺装备,提高产业集群、产能建设的标准。二是扶持和鼓励新能源、节能环保相关的新兴产业的发展。例如,清洁能源发电设

备的制造、大气污染治理装备及污水防治技术设备的制造等。三是加大对服务业的支持。依托长三角发展规划中打造现代服务业中心的契机,配合指导目录中鼓励发展的118项9个类别的服务业种类,推动第三产业比重不断提高。

2) 工业结构升级和扶持服务业发展

对于工业领域的节能减排,一是要通过土地、信贷两个"闸门"严格把关项目审核管理,控制高耗能、高排放行业的扩张。二是要鼓励企业自身的技术改造,开展能效水平对标达标,实施重点企业节能技术改造。利用中央财政设立的专项资金,重点支持企业在节能降耗、环境保护等薄弱环节进行技术改造。三是根据国务院发布的《关于进一步加强淘汰落后产能工作的通知》(国发[2010]7号)的行业名录,运用政策、经济、技术等相关行政手段,完成钢铁、有色、水泥、焦炭等18个行业落后产能的淘汰。四是推进企业兼并重组,通过支持钢铁、汽车、水泥等行业的兼并重组,发挥企业集团的规模优势,提高资源能源利用效率。扶持服务业发展是要通过提高服务业发展的水平,降低单位生产总值的能耗和排放强度。依托现代服务业中心建设,全面落实财税、金融、土地、工商、价格等支持措施,加强和改进市场准入、人才服务、品牌培育、服务认证示范等工作。发挥上海市闸北区、浙江省杭州和宁波这些现代服务业综合配套改革试点城市(区)的综合改革试点示范平台效应。推进生产性服务业积聚区建设,加快促进重大服务项目建设。建立跨部门跨区域的工作协调机制,错位发展建设"长三角服务外包产业带",建立以上海为龙头,杭州、苏州、无锡、南京示范市为第一核心圈,南通、嘉兴等市为次核心圈的多层次发展的长三角服务外包产业集群。

3) 提高技术自主创新能力

着力加强应对气候变化的基础研究,在各类科研基金中安排应对气候变化的研究专项。开展应对气候变化的技术需求评价,识别适合产业特征和应对气候变化实际的技术需求。加大节能低碳领域关键技术的研发力度,在重点行业和重点领域实施低碳技术创新及产业化示范工程。研究编制江浙沪省级低碳技术推广目录,完善低碳技术成果转化机制,依托科研院所、高校和企业建立低碳技术孵化器、中介服务机构。积极发挥政府的引导作用,以企业为主体,搭建不同领域和行业的专业化实验室和技术研发中心、研发基地。通过加强自主创新能力,积极推进国际合作与技术转让。政府应根据依靠科技进步和科技创新应对气候变化的原则,结合国家科技创新体系的发展和科技体制改革进程,大力扶持和鼓励开发减缓和适应气候变化的先进适用技术;在系统评价优先技术需求的基础上,集中力量研发一批对减缓和适应气候变化有重大影响的关键技术。

15.7.4　加强舆论宣传,引导公众对气候变化问题的关注及行动

从减缓气候变化的角度,应该推进全社会参与低碳社会建设的行动。同时从适应气候变化的角度,应更多地关注气候变化对公众卫生健康领域的影响。

1) 积极引导低碳城市建设

通过强化宣传引导,加快建立低碳社会(王原,2010)。引导构建低碳社会是应对气候变化工作的重要指向。要积极发挥宣传部门和主流媒体的舆论引导作用,加强相关政策

配套,大力推动全社会的低碳行动,努力引导形成全社会低碳发展的氛围。一是积极倡导低碳生活。利用"全国低碳日"活动等多种形式和手段,全方位、多层次加强宣传引导,大力倡导绿色、低碳、健康文明的生活方式和消费模式。组织编制好浙江年度应对气候变化的政策与行动,组织开展低碳发展专家行活动,深入市县、园区、社区等进行低碳发展调研指导。二是开展低碳交通行动。加快构建综合交通运输体系,深入推进低碳交通运输体系的建设。全面推进杭州市、宁波市等国家低碳交通试点城市的建设,探索"五位一体"等低碳交通模式,积极推广绿色交通照明,探索城市公交电动化和供电绿色化,加快慢行交通系统建设。三是引导建设低碳建筑。目前低碳建筑已逐渐成为国际建筑界的主流趋势。要完善建筑节能政策法规体系,制订低碳建筑节能标准,提升建筑节能监管水平,强化对新建建筑执行节能标准的日常监督和管理,确保新建建筑执行国家建筑节能标准率达100%。积极组织开展各类低碳建筑示范,组织实施建筑节能改造示范项目。

2) 加强气候变化对人体健康影响的关注

突破传统的公共卫生运行机制模式,加强卫生与气象等相关部门的合作,加强气候影响污染物的生成和分布的研究(王原,2010)。建立大气污染对健康影响的监测网络,积累悬浮颗粒物、二氧化硫、氮氧化物、一氧化碳等相关的基础资料;加强极端天气气候事件对心脑血管病、意外伤害、中暑、呼吸道等疾病的发生发展的影响研究。开展气候变化对疟疾、登革热、血吸虫病等疾病传播媒介的变化研究,强化手足口病、高致病性禽流感等病原体产生环境及防控技术研究。

加强和完善疾病防控体系,完善健康危害预警系统、应急预案和干预措施,提高公众的应急处置能力、医疗救治能力、防疫防病能力和心理应对能力。普及气候变化对人类健康影响的相关知识,提高公众对气候变化疫病防御的意识。广泛开展卫生城市、园林城市、文明城市、生态文明村等的创建活动,倡导健康、环保、节约的绿色生活方式。加强对儿童、老人、孕妇和敏感行业作业人群的保护,切实增强公众对气候变化的适应性。

参 考 文 献

陈杰.2006.引发上海港最大增水的三次风暴潮现象分析//中国航海学会航标专业委员会测绘学组学术研讨会学术交流论文集.河源:中国航海学会航标专业委员会测绘学组.

陈天然,余克服,施祺,等.2009.大亚湾石珊瑚群落近25年的变化及其对2008年极端低温事件的响应.科学通报,54(6):812-820.

崔利芳,王宁,葛振鸣,等.2014.海平面上升影响下长江口滨海湿地脆弱性评估方法研究.应用生态学报,25(2):553-561.

邓永光.2000.广西沿海地壳运动趋势及对环境的影响.华东地质学院学报,23(3):214-221.

杜建国,William W L C,陈彬.2012.气候变化与海洋生物多样性关系研究进展.生物多样性,20(6):745-754.

冯志泽.1996.自然灾害等级划分及灾害分级管理研究.灾害学,11(1):34-37.

傅命佐.2013.中国近海图集——广西海岛海岸.北京:海洋出版社.

高莹,张鸿翔.2011.天津沿海风暴潮灾成因分析及防潮减灾对策.海洋预报,28(1):77-81.

龚瑞萍,崔慈.2012.崇明三岛滩涂围垦现状与可持续发展.上海建设科技,1:56-58.

龚士良. 2002. 上海软黏土微观特性及在土体变形与地面沉降中的作用研究. 工程地质学报,10(4)：378-384.

龚士良. 2006. 上海地面沉降研究综述. 上海地质,4：25-29.

龚士良,杨世伦. 2007. 长江口岸带冲淤及后备土地资源的沉降效应——以上海崇明东滩为例. 水文, 27(5)：78-82.

龚士良,杨世伦. 2008. 地面沉降对上海城市防汛安全的影响. 人民长江,39(6)：1-3.

关道明. 2012. 中国滨海湿地. 北京：海洋出版社.

国家海洋局. 2011. 2010 年中国海平面公报. http://www. soa. gov. cn/zwgk/hygb/zghpmgb/201211/ t20121105_5567. html.

国家海洋局. 2012. 2011 年中国海平面公报. http://www. soa. gov. cn/zwgk/hygb/zghpmgb/201211/ t20121105_5568. html.

国家海洋局. 2013. 2012 年中国海平面公报. http://www. soa. gov. cn/zwgk/hygb/zghpmgb/ 2012nzghpmgb/201303/t20130307_24283. html.

国家海洋局. 2014. 2013 年中国海平面公报. http://www. soa. gov. cn/zwgk/hygb/zghyzhgb/201403/ t20140318_31018. html.

何斌源. 2009. 全日潮海区红树林造林关键技术的生理生态基础研究. 厦门：厦门大学硕士学位论文.

胡俊峰,杨巧月,杨佩国. 2014. 基于减灾能力评价的洪涝灾害综合风险研究. 资源科学,36(1)：94-102.

黄德银,施祺,余克服,等. 2004. 海南岛鹿回头珊瑚礁研究进展. 海洋通报,23(2)：56-64.

黄华梅. 2009. 上海滩涂盐沼植被的分布格局和时空动态研究. 上海：华东师范大学博士学位论文.

黄华梅,高杨,王银霞,等. 2012. 疏浚泥用于滨海湿地生态工程现状及在我国应用潜力. 生态学报, 32(8)：2571-2580.

黄晖,董志军,练健生. 2008. 论西沙群岛珊瑚礁生态系统自然保护区的建立. 热带地理,28(6)： 540-544.

姜亦飞,杜金洲,张敬,等. 2012. 长江口崇明东滩不同植被带沉积速率研究. 海洋学报,34(2)：114-121.

李春干. 2003. 广西红树林资源的分布特点和林分结构特征. 南京林业大学学报(自然科学版),27(5)： 15-19.

李九发,戴志军,刘新成,等. 2011. 长江口河口南汇嘴潮滩圈围工程前后水沙运动和冲淤演变研究. 泥沙 研究,3：31-37.

李九发,戴志军,应铭,等. 2007. 上海市沿海滩涂土地资源圈围与潮滩发育演变分析. 自然资源学报, 22(3)：361-371.

李莎莎. 2014. 海平面上升影响下广西海岸带红树林生态系统脆弱性评估. 上海：华东师范大学博士学位 论文.

李莎莎,孟宪伟,葛振鸣,等. 2014. 海平面上升影响下广西钦州湾红树林生态系统脆弱性评价. 生态学 报,34(10)：2702-2711.

李淑,余克服. 2007. 珊瑚礁白化研究进展. 生态学报,27(5)：2059-2069.

李鑫. 2006. 我国风暴潮灾害及防灾减灾对策初探. 水利科技与经济,12(2)：112-113.

李贞. 2010. 广西海岸带孢粉组合特征及近百年来沉积环境演变. 上海：华东师范大学硕士学位论文.

林鹏. 1993. 中国红树林论文集(Ⅱ)(1990~1992). 厦门：厦门大学出版社.

林鹏. 1997. 中国红树林生态系统. 北京：科学出版社.

林鹏. 2003. 中国红树林湿地与生态工程的几个问题. 中国工程科学,5(6)：33-38.

刘亮. 2010. 北部湾沿海红树林造林宜林临界线研究. 南宁：广西大学硕士学位论文.

刘曦,沈芳. 2010. 长江三角洲海岸侵蚀脆弱性模糊综合评价. 长江流域资源与环境,19(1)：196-200.

马岚,郑新江,罗敬宁.1998.9711号台风及伴生暴雨的卫星云图特征.国土资源遥感,1：210-214.

马志刚,郭小勇,王玉红,等.2011.风暴潮灾害及防灾减灾策略.海洋技术,30(2)：131-133.

孟宪伟,张创智.2013.广西近海资源与现状.北京：海洋出版社.

莫永杰.1987.广西沿海港湾式海岸地貌.海洋通报,6(1)：27-30.

潘艳丽,唐丹玲.2009.卫星遥感珊瑚礁白化概述.生态学报,29(9)：5076-5080.

上海市统计局.2011.上海市统计年鉴.北京：中国统计出版社.

上海市统计局.2012.上海市统计年鉴.北京：中国统计出版社.

上海市统计局.2014.上海市统计年鉴.北京：中国统计出版社.

尚志海,刘希林.2010.基于LQI的泥石流灾害生命风险价值评价.热带地理,30(3)：43-48.

施祺,余克服,陈天然,等.2012.南海南部美济礁200余年滨珊瑚骨骼钙化率变化及其与大气CO_2和海水温度的响应关系.中国科学：地球科学,42(01)：71-82.

施祺,张叶春.2002.海南岛三亚滨珊瑚生长率特征及其与环境因素的关系.海洋通报,21(6)：31-38.

施祺,赵美霞,张乔民,等.2007.海南三亚鹿回头造礁石珊瑚生长变化与人类活动的影响.生态学报,27(8)：3316-3323.

宋朝景,赵焕庭,王丽荣.2007.华南大陆沿岸珊瑚礁的特点与分析.热带地理,27(4)：294-299.

孙永光.2011.长江口不同年限围垦区景观结构与功能分异.上海：华东师范大学博士学位论文.

谭丽荣.2012.中国沿海地区风暴潮灾害综合脆弱性评估.上海：华东师范大学博士学位论文.

汤超莲,李鸣,郑兆勇,等.2010.近45年涠洲岛5次珊瑚热白化的海洋站SST指标变化趋势分析.热带地理,30(6)：577-581.

唐臣,季岚,贾雨少.2013.利用长江口航道疏浚土进行横沙成陆实施方案研究.中国工程科学,15(6)：91-98.

王宁,张利权,袁琳,等.2012.气候变化影响下海岸带脆弱性评估研究进展.生态学报,32(7)：2248-2258.

王雪,罗新正.2013.海平面上升对广西珍珠港红树林分布的影响.烟台大学学报(自然科学与工程版),26(3)：225-230.

王原.2010.城市化区域气候变化脆弱性综合评价理论、方法与应用研究——以中国河口城市上海为例.上海：复旦大学博士学位论文.

吴钟解,吴瑞,王道儒,等.2011.海南岛东、南部珊瑚礁生态健康状况初步分析.热带作物学报,32(1)：122-130.

谢翠娜.2010.上海沿海地区台风风暴潮灾害情景模拟及风险评估.上海：华东师范大学硕士学位论文.

徐国琼,欧芳兰.2007.南流江泥沙运动规律及其与人类活动的关联//中国水力发电工程学会水文泥沙专业委员会第七届学术讨论会论文集(上册).杭州：中国水力发电工程学会水文泥沙专业委员会.

徐明,马超德.2009.长江流域气候变化脆弱性与适应性研究.北京：中国水利水电出版社.

杨顶田,单秀娟,刘素敏,等.2013.三亚湾近10年pH的时空变化特征及对珊瑚礁石影响分析.南方水产科学,9(1)：1-7.

杨世伦,朱军,李明.2009.长江入海泥沙的变化趋势与上海滩涂资源的可持续利用.海洋学研究,27(2)：7-15.

张成龙,黄晖,黄良民,等.2012.海洋酸化对珊瑚礁生态系统的影响研究进展.生态学报,32(5)：1606-1615.

张利权,雍学葵.1992.海三棱藨草的物候与分布格局研究.植物生态学与地植物学学报,16(1)：43-51.

张乔民,施祺,陈刚,等.2006.海南三亚鹿回头珊瑚岸礁监测与健康评估.科学通报,51(B11)：71-77.

赵长青.2006.长江口崇明东滩、北港下段和横沙东滩演变分析.上海：华东师范大学硕士学位论文.

赵美霞,余克服,张乔民. 2006. 珊瑚礁区的生物多样性及其生态功能. 生态学报,26(1)：186-194.

赵美霞,余克服,张乔民,等. 2009. 近50a来三亚鹿回头石珊瑚物种多样性的演变特征及其环境意义. 海洋环境科学,28(2)：125-130.

赵美霞,余克服,张乔民,等. 2010. 近50年来三亚鹿回头岸礁活珊瑚覆盖率的动态变化. 海洋与湖沼, 41(3)：440-447.

赵庆良,许世远,王军,等. 2007. 沿海城市风暴潮灾害风险评估研究进展. 地理科学进展,26(5)：32-40.

郑兆勇,汤超莲,陈天然,等. 2011. 涠洲岛海洋站1960~2010年DHW变化趋势分析. 热带地理,31(6)： 549-553.

Baker A C, Glynn P W, Riegl B, 2008. Climate change and coral reef bleaching: an ecological assessment of long-term impacts, recovery trends and future outlook. Estuarine, Coastal and Shelf Science, 80(4)：435-471.

Boyd E, Levitan M, van Heerden I. 2005. Further specification of the dose-response relationship for flood fatality estimation//Paper Presented at the US-Bangladesh Workshop on Innovation in Windstorm/ Storm Surge Mitigation Construction. Dhaka: National Science Foundation and Ministry of Disaster & Relief, Government of Bangladesh: 19-21.

Buddemeier R W, Jokiel P L, Zimmerman K M, et al. 2008. A modeling tool to evaluate regional coral reef responses to changes in climate and ocean chemistry. Limnology and Oceanography: Methods, 6： 395-411.

Buddemeier R W, Lane D R, Martinich J A. 2011. Modeling regional coral reef responses to global warming and changes in ocean chemistry: Caribbean case study. Climatic Change, 109(3-4)： 375-397.

Cantin N E, Cohen A L, Karnauskas K B, et al. 2010. Ocean warming slows coral growth in the central Red Sea. Science, 329(5989)：322-325.

Craft C, Clough J, Ehman J, et al. 2008. Forecasting the effects of accelerated sea-level rise on tidal marsh ecosystem services. Frontiers in Ecology and the Environment, 7：73-78.

Cui L F, Ge Z M, Zhang L Q, 2015. Vulnerability assessment of the coastal wetlands in the Yangtze Estuary, China to sea-level rise. Estuarine, Coastal and Shelf Science, 156：42-51.

Delgado L E, Marin V H. 2013. Interannual changes in the habitat area of the Black-Necked Dwan, Cygnus melancoryphus, in the Carlos Anwandter Sanctuary, Southern Chile: a remote sensing approach. Wetlands, 33：91-99.

Doney S C, Fabry V J, Feely R A et al. 2009. Ocean acidification: the other CO_2 problem. Annual Review Marine Science 1：169-192.

Dongmei J, Bin L. 2009. Countermeasures of adaptation to climate change: establishment and application for implementation matrix. Ecological Economy, 5：102-111.

Douglas A E. 2003. Coral bleaching — how and why? Marine Pollution Bulletin, 46(4)：385-392.

Dwarakish G S, Vinay S A, Natesan U et al. 2009. Coastal vulnerability assessment of the future sea level rise in Udupi coastal zone of Karnataka state, west coast of India. Ocean and Coastal Management, 52：467-478.

Edinger E N, Risk M J. 2000. Reef classification by coral morphology predicts coral reef conservation value. Biological Conservation, 92(1)：1-13.

Ellison J C. 2012. Climate change vulnerability assessment and adaptation planning for mangrove systems. Washington D C: World Wildlife Fund (WWF)：79-85.

Ellison J C. 2014. Vulnerability of mangroves to climate change//Faridah-Hanum I, Latiff A, Ozturk M, et al. Mangrove Ecosystems of Asia Status, Challenges and Management Strategies. New York, Heidelberg, Dordrecht and London: Springer-Verlag: 214 - 227.

Eriyagama N, Smakhtin V, Chandrapala L, et al. 2010. Impacts of climate change on water resources and agriculture in Sri Lanka: a review and preliminary vulnerability mapping. IWMI Research Report 135. Colombo: International Water Management Institute.

European Environment Agency. 1997. Air Pollution in Europe. Copenhagen: EEA: 3 - 4.

European Environment Agency. 2005. European Environmental Outlook. Copenhagen: EEA: 20 - 31.

Fabricius K E, Hoegh-Guldberg O, Johnson J, et al. 2007. Vulnerability of coral reefs of the Great Barrier Reef to climate change//Johnson J E, Marshall P A. Climate Change and the Great Barrier Reef. Townsville: Great Barrier Reef Marine Park Authority and Australian Greenhouse Office: 515 - 554.

Genovese E. 2006. A methodological approach to land use-based flood damage assessment in urban areas: Prague case study. Technical EUR Reports, EUR 22497 EN.

Glick P, Clough J, Polaczyk A, et al. 2013. Potential effects of sea-level rise on coastal wetlands in southeastern Louisiana. Journal of Coastal Research, 63: 211 - 233.

Gornitz V. 1991. Global coastal hazards from future sea level rise. Global and Planetary Change, 3: 379 - 398.

Guillemot N, Chabanet P, Pape O L. 2010. Cyclone effects on coral reef habitats in New Caledonia (South Pacific). Coral Reefs, 29(2): 445 - 453.

Hallegatte S, Ranger N, Mestre O, et al. 2011. Assessing climate change impacts, sea level rise and storm surge risk in port cities: a case study on Copenhagen. Climatic Change, 104: 113 - 137.

Hoegh-Guldberg O. 2011. Coral reef ecosystems and anthropogenic climate change. Regional Environmental Change, 11: 215 - 227.

Hoegh-Guldberg O, Mumby P J, Hooten A J et al. 2007. Coral reefs under rapid climate change and ocean acidification. Science, 318(5857): 1737 - 1742.

Ibáñez C, Sharpe P J, Day J W, et al. 2010. Vertical accretion and relative sea level rise in the Ebro Delta Wetlands (Catalonia, Spain). Wetlands, 30: 979 - 988.

Intergovernmental Panel on Climate Change (IPCC). 1996. Climate change 1995: impacts, adaptation and mitigation of climate change: scientific-technical analyses//Watson R T, Zinyowera M C, Moss R H. Contribution of Working Group II to the Second Assessment Report of the Intergovernmental Panel on Climate Change. Cambridge: The Press Syndicate of the University of Cambridge: 3 - 5.

Intergovernmental Panel on Climate Change (IPCC). 2001. Climate change 2001: impacts, adaptation, and vulnerability//Manning M, Nobre C. Contribution of Working Group II to the Third Assessment Report of the Intergovernmental Panel on Climate Change. Cambridge: Cambridge University Press: 21 - 22.

Intergovernmental Panel on Climate Change (IPCC). 2001. Climate change 2001: impacts, adaptation, and vulnerability//Manning M, Nobre C. Contribution of Working Group II to the Third Assessment Report of the Intergovernmental Panel on Climate Change. Cambridge: Cambridge University Press: 7 - 8.

Intergovernmental Panel on Climate Change (IPCC). 2007. Summary for Policymakers of the Synthesis Report of the IPCC Fourth Assessment Report. Cambridge: Cambridge University Press: 5 - 7.

Intergovernmental Panel on Climate Change (IPCC). 2013. Summary for policymakers. //Stocker T F, Qin D, Plattner G K, et al. Climate Change 2013: the Physical Science Basis. Contribution of Working Group I to the Fifth Assessment Report of the Intergovernmental Panel on Climate Change. Cambridge and New York: Cambridge University Press: 1 – 29.

Jongman B, Kreibich H, Apel H et al. 2012. Comparative flood damage model assessment: towards a European approach. Natural Aazards and Earth System Sciences, 12: 3733 – 3752.

Kaly U, Briguglio L, McLeod H, et al. 1999. Environmental vulnerability index (EVI) to summarise national environmental vulnerability profiles. SOPAC Technical Report, 275: 24 – 34.

King D. 2001. Uses and limitations of socioeconomic indicators of community vulnerability to natural hazards: data and disasters in northern Australia. Natural Hazards, 24(2): 147 – 156.

Kinnell P I A. 2000. The effect of slope length on sediment concentrations associated with side-slope erosion. Soil Science Society of America Journal, 64(3): 1004 – 1008.

Kirwan M, Temmerman S. 2009. Coastal marsh response to historical and future sea-level acceleration. Quaternary Science Reviews, 28: 1801 – 1808.

Kleypas J A, Yates K K. 2009. Coral reefs and ocean acidification. Oceanography, 22(4): 108 – 117.

Li K, Li G S. 2011. Vulnerability assessment of storm surges in the coastal area of Guangdong Province. Natural Hazards and Earth System Sciences, 11: 2003 – 2010.

Li S S, Meng X W, Ge Z M, et al. 2015a. Vulnerability assessment on the coastal mangrove ecosystems in Guangxi, China to sea-level rise. Regional Environmental Change, 15: 265 – 275.

Li S S, Meng X W, Ge Z M, et al. 2015b. Evaluation of the threat from sea-level rise to the mangrove ecosystems in Tieshangang Bay, southern China. Ocean and Coastal Management, 109: 1 – 8.

Liu G, Strong A E, Skirving W. 2003. Remote sensing of sea surface temperatures during 2002 Barrier Reef coral bleaching. Eos, Transactions American Geophysical Union, 84(15): 137.

Lummen N S, Yamada F. 2014. Implementation of an integrated vulnerability and risk assessment model. Natural Hazards, 73: 1085 – 1117.

McClanahan T R, Weil E, Cortés J, et al. 2009. Consequences of coral bleaching for sessile reef organisms. Coral Bleaching, 205: 121 – 138.

McLeod E, Moffitt R, Timmermann A, et al. 2010. Warming seas in the Coral Triangle: coral reef vulnerability and management implications. Coastal Management, 38(5): 518 – 539.

McLeod E, Salm R V. 2006. Managing Mangroves for Resilience to Climate Change. Gland: The World Conservation Union (IUCN): 14 – 17.

Narayan S, Hanson S, Nicholls R J, et al. 2012. A holistic model for coastal flooding using system diagrams and the Source-Pathway-Receptor (SPR) concept. Natural Hazards and Earth System Science, 12(5): 1431 – 1439.

Nathwani J S, Lind N C, Pandey M D, et al. 1997. Affordable Safety by Choice: the Life Quality Method. Waterloo: University of Waterloo: 8 – 12.

Nicholls R J, Cazenave A. 2010. Sea-level rise and its impact on coastal zones. Science, 18: 1517 – 1520.

Nicholls R J, Wong P P, Burkett V, et al. 2007. Coastal systems and low-lying areas, in climate change 2007: impacts, adaptation and vulnerability//Contribution of Working Group II to the Fourth Assessment Report of the Intergovernmental Panel on Climate Change. Cambridge: Cambridge University Press.

Organization for Economic Cooperation and Development (OECD). 1993. Core Set of Indicators for

Environmental Performance Reviews. Paris: OECD: 5-7.

Pitchford J L, Wu C J, Lin L S, et al. 2012. Climate change effects on hydrology and ecology of wetlands in the mid-Atlantic highlands. Wetlands, 32: 21-33.

Rackwitz R. 2006. The effect of discounting, different mortality reduction schemes and predictive cohort life tables on risk acceptability criteria. Reliability Engineering and System Safety, 91(4): 469-484.

Romieu E, Welle T, Schneiderbauer S, et al. 2010. Vulnerability assessment within climate change and natural hazard contexts: revealing gaps and synergies through coastal applications. Sustainability Science, 5(2): 159-170.

Sahin O, Mohamed S. 2014. Coastal vulnerability to sea-level rise: a spatial-temporal assessment framework. Natural Hazards, 70: 395-414.

Schleunper C. 2008. Evaluation of coastal squeeze and its consequences for the Caribbean island Martinique. Ocean and Coastal Management, 51(5): 383-390.

Small C, Nicholls R J. 2003. A global analysis of human settlement in coastal zones. Journal of Coastal Research, 19: 584-599.

Smith J E, Price N. 2011. Carbonate chemistry on remote coral reefs: natural variability and biological responses. Science, 4(1): 7-11.

Snoussi M, Ouchani T, Niazi S. 2008. Vulnerability assessment of the impact of sea-level rise and flooding on the Moroccan coast: the case of the Mediterranean eastern zone. Estuarine, Coastal and Shelf Science, 77: 206-213.

Thieler E R, Hammar-Klose E. 2000. National assessment of coastal vulnerability to future sea-level rise. Woods Hole: USGS Woods Hole Field Center: 1-2.

Van der Sande C J, De J S, De Roo A P J. 2003. A segmentation and classification approach of IKONOS-2 imagery for land cover mapping to assist flood risk and flood damage assessment. International Journal of Applied Earth Observation and Geoinformation, 4(3): 217-229.

Wang H W, Kuo P H, Shiau J T. 2013. Assessment of climate change impacts on flooding vulnerability for lowland management in southwestern Taiwan. Natural Hazards, 68: 1001-1019.

Wang H, Ge Z M, Yuan L, et al. 2014. Evaluation of the combined threat from sea-level rise and sedimentation reduction to the coastal wetlands in the Yangtze Estuary, China. Ecological Engineering, 71: 346-354.

Wang J, Gao W, Xu SY, et al. 2012. Evaluation of the combined risk of sea level rise, land subsidence, and storm surges on the coastal areas of Shanghai, China. Climatic Change, 115: 537-558.

Watson R T, Zinyowera M C, Moss R H. 1996. Climate Change 1995: Impacts, Adaptations and Mitigation of Climate Change, Scientific-technical Analysis. Cambridge: Cambridge University Press.

Webersik C, Esteban M, Shibayama T. 2010. The economic impact of future increase in tropical cyclones in Japan. Natural Hazards, 55: 233-250.

Webster N S, Uthicke S, Botté E S, et al. 2012. Ocean acidification reduces induction of coral settlement by crustose coralline algae. Global Change Biology, 19(1): 303-315.

Wilkinson C. 2004. Status of Coral Reef of the World. Townsville: Australian Institute of Marine Science Press.

Wisshak M, Schönberg C H L, Form A, et al. 2012. Ocean acidification accelerates reef bioerosion. Plos one, 7(9): e45124.

Xue Y Q, Zhang Y, Ye S, et al. 2005. Land subsidence in China. Enviromental Geology, 48: 713-720.

Yan B Y, Li S S, Wang J, et al. 2015. Socio-economic vulnerability of the megacity of Shanghai (China) to sea-level rise and associated storm surges. Regional Environmental Change, doi: 10. 1007/s10113 - 015 - 0878 - y.

Yang S L, Milliman J D, Li P, et al. 2011. 50,000 dams later: erosion of the Yangtze River and its delta. Global and Planetary Change, 75(1 - 2): 14 - 20.

Ye S H. 1996. Movement Earth: the Research and Application of Crust Movement and Astro-geodynamics. Changsha: Hunan Scientific and Technical Publishers.

Yu K F. 2012. Coral reefs in the South China Sea: their response to and records on past environmental changes. Science China Earth Sciences, 55(8): 1217 - 1229.

Yu K F, Zhao J, Shi Q, et al. 2012. Recent massive coral mortality events in the South China Sea: was global warming and ENSO variability responsible? Chemical Geology, 320: 54 - 65.

Yusuf A A, Francisco H. 2009. Climate Change Vulnerability Mapping for Southeast Asia. Singapore: Economy and Environment Program for Southeast Asia (EEPSEA).

Zhang L Q, Chen Z Y, Cui L F. 2014. Coastal wetlands in the Yangtze estuary, China//Zanuttigh B, Nicholls R, Hanson S. Coastal Risk Assessment and Mitigation in a Changing Climate. Amsterdam: Elsevier Inc.